教育部高等学校轻工类专业教学指导委员会"十四五"规划教材
国家级一流本科专业建设成果教材
普通高等教育"新工科"系列精品教材

U0739180

包装印刷油墨制备与表征

周　星　付云岗　刘旭影　等 编著

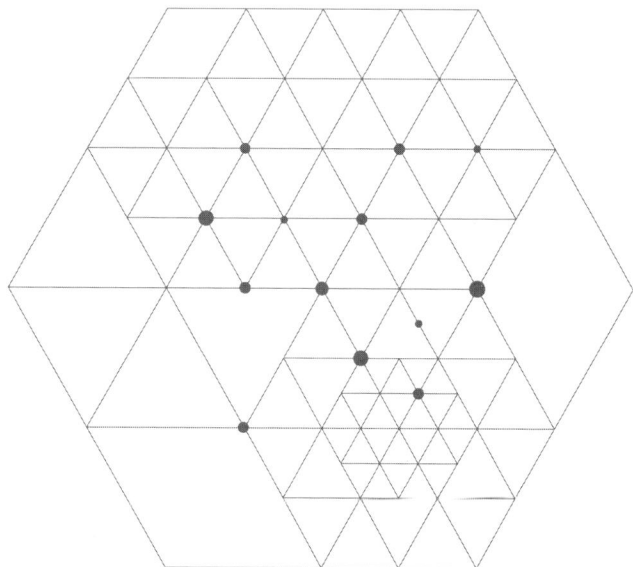

Preparation and Characterization
of Package Printing Inks

化学工业出版社
·北京·

内 容 简 介

《包装印刷油墨制备与表征》以目前的主要印刷工艺（凸版、平版、凹版与孔版印刷）中应用的油墨为主，介绍了油墨的组分、配方设计、制造工艺及印刷效果等内容。本书内容包括：油墨概述；颜料在油墨中的作用、组成及印刷性能需求；连结料在油墨中的作用、组成，主要的连结料树脂种类与性能；油墨的填料和助剂及其在油墨中发挥的作用；溶剂在油墨中的作用和主要类型；各种印刷工艺采用油墨的配方，以及配方的优化设计；油墨生产的主要工艺路线；油墨的性能检测及质量控制；实际包装产品印刷中油墨引起的主要问题及其改进方案；以及油墨在包装印刷中的应用。

本书可作为高等学校轻工技术与工程、包装工程、印刷工程、高分子化学与物理、材料科学、环境科学与工程、化学工程及相关专业本科生、研究生的教材或教学参考书，也可供包装、印刷、化工、材料、能源、环境、管理等相关领域研究人员、工程技术人员和管理人员参考。

图书在版编目（CIP）数据

包装印刷油墨制备与表征 / 周星等编著. -- 北京 ：化学工业出版社，2025．7． -- （国家级一流本科专业建设成果教材）（普通高等教育"新工科"系列精品教材）（教育部高等学校轻工类专业教学指导委员会"十四五"规划教材）. -- ISBN 978-7-122-48073-6

Ⅰ. TS853

中国国家版本馆 CIP 数据核字第 2025MK7050 号

责任编辑：李玉晖　　　　　　　　　　　　　文字编辑：王丽娜
责任校对：杜杏然　　　　　　　　　　　　　装帧设计：张　辉

出版发行：化学工业出版社（北京市东城区青年湖南街 13 号　邮政编码 100011）
印　　装：北京云浩印刷有限责任公司
787mm×1092mm　1/16　印张 19¼　彩插 1　字数 475 千字　2025 年 8 月北京第 1 版第 1 次印刷

购书咨询：010-64518888　　　　　　　　　售后服务：010-64518899
网　　址：http：//www.cip.com.cn
凡购买本书，如有缺损质量问题，本社销售中心负责调换。

定　　价：69.00 元

前　言

印刷术是我国古代四大发明之一，对全球文化与知识的传播产生了深远影响。历经千年发展，今天的印刷技术形成了凸版、平版、凹版与孔版印刷四种主要工艺，并且在现代制造技术中占有一席之地。在印刷术基础上发展的现代技术如3D打印、纳米印刷、柔性电子印刷、纳米压印等，让印刷工艺焕发了新的活力，使其成为现代高新技术如芯片制造、增材制造、柔性器件制造等的科学与技术基础。油墨是印刷技术的核心材料，既是信息传递的媒介，也是功能实现的载体。随着印刷技术从传统纸张印刷向电子、生物、能源等领域延伸，油墨的角色已从简单的"显色材料"升级为多功能复合材料的集成平台，更成为制造工艺、材料科学、生物医学等领域的关键技术支撑。

在传统印刷工艺中，油墨通过颜料/染料、连结料树脂、助剂等成分的配比，实现色彩还原、承印物附着，支撑书刊、商品包装等传统印刷品的生产。随着电子技术的发展，印刷油墨在制造业中发挥更重要的作用，从简单的显色延伸到赋予表面印刷涂层各种功能，如集成导电、磁性、传感、发光、生物活性等。由此发展出多功能油墨，如导电油墨、磁性油墨、光变油墨、温敏油墨等，成为印刷电路、RFID标签、防伪货币、奢侈品包装、食品包装、医药包装等领域的重要材料。随着人工智能技术发展，印刷油墨与印刷技术与时俱进。未来印刷技术的发展中，油墨技术必然成为新的驱动引擎。印刷油墨已超越传统定义，成为材料科学、电子工程、生物技术等学科交叉的产物。它不仅是印刷技术的"灵魂"，更是未来智能制造的"万能接口"。

本书以目前四种主要印刷工艺中应用的油墨为主，介绍了油墨的组分、配方设计、制造工艺及印刷效果，并对当前的新型印刷油墨技术进行了阐述。全书共分为8章。第1章概述了油墨在印刷包装领域的地位以及与其他学科的联系。第2章对油墨的核心成分之——颜料的作用、组成及印刷性能需求进行了讲解。第3章介绍了油墨的另一个核心成分——连结料。作为油墨的"心脏"，连结料为油墨提供了显色之外的主要性能。本章对连结料的作用和组成，以及主要的连结料树脂种类与性能进行了详细介绍。第4章介绍了油墨的填料和助剂，阐述了其在油墨中发挥的作用。第5章介绍了油墨的溶剂，并结合当前我国的"双碳"战略目标阐述了溶剂在印刷工业中的作用。第6章介绍了主要印刷油墨的配方，并概述了配方的优化设计。第7章介绍了油墨生产过程中主要的工艺路线，以及油墨的性能检测及质量控制方法，还针对实际包装产品在印刷过程中油墨引起的主要问题进行了分析，并提出改进方案。第8章介绍了油墨在商品包装印刷中的应用。

　　本书总结了作者多年来在印刷包装材料方面的教学经验及产学研合作成果，在杭州顶正包材有限公司的合作和支持下完成。衷心感谢顶正的黄锡兴、赵丽燕、洪志强、周振宇、蒋晓军、沈彦、姜晓晓等公司人员，他们为本书的出版提供了重要支撑。本书由西安理工大学的周星、付云岗和郑州大学的刘旭影等编著。邹小彤参编了本书的油墨颜料及助剂等章节部分（完成字数不少于10万字）。郑州大学的刘水任、张伟、龚林，大连工业大学的肖领平等老师为本书的出版提供了帮助。衷心感谢冯赛、靖晴、罗欢、王琪、王嘉懿、齐悦悦、徐玥阳、李德祥、邵玉莹、张璇、罗文凯、李庆阳、栗阳、白天奇等研究生，他们参加了部分章节内容的资料收集及整理工作。全书由周星统稿、定稿，西安理工大学的黄颖为、郑元林、罗如柏、胡京博、于江、王珍、谢利等老师为本书的修改提供了指导性意见。

　　本书编著过程中参考了相关领域及行业的图书、期刊、专利、报告、新闻等相关内容，在此向其原作者表示衷心的感谢。

　　由于编者的专业水平和知识范围有限，书中难免有不妥之处，恳请广大读者不吝指正。

周星
于西安

目 录

第3章　连结料　101

→ 第7章　油墨的生产、性能检测和质量控制　232

➔ 第8章 油墨与包装印刷   260

第 1 章

油墨概述

油墨作为印刷的核心材料，是由色料（颜料或染料）、连结料以及各种相关助剂按照一定配比组成的具有适当流动性和黏性的均匀混合物，跟随印刷技术的发展经历了千年革新。我国是古代文明中最早使用油墨的国家，可以追溯到公元前 200 年的西汉时期。发展至今，油墨作为历经千年发展的印刷术的核心材料，展现了自身强大的生命力和革新活力。千年前就已经使用的炭黑类黑色油墨，现今仍然是黑墨的主要品种之一。而随着"双碳"目标的确立、电子产品及互联网的指数式技术革新，新型印刷油墨技术及产品崭露头角，油墨的发展再次迸发出新的活力。

1.1 油墨在印刷包装中的地位

油墨是印刷包装领域最核心的材料。随着技术的进步，从传统二维平面印刷到喷墨数字印刷，再到 3D 打印技术的发展，印版与承印物在不断消失，但是油墨从未缺席。相反，随着新材料的涌现（如 3D 打印树脂、金属等材料），油墨的角色变得更加多样化。一方面，印刷油墨不再局限于传统的记录和传递信息、美化商品的角色，伴随功能材料的发展，进入智能材料领域，主要有磁性油墨、导电油墨、静电油墨、生物油墨、温变油墨、液晶油墨等，在现代电子、机械、计算机、生物、轻工、医药等行业中发挥各自重要作用。例如，近年来随着柔性电子制造技术和 3D 打印技术等新兴制造技术的发展，研究者和市场人员对导电油墨的研究不断深入。另一方面，环保意识的提高也推动了包装印刷行业向可持续发展转型。据 2014 年全球包装印刷业咨询公司派诺国际集团（Pira International）发布的全球环保油墨市场调研报告称，具有环保和经济双重效益的环保油墨具有巨大的市场潜力。国内印刷企业与国外客户合作时，普遍被要求产品必须使用水性油墨，因其为目前唯一被美国食品药品监督管理局（FDA）认可的安全环保型油墨。

油墨通过印刷工艺转移到承印物上，经干燥固化后形成墨膜层，进而呈现出色彩，实现印刷功能。最终，经过包装工艺形成商品包装。包装印刷能够扩大产品销售、传递产品信息和保护包装表面，包括包装的印刷、涂布、压凸和其他装潢加工。包装印刷常与包装产品的防伪紧密相连，应对药品、化妆品、酒类、烟包及证券等高档商品造假一直以来都是产品包装面临的问题。为了保护包装和产品的真实性，广泛采用新型的全息图像、缩微字符、智能标签和防伪油墨等技术，而这些技术的运用往往依赖于油墨的特性。此外，包装印刷还要能够宣传企业形象及区分产品。生产商或销售商，大部分包装都被法律法规要求必须满足一定的信息披露或标签印刷要求。所以，包装印刷加工具有如下功能作用：

① 呈现精美的图像；

② 达到企业形象宣传和企业识别的目的；

③ 能够对包装内容或产品的信息进行有效识别；

④ 满足包装内容的法定要求；

⑤ 满足包装废弃物处置的法定要求；

⑥ 能够通过色彩、文字和外观图文对包装内容予以充分表现；

⑦ 通过条形码和智能标签反映出产品价格、批号和存货地点，以及目的地等相关信息。

这些包装印刷功能的实现都离不开油墨的应用。当前的包装印刷可采用各种商业印刷工艺，包括柔性版印刷（柔印），凹版印刷（凹印），胶版印刷（胶印，又称平版印刷）和丝网印刷（丝印）等传统压力印刷工艺，喷墨印刷、静电印刷等非压力印刷工艺，由 2D 印刷衍生的 3D 打印工艺。生产中的油墨主要根据不同的包装印刷工艺需求进行区分。随着数字经济和商品经济的发展，包装印刷在整体印刷市场所占份额逐渐上升，对印刷油墨在安全性、高品质、印刷适性、色彩多样性等方面提出更高的要求。

1.2 油墨的组成与分类

1.2.1 油墨的组成

油墨技术涉及先进的有机化学、物理学、仿生学、胶体与界面化学、材料学等学科理论及广泛的实践经验。油墨是一种由色料、连结料、填充料和附加剂按照一定的比例混合，经过反复研磨、轧制等工艺过程形成的复杂胶体。将呈现色彩的色料，充当色料载体的连结料，分散色料和连结料的溶剂及相关助剂，通过机械搅拌混合、剪切或球磨等工艺均匀地分散糅合，然后通过导管转移至有过滤装置的容器中，滤掉混合物中的大颗粒颜料（大于 $1\mu m$），制备得到均匀的乳状浆料，即为油墨。综上可知，油墨是一种非均相的混合物，其性能如呈色性、流动性、黏性、耐溶剂性和干燥性等，主要取决于其组成物，尤其是其中的两大主料——色料和连结料。

色料在油墨中的主要作用是呈现色彩，而在功能性油墨中，色料还具备特种性能，如导电、磁性、温敏、发泡和香味等。其微粒尺寸通常在 $0.1\mu m$ 及以下，能够较为均匀地分散在连续相中呈现悬浮状态。除了呈色性和功能性外，颜料的分散、聚集状态会极大影响油墨的稳定性、流动性、干燥性及印刷适性等。

连结料是油墨的"心脏"，具备两种主要特性：其一是将颜料及相关助剂分散糅合；其二是能干燥成膜，赋予油墨黏附性能。因此，连结料树脂决定了油墨的干燥性、透明度、流变性、耐抗性、光泽性、力学性能、黏附性及印刷适性等主要性能。目前市场上存在的连结料基本采用合成高分子树脂，以满足不同印刷工艺对油墨的性能需求，主要有醇酸树脂、纤维衍生物、酚醛树脂、聚酰胺树脂、聚丙烯酸树脂和聚氨酯树脂等。其中，聚丙烯酸树脂占据油墨市场的主要份额，而聚氨酯树脂作为一种新型应用树脂则有待进一步研究和应用。

包装印刷油墨从价值上占到所有使用的印刷油墨总量的大约 40%，从体积（重量）上占到所有使用的印刷油墨的 25%。与其他用途的印刷油墨相比较，包装印刷油墨的成本较高。

包装印刷所消耗的胶版印刷油墨远远少于柔性版印刷和凹版印刷油墨。而出版印刷和商业印刷中，胶版印刷油墨的用量远超过柔性版印刷或凹版印刷油墨。包装印刷与出版印刷和商业印刷油墨成本的差异就在于油墨中使用的颜料。便宜的炭黑颜料是报纸、杂志和许多商业印刷油墨中使用最多的颜料，而包装印刷油墨更大程度是使用较为昂贵的彩色颜料。胶版印刷很适合纸张和纸板的印刷，而柔性版印刷和凹版印刷通常更适合包装中的塑料和金属印刷。包装印刷中使用的大部分胶印油墨都用于折叠纸盒和标签印刷，几乎不用于软包装印刷。当印刷油墨或涂料有可能与包装食品直接接触时，对其产品的包装印刷就有着特殊要求。例如，油脂包装产品相比干燥包装产品可能要求不同的油墨配方。一般油、肥皂、溶剂和其他类似包装产品的印刷油墨需要特别予以关注。

相比稀薄油墨，黏稠油墨需要耗用更多的能量来加工。如果使用干粉颜料，就必须采用高速混炼机将颜料分散到调墨油中。随后，油墨在三辊研磨机上进行研磨（图1-1），将粗颗粒或未分散颜料磨细或除去，并除去油墨中的气泡。如果使用液态颜料，油墨仍然需要采用高速混炼机进行配墨，并在三辊研磨机上进行研磨，但此时的加工速度可以更快，且功率需求较小。用液态颜料生产的油墨，不容易出现干粉颜料油墨生产时出现的硬块。

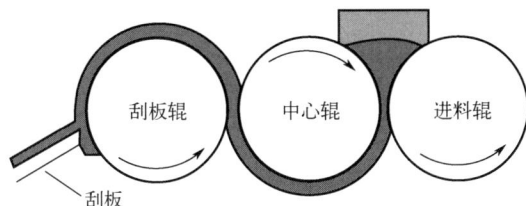

图1-1　三辊研磨机

刮板辊比中心辊转速稍快，中心辊又比进料辊稍快，辊子的速度差对油墨产生了撕裂和研磨作用

（1）颜料

颜料是油墨配方中赋予油墨所需颜色的成分，但并非决定印刷颜色的唯一因素，承印物的颜色也非常重要。例如，印刷在铜版纸上的油墨可以获得某一种颜色，但在塑料片基上印刷就可能产生不同的颜色，而在金属罐上印刷可能又获得另一种颜色。尽管这种颜色的差异可能很小，但如果不加注意也可能很大，关键它的颜色变化是不可预测的。

在良好的工艺控制下，印刷机能够印刷出与原稿颜色匹配很好的色彩。印刷工艺的变化常常也会导致最终印刷色彩的变化不可接受。

颜料不仅能赋予油墨颜色，而且还会影响到油墨的使用特性和包装印刷品的特性。颜料分为两大类：有机颜料和无机颜料。有机颜料来自石油产品，无机颜料来自地球上挖掘的矿石或由这些矿石生产的产品。颜料必须具备许多特性，才能够有效的用于油墨。其中颜色或色相不仅十分重要，而且颜色还必须能够在溶剂中且在包装产品应用中耐褪色和不泛色，必须具有良好的透明性（有时是良好的不透明性）、色强度、明亮度或纯洁度。好颜料的其他性能评判标准还有颗粒尺寸、光泽度、耐久性、折射率、润湿性和分散性等。

包装印刷商需要了解颜料的耐光性、耐热性和耐化学品性。他们不仅应该关心颜料是否褪色，还应该关心颜料是否发暗或发生其他颜色变化。耐光性不仅取决于颜料的化学特性，还取决于印刷墨膜的厚度、油墨连结料的保护特性、曝光时间和光照强度等因素。一般来说，能够印刷出最厚墨膜的丝网印刷和凹版印刷工艺通常具有较大的优势，而印刷出最薄墨膜的胶版印刷工艺表现不佳。

在第 7 章中介绍的颜料色强度决定了油墨需要多少颜料才能够达到期望值。如果颜料的颜色较弱，要想获得具有足够色强度的油墨就需要耗用大量的颜料。颜料的颜色是一个重要的性能指标。

（2）连结料和调墨油

名词连结料和调墨油是可以互相交换使用的，尽管在严格意义上调墨油是指油墨连结料（溶解在溶剂中），连结料是指调墨油加上蜡或干燥剂等助剂。表 1-1 列出了印刷油墨中最常使用的树脂。

表 1-1　常用的印刷油墨树脂

树脂	溶剂型柔性版印刷油墨	水性柔性版印刷油墨	凹版印刷油墨	单张纸胶版印刷油墨	卷筒纸胶版印刷油墨	丝网印刷油墨
松香树脂	×	×		×	×	×
烃类树脂				×	×	×
硝酸纤维素	×		×			
虫胶	×	×	×			
聚酰胺树脂	×		×			
丙烯酸树脂	×	×				
长油度醇酸树脂				×	×	×
酮醛树脂	×					
乙烯基聚合物			×			
氯化橡胶			×			

松香树脂是从松树和纸浆中获得的一种天然树脂，经过化学改性方法改善了其印刷特性，如溶解性和熔点等，从而用于印刷油墨的生产。烃类树脂是由石油裂变或蒸馏过程中所获得的聚合物加工而成的，这种低成本的合成树脂为胶印、凹印、凸印和丝印油墨提供了良好的印刷特性。硝化纤维素是最早合成的树脂之一，通过棉花与浓硝酸反应制得，可产生坚韧、明亮的墨膜，并改善油墨颜料的润湿性。它常用于柔印和凹印油墨中，而其他纤维素酯则用于凹印和丝印油墨中，甲基纤维素在水性油墨中用作增稠剂。虫胶是一种天然树脂，是最早用于柔性版印刷的连结料之一，至今仍然用于溶剂型和水性两种柔性版印刷油墨中。随着时间的推移，在水性油墨中大量采用丙烯酸树脂替代了虫胶。

用于柔性版印刷和凹版印刷油墨的聚酰胺树脂是从类似大豆油等天然植物油中获得的，对聚乙烯和其他包装塑料薄膜来说具有极佳的黏合性。丙烯酸树脂是由丙烯酸或甲基丙烯酸及其他单体所获得的，依据其化学特点，既可用于溶剂型油墨，也可用于水性油墨，具有良好的柔韧性、颜料润湿性和光泽度。长油度醇酸树脂是由亚麻仁油、大豆油、塔尔油（来自纸浆）、脱水蓖麻油和其他植物油制作而成的。油、醇酸树脂和反应条件都会影响到由其制作的油墨特性。长油度醇酸树脂调墨油是通过空气和干燥剂的化学反应干燥的，被广泛应用于单张纸胶版印刷油墨中。醛酮树脂被用作纤维素、丙烯酸树脂和聚酰胺树脂的改性剂，能够改善柔性版印刷油墨的光泽度和黏结性。例如聚乙烯醇缩丁醛树脂的乙烯基聚合物就赋予了油墨对玻璃、金属和塑料等材料的极佳黏合性，最常用于凹版印刷油墨中。

用于紫外（UV）油墨和电子束（EB）油墨的连结料是低分子丙烯酸树脂或聚酯树脂，当受到紫外光或电子束曝光时，能够发生非常快的聚合反应，但用于紫外油墨和电子束油墨的配方会稍有不同。尽管其树脂相对较贵，但是最终优异特性弥补了价格的劣势，被广泛应用于折叠纸盒、塑料、金属箔和金属印刷油墨中。

柔性版印刷和凹版印刷水性油墨可以用改性聚合物或碱溶性聚合物制得，干燥后可以形成墨膜。大部分丙烯酸树脂不溶于纯水，但溶于氨水或有机溶剂，它们需要有机溶剂才能形成柔韧墨膜。

紫外油墨和电子束油墨相比传统连结料制作的油墨更吸水。化学家已经利用这种特性，制造了可以用水稀释的树脂，从而替换昂贵、有毒的稀释剂。水可稀释油墨在柔印、凹印和丝印中都有很好的应用价值，特别在喷墨印刷中，它可以产生耐溶剂墨膜，而这在以前的喷墨印刷中存在较大难度。在丝网印刷中，水性紫外油墨允许使用更细的丝网，墨膜厚度能够薄达 8～10μm，干燥后的墨膜耐热性可高达 330～360℉（约 166～182℃），其最高耐热温度比大部分传统油墨的树脂要高许多。

金属装潢印刷油墨的连结料可由长油度醇酸树脂制备，该树脂已经过合成树脂改性处理。然而，聚酯树脂连结料能够赋予墨膜极好的连接性、光泽度和耐磨性；聚酯树脂的干燥仅需不到一分钟，在烘箱中的干燥时间更短。

（3）溶剂

溶剂是连结料中不可或缺的组成部分，它能够将油、树脂和助剂溶解而形成连结料。携带颜料的调墨油（连结料）在包装上形成干燥墨膜。有多种挥发性有机化合物可以用做溶剂，如芳香族和脂肪族烃类、醇类、酯类、醚类和酮类，每一类的溶解能力都稍有不同，每一类的化学品都有其自身的沸点。要获得能够快速干燥的油墨，就需要加入低沸点溶剂（快速挥发）；要获得能够缓慢干燥的油墨，就需要加入高沸点溶剂。快速和缓慢是指油墨的干燥速度。

印刷油墨中最常使用的部分溶剂列于表 1-2 中。乙醇和丙醇是最常使用的醇类溶剂，石油馏出物是高度纯净的脂肪族或脂环族烃类，过氧化丁酮通常被称为 MEK，乙二醇醚也被用做油墨溶剂或稀释剂。

表 1-2 印刷油墨中常用的溶剂

溶剂	凹版印刷	柔性版印刷	胶版印刷	凸版印刷	丝网印刷
水	×	×			×
过氧化丁酮	×				×
甲苯	×				×
乙醇	×	×			×
乙二醇醚	×	×			×
石油馏出物	×	×	×	×	×

大部分溶剂都具有火灾危险。除了一些氯化材料外，有机溶剂都是可燃的，在特定条件下还会爆炸。不同溶剂具有不同程度的毒性和挥发性，但是所有溶剂都有一定程度的毒性，大部分都会产生空气污染问题。一般而言，溶剂的沸点越低，溶剂在空气中达到爆炸浓度就

越快。柔性版印刷油墨中醇类溶剂的较低浓度有助于降低安全风险❶。有机溶剂的毒性和易燃性刺激了水性油墨和紫外油墨的开发。

溶剂也可以用作稀释剂或冲淡剂。冲淡剂是在连结料中使用的溶剂，通常能够降低连结料的黏度；稀释剂是一种非溶剂或溶解性不强的溶剂，加入油墨中常常是为了减缓油墨挥发的速度，或降低油墨的成本。

水性油墨克服了溶剂型柔性版印刷和凹版印刷油墨中溶剂挥发引起的许多环境问题。水性油墨在凹版印刷机与柔性版印刷机上的表现存在较大差异，由于黏度和表面张力不同，它们在凹版印版滚筒和柔性版印版上的润湿性也不同，印版或印版滚筒上油墨的剥离转移也不同。水性油墨可能会使印刷纸张或纸板变潮湿，从而使得纸张或纸板膨胀或伸长。水性油墨难以润湿塑料承印物，因此，大量研究和开发工作集中于水性油墨和可润湿塑料的开发。在包装凹版印刷中使用了大量水性油墨，但在出版凹版印刷中几乎不使用水性油墨。

（4）添加剂

油墨添加剂如增塑剂、润湿剂、防蹭脏剂、蜡、撤黏剂、减薄剂、硬化剂、防结皮剂、抗针孔剂和干燥剂，是添加到油墨中用来将连结料和溶剂及颜料的组合物转变为满足良好印刷和包装使用性能的印刷油墨的一类物质。增塑剂能够使干燥墨膜软化并更具柔软性，从而改善油墨对薄膜和其他承印物的黏合。由于坚硬墨膜比柔软墨膜更加容易磨损，所以柔软墨膜改善了抗磨性能。像石油、蜡等能够增强油墨墨膜表面的润滑性，改善了墨膜的耐磨性，减少了墨膜的磨损和表面擦痕。

刚印刷完的印张堆叠在一起时，胶印、凸印和丝印油墨可能会导致下一张印张被蹭脏。为了减少这种可能性，油墨制造商会在油墨中加入如蜡和油脂等防蹭脏剂。使用任何上述一种印刷工艺的单张纸印刷商，都可以通过增加喷粉量使得印张墨膜与下一印张的背面隔离。如果喷粉量较大，防蹭脏粉末就会使印刷品表面看上去像砂纸，导致客户对印刷品质量不满。但喷粉能改善印刷后包装的防滑性。

通过空气氧化干燥的油墨在印刷机上或在墨斗中也可能干燥结皮，将能够避免这种化学反应的抗氧化剂加到印刷油墨表面后，能够防止油墨在墨斗中的结皮。如果这种抗氧化剂具有很强的挥发性，将不能有效减缓油墨的干燥。

干燥剂是钴或锰（有时是其他金属）的有机化合物，能够加快油墨的氧化聚合反应，从而加快单张纸胶版印刷、凸版印刷和一些丝网印刷油墨的干燥。它们有时被加入热固卷筒纸胶印油墨中，以使印刷品得到坚硬的墨膜。有时这种化合物是悬浮在石油溶剂等液体中的，此时被称为液体干燥剂。也可以将金属加入树脂中而获得高黏度的干燥剂，之后再加入印刷油墨中就不会降低油墨的黏度。

1.2.2 油墨的分类

当前油墨的分类标准多样，可以从印刷油墨的色彩、印刷工艺、环保特性、干燥性能、连结料树脂、印刷品形式等多种角度进行分类。对于油墨生产商而言，通常考虑的是按油墨的色彩和印刷工艺进行分类，主要的分类方式如下：

---

❶ 凹版印刷油墨中使用的每一种溶剂所具有的特性和危险性，在 R.H.Leach 编辑、Kluwer 学术出版社在荷兰多德雷赫特市于 1999 年出版的第五版《印刷油墨手册》中的 500～501 页用图表进行了汇集。

① 按印刷方式：柔性版印刷油墨、凸版印刷油墨、凹版印刷油墨、胶版印刷油墨、丝网印刷油墨、喷墨印刷油墨、特种印刷油墨等；

② 按干燥机理：渗透干燥型油墨、挥发干燥型油墨、氧化结膜型油墨、光硬化型油墨、热固化型油墨、冷却固化型油墨；

③ 按干燥方法：自然干燥型油墨、热风干燥型油墨、红外线干燥型油墨、紫外线干燥型油墨、冷却干燥型油墨；

④ 按原料成分：干性油型油墨、树脂油型油墨、有机溶剂型油墨、水性油墨、石蜡型油墨；

⑤ 按承印物：纸张油墨、塑料油墨、金属油墨、布料油墨、玻璃油墨、陶瓷油墨；

⑥ 按油墨特性：导电油墨、磁性油墨、香味油墨、发泡油墨、防伪油墨、耐光油墨、耐热油墨、耐酸油墨、耐溶剂油墨、耐摩擦油墨；

⑦ 按用途：书刊油墨、新闻油墨、包装印刷油墨、建材油墨。

（1）柔性版印刷油墨

柔性版印刷油墨是低黏度油墨，易于挥发和干燥。为了减少其在印刷机上的挥发，现代柔性版印刷机上都配置了封闭上墨系统。一般而言，柔性版印刷在整个印刷过程中都能够得到良好的色彩一致性，但是溶剂型油墨中溶剂的挥发或水性油墨 pH 值的变化，都会影响到柔性版印刷的输墨和印刷色彩。事实上，每一种印刷工艺和印刷油墨都有其典型的印刷故障，不良柔性版印刷品能够很容易地由印刷重边、条痕或条杠等典型故障而予以识别。这在后续章节中会有详细介绍。

正如所有卷筒纸印刷油墨一样，柔性版印刷油墨干燥温度的控制十分重要。如果油墨干燥温度过高，印刷墨膜甚至承印物都可能软化；如果油墨干燥温度不够，油墨就不能快速干燥，印刷料卷就可能发生粘连。干燥后的墨膜需要在冷却辊上冷却，但如果油墨配制合适，干燥温度控制合理，常常也可不使用冷却辊。溶剂型油墨可以通过加入快干溶剂（低沸点溶剂）或慢干溶剂（高沸点溶剂）获得快干油墨或慢干油墨。

柔性版印刷油墨（和凹版印刷油墨）能够印刷在透明薄膜的反面，这时薄膜对墨膜形成了良好保护，同时又保留了薄膜的清晰和闪亮光泽。在印刷品上复合一层透明薄膜也能获得类似效果。需要承受复合加工的油墨必须对两种复合材料都具有良好的黏附性，必须具有良好的溶剂释放性，使得溶剂不会残留在两层材料之间。

在柔性版印刷中使用水性油墨已较为常见，但是最早使用的水性油墨几乎没有什么光泽，耐摩擦性也较差。新型连结料提供了优良性能，使得水性油墨在柔性版印刷中已得到普及。水性油墨大大降低了印刷车间的安全压力和印刷企业的环保压力。许多水性油墨中含有极少量的有机溶剂，是为了改善颜料的润湿性、油墨连结料的溶解性和油墨干燥时坚韧墨膜的形成。随着聚合物化学和油墨配制技术的发展，水性柔性版印刷油墨已经可以完全不含有机溶剂。

水性柔性版印刷油墨在 20 世纪 70 年代中期首先在欧洲使用，它的固体含量大约为 50%，是传统柔性版印刷油墨固体含量的 2 倍。相较于彩色柔性版印刷油墨，黑墨的固体含量略低，而白墨的固体含量略高（固体含量包括颜料和连结料）。彩色油墨既包括彩色颜料也包括填充颜料，其配制结果要使得使用网纹辊时能够得到良好的色强度。如果网纹辊的容墨量大于每平方英寸 80 亿立方微米（bcm），就要使用较大量的填充颜料；而如果网纹辊的容墨量小于每平方英寸 50 亿立方微米，就几乎不需要使用填充颜料。合理地调控连结料含量、彩色颜料和填充剂数量，就能够配制出更高性能或更低价格的水性油墨。因此，只有印刷商和油墨制造商之间密切合作，才能获得最优质的水性柔性版印刷油墨。

水性油墨也有一些不足，如干燥时需要更多的干燥能量，在润湿塑料印刷表面时相比溶剂型油墨可能会出现更多的故障。与溶剂型油墨一样，当水性油墨干燥时具有良好的耐水性，但是一旦出现机上干燥，又将阻碍印刷机的清洗。有时在未经合适处理的聚烯烃薄膜和聚烯烃涂布纸张上使用水性油墨会出现印刷问题。

制造用于包装薄膜和金属箔的水性油墨对油墨制造商是一种新挑战。在表面科学日益发展的时代，经过不断的化学研究和实践已经能够配制更好的油墨。在从塑料加工工程师到表面科学家等各种领域专家的支持和努力下，油墨制造商能够提供包装印刷所需的各类印刷油墨。

提高印刷质量的一种有效方法就是使用高固含量、高黏度的印刷油墨。相比墨辊计量输墨系统，网纹辊上的反向刮墨刀输墨系统能够使用更高黏度的油墨。高黏度的油墨在纸张或纸板上能够获得更好的附着，形成的印刷墨膜就更加密实并具有更强的遮盖力，就能印刷得更薄且更加易于干燥，墨膜中的颜料比例就会提高，使得较薄的墨膜也能获得同样的光学密度。

在软包装印刷领域，复合油墨的应用成为一个新的研究热点。复合油墨不仅要具有良好的可视性，还必须与复合物具有良好的相容性，它们大多被印刷在透明塑料薄膜的背面，成为塑料薄膜与被复合材料之间的"三明治"夹层，正广泛用于塑料薄膜复合到瓦楞纸板上的包装。复合加工使得印刷墨膜能够避免与包装产品直接接触，从而保护印刷墨膜免受溶剂的化学损伤或其他物理损伤。

（2）凹版印刷油墨

与柔性版印刷工艺一样，凹版印刷也使用低黏度油墨，并且凹版印刷能够使用比柔性版印刷或胶版印刷更强的溶剂，因为其印刷单元中没有塑料或橡胶的印版或墨辊。一方面，像甲苯和过氧化丁酮等强溶剂，能够改善油墨对塑料和薄膜承印物的附着；但另一方面，它们相比柔性版印刷中常用的醇类溶剂有更大的毒性，当必须使用这些溶剂时，必须采取特殊措施以防止印刷操作人员受到影响。

凹版印刷印版网穴能够转移相对较厚的墨膜，所以相比柔印或胶印的油墨有着更高的光泽度，特别是在纸张或纸板上印刷时，厚实墨膜在金银墨印刷和荧光印刷时具有显著的优势。凹版印金通常更加明亮且不易褪色。与柔性版印刷类似，凹版印刷油墨在透明塑料薄膜背面印刷，也能获得明亮和高光泽的包装图像。

尽管溶剂型油墨在凹版印刷行业中被广泛使用，但对水性油墨的研究工作也在该领域进行了大量的探索。在凹印版滚筒上水性油墨与溶剂型油墨的释放机理是十分不同的，采用水性油墨替换溶剂型油墨时就要求调节版滚筒的制造，以及对印刷所用的油墨和塑料薄膜进行改性处理。随着油墨制造技术的提高，以及生态环境部门坚持减少或去除油墨中的挥发性有机溶剂，水性油墨正在得到越来越广泛的普及。水性凹版印刷油墨降低了印刷车间的火灾风险，也减少了爆炸危险，环境污染小。然而，水性凹版印刷油墨需要特殊配制，以使油墨能够在凹版印刷版滚筒的网穴中能够顺利地进出。

与柔性版印刷类似，包括塑料薄膜、玻璃纸和硫酸纸等包装材料上的凹版印刷墨膜必须是柔软的，硝酸纤维素油墨和聚酰胺油墨都表现良好。油墨与铝箔的良好附着要求铝箔表面干净、没有油脂。

凹版印刷油墨通常根据其化学成分分类：A 级和 B 级油墨被用于出版印刷；C 级油墨是硝酸纤维素类油墨；D 级油墨是聚酰胺油墨；E 级油墨是醇溶性油墨，通常含有醇溶性硝酸纤维素；T 级油墨是可以溶解在甲苯中的氯化橡胶油墨；W 级油墨是水性油墨。

凹版印刷是所有印刷工艺中色彩波动最小的。大部分印刷色彩变化都是由油墨墨色的变化、油墨溶剂的机上挥发或不同批号油墨的变化所造成的；料带上的静电会导致印刷品的模糊。当油墨没有很好地润湿承印物，或油墨黏度偏低的时候，就会导致印刷品上出现斑点和油墨结块。印刷的塑料薄膜或印张发生粘连是由于油墨干燥不足，这种故障可以通过提高干燥装置温度或使用更加快干的溶剂而予以解决。偶尔，乙烯基薄膜中的增塑剂可能迁移到干燥墨膜中，使得墨膜软化而出现印品粘连；对食品包装，印刷油墨有没有气味至关重要，选择的油墨溶剂必须不会留下任何痕量气味。用来检测和确定痕量溶剂的标准仪器是气相色谱仪。

（3）胶版印刷油墨

尽管单张纸胶印油墨和卷筒纸胶印油墨都属于平印油墨，但它们的配制方法有很大不同，因为它们的干燥原理不同。两种油墨都必须与水一起使用，通常平印是基于油和水互不相容的原理，但是在胶印中，它们必须在一个可控的范围内。如果油墨有过强的耐水性，它将无法顺利地转移到印版上；如果油墨耐水性不足，可能会导致过多的水乳化，出现非图像部分的墨迹暗点或印品图像密度不足等问题。

油墨携带微小水滴到印版上，如果油墨不能乳化这些水，将会在印版的图像区域扩展，从而使油墨不能很好地印刷。将油墨与水搅拌检测其乳化的实验，给出了油墨与水乳化能力的信息（图 1-2）。图 1-2 中曲线 A 代表油墨乳化了过多的水，油墨将会同时转移到图像区域和非图像区域，导致脏版、乳化、低印刷密度和雪花状实地印刷。曲线 A 代表印刷的油墨将是黯淡的；曲线 B 代表能够印刷使用的油墨，但是需要持续关注；曲线 C 代表的油墨是理想的胶印油墨，这种油墨易于使用，印刷清晰；曲线 D 表示油墨在印刷机上不能很好的乳化

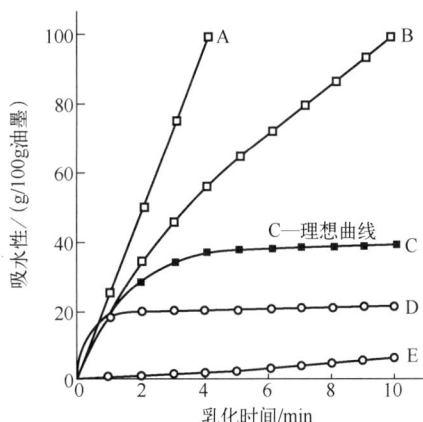

图 1-2　五种胶印油墨的 Surland 油墨乳化曲线

水，印刷网点可能缩小；曲线 E 表示油墨对图像部分的水没有乳化能力，不能用来印刷。

高速卷筒纸胶印机的溅墨故障已经通过改进油墨配方而大为减少。换言之，增加印刷机的速度就是在增加印刷故障。由于卷筒纸胶印机的运转速度非常快，所以卷筒纸胶印油墨的黏性必须比单张纸胶印油墨的低。若胶印油墨的黏性很高，则有时会将纸张或纸板表面的纤维剥离。

所有胶印油墨都包含一些烃类溶剂，在单张纸胶印油墨中是为了提高油墨的快速固着性，在卷筒纸胶印油墨中是为了有效溶解树脂。在单张纸胶印中，油墨中的大部分溶剂被印刷的纸张或纸板所吸收；而在卷筒纸胶印中，大部分溶剂会挥发掉，必须回收以避免释放到空气中。

在非图像区域出现的油墨故障，如非图像部分着墨、脏版、溅墨和着色或乳化都是胶版印刷特有的印刷故障。非图像部分着墨就是印版没有得到足够的润版液时发生的印刷故障。

脏版可能由不同原因产生,其结果就是印版将油墨印刷在了不应该出现图像的区域。溅墨是飞墨的另一个名称,指墨滴从快速运转的印刷机上飞出,并在空中飘浮。过多地上水或上墨不良都会引起油墨被水过度乳化,从而使油墨上到印版的非图像部分。

在任何印刷工艺中,油墨中的灰尘都会引起印刷故障,但是由于胶印墨膜太薄,灰尘的影响将更大。如果没有足够的油墨输送到印刷压印区,清洗掉最为细小的灰尘,则经常会使得印刷品出现印刷故障,被称为环状白斑。

(4)丝网印刷油墨

丝网印刷油墨与胶版印刷油墨和凸版印刷油墨都属于黏稠类油墨。特别是如果采用透明调墨油配制,有时也被称为浆状油墨。丝网印刷是最为灵活多变的印刷工艺,由于其用途广泛,故丝网印刷油墨也是最复杂的。与单张纸凸版印刷油墨或胶版印刷油墨一样,最早的丝网印刷油墨采用氧化聚合原理干燥,但是丝网印刷也能采用其他许多种类型的油墨,如卷筒纸胶印的挥发干燥性油墨、水性油墨、紫外和电子束干燥油墨,及在高温下几秒钟内就能干燥的金属装潢印刷用催化干燥油墨和能够在玻璃瓶表面熔融或在金属表面印刷的轴瓷烧制油墨。丝网印刷油墨比单张纸胶印油墨的要求更高,根据丝网印刷的网版以及承印产品的表面状况、油墨覆盖率的较大变化而变化,粗糙表面比平滑表面要求印刷更多的油墨。印刷机类型也必须加以考虑,如单张纸丝网印刷机与轮转丝网印刷机就要求不同的油墨配制。

较厚的墨膜提高了印刷色彩的鲜艳程度和油墨遮的盖力,形成了丝网印刷的鲜明特性。由于丝网印刷能够印刷出厚墨膜,所以丝网印刷是金银墨印刷和荧光印刷最适合的印刷工艺。丝网印刷能够在各种各样的包装材料上印刷,如纸张和纸板、各种塑料、金属、玻璃和陶瓷、木材和木制品、织物等。每一种承印材料对丝网印刷油墨都有着不同的要求。

丝网印刷油墨与其他印刷油墨显著不同的一大特点就是油墨的墨丝长短特性。当墨铲插入油墨中慢慢抽出时,长丝油墨就会产生很长的墨丝,大部分黏稠油墨都必须是长墨丝油墨,这样才能在墨辊之间实现良好转移。但是丝网印刷油墨必须是短墨丝的,当丝网网版与印刷承印物分离时,不能产生长墨丝,否则就会在印刷字符周围形成模糊边缘。丝网印刷油墨的黏度必须较低,以使其能够被刮压通过网版;但黏度又不能过低,否则将会脏污印刷品或形成模糊的印迹。丝网印刷油墨必须与用来制作丝网的材料相互兼容,如果丝网使用塑料单丝编织,那就要求它们不能被丝网印刷油墨软化或溶解。

(5)喷墨印刷油墨

喷墨印刷油墨很早就已被用于包装罐、标签、牛奶盒、塑料瓶和其他包装上的标记印刷。随着先进技术的发展,现在喷墨印刷已经能够进行彩色分色片打样和短版标签及其他产品的直接印刷。喷墨印刷能够在任何承印物上进行印刷,从最精细的涂布纸到最粗糙的未漂白牛皮纸,再到塑料、金属和玻璃均可印刷,最早期表现喷墨印刷图像的广告就是在生鸡蛋上喷墨印刷出字符。

喷墨印刷机的结构非常复杂,特别是喷墨头的结构,由此使得喷墨印刷油墨的配制变得非常复杂。因为喷墨印刷油墨通常都是针对某种特定印刷机或印刷喷墨头配制的,喷墨制造商均会保护油墨配方。

油墨中的树脂可将染料和颜料黏结到非吸收性承印物上。黑墨是采用炭黑制作的,而大部分彩色喷墨印刷油墨都采用染料制作,新颜料也快速发展起来。虽然染料相比颜料有着更大的色域,但染料更易受到阳光、气候和污染的影响。当光线照射到染料的小分子上,将会使分子毁灭;但是当光线照射到很大的颜料上时,只有表面分子被损坏。染料能够获得明亮和鲜艳的图像，较宽的色域使其能够与任何期望的颜色较好地匹配。

由于颜料可能堵塞喷嘴，所以喷墨印刷油墨的生产更倾向于使用染料而不是颜料。改善颜料的生产可以使得它们在喷墨印刷中得到更多应用。油墨溶剂的选择也十分关键，油墨必须在印刷的包装上快速干燥，但不能在喷嘴中发生干燥。

（6）特种印刷油墨和色料

许多油墨被配制用于特殊应用。热压凸印刷可以应用在塑料和金属装潢印刷、织物标签印刷、不干胶标签印刷和艺术与商业印刷上。对于必须在高压灭菌器中进行高压蒸汽消毒的医药包装，可以采用在高温下改变颜色的油墨，只要看一眼包装就能很快得到包装产品是否已消毒的信息。这种油墨被称为热致变色油墨，能够采用任何一种印刷工艺进行印刷。

"色料"被应用于两种不同的印刷材料中。在印刷油墨中，色料是用来改变油墨色相的染料或颜料。如黑油墨中添加一些深蓝色的染料，就能够使其从深褐色转变为深蓝色。"色料"也被用作静电复印机和激光印刷机中产生图像使用的黑色粉粒。用于静电复印机的色料是十分复杂的材料，印刷时能够控制色粉的电子特性，印刷之后能够得到软化定型。这些材料可以用于复印或印刷装置中，在任何包装上产生条形码和其他标志。

电子墨是惠普公司 Indigo 数字印刷机中使用的液态呈色物质，这种油墨是用颜料和溶剂特殊配制而成的，可以在加热橡皮布上使用。转印橡皮布上可以使用多达 7 种颜色，然后将橡皮布上干燥的油墨一次性转移到纸张上，或经过特殊处理的塑料薄膜上，所以油墨在承印材料上无须干燥。应用电子墨可以多达 15 种颜色。不能使用金属油墨，因为它们会引起设备放电。

特殊油墨和光油可以用于防伪印刷，印刷品在裸眼或紫外光线下，或消费者手的体温作用下，能够提供可以识别的特点（如色彩）。混入油墨中的显微识别元素被称为痕量物质，它们只有采用传感器才能检测出，从而反映出产品是否是真实的。目前，已有各种各样的特殊油墨可以用于防伪印刷。

用于射频标签或智能卡印刷的油墨包含碳、金属银或导电聚合物，每一种油墨都具有特殊优点。这些油墨中的颜料提供的是电子特性，而不是颜色特性。颜料必须具有较低和稳定的电阻率，而印刷的天线必须耐湿度、耐热冲击和耐运输中的物理损伤。油墨必须对涂布纸和薄膜具有良好的附着性。这种油墨通常采用丝网印刷、凹版印刷或柔性版印刷工艺。

1.2.3 油墨的选择与规格

（1）最佳印刷油墨的选择

油墨是印刷工艺中的关键要素，每一种印刷工艺都只适合某种类型的印刷油墨。印刷油墨通常分为两大类：用于柔性版印刷和凹版印刷的稀薄油墨或低黏度油墨，以及用于胶版印刷、凸版印刷和丝网印刷的黏稠或高黏度油墨。不同类型印刷油墨的常见黏度范围列在表 1-3 中，由表 1-3 可知用于柔性版印刷和凹版印刷的稀薄油墨和用于胶版印刷、凸版印刷和丝网印刷的黏稠油墨在黏度值上的不同。

在柔性版印刷和凹版印刷工艺中，油墨必须具有相对较低的黏度，才能够快速地流进和流出网纹辊或凹印版滚筒的网穴。由于柔性版印刷和凹版印刷机组的设计比较简单，也允许使用低沸点的溶剂，而溶剂比较容易挥发，使得这种油墨也易于干燥。但柔性版印刷油墨不能使用凹版印刷中经常使用的一些较强溶剂，因为橡胶或塑料印版及塑料墨辊都有可能被这些强溶剂溶胀。

表 1-3　油墨黏度范围

印刷油墨（25℃=77℉）	黏度/cP
凹版印刷油墨	30～200
柔性版印刷油墨	50～500
新闻印刷油墨	200～1000
丝网印刷油墨	1000～50000
凸版印刷油墨	1000～50000
平版印刷（胶版印刷）油墨	10000～80000
喷墨印刷油墨	
水性喷墨印刷油墨（20℃）	1～3
连续喷墨印刷油墨（20℃）	1～5
紫外干燥喷墨印刷油墨（20℃）	50～100
热熔喷墨印刷油墨（125℃）	10～25

胶印和凸印油墨必须在印刷机上通过匀墨工艺降低其黏度，使得印刷时黏稠油墨不会撕裂纸张。如果油墨黏度与柔性版印刷和凹版印刷油墨一样低，油墨将会在印刷机上出现流淌。单张纸胶印油墨是通过缓慢复杂的化学反应而得到干燥，卷筒纸印刷油墨是通过高沸点溶剂的挥发而得到干燥。如果将柔性版印刷或凹版印刷油墨用于胶印机上，油墨可能在到达印版之前就会挥发干燥。卷筒纸胶印油墨用于单张纸胶印工艺时不易干燥，单张纸胶印油墨用于卷筒纸胶印工艺时也同样不易干燥。

选择油墨时还必须考虑油墨能否适应承印物。用于软包装印刷的油墨与用于折叠纸盒、薄膜或金属箔印刷的油墨是不同的，在玻璃纸上印刷良好的油墨并不一定适合于聚烯烃薄膜的印刷。印刷油墨赋予了包装各种色彩。很显然，油墨中颜料的含量多少对印刷油墨的价值是一个非常关键的因素。颜料通常是印刷油墨中最昂贵的成分，降低油墨中颜料的含量，就可降低油墨的整体价格。然而，这也会大大降低油墨的色强度。

在实际印刷应用中，选择最佳的印刷油墨是一个非常复杂的难题。供应商和客户必须共同努力制定所需油墨规范，才能够确保所提供的印刷油墨是最佳的选择，而其中价格也是必须考虑的因素。印刷设计师可能要求使用既能印刷浓厚的实地色，又能印刷清淡的网点图像的油墨。但彩色线条或专色印刷会比彩色图像印刷需要更高的油墨遮盖力，印刷商必须在这些矛盾要求之间寻找折中的方法。最理想的解决方案是使用两个印刷机组对两个不同特点的图像进行印刷。

（2）印刷油墨的规格

实行全面质量管理（TQM）的包装商或印刷商，需要为他们所采购的印刷油墨制定出有意义的油墨规范。有时希望检测的油墨特性不能被精确测试，而普通检测又常常无法为油墨的使用提供任何有用信息，因此需要编写油墨规范。油墨规范的编写需要供应商和客户共同合作，从而保证包装在装潢、使用和废弃时，油墨重要的特性能够得到检测和控制，并且始终控制在合理的成本之下。

不同类型油墨和不同用途包装需要不同的油墨规范，在制定规范时应该考虑的油墨特性包括颜色、色强度、遮盖力以及所有类型油墨最终使用的要求，如客户在包装印刷、填充、运输、存储和处置过程中的产品耐抗性和使用性。稀薄油墨的规范还有挥发性、黏度和闪点等。胶版印刷、凸版印刷和丝网印刷油墨规范有干燥时间、静置时间（印刷机上耐干燥能力）、强度值、研磨细度、货架期、黏性和黏性稳定性等。

在规范得到认可后，包装商还必须设定一些检测程序，这些检测程序也是印刷商质量控制的一部分，它应该与印刷规范一起开发。并不是对每一个样品都必须检测所有的性能，但是，需要进行一些油墨测试确认其规范以使供应商与客户之间的沟通和交流得到改善，确保油墨始终满足印刷的要求。当遇到涉及印刷油墨的故障时，应该咨询油墨供应商，购买油墨的价格包括了油墨出现问题时的咨询服务费用。

① 墨膜厚度　不同印刷工艺中油墨转移至承印物上的量会有所不同。胶版印刷油墨在墨斗和橡皮布之间经过多次墨膜分裂，因此是所有传统印刷工艺中印刷墨膜最薄的。柔性版印刷和凸版印刷直接从印版印刷，因此能够转移较厚的油墨墨膜。凹版印刷从雕刻版滚筒的网穴中转移油墨，因此其油墨墨膜可以更厚。丝网印刷允许印刷商选择编制丝网的网线规格或直径，因此在印刷墨膜厚度上有着最大的选择余地。

一般而言，薄墨膜具有较大的透明性，厚墨膜具有更好的遮盖力，厚墨膜通常还能提高印刷光泽度。表1-4给出了不同印刷工艺印别的典型墨膜厚度。

表 1-4　印刷墨膜的厚度

印刷工艺	墨膜厚度/mil[①]	墨膜厚度/μm
单张纸胶版印刷	0.028～0.047	0.7～1.2
卷筒纸胶版印刷	0.031～0.051	0.8～1.3
柔性版印刷	0.08～0.16	2～4
凹版印刷	0.12～0.20	3～5
丝网印刷	0.32～1.2	8～30
凸版印刷	0.06～0.12	1.5～3.0

① 干燥印刷墨膜的厚度（源自 Robert Bassemir，PIA/GATF 和其他）。

② 估算印刷油墨的用量　油墨的用量在印刷产品的加工中非常重要。最佳的成本估算程序是由印刷厂开发的，它是基于真实的承印物、印刷设备和操作人员的实际情况开发出来的。其中精确的记录数据是基本要素。估算油墨用量的软件已经诞生，大部分都是免费的，但是这些估算程序都是基于平均数据，远不如实际情况下的程序精确。毫无疑问，计算机使得油墨用量估算变得更加准确和容易。

1.3　油墨的历史与现状

公元 1000 年左右，北宋时期的毕昇发明了胶泥活字印刷，这项创新极大地提高了印刷效率。为了进一步提高生产效率和降低成本，缩短刻版周期，有些地方开始使用软木刻版，这种刻版容易制作、出书快、成本低。元代印刷技术除了在安徽、江西有大的发展以外，福建与浙江也成为印刷技术发达的地区；在辽金以后，北方的北京和山西也成为印刷发展地区。明代是中国封建社会后期文化昌盛的时代，也是印刷术发展的时期。

15世纪，德国的谷登堡发明了铅合金活字印刷技术，这一技术的出现推动了油墨的改进。当时的油墨采用灯黑作为颜料，亚麻油为连结料，通过手工混合均匀制成。但是直到19世纪中叶，随着科学特别是化学和色彩科学的进步，煤焦油染料和颜料发展迅速，油墨制造商才能够根据用户需求为用户制造出具有不同色相、明度、饱和度的彩虹般的各种颜色的油墨来。油墨生产进入了新的发展阶段。

中国现代油墨工业的形成始于前清时期北京白纸坊印制纸币，当时生产油墨用的原材料都依靠进口。新中国成立前，国内只有若干生产油墨的作坊和规模很小的油墨制造厂，技术力量薄弱，生产设备落后，只能生产一些低级油墨，质量低劣，品种混乱，加上受市场上质优价廉的舶来品的冲击，油墨工业很不景气。新中国成立后，油墨工业与其他工业一样，得到了迅速的发展。中国油墨工业不仅在产量上有较大幅度的持续增长，而且新材料、新品种也不断地出现，逐渐填补了国产油墨的空白。目前中国油墨工业实现了全产业链的发展，从炼油、合成树脂到高级颜料的生产，已形成一条完整的产业体系。中国的油墨产量不仅能够满足国内需求，还有大量产品出口到国外市场。这些产品不仅在国内市场上备受青睐，而且在国际市场上也享有一定声誉。中国的油墨品种丰富多样，例如快固着胶印亮光油墨、胶印树脂油墨、凸版轮转印报油墨等，为市场提供了更多选择，并且为中国油墨产业的国际竞争力增添了新动力。

改革开放以来，中国印刷业发展迅猛，截止到2023年5月，根据天眼查数据，我国有各种经济成分的印刷油墨独立法人生产企业超过10万家。我国油墨工业在发展过程中主要依靠引进和消化国外先进技术，目前中国油墨生产和装备水平均有了显著提高。我国油墨工业存在的主要问题是大部分企业规模小，产品重复，低档产品生产能力过剩，高档品种和技术复杂的专用品种生产能力不足。另外油墨生产用的主要原料（如颜料、树脂、溶剂等）在品种、质量、数量上不能与油墨同步发展。胶印油墨朝着高速、多色、快干、无毒的方向发展，中国的胶印油墨光泽、干燥速度和印刷性能指标多数已达到发达国家同类产品水平，但在上机抗水性、固着性、网点再现性等使用性能上仍有差距，不能满足高质量印品的印刷要求。发达国家在油墨制造过程中，普遍采用了计算机存储、更新及分析各种类型的基于大数据信息化处理的油墨配方。我国在油墨配方设计方面仍然主要依赖于工程师的个人经验。中国虽然已经引进并使用了国外油墨生产设备，但应该加强工艺管理，加强对现有设备的维护，加强油墨科技人才的培养；要提高胶印油墨的使用性能，同时要提高塑料凹版印刷油墨、柔性版印刷油墨、复合包装印刷油墨的质量，大力加强对特种油墨如UV光固化油墨、水基油墨、金属油墨、丝网油墨、喷绘油墨、防伪油墨的开发和研究。

随着我国"双碳"目标的提出，印刷油墨的环保性和挥发性有机化合物（VOCs）排放问题备受关注。柔印和凹印油墨继续朝着水性油墨的趋势发展，正在逐渐减少溶剂型油墨的应用。水性油墨有许多特别的优势，如降低了由于石油价格变化所带来的油墨价格波动风险；通过降低火灾风险而降低了企业的保险成本；可以用清水进行清洗；废弃物处理更加简单；不存在橡胶印版出现溶胀和污染；本身没有任何刺激味道等。目前最好的水性油墨在许多性能上已经几乎达到了溶剂型油墨的水平，如印刷适性、光泽度、耐热性、保存期限和稳定性等方面。存在的关键问题仍然是水性油墨的干燥速度与高速印刷过程不能匹配的问题。

油墨行业中另一个重要的发展趋势是紫外油墨的广泛应用，特别是在标签印刷和折叠纸盒印刷领域。紫外油墨具有瞬间干燥、良好耐抗性和高印刷光泽等优点。能量干燥油墨（紫外干燥油墨和电子束干燥油墨）由于几乎不含溶剂，因此可以大大减少挥发性有机溶剂残留，还可以通过提高印刷生产率、降低能耗和消除溶剂的回收成本，达到降低印刷操作成本的效果。能量干燥油墨既能应用于硬性材料的印刷，也能应用于软性材料的印刷，使其应用得到快速增长。

大部分印刷油墨都是不可溶颜料分散在液体中的黏性物，通过印刷方式能够方便的形成薄墨膜，快速转变为黏附在承印物上的固体。油墨中的液体成分常常被称为调墨油。将湿油墨或调墨油转变为干燥墨膜的最常见方法是通过调墨油中溶剂的挥发，或将调墨油分子连接在一起的聚合化学反应。包装商需要了解用来制作油墨的颜料，许多颜料都含有重金属，它们虽然能够用于制作优异的印刷油墨，但却具有毒性，必须远离食品加工。同时，当后印刷处理不当时，重金属还会污染垃圾场。这种颜料目前已经被取代，在法律上负责任的包装加工商都必须承诺，包装印刷使用的印刷油墨中只含有符合环保规定的颜料，不含有任何可能污染地下水的成分。包装印刷商还需要了解用来制作印刷油墨的溶剂，有些溶剂可能污染大气，在印刷厂的生产中引起健康或安全风险。

1.4 油墨与其他学科的联系及发展趋势

1.4.1 油墨与主要学科的关系

油墨是一种由色料、连结料、填充料和附加剂按照一定的比例混合，经过反复研磨、轧制等工艺过程形成的复杂胶体。因此，油墨技术与其他学科存在广泛的联系，包括化学、物理学、仿生学、胶体与界面化学、纳米科学、材料学、环境科学等学科。

（1）与化学的联系

油墨技术的源头就是化学科学，颜料、连结料树脂、溶剂、填料均与有机化学和无机化学物质密切相关，尤其是颜料、溶剂及填料，其主要成分为有机或无机分子物质。例如颜料分子，将其附着到承印物上形成图文信息是油墨的主要功能，如果颜料中的辅料是染料分子（或各种分子的组合），则应以远低于其溶解度极限的浓度存在，否则在存储期间油墨中的微小变化会导致沉淀，而这些与存储的环境条件（如温度、pH 值、水墨中电解质浓度等）密切相关。另外，pH 值对于水性油墨尤其重要，它直接影响了水性油墨的稳定性，以及颜料在连结料树脂中的分散性。而有机化学中的诸多小分子物质，如乙醇、乙酸乙酯、丙酮、苯类有机溶剂等，更是溶剂型油墨中常用的有机溶剂。总体而言，油墨中的各种原料组分与化学学科基础理论及性质密切相关，油墨化学也是油墨技术的基础理论学科。

（2）与材料学的联系

油墨本质上是一种混合物材料，将颜料与填料通过分散剪切等设备混合在连结料树脂中，均匀分散形成稳定的胶体体系，即制成油墨。因此，油墨与材料学，尤其是高分子材料直接相关。决定油墨主要性能的连结料树脂，主要采用天然高分子材料与人工合成高分子材料，如松香树脂、聚丙烯酸酯树脂、聚氨酯树脂、醇酸树脂、环氧树脂等。通过调节各种连结料树脂的高分子链结构及物化性质，能有效调节油墨的印刷适性及功能性。同时，新型有机/无机材料的出现，为油墨工业提供了丰富的功能性填料，如碳纳米材料中的碳纳米管、石墨烯、多维微纳米材料等，均能赋予水性油墨及溶剂型油墨以导电、磁性、光学防伪等特殊性能。因此，材料学是油墨技术长足发展的基础。

（3）与纳米科学的联系

纳米材料具有多种特性，如小尺寸效应、表面效应、量子尺寸效应和宏观量子隧道效应等，将它运用到油墨体系中会对油墨产业产生巨大的推动作用。作为印刷领域的重要物质，在油墨中加入纳米粒子会使油墨具有特殊的功能和性能。例如，有些物质在纳米级时，粒径不同则颜色也不同，或不同物质具有不同颜色，例如，TiO_2、SiO_2 的纳米粒子是白色的，Cr_2O_3 的纳米粒子是绿色的，Fe_2O_3 的纳米粒子是褐色的。以这些纳米粒子作为油墨的颜料，使油墨不再依赖于有机颜料，而是由适当体积的纳米粒子来呈现不同的颜色，这给油墨制造业中的颜料原料带来巨大的变革。

在油墨产品的制造过程中加入 3%～5% 比例的纳米颜料，即能改善油墨的遮盖率、饱和度、耐旋光性、耐水性等性能。若将铜、镍等材料制成 0.1～1m 的超微颗粒，它们可以代替钯与银等金属导电，因此将纳米技术与防伪技术结合，研究开发出纳米防伪印刷油墨，将有助于进一步提升防伪效果。在纳米油墨中，纳米粒子是最重要的组成部分，它可以是有机的、无机的，可以是金属的、非金属的或者它们的氧化物，人们可以根据用途加入相应的纳米材料。例如，在水性油墨中，将纳米颜料与水性纳米连结料乳液混合后制备出的纳米水性油墨，通过小尺寸效应能在承印物表面充分发挥渗透干燥的效果，进而有效提升水性油墨的干燥性。纳米技术的快速发展给日新月异的印刷和包装技术注入了新的活力，人们应用纳米技术开发出了纳米油墨系统，使传统的油墨产品更新换代。同时纳米技术产业将通过纳米颜料和纳米添加剂的制作应用到整个包装印刷产业中。纳米油墨和普通油墨虽然都用于产品的印刷，但是前者主要侧重于特种功能方面的应用，后者则用于单色或彩色印刷物的印刷。

纳米油墨有助于提升颜料的分散性和印刷适性。普通油墨制备过程中通常需要加入表面活性剂来改善油墨的润湿性，而纳米粒子由于具有很好的表面湿润性，它们吸附于油墨中的颜料颗粒表面，能改善颜料的亲油性和可润湿性，并能保证整个油墨分散系的稳定。所以添加有纳米粒子的纳米油墨，其印刷适性得以提高。采用新技术可以将油墨中的颜料制成纳米级，这样它们由于高度微细而具有很好的流动与润滑性，可以达到更好的分散悬浮性和稳定性。纳米颜料用量少，光泽好，树脂粒径细腻，成膜连续，均匀光滑，膜层薄，印刷图像清晰。

另外，纳米油墨有助于节省印版。在印刷过程中，印版会与油墨直接接触，颗粒微小且均匀的纳米油墨能有效降低印刷滚筒的作用下印版与油墨之间的摩擦系数，减少版材磨损。同时，纳米油墨能实现特性多样化。添加具有导电性的纳米粒子可以屏蔽静电，制成抗静电油墨；添加具有较好流动性的纳米粒子，可以提高油墨层的耐磨性；添加具有磁性/荧光等特性的纳米颗粒，可以制备出特种功能性/防伪油墨。纳米粒子还能有效扩大印刷油墨的色域空间，使油墨的色度和饱和度选择性更高。一方面由于存在显著的量子尺寸效应和表面效应，其吸收光谱发生红移或蓝移；另一方面有些纳米粒子自身具有发光基团，可以自己发光。由于以上两个因素，纳米颜料油墨的再现色域增大，因此使用纳米油墨的印品层次会更加丰富，阶调会更加鲜明，表现图像细节的能力也大大增强。

（4）与环境科学的联系

油墨属于一种特殊的胶体，其中主要成分为各种化学试剂，严重依赖于石油资源及矿产资源。300 年前的人类几乎完全依赖于可再生资源，如石头、木材、皮革、骨头、天然纤维等，那时，极少量可以使用的不可再生材料（如铁、铜、锡等），因其矿产相对丰富，似乎是取之不尽用之不竭的资源。然而，近 300 年间，人类对材料依赖的属性发生了转折性变化，不可再生资源逐渐替代了可再生资源，在百年工业化进程中，人类对不可再生材料的依赖度急剧增加。到了 20 世纪末，人类的发展几乎完全依赖于不可再生材料了，如图 1-3 所示。在油墨行业更是如此，其中大量使用的颜料与连结料合成树脂主要来源于矿产和石油资源。

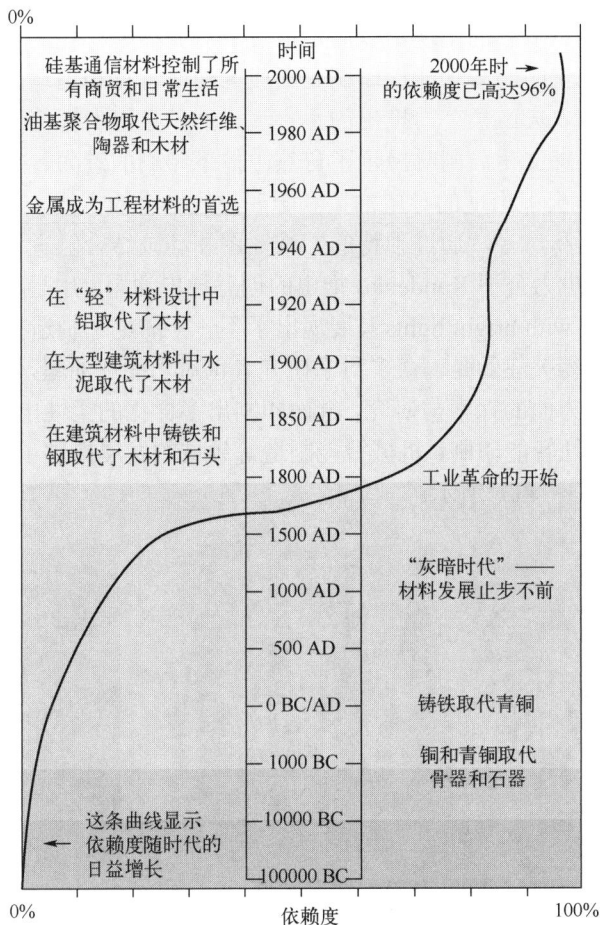

图 1-3 人类对不可再生材料依赖度曲线

AD—公元后；BC—公元前

包装印刷行业存在严重的 VOCs 排放问题，其主要来源就是油墨中存在的大量有机溶剂；废弃包装印刷材料在回收循环利用时，脱墨过程中产生的大量微细油墨颗粒，以废弃树脂为主，会形成大量的微塑料，对土壤和海洋环境造成不良影响，更容易通过微塑料迁移过程，将油墨微粒带入人体中形成沉积物，损害人体健康。因此，在油墨学科领域与行业中，包装印刷工程师有责任在设计和使用包装印刷油墨及相关新材料时，加入"保护生态环境"这一重要的苛求条件，为发展绿色循环经济提供基础。

1.4.2　油墨的发展趋势

随着经济和科学的发展，传统的印刷已经逐渐失去往日的光辉，电子产品及互联网的指数式技术革新将纸质报纸新闻、书等传统印刷技术逐渐淘汰。尤其是全球化发展带来的环境保护和 VOCs 减排等问题，更是将传统的溶剂型印刷油墨作为重点对象进行监控，传统溶剂型印刷油墨产业及其上下游行业均已经开始走下坡路。因此，发展新型的安全油墨、赋予传统油墨以新的功能势在必行。

（1）新型功能性油墨的性能需求

传统油墨的印刷效果、印刷效率、印刷机制等方面已成熟，印刷技术的革新给印刷品带来了更亮丽、更饱满、更多彩的呈现，以满足消费者对商品多样化的需求。除了大宗商品的多样化印刷之外，个性化印刷与功能性印刷逐渐成为消费者竞相追逐的对象，也成了生产商的有效宣传手段。例如农夫山泉公司推出的不含气天然矿泉水的标签印刷，通过个性化的印刷工艺表现长白山的生态文明，同时展示了自然主体下印刷的魅力，如图1-4（a）所示；在2015年的伦敦零售博览会上出现的导电油墨和金属导线结合的方式，导电油墨以丝网印刷方式呈现动画、数据输入和声音，通过独特的二维插图和动画结合触觉，给人以交互体验，如图1-4（b）所示；日本电力公司Kandenko推出的创意导电油墨，用导电银浆油墨笔构建微型华灯初上的都市"future with bright lights"，展现出了不一样的电子制造技术，如图1-4（c）所示；值得关注的是，众多科学研究者也对功能性油墨，尤其是导电油墨，进行了多方面的探索与研究，继而印制出多样化的柔性电子器件，为智能化穿戴、柔性智能印刷、机械智能制造等领域的发展提供了良好的材料，如图1-4（d）～（f）所示。

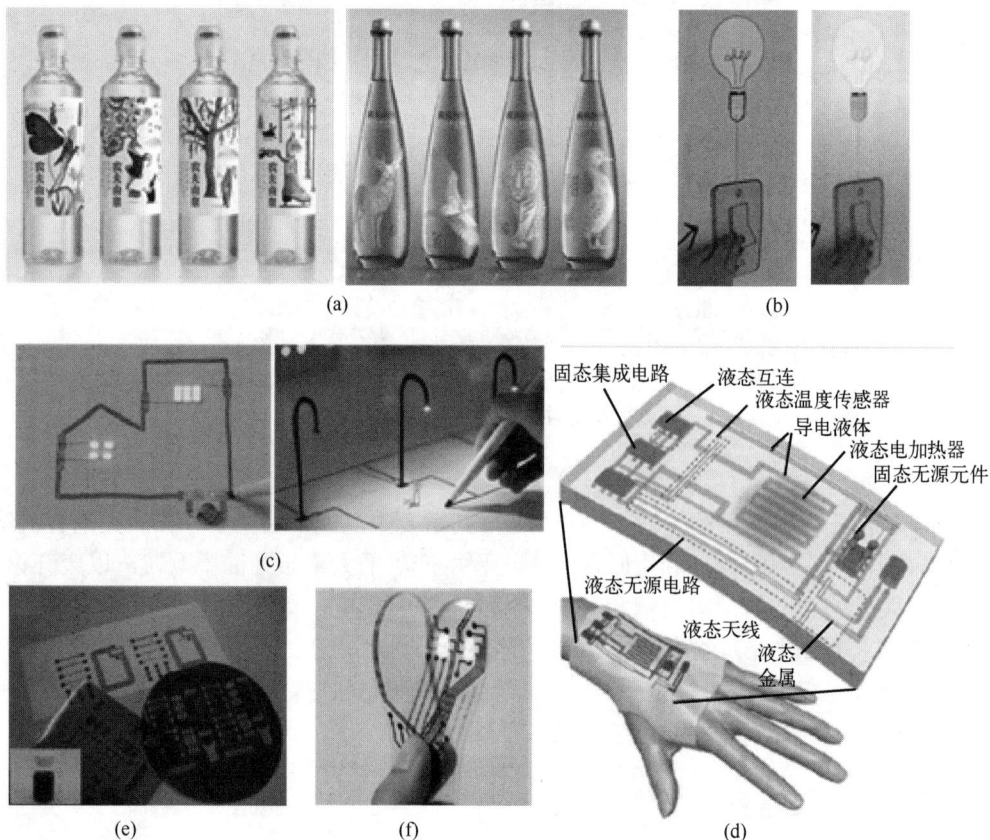

图1-4 个性化印刷与功能性印刷印品

（a）农夫山泉个性化标签印刷图案；（b）创意平面触摸墙灯；（c）导电银浆油墨笔构建的微型华灯初上的都市；
（d）3D打印下的智能穿戴器件中的功能性油墨印刷线路；（e）导电油墨在柔性基材上的电子制造及器件；
（f）柔性基材上的有机发光二极管

由此可见，个性化印刷和功能性印刷技术要求印刷油墨不仅仅具备普通油墨的色彩呈现、信息传递等功能，更需要具备特殊性能，如绿色、安全性、可降解性、导电性、磁性、防静电性、温变性、易喷涂性、荧光性等。其中，尤其以油墨的安全环保和导电性为重中之重。

导电功能性油墨是当前油墨领域最具发展潜力及商业价值的材料，因为它使印刷技术超越了原本传递油墨至承印物上的印刷图文载体的范畴，发展到机械产业的智能制造与微纳米制造、电子信息产业的晶体管和光电信息传递，及艺术设计领域的功能化设计和交互体验等领域，使基于传统印刷技术的科技以引领时代潮流的姿态重返自然科学的舞台。导电油墨实际是一种特殊的导电涂料，它与仿生学塑料、废物转化为能源的热电元件、碳纤维等新型材料一起被评为改变未来制造业的九种材料之一。尤其是不含金属的导电油墨，它在印刷电子材料领域发挥着重要作用，在传感器、射频电子标签（RFID）、电路板、3D打印、显示屏（LED和OLED）和电池等领域均有重要应用。据IDTechEx公司的市场研究报告显示：2012年导电油墨在光伏电池、RFID等产品上的占有率达到25%，份额达到23亿美元；预测到2028年，导电油墨作为印刷电子材料在各行业中的发展总产值将达到3000亿美元。其当前产业分布、国家占有率、未来产业分布及发展趋势如图1-5所示，导电油墨的地位可见一斑。由图1-5（d）可知，高导电性、有机材料化是印刷电子材料未来的发展方向，尤其在新技术突破和降低成本方面，它们是印刷电子市场蓬勃发展的基础。

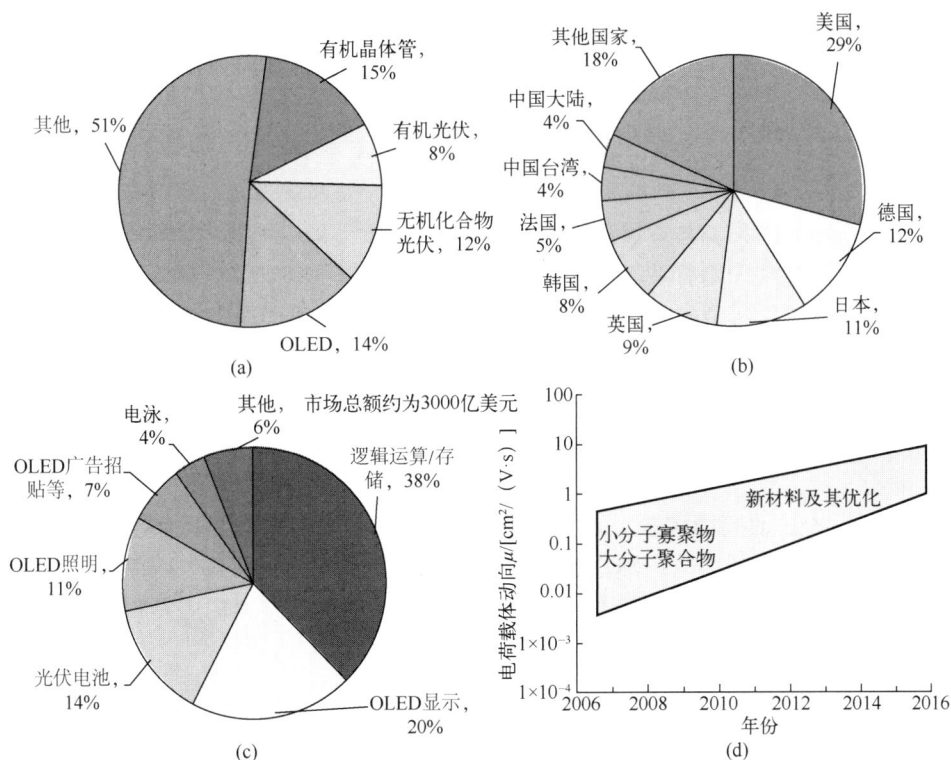

图 1-5　导电油墨作为印刷电子材料的分布及发展趋势

（a）印刷电子材料当前市场份额；（b）印刷电子技术与企业全球分布；
（c）印刷电子市场预测（至2028年）；（d）印刷电子材料发展趋势

值得注意的是，随着导电油墨的兴起，其生产与应用范围必将进一步扩大，涉及新型柔性印刷电子技术及新能源技术等方面，如图 1-6 所示。这也必将涉及油墨及印刷工业的安全环保问题。如何使功能性油墨更加绿色环保，采用何种印刷技术为环保功能性油墨的载体，如何进一步提高导电油墨的导电性等，这些问题都是印刷行业，尤其是新兴的印刷电子产业关注的核心问题。

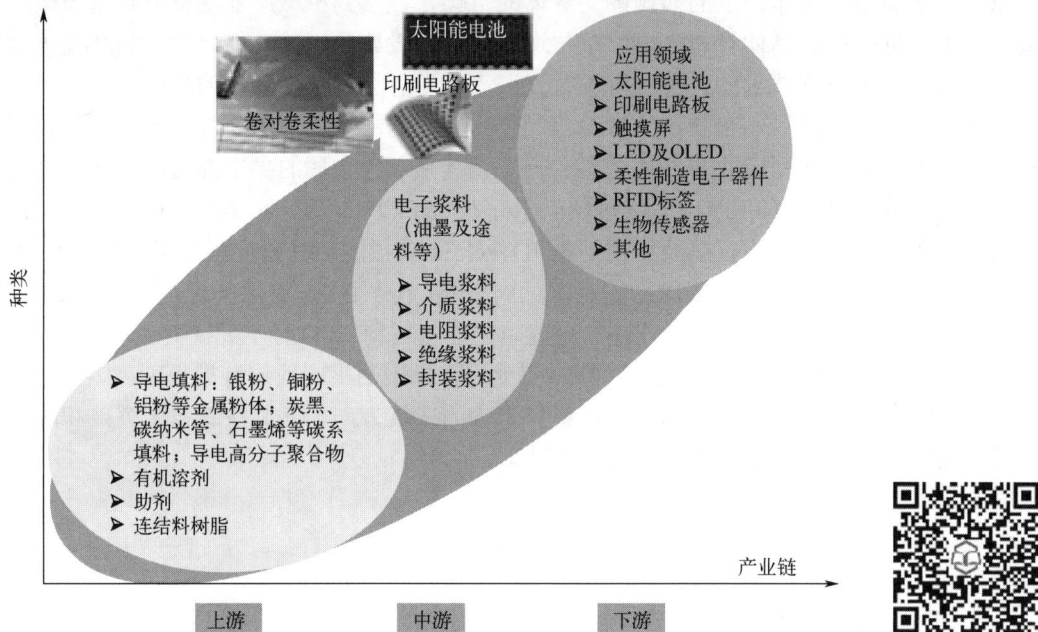

图 1-6　导电浆料的产业链结构示意图

（2）环保新油墨的种类与发展现状

如前文所述，包装印刷行业及相关产业的快速发展进一步刺激了市场对安全环保油墨的需求，虽然政府调控、行业转型对传统印刷油墨制造产业造成了一定的影响，形成了一定的压力，但是印刷及其相关行业对"绿色化"油墨的需求扩大，使油墨产业的发展呈现出新的态势，新技术、新产品、新模式已经开始。这也集中体现在国内几家巨头油墨制造商的新产品上，如叶氏油墨（集团）有限公司主打产品为水性油墨、环保胶印油墨、环保凹印油墨；天津东洋油墨有限公司主打产品为紫外光固化（UV）油墨、水性油墨；茂名阪田油墨有限公司主打产品为大豆油胶印油墨、水性柔版印刷油墨、水性凹版印刷油墨等。所以，环保型油墨已经逐渐占据市场。从各油墨制造商生产的主要油墨产品可知，环保型油墨主要有水性油墨、UV 油墨和植物油基油墨三大类，其发展速度也随着连结料树脂及颜料制备技术的突破而加快。

① 水性油墨　水性油墨（water-based ink）是目前全世界公认的最环保的油墨，低毒、环保、健康的特性使其市场份额逐步提高，现在已经被广泛用于食品、药品和烟包包装等行业。据行业内人士报道，国内印刷企业与国外客户合作过程中，普遍要求印刷品必须使用水性油墨，水性油墨也是目前唯一被美国食品药品监督管理局（FDA）认可的安全环保型油墨。美国、欧洲 95%以上的柔性版印刷和凹版印刷油墨都采用水性油墨，溶剂型油墨基本彻底被淘汰，但是这一数值在我国仅为 3%，这也是我国目前食品存在的安全隐患之一。在美国、欧洲诸国、日本等发达国家中，水性油墨不仅仅局限于柔性版印刷和凹版印刷，在其他印刷工艺领域它的

增长率也要明显高于传统的溶剂型油墨，因为国外的水性油墨不仅具备环保性，而且墨色稳定、亮度高、印后附着力强、干燥速度可调、耐水性强、四色套印及专色印刷均可使用。

对比我国水性油墨的发展，20 世纪 80 年代我国才引入环保型柔性版印刷的理念，处于摸索发展期；到 20 世纪 90 年代，随着研究和生产经验的积累，才开始进入快速发展时期；再到 21 世纪初期，大量外资资本涌入，促进了我国水性环保型印刷的第二次快速发展。

随着 2005 年我国烟包行业首次提出对印刷油墨苯类溶剂严格限制的要求；2009 年年底全国软包装行业的塑料包装、药品包装使用无苯印刷的广泛展开；2013 年 6 月，我国进一步修改完善了绿色印刷油墨相关的三项标准，即《凹版塑料薄膜表印油墨》（QB/T 1046—2012）、《凹版塑料薄膜复合油墨》（QB/T 2024—2012）、《单张纸胶印油墨》（QB/T 2624—2012），以推动我国绿色印刷油墨行业的发展；2015 年 7 月北京市正式实施的《印刷业挥发性有机物排放标准》（DB11/ 1201—2015）；2016 年 10 月，我国卫生和计划生育委员会发布第 15 号文件，发布《食品安全国家标准　食品接触类材料及制品通用安全要求》（GB 4806.1—2016）等 53 项食品安全国家标准。绿色环保的要求逐渐严格，涉及的范围也更加广泛，这对我国水性油墨的发展是一个巨大的挑战，同时也是全面发展的一个最大的机遇，新型水性油墨的研发和市场化生产在我国迎来了全新的时代。行业内人士也普遍认为，水性油墨是包装印刷的未来，这是全世界的趋势。

② UV 油墨　紫外光固化油墨（UV 油墨）是当前主要使用的能量固化油墨，与传统溶剂型油墨相比组分有明显变化，它主要由活性连结料树脂、颜料、活性稀释剂、光引发剂及助剂组成。因为不含溶剂，所以 UV 油墨在生产及印刷过程中只产生少量的 VOCs。它的干燥也与传统溶剂型油墨及水性油墨的挥发与渗透干燥方式不同。

UV 油墨的干燥原理是利用紫外光照射，使油墨中的光敏材料（光引发剂）分子分解形成高活化原子或原子团，引发油墨中树脂含有的不饱和键断裂，通过自由基聚合发生一系列的链式反应，最终完成分子的交联、聚合、固化，达到干燥的目的。在 UV 油墨中，最主要的成分是连结料中的光固化树脂，光固化树脂与一般油墨连结料树脂的差别在于，光固化树脂中存在大量的双键或三键，以便迅速发生交联固化反应，赋予 UV 油墨可光固化性能。光固化树脂的种类很多，在制造上也各不相同，但总的要求是要得到较高的分子量和保留一定的双键。因此，具备较高光固化率和较大分子量是选取 UV 油墨连结料树脂的主要考虑因素。但是由于光固化树脂具备较多的不饱和键和较高的活性，在树脂固化时易受空气中的氧气氧化发生反应，降低固化速度，而且固化后墨膜柔性较差。

另外，UV 油墨已经在印刷工业中大量推广应用，它在印刷过程中能避免糊版等问题的出现，而且用少量的 UV 油墨就能达到饱和鲜艳色彩的效果，符合环保要求。现存的 UV 油墨在使用时多需要使用单体稀释剂作为溶剂，但是稀释剂本身具有毒性，对人体皮肤刺激性大而且不环保。水性 UV 油墨兼有水性油墨和 UV 油墨的优点，相较于普通的 UV 油墨具有无刺激、无污染、更安全等特点，因而研究水性 UV 油墨更加符合当今社会的环保要求和印刷工业的发展。但是水性 UV 油墨以水作为溶剂，必然会带来油墨干燥速度不快的问题，严重影响印刷速度，这也是水性 UV 油墨在发展过程中所遇到的难点之一。

采用冷光源的 UV 光源，即发光二极管紫外光光源（LED-UV）来代替传统的 UV 光源，它作为一种低电耗、长寿命、节省材料的环境友好型光源而受到关注。能发射紫外光的 LED 已被开发出来，在黏结剂及涂料的固化及干燥方面已达到实用化程度。特别是 LED 的发光光谱中不含红外光成分，具有发热少的优点，对一些不耐热产品其应用正在扩大。发射紫外光的 LED-UV

干燥固化设备能解决高压水银灯和金属卤素灯等光源不安全以及能源消耗大等一系列问题。

LED-UV 干燥系统的开发及应用也进一步增强了 UV 印刷系统对环境的友好性，其在 UV 印刷油墨中的广泛应用对经济活动、环境保护、人体健康等问题的改善无疑发挥了重大作用。目前，我国主要采用传统 UV 油墨的印刷干燥方式，LED-UV 固化干燥技术尚处在深入研究及初步应用阶段。例如，据 2016 年 6 月消息称，杭华油墨股份有限公司的研发项目"LED-UV 固化技术及其油墨产品的开发及产业化设计"，采用 LED-UV 灯代替传统汞灯实现 UV 油墨固化，一天一台胶印机可节约超 10 万千瓦时电能，并可有效减少 100 吨二氧化碳的排放，有利于清洁生产。但是在欧美等发达国家，LED-UV 印刷已经逐渐普及，据报道，美国巨头太阳化学油墨公司称：UV 油墨和水性喷墨是其公司表现最好的两个领域，尤其 UV 油墨市场增幅较大。

③ 植物油基油墨　植物油基油墨是一种环保型油墨，其特点是采用植物油替代传统油墨中的部分石油系列溶剂，但其他成分（如连结料树脂、颜料及相关助剂等）与传统油墨相同。科学家 Bernie Tao 曾预言，未来"绿金"将代替"黑金"，即从玉米、大豆等植物中提取的植物油将代替石油，逐渐从生活用品转变为工业用品。在油墨制造行业中，植物油能部分代替依托于石油的有机合成树脂，包括菜籽油、大豆油、葵花油、玉米油等。国外有研究表明植物油基印刷油墨具备更优异的印刷性能，无 VOCs 排放，而且具备良好的生物降解性。自 20 世纪 90 年代以来，欧美发达国家陆续成功开发出植物基热塑性和热固性树脂，其理化性质甚至可以与石油产品媲美，广泛应用于包装材料、医疗设备、建筑材料等领域。我国拥有丰富的植物油资源，但国内对于植物油基树脂的研究开发尚处于初级阶段，研发资源有限。浙江大学宋晓燕等曾经在此领域做过尝试，经研究发现植物油中的大豆油更适合于油墨连结料的制造。植物油基环保型油墨能有效改善印刷行业中石油资源成本日益增高及匮乏而带来的有机合成树脂资源匮乏等问题，减少油墨中有机树脂的使用量，同时也能减少上下游工业的污染物排放，利于环境保护。

思考题

1. 包装印刷加工有哪些功能作用？
2. 油墨由哪几部分组成？它们的作用分别是什么？
3. 凹版印刷油墨与柔性版印刷油墨有什么异同？
4. 油墨可以和哪些学科联系在一起？请从其中两门学科方面简要叙述。
5. 你还了解哪些新型功能性油墨？

参考文献

[1] 张帅. 环保油墨助力包装印刷行业的发展 [J]. 科技风, 2015, 19: 47.
[2] 吴宏. 发展绿色柔印推动国内包装印刷市场进步 [J]. 印刷技术, 2016, 9: 42-44.
[3] 马金涛. 环保油墨的应用与发展 [J]. 中国印刷, 2015, 8: 70-73.
[4] 庞洪秀, 翟洪杰, 刘三国, 等. 环保水性油墨成就"绿色"烟包 [J]. 广东印刷, 2014, 2: 44-45.
[5] Magdassi S. 喷墨打印油墨化学 [M]. 赵红莉, 蓝闽波, 译. 上海: 华东理工大学出版社, 2016.
[6] 马金涛. 环保油墨的应用与发展 [J]. 中国印刷, 2015, 8: 70-73.
[7] 焦杰明, 方长青, 周星, 等. 紫外光固化连结料、油墨及其制法和应用: CN 201611018102.1 [P]. 2016-11-22.
[8] 焦杰明, 方长青, 周星, 等. 紫外光固化油墨用光引发剂及其制法和应用: CN 201611028337.9 [P]. 2016-11-23.
[9] 慧聪印刷网. 投入资金 2000 多万元杭华油墨五大项目突出绿色亮点[EB/OL]. http://info.printing.hc360.

com/2016/06/080921596796. shtml，2016-06-08.

［10］殷奕. 绿色环保油墨应用现状及发展分析［J］. 材料与设备，2016，2：44，47.

［11］王凌云，杨丽庭，王成双，等. 植物油基绿色聚合物的研究进展［J］. 应用化工，2009，38（5）：724-728.

［12］Lu Y，Larock R C. Soybean-oil-based waterborne polyurethane dispersions：Effects of polyol functionality and hard segment content on properties［J］. Biomacromolecules，2008，9：3332-3340.

［13］农夫山泉.http://www.nongfuspring.com/.

［14］迪泽创意.MIT Media Lab 由虚到实的新交互方式［EB/OL］. http://www.wtoutiao. com/p/gaflNp.html.

［15］Kandenko. future with bright lights［EB/OL］. https://www.kandenko.co.jp/.

［16］Ota H，Emaminejad S，Gao Y，et al. Application of 3D printing for smart objects with embedded electronic sensors and systems［J］. Advanced Materials Technologies，2016，1(1):1600013.

［17］Shim I K，Lee Y I，Lee K J，et al. An organometallic route to highly monodispersed silver nanoparticles and their application to ink-jet printing［J］. Materials Chemistry & Physics，2008，110(2-3):316-321.

［18］Malti A，Edberg J，Granberg H，et al. An organic mixed ion-electron conductor for power electronics［J］. Advanced Science，2016，3（2）:201670006.

［19］Yu Y，Xiao X，Zhao Y，et al. Photoreactive and metal-platable copolymer inks for high-throughput，roomtemperature printing of flexible metal electrodes for thin-film electronics［J］. Advanced Materials.2016，28（24）：4926-4934.

［20］Tian D，Song Y，Jiang L. Patterning of controllable surface wettability for printing techniques［J］.Chemical Society Reviews，2013，42（12）:5184-5209.

［21］Zhou X，Li Y，Fang C，et al. Recent advances in synthesis of waterborne polyurethane and their application in water-based ink: A review［J］. Journal of Materials Science & Technology，2015，31（7）:708-722.

［22］李路海.印刷包装功能材料［M］.北京：中国轻工业出版社，2013:91-93.

［23］慧聪网.价廉物美国产水性油墨将占领市场［EB/OL］. http://info.printing.hc360. com/list/ymzx_list.shtml.

［24］方长青，周星.水性油墨连结料树脂的研究新进展［J］.中国印刷与包装研究，2013，6（5）：1-13.

［25］中华人民共和国国家卫生和计划生育委员会.关于发布《食品安全国家标准　食品接触材料及制品通用安全要求》(GB 4806.1—2016)等 53 项食品安全国家标准的公告（2016 年第 15 号）［EB/OL］.2016-11-18.

［26］宋晓燕，何国庆，毕艳兰，等.大豆油基印刷油墨连结料的制备研究［J］.中国粮油学报，2006，4:71-75.

第 2 章

颜料

2.1 颜料的作用和分类

英语中颜料一词 pigment，源自拉丁文 pigmentum，原指有色物质给予人们的一种色感，后来又延伸到有色彩装饰之意；至中世纪晚期，这个词也被用于表示所有的植物萃取物，特别是那些用于着色的萃取物。按照已得到普遍认可的标准，颜料指的是一种由细小颗粒构成的物质，它们基本上不溶解在被使用的介质中，具有为材料提供着色、保护或特殊功能（如磁性、导电性等）的性质。颜料和染料都被纳入"着色物料"一词的范畴内。着色物料指的是所有那些具有着色性质的物料。颜料与可溶性有机染料的主要区别在于，它们在溶剂和基料中具有极低的溶解度。

2.1.1 颜料的作用

着色是颜料的基本属性。人类对色彩的追求可以远溯到史前时代，在超过 6 万年以前，人类就已把天然赭石作为着色材料使用。颜料作为工业产品，其专业化分工和生产源自 18 世纪，目前的颜料厂商大多按照颜料的不同属性如有机或无机的不同类型进行专业化的生产。随着社会的发展，使用者对于颜料的性能要求越来越高，单纯的颜料着色属性已不能满足客户要求，颜料的其他性能越来越受到用户的重视。当前，在建筑领域的涂装产品中，要求颜料同时具备高性能，如耐候性、耐温性、环保性和节能性等，高性能颜料也是助推整个建筑领域涂装产品向高性能发展的强劲动力。

颜料的应用范围很广，目前大量用于涂料、塑料、橡胶、纺织、陶瓷、艺术水泥着色等领域，新的用途还在不断地增加，如用于化妆品、食品、黏结剂、静电复印等。正确地选择适合于某种用途的颜料品种是颜料应用工作的重要课题。在选择适用的颜料品种时，应在充分了解颜料的性能、特点的基础上，扬长避短，全面地考虑，既要考虑颜料应用后所起的作用，又要考虑到经济合理性。

2.1.2 颜料的分类

颜料至今还没有统一的分类方法，通常是按照其生产方法、组成、功能、化学结构和颜色等进行分类的。颜料按其生产方法可以分为天然颜料和合成颜料。天然颜料如朱砂、红土、雄黄、铜绿、藤黄、靛青等，合成颜料如钛白、锌钡白、铅铬黄、铁蓝、铁红、红丹、大红粉、酞菁蓝、喹吖啶酮红等。

按其组成可以分为无机颜料和有机颜料。无机颜料主要包括炭黑及铁、钡、锌、镉、铅和钛等金属的氧化物和盐，有机颜料主要包括单偶氮、双偶氮、色淀、酞菁、喹吖啶酮及稠环颜料等。无机颜料耐晒、耐热性能好，遮盖力强，但色谱不十分齐全，着色力低，色光艳度差，部分金属盐和氧化物毒性较大。而有机颜料结构多样，色谱齐全，色光鲜艳纯正，着色力强，但耐光、耐气候性和化学稳定性较差，价格较贵。无机颜料与有机颜料的不同特点，决定了它们在应用领域上的差别。

按其功能可以分为着色颜料、防锈颜料、体质颜料和特种颜料。着色颜料的功能主要是赋予制品所要求的颜色和遮盖力；防锈颜料的功能主要是防止金属锈蚀，起到保护作用；体质颜料具有较低的遮盖力和着色力，但由于其价格较低，它的加入可以降低制品的成本，更重要的是它可以增加制品的机械强度、耐久性、耐磨性、耐水性和稳定性等；特种颜料包括示温颜料、发光（夜光）颜料和荧光颜料等，主要用于标志、温度变化的显示等特殊用途。

按其化学结构进行分类，如有机颜料可以分为偶氮颜料、酞菁颜料、多环颜料、芳甲烷系颜料等；无机颜料可以分为铁系颜料、铬系颜料、铅系颜料、锌系颜料、磷酸盐系颜料、钼酸盐系颜料、硼酸盐系颜料等。

按其颜色进行分类，可以分为白色颜料、黑色颜料、黄色颜料、红色颜料、绿色颜料、蓝色颜料等。从生产和应用角度考虑，本书中无机颜料是按照颜色进行分类叙述的，有机颜料是以化学结构进行分类叙述的。

2.1.3　颜料的性能

（1）遮盖力

颜料加在透明的基料中使之成为不透明的、完全盖住基片的黑白格所需的最少颜料量称为遮盖力。遮盖力的光学本质是颜料和其周围介质存在折射率之差。当颜料的折射率和基料的折射率相等时就是透明的；当颜料的折射率大于基料的折射率时就表现出遮盖力，两者之差越大，表现出的遮盖力越强。颜料的遮盖力还随粒径大小而变，存在着体现该颜料最大遮盖力的最佳粒径，高折射率颜料受颜料粒子大小的影响比较大，低折射率颜料受颜料颗粒大小的影响比较小。遮盖力是颜料对光线产生散射和吸收的结果，主要是靠散射。对于白色颜料更是主要靠散射，对于彩色颜料则吸收能力也起一定作用，高吸收的黑色颜料具有很强的遮盖能力。在最佳粒径产生最大遮盖力的原因是光的衍射作用，当粒径相当于波长的 1/2 时遮盖效果最佳，粒径再小时光线会绕过颜料粒子，发生光的衍射，则不能发挥最大的遮盖作用。随着粒径的减小，透明性增强，遮盖力越来越差。当超过粒径的最佳状态后，随着粒径的增大，光的散射作用越来越差，遮盖力逐渐减弱。

（2）着色力

着色力是某一种颜料与另一种基准颜料混合后颜色的强弱能力，通常是以白色颜料为基准去衡量各种彩色或黑色颜料对白色颜料的着色能力。着色力是颜料对光线吸收和散射的结果，主要取决于吸收，吸收能力越大，其着色力越高。不同的颜料，其着色力有很大的不同，着色力的强弱决定于颜料的化学组成。一般地，相似色调的颜料，有机颜料比无机颜料着色力要强得多；同样化学成分的颜料，着色力的波动取决于颜料粒子大小、形状、粒度分布、晶型结构。着色力一般随着颜料粒径的减小而加强，当超过一定极限后着色力也会随颜料粒径的减小而减弱。着色力还和颜料粒子的分散度有关，颜料粒子分散度越高，着色力通常越强。因此为了提高着色力，要重视颜料的加工后处理，使着色强度发挥得更好。

（3）表面自由能和比表面积

颜料粒子内部的分子处在力场均衡状态，合力等于零。表面分子则处于力场的不均衡状态，横向合力为零，纵向合力为一垂直固体的力。外部表面上每分子都受到一个指向固体内部的力，使表面收缩，当收缩至面积最小时达到最稳定状态，这时表面上的能量称为表面自由能。粒子分散得越细小，表面自由能越大，物系则越不稳定。为减小表面自由能，粒子要聚集以减小表面积。由于颜料粒子表面自由能高而不稳定，当表面吸附其他物质以后会使整个系统能量降低，所以颜料表面总是吸附一定的分子、离子、基团。

单位质量的颜料所具有的表面积称为比表面积。颜料的比表面积可以通过该颜料的密度和颗粒直径求得：$S=6/\rho d$。式中，S 为比表面积；ρ 为密度；d 为颗粒直径。

（4）表面电荷

当颜料粒子遇到电解质溶液，将在界面附近发生电学性质的变化，这种性质对颜料分散起很大作用。界面电荷的产生首先是由于电离作用，颜料分散体处在分散介质中，分散体表面分子起电离作用，把其中一种离子送到液体中去，使粒子带电，由于分散介质的 pH 值不同，同样化学成分的粒子可以带上正电或者负电。粒子带电的另一个原因是粒子吸附上溶液中的某种离子而带电，一般认为这种吸附使粒子带负电性较多，因为通常阳离子比阴离子更容易水化。再有粒子带电的原因是离子取代，这是一种比较特殊的荷电机制，如 Ca^{2+} 被 Al^{3+} 所取代，结果使分散体带电。

固体表面带电的本质是由于固体与介质的接触及相互作用，固体表面电荷分布不均匀而产生电位差。若是带某种电荷的离子紧紧地附于颜料粒子之上，则与其电荷相反的离子即在其附近平行排列以组成双电层，双电层具备一定的厚度。双电层有一部分可随固体运动，其可动部分的电位称为 ε 电位。要改善颜料的分散性能，就要考虑颜料的带电情况，ε 电位太大，电荷构成了电位屏障，会阻止颗粒的连结。如加入电解质使 ε 电位变小，会造成粒子的连结。根据需要添加助剂可改善粒子带电情况。

（5）表面吸附和吸油量

在颜料颗粒表面存在着很高的自由能，再加上存有一定的表面电荷等原因，颜料颗粒表面总不免要吸附一定的化学物质，如水分、空气及各种盐类、酸类、碱类和有机物，以中和其电性或降低其表面自由能等。固体表面的原子或分子与其内部的不同，由于原子价或分子力不饱和，强烈地吸引接近表面的气体原子或分子，由此而产生了吸附现象。固体表面的吸附能力并不完全相同，颜料粒子表面那些晶体缺陷和所形成的表面最突出部分其周围的力场最不平衡，吸附能力也最强，形成表面的活性中心；颜料粒子的极度分散与破碎增加了表面积，同时也增加了表面的微观棱角，使其吸附能力大大增强。

在定量的粉状颜料中，逐步将油滴入其中，使其均匀调入颜料，直至滴加的油性物质恰能使全部颜料浸润并黏在一起的最低用油量就是吸油量。颜料颗粒表面吸附油量的大小和粒子的比表面积大小有关，除此之外，还和颜料与颜料之间的空隙度有关。因为所需的油性物质除了吸附在颜料粒子表面外，尚需充填颜料粒子之间的空隙使颜料与油料连为一体。空隙度减小，吸油量会减小；颗粒变小则颜料粒子比表面积增大，导致吸油量增大。但颗粒大小的变动会影响到粒子之间的空隙度，所以吸油量和颗粒大小的关系还要考虑到空隙度问题，不存在简单关系，视具体颜料而定。对某一化学成分的颜料来说，颜料的吸油量除了和粒子大小有关外，和颗粒的形状也有很大关系。一般地，针状粒子较球状粒子具有更大的吸油量，因为针状粒子比表面积比球状的大，而且颜料颗粒间的空隙也更大。颜料的表面状态对其吸油量也有一定的影响，如颜料粒子上所吸附的水盐、水分、表面活性剂等。吸油量是颜料应用于涂料的一个重要指标，在保持同样稠度的漆浆时，吸油量大的颜料比吸油量小的颜料要耗费较多的漆料。

（6）颜料的稳定性能

颜料的化学成分是颜料间相互区别的主要标志。不同化学成分的颜料，其色泽、遮盖力、着色力、粒度、晶型结构、表面电荷以及极性等物理性能均不相同，并且也决定了颜料化学性质的不同。一般来讲，根据颜料的性质及应用，要求颜料有稳定的化学成分，且不受外界环境的影响。但是，有时候出于某种目的还要利用它的不稳定性。例如，颜料粒子基本不溶于水，但出于防锈、防污的目的，会故意加入某种介质使之产生微水溶性或与底材发生微量化学反应，以达到保护底材的目的。

颜料是一种惰性物质，当然对于具体某种颜料而言，很难做到不和任何物质起反应，此时在使用上就要求扬长避短。一般涂料所接触到的化学物质主要为酸、碱、盐、水、腐蚀性气体、有机溶剂等。如华蓝不耐碱，但很能耐酸，在使用时就应避免碱性环境。又如铁黄比铬黄耐碱、耐光，这样在建筑涂料中就可选用铁黄。

2.2　有机颜料

2.2.1　有机颜料概述

我国有机颜料行业相关政策始终鼓励行业健康发展，如国家发展改革委、科技部、工业和信息化部等有关部门在《战略性新兴产业重点产品和服务指导目录（2016版）》中将"高品质有机颜料"列入战略性新兴产业重点产品。国家发展和改革委员会在《产业结构调整指导目录（2019年本）》中将"高色牢度、功能性、低芳胺、无重金属、易分散、原浆着色的有机颜料""染料、有机颜料及其中间体清洁生产、本质安全的新技术的开发和应用"列入鼓励类投资项目。工业和信息化部在《产业技术创新能力发展规划（2016—2020年）》中将"千吨级酞菁颜料、杂环有机颜料和偶氮型有机颜料连续化生产工艺及装备"列为石化和化学工业重点发展方向。

一方面，在碳中和背景下，涂料相关产业环保标准提高，高性能有机颜料有望逐步对市场上含铅、铬等有毒无机颜料形成替代。另一方面，随着高分子材料的迅速发展以及人民对生活质量的要求日益提高，对着色剂的应用性能也提出更高的要求，因而带动了各类新型有机颜料的开发与生产。高性能、环保型有机颜料展现出更优异的物理化学特性与安全环保性能，既具有传统偶氮颜料鲜艳、色强高的优点，又能满足中高档涂料、油墨、塑料等领域对耐光性、耐热性、耐溶剂性、安全环保等更高性能的要求。叠加颜料单品价值占比较小，对应需求价格敏感程度较低，有望成为有机颜料发展的趋势。近年来世界有机颜料行业保持平稳发展，产量和市场需求量基本保持平衡，2017～2022年消费量增长率为2.6%左右，2022年全球有机颜料消费量约为40.7万吨。从全球消费区域看，欧洲、中国、美国是有机颜料最大的消费市场。

（1）有机颜料的定义与分类

有机颜料是指具有一系列颜料特性的、由有机化合物制成的一类颜料。颜料特性包括耐晒、耐水浸、耐酸、耐碱、耐有机溶剂、耐热、晶型稳定、分散性和遮盖力等。有机颜料与染料的差异在于它与被着色物体之间没有亲和力，只能通过胶黏剂或成膜物质将有机颜料附着在物体表面，或混在物体内部，使物体着色。有机颜料生产所需的中间体、生产设备以及合成过程均与染料的生产大同小异，因此往往将有机颜料在染料工业中组织生产。有机颜料与一般无机颜料相比，通常具有较高的着色力，颗粒容易研磨和分散，不易沉淀，色彩也较鲜艳，但耐晒、耐热、耐候性能较差，普遍用于油墨、涂料、橡胶制品、塑料制品、文教用品和建筑材料等物料的着色。

广义上，有机颜料是不溶性染料，它不溶于水或溶剂中，然而并非所有不溶性染料都可用作有机颜料。因为有机颜料是以微细颗粒的分散状态分布于被着色介质中而使物体着色的，因此，其应用性能不仅取决于颜料化学结构，而且与颜料粒径的大小和分布、粒子表面的物理状态、极性、晶型以及介质的相容性等有密切关系。许多生产颜料的公司在开发新型结构品种的同时，致力于研究颜料的表面特性，开发易分散型、高透明度、高着色力、流动性优异等不同特性的商品，以改进产品质量，满足不同应用领域的要求。

有机颜料以偶氮颜料和酞菁颜料为主，二者占总有机颜料的90%以上。由于颜料用途广泛，其生产发展迅猛，发展趋势有以下几个特征：①改良老品系的同时（如引入不同的取代基），大力开发新品系；②采用新的颜料配比，改进现有品种，提高利用价值，扩大应用范围；③考虑到颜料的形态对载色体容易分散，以及为了防止粉尘飞扬，因此生产的商品剂型由粉状向浆状形态发展。

有机颜料品种繁多，有多种方法可对它们进行分类，较为常用的分类法如表2-1所示。按色谱不同进行分类，有机颜料被分为黄、橙、红、紫、棕、蓝、绿色颜料等。按功能性进行分类，有机颜料被分为普通颜料、荧光颜料、珠光颜料、示温颜料等。按应用对象进行分类，有机颜料被分为涂料专用颜料、油墨专用颜料、塑料和橡胶专用颜料、化妆品专用颜料等。另外，按颜料分子的结构不同可将有机颜料分为偶氮颜料、酞菁颜料、缩合多环颜料和其他颜料。按颜料分子的发色基团可大致将有机颜料分为偶氮类颜料和非偶氮类颜料两大类，主要区别在于颜料分子中是否含有偶氮基。

表2-1　有机颜料分类

分类方法	颜料种类
色谱	黄、橙、红、紫、棕、蓝、绿色颜料等
功能	普通颜料、荧光颜料、珠光颜料、示温颜料、导电颜料、金属颜料、纳米颜料等
应用对象	涂料专用颜料、油墨专用颜料、塑料专用颜料、橡胶专用颜料、化妆品专用颜料等
分子结构	偶氮颜料、酞菁颜料、缩合多环颜料等
发色基团	偶氮类颜料、非偶氮类颜料等

（2）有机颜料的属性

1）色彩性质

有机颜料色彩鲜明，着色力强，密度小，无毒性，但部分品种的耐光、耐热、耐溶剂和耐迁移性能往往不如无机颜料。颜色的品种变化无尽、绚丽多彩，但各种颜色之间存在一定的内在联系，每一种颜色都可用3个参数来确定，即色调、明度和饱和度。色调是彩色彼此相互区别的特征，取决于光源的色谱组成和物体表面所发射的各波长光对人眼产生的感觉，可区别红色、黄色、绿色、蓝色、紫色等特征。明度，也称为亮度，是表示物体表面明暗程度变化的特征值，通过比较各种颜色的明度，颜色就有了明亮和深暗之分。饱和度，也称为彩度，是表示物体表面颜色浓淡的特征值，使色彩有了鲜艳与阴晦之别。色调、明度和饱和度构成了一个立体，用这三者建立标度，就能用数字来测量颜色。自然界的颜色千变万化，但最基本的是红、绿、蓝三种，称为原色。

2）有机颜料应用系统的流动性

① 流变性 按牛顿定律，流体的剪切力 τ 与剪切速度 D 成正比。在实际应用中，大部分不含有机颜料的油墨连结料或油漆料都被视为理想的流体，或称作牛顿流体。对于牛顿流体，剪切力 τ 与剪切速度 D 之比是一个常数，仅取决于温度和压力。当然对于特别黏稠的或具有触变性的流体，上述定律不适用，这些流体具有独特的流变性。在牛顿流体中加入有机颜料，流体的性质就会发生变化。对牛顿流体，其剪切力与剪切速度成正比，斜率便是该流体的黏度。在该流体中加入有机颜料后，因流体的性质发生变化，其线性关系为一条曲线，曲线的斜率随剪切力和剪切速度的增加而减小，这种现象称为假塑体行为，该曲线的斜率便是该假塑体的特征黏度。此时，用于粉碎有机颜料的剪切力会使颜料流体系统内的分子及颗粒重新排序，因此减少了系统间的相互作用，从而使得黏度下降。不管剪切作用的时间多长，在剪切力及黏度之间有一个固定的关系。

② 触变性 触变性是描述非理想流体的一个可逆的与时间有关的参数，它或多或少地与有机颜料的浓度有关。具有触变性的流体都含有凝胶结构，但是外界的剪切力会破坏原先稳定的有机颜料介质的结构，因而触变性流体的黏度会因施加剪切力而降低，最终达到极小值。触变性是颜料制备成油墨后，油墨体系呈现的最典型的特性之一，满足油墨在高速印刷和非印刷状态下的印刷适性需求。

③ 膨胀性 膨胀性较少在有机颜料应用系统中出现。在对有机颜料的湿滤饼进行挤水换相的加工中，或在减少有机颜料滤饼中水分的过程中，施加剪切力可能会造成介质的黏度上升。当有机颜料浓度接近临界体积浓度时，或超过临界体积浓度时，提高剪切张力或剪切速度 D 会使得流体变得更厚，这样会给水性有机颜料制备物的生产带来难度。因此在对有机颜料的湿滤饼进行这样的加工前，有必要对这些滤饼在高剪切下的膨胀性进行测试。

④ 黏弹性 大部分有机颜料应用系统均具有黏弹性质。在剪切速度较低或系统的变形速度较慢时，这些系统基本上是黏性的。当剪切速度较大或系统变形速度加快时，系统的黏性变化不大，但弹性却增加较大。在高速印刷时，油墨被高速输送，此时油墨的流动性便呈现出黏弹性。在周期性的外力作用下，实验时间接近于体系的松弛时间，则黏弹性体不能以足够快的速度流动。印刷油墨或其他制品的黏弹性能基本上是有机颜料及介质极性的函数，但是要定量描述体系的流变性是十分困难的，因为制品的结构黏度、触变性、膨胀性有可能会同时出现。对于油墨、涂料等体系，控制它们的流变性十分重要。影响流变性的因素很多，如有机颜料的浓度、比表面积、颗粒形状、表面结构及介质的物理化学性质等。在众多的因素中，有机颜料的分散条件是最主要的。分散设备往往对分散起了决定性作用，分散的好坏决定了有机颜料颗粒表面被介质润湿的程度，有机颜料颗粒间以及其与介质界面间的相互作用也对分散有着极大的影响。

（3）有机颜料的应用领域

1）有机颜料在涂料中的应用

有机颜料在涂料工业中的应用比例不断上升，目前在涂料着色颜料使用中约占26%。近年来随着我国涂料工业迅速发展，高档涂料品种占有的比例增幅较大，有机颜料的需求增长迅速，对其品种和性能提出了更多、更高的要求。高性能涂料应具有良好的分散性、储存稳定性，其涂膜应具有优良的耐紫外光性、耐候性、耐溶剂性、耐沾污性、抗划伤性，以及优良的耐水性、耐酸性、耐碱性等。如果是烘烤型涂料，还要具有优良的耐热性，特别是汽车面漆，除了上述性能外，更要有鲜艳的色泽、高的鲜映性、良好的质感和丰满度。一般无机颜料虽然有很好的耐久性和遮盖力，但色泽不如有机颜料鲜艳，感官不如有机颜料有质感。因此，许多具有优异特性的有机颜料被愈来愈多地应用于高性能涂料工业，如建筑涂料、汽车涂料、卷材涂料等。但是由于不同的涂料体系所用的成膜物不同，在制定配方时，应根据树脂性能、助剂及溶剂体系选择相应的有机颜料。

2）有机颜料在油墨中的应用

随着印刷业的迅速发展，对有机颜料的需求量也逐年增大，并且对有机颜料的性能要求也越来越高，特别是颜色、分散度、耐光性、透明度等。要求彩色颜料的色调接近光谱颜色，饱和度应尽可能大，三原色油墨所用的品红、蓝、绿色颜料透明度一定要高，所有颜料不仅要有耐水性，而且要迅速而均匀地和连结料结合，颜料的吸油能力不应太大，颜料最好具有耐碱、耐酸、耐醇和耐热等性能。

① 胶印油墨 胶印油墨目前用量最大，全世界平均用量约占油墨总量的40%，国内达到70%左右。其所用颜料的选择主要考虑以下几点：胶印油墨体系溶剂主要是矿物油和植物油，因此它的体系中含有一定数量的羧基（—COOH），故不能用碱性大的颜料；在印刷过程中，油墨要与给水辊接触，因此耐水性要好；印刷时墨层较薄，因此浓度要高；胶印采用套印比较多，故要求透明性好，尤其是黄颜料。综合以上分析，红颜料一般用颜料红#49：1（立索尔大红）、颜料红#53：1（金光红C）、颜料红#57：1（洋红6B），蓝颜料一般用颜料蓝#1（品蓝色淀）、颜料蓝#15：3（β-酞菁蓝）、颜料蓝#19（射光蓝浆），黄颜料一般用颜料黄#12、颜料黄#13、颜料黄#14，其他颜色常用的有颜料橙#13、颜料红#81、颜料紫#1、颜料紫#3、颜料紫#23、颜料绿#7。

② 溶剂型凹印油墨 此类油墨中的溶剂主要是各类有机溶剂，如苯类、醇类、酯类、酮类等。不同的体系溶剂对颜料的选择有不同的要求，总体需考虑以下几点：凹印油墨本身的黏度较低，这就要求颜料的分散性要好，在连结料中有良好的流动性，并且在储存过程中不会发生絮凝及沉淀现象；由于印刷物，溶剂型凹印油墨以挥发干燥为主，故要求在体系干燥时有良好的溶剂释放性；耐溶剂性要好，在溶剂体系中不会发生变色、褪色现象；在印刷过程中要与金属辊筒接触，故颜料中的游离酸对金属辊筒不应有腐蚀作用。综合以上因素，适用溶剂型凹印油墨的颜料主要有颜料红#48：1、颜料红#48：2、颜料红#53：1、颜料红#57：1、颜料蓝#15：2、颜料蓝#15：3、颜料蓝#15：4、颜料橙#13、颜料黄#12。

③ 紫外光固化油墨（UV油墨） UV油墨最近几年在全世界得到了广泛的应用，年增长率超过10%，远远高于油墨的总增长率。它主要有胶印、柔印和丝印三种形式，它的干燥方式决定了颜料选择主要考虑以下因素：a.颜料在紫外光下不会变色；b.为避免影响油墨的固化速度，应选用对紫外光谱吸收率小的颜料。在实际选材中，一般选用联苯胺黄、酞菁蓝、永久红、桃红、宝红、耐晒深红等颜料。

④ 水性油墨 水性油墨主要采用柔印、凹印两种形式。由于水性油墨一般呈碱性，故不宜使用含有易在碱性环境中反应的离子的颜料；另外，水性油墨中一般含醇类溶剂，故要求颜料要耐醇。一般选用联苯胺黄、永固橘黄G、BBC耐晒红、BBN耐晒红、酞菁蓝等。从长

远来看，水性油墨与 UV 油墨由于含有极低的挥发性有机化合物（VOCs），极具环保性，是今后油墨的发展方向，有机颜料的研制也应该往这个方向靠拢。

3）有机颜料在塑料中的应用

有机颜料用于塑料着色，除了其应有的着色性能外，还需要满足塑料着色加工工艺所需要的分散性、耐热性、耐迁移性，被着色制品在使用环境下应具有的耐候性、耐光性、耐溶剂性和满足食品卫生标准的要求等。传统经典的偶氮类有机颜料因其色谱齐、色泽鲜艳、价格合理已大量用于塑料制品的着色，但其化学结构等因素在耐热性、耐光性、耐迁移性等方面存在种种缺陷，特别在浅色着色上其差异更大。另外传统的联苯胺黄、橙系列颜料在用于聚合物加工温度超过 200℃ 时会发生热分解，分解的产物是单偶氮化合物和芳香胺。当温度超过 240℃ 时还会产生氯联苯胺。颜料分解物对人体和环境的影响越来越引起人们的重视，所以寻求热稳定性的颜料也是近年来研究的重点之一。

2.2.2 偶氮类颜料

偶氮类颜料是指分子中含有偶氮基的颜料。可根据颜料分子中所含有的偶氮基数目，或是重氮组分及偶合组分的结构进一步分类，可分为单偶氮黄色和橙色颜料、双偶氮颜料、β-萘酚系列颜料、色酚 AS 系列颜料、偶氮色淀类颜料、苯并咪唑酮颜料、偶氮缩合颜料、金属络合颜料等。

（1）单偶氮黄色和橙色颜料

单偶氮黄色和橙色颜料是指颜料分子中只含有一个偶氮基而且它们的色谱为黄色和橙色的颜料，其结构如图 2-1 所示。组成这类颜料的偶合组分主要为乙酰乙酰苯胺及其衍生物和吡唑啉酮及其衍生物。以前者为偶合组分的单偶氮颜料一般为绿光黄色，而以后者为偶合组分的单偶氮颜料一般为红光黄色和橙色。典型的品种有汉沙黄 10G（C.I.颜料黄3），其结构如图 2-2（a）所示，实物如图 2-2（b）所示。

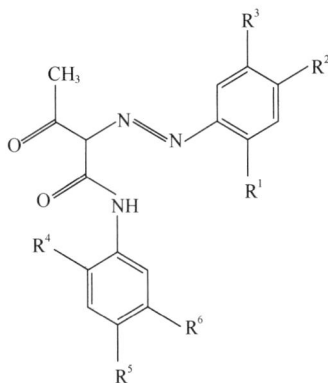

图 2-1 单偶氮黄色和橙色颜料分子结构

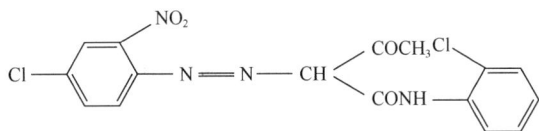

(a) 分子结构

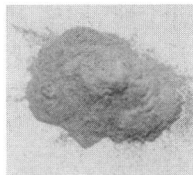 

(b) 实物

图 2-2 汉沙黄 10G 颜料

合成单偶氮黄色和橙色颜料的习惯方法如下：①在酸性水介质中，0～5℃ 的温度下用 30% 亚硝酸钠水溶液对重氮组分进行重氮化；②乙酰乙酰苯胺及其衍生物（或吡唑啉酮及其衍生物）在碱中溶解后再加酸析出细微的粒子，调整 pH 值至 4～5 后进行偶合反应；③将得到的颜料悬浮液在短时间内加热到 70～80℃，过滤，用水漂洗净滤饼中的盐分及可溶性杂质，在

60～80℃进行干燥。在整个反应过程中需要加入分散剂或乳化剂以控制颜料的粒子尺寸，随后的热处理也可在压力下进行，使颜料粒子尺寸的大小与分布达到理想的状态。

单偶氮黄色和橙色颜料的色谱范围从绿光黄、红光黄到黄光橙。用吡唑啉酮及其衍生物作偶合组分得到的颜料呈红光黄色，在国际市场上该类颜料已开始被其他的颜料品种所取代。汉沙黄系列颜料的着色强度大约是双偶氮类黄色颜料的一半，但在调制全色或深色制品时其耐晒牢度较好。且由于汉沙黄系列颜料的生产成本低，售价也低廉，所以在市场上仍占有一定的比例。为了使此类颜料在使用时的应用性能达到最佳状态，可在合成时适当调整物理参数，如粒子尺寸和结晶形式等。

单偶氮黄色（汉沙黄系列）和橙色颜料在有机溶剂中呈微溶状态，导致在应用时出现渗色性及重结晶现象，这一缺点很明显地限制了该类颜料的应用范围。大部分单偶氮黄色颜料主要应用于气干性涂料和乳胶漆中。在多数应用介质中这类颜料或多或少地会出现重结晶现象，但是这种情况的出现对此类颜料是不可避免的。单偶氮黄色颜料，尤其是 C.I.颜料黄 1 和 C.I.颜料黄 3，由于具有良好的耐晒牢度而应用于汽车漆中，但是用钛白粉冲淡后，其性能会有所改变。以 C.I.颜料黄 1 为例，其本身的耐晒牢度为 7～8 级；而以 1∶5 的比例用钛白粉冲淡后，耐晒牢度降低为 5～6 级；在 1∶60 的情况下，则进一步降至 4～5 级。单偶氮黄色颜料因具有优异的遮盖力和亮丽的色相，故它们适于代替无机铬黄颜料，尤其在那些需要无铬的配方中。此外，这类颜料具有良好的流动性，使得它们即使以高浓度使用也不会影响漆类或涂料类制品的流动性。虽然这类有机颜料的透明性较好，但如使用浓度过高，则它们的遮盖力就会显得较突出。

单偶氮黄色和橙色颜料在多数介质中较易分散，大多数品种甚至在长碳链的醇酸树脂系统中具有较为可观的溶解度。单偶氮黄色颜料在应用介质中会起霜，同时其耐溶剂性较差，这使得它们的应用范围受到了限制。在工业漆中，由于对应用牢度的要求日趋严格，而对颜料的耐溶剂性要求更高，因此单偶氮黄色颜料很少应用于工业漆，只在特殊情况下才使用。最终决定某一品种颜料在工业漆中是否可用的因素是颜料的使用浓度，而不是它在特定的应用系统中是否会发生起霜的问题。这些颜料即使在应用系统中不起霜，也会有渗色性。

在一般的单偶氮黄色颜料中引入磷酰胺基团可增强其耐溶剂性。经此化学修饰，产生了像 C.I.颜料黄 97 之类的品种，它们可以应用于烘烤磁漆。这类产品在一般的加工条件下不会起霜，在中等固化温度下甚至可以抗渗色。单偶氮黄色和橙色颜料因在塑料中具有较强的迁移性，因此实际上并不能用于塑料原浆的着色。在大多数应用系统中，它们会出现渗色和起霜，但 C.I.颜料黄 97 例外。在某些条件下，C.I.颜料黄 97 可用于聚氯乙烯浆料中。少数单偶氮黄色颜料品种可以有限制地应用在聚氨酯树脂（热固性塑料）中。

印刷油墨是某些单偶氮黄色颜料的主要应用领域，尤其是在联苯胺类黄色颜料的耐晒牢度不能满足用户需要的场合，例如广告、包装、墙纸等，但它们主要还是应用在包装用品的印刷油墨中。然而，在调制专用的包装凹版印刷油墨中，溶剂的选择仍是一个问题。由于加工条件，尤其是分散方法的影响，颜料会在某些溶剂中产生重结晶现象。重结晶现象的出现会使颜料的着色强度、透明性等性能变差，不仅降低了着色力，而且使油墨变得不透明。应用在水性油墨或水溶性油墨中，则不会发生此类问题。较低的热稳定性和较差的耐迁移性使它们无法应用于金属拓印印刷油墨。

在印刷油墨工业中，单偶氮黄色和橙色颜料的用量仅次于联苯胺类双偶氮黄色颜料，后者在着色强度和耐溶剂性方面的性能均比前者要好得多，前者的最大优点在于耐晒牢度较好。

涂料、印刷油墨和塑料并非单偶氮黄色和橙色颜料仅有的应用对象，在许多其他行业人们也可发现它们的存在。它们以多种形式（粉状颜料或颜料制备物）被用于众多的办公用品中，如蘸水钢笔墨水、绘图墨水、彩色铅笔、蜡笔、水彩笔等。它们也可作为木材着色剂或其他类型的着色剂用于诸如三合板、胶合板、鞋油、地板蜡、肥皂、火柴头，以及日用化学品工业中。这些颜料也可用于纺织品的印花涂料、纸张喷涂料和纸张的原浆着色。

最早的单偶氮黄色颜料是 C.I.颜料黄 1，它是在 1910 年上市的，至今仍被大量生产并应用。表 2-2 和表 2-3 所列的是常见的单偶氮黄色和橙色颜料，以及其他结构的单偶氮黄色和橙色颜料，它们的重氮组分多数在偶氮基的邻位带有硝基。较耐迁移的颜料黄 97 分子中没有硝基，但是有磺酰氨基。乙酰乙酰邻甲氧基苯胺常作为单偶氮黄色颜料的偶合组分，它是世界上生产单偶氮和双偶氮黄色颜料最重要的中间体之一。

表 2-2　常见的单偶氮黄色和橙色颜料

染料索引号	R^1	R^2	R^3	R^4	R^5	R^6	色光
C.I.颜料黄 1	NO_2	CH_3	H	H	H	H	黄
C.I.颜料黄 2	NO_2	Cl	H	CH_3	CH_3	H	红光黄
C.I.颜料黄 3	NO_2	Cl	H	Cl	H	H	强绿光黄
C.I.颜料黄 5	NO_2	H	H	H	H	H	强绿光黄
C.I.颜料黄 6	NO_2	Cl	H	H	H	H	黄
C.I.颜料黄 49	CH_3	Cl	H	OCH_3	Cl	OCH_3	绿光黄
C.I.颜料黄 65	NO_2	OCH_3	H	OCH_3	H	H	红光黄
C.I.颜料黄 73	NO_2	Cl	H	OCH_3	H	H	黄
C.I.颜料黄 74	OCH_3	NO_2	H	OCH_3	H	H	绿光黄
C.I.颜料黄 75	NO_2	Cl	H	H	OC_2H_5	H	红光黄
C.I.颜料黄 97	OCH_3	SO_2NHAr	OCH_3	OCH_3	Cl	OCH_3	黄
C.I.颜料黄 98	NO_2	Cl	H	CH_3	Cl	H	绿光黄
C.I.颜料黄 111	OCH_3	NO_2	H	OCH_3	H	Cl	绿光黄
C.I.颜料黄 116	Cl	$CONH_2$	H	H	$NHCOCH_3$	H	黄
C.I.颜料橙 1	NO_2	OCH_3	H	CH_3	H	强红光黄

表 2-3　其他结构的单偶氮黄色和橙色颜料

染料索引号	重氮组分	偶合组分	色光
C.I.颜料黄 10	2,5-二氯苯胺	PMP	红光黄
C.I.颜料黄 60	邻氯苯胺	PMP	红光黄
C.I.颜料黄 165	未公开	未公开	红光黄
C.I.颜料黄 167	3-氨基邻苯二甲酰亚胺	AADM	绿光黄
C.I.颜料橙 6	邻硝基对甲苯胺	PMP	橙

注：PMP=1-苯基-3-甲基-5-吡唑酮；AADM=2,4-二甲基乙酰乙酰苯胺。

（2）双偶氮颜料

双偶氮颜料是指颜料分子中含有两个偶氮基的颜料。典型的品种有联苯胺黄（C.I.颜料黄12），其结构如图 2-3（a）所示，实物如图 2-3（b）所示。

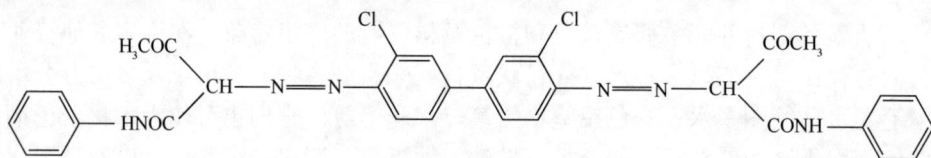

(a) 分子结构

(b) 实物

图 2-3　联苯胺黄颜料

这类颜料的母体大多为联苯胺（图 2-4）和对苯二胺（图 2-5）。在图 2-4 中，R^1 为 Cl、OCH_3、CH_3，R^2 为 H、Cl。在图 2-5，R^3、R^4 为 H、CH_3、OCH_3、Cl。从这两个结构来看，双偶氮颜料的两个基本类型或是通过二元芳胺中的氨基经重氮化后与其他偶合组分形成双偶氮化合物（图 2-6），或是以二元芳胺作为偶合组分与两个重氮盐经偶合形成双偶氮化合物（图 2-7）。

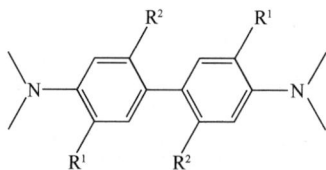

图 2-4　联苯胺

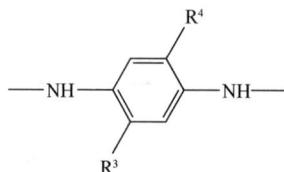

图 2-5　对苯二胺

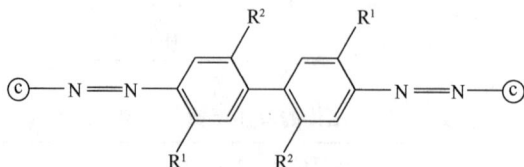

图 2-6　双偶氮化合物 1

ⓒ 代表偶合组分

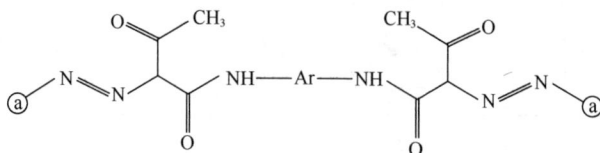

图 2-7　双偶氮化合物 2

Ar 代表芳环，ⓐ代表重氮组分

双乙酰乙酰芳胺及其衍生物和 1-芳基-5-吡唑啉酮衍生物是合成双偶氮黄色颜料最常用

的偶合组分，重氮组分则品种繁多。双偶氮黄色和橙色颜料的色谱从绿光黄色到红光橙色，与单偶氮黄色和橙色颜料相似。但是双偶氮黄色颜料的分子量比单偶氮黄色颜料大得多，较之在介质中更耐有机溶剂和耐迁移。

1）双芳胺类黄色偶氮颜料

如今市场上的双芳胺类黄色偶氮颜料一般具有以下化学结构（图2-8）。

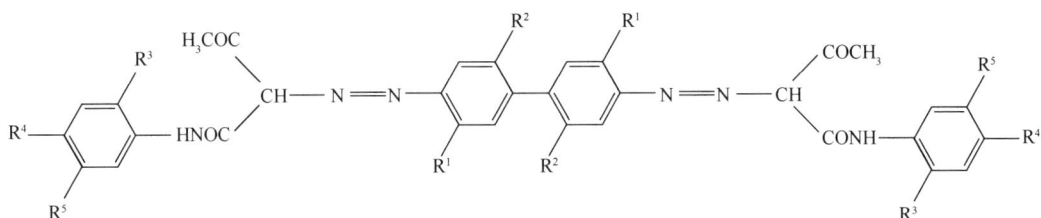

图2-8 双芳胺类黄色偶氮颜料

R^1、R^2=H，Cl；R^3、R^4、R^5=H，Cl，OCH_3，OC_2H_5

3,3′-双氯联苯胺是合成此类颜料的重氮组分，它是在碱性介质中用锌粉还原邻硝基氯苯（或是将邻硝基氯苯进行催化加氢部分还原）先制成2,2′-双氯二苯肼，然后再在稀盐酸中进行分子重排而获得的。合成双芳胺类黄色偶氮颜料时，先用盐酸或硫酸将3,3′-双氯联苯胺溶解，再加入亚硝酸钠溶液进行重氮化反应，生成的重氮盐再与两倍摩尔量的乙酰乙酰芳胺进行偶合。在偶合之前，该偶合组分须先在碱性介质中溶解，再用稀醋酸或稀盐酸酸析，这样可获得细小的固体粒子，使偶合反应容易进行并且完全。3,3′-双氯联苯胺在重氮化反应过程中，重氮化反应不会分步进行。若亚硝酸钠的用量不足，则不会有3,3′-双氯联苯胺的单重氮盐生成，而是有过量的3,3′-双氯联苯胺残留在反应物中。

在颜料化的加工中，不仅要添加表面活性剂和分散剂，还要添加树脂、脂肪胺和其他化合物。表面活性剂的功能与分散剂相似，加入树脂是为了控制颜料粒子的尺寸，使其变得非常细小而又均匀。研究表明，在颜料黄12的颜料化加工过程中，若加入过量的树脂，则会改变它的晶型。另有研究表明，在该类颜料的颜料化加工过程中，若加入长碳链的脂肪胺，则不仅仅具有物理效应，还会发生化学反应，进而生成颜料与脂肪胺的缩合物。

颜料的表面若吸附有松香一类的物质，可减慢或加速颜料晶体的增长，这取决于松香的浓度。在生产双芳胺类黄色偶氮颜料时，若有过量的松香存在，也可对颜料晶体进行物理修饰，这可用X射线衍射分析来识别。偶合后的悬浮物一般要在较高的温度下进行热处理，有时这种热处理也可以在有机溶剂中进行，尤其是想要生产高遮盖力的产品时。假如有机溶剂通过蒸馏能从水介质中分离出来并能循环使用，则使用有机溶剂进行热处理是最经济的。常用的有机溶剂是异丁醇，因为它在颜料悬浮液中可以非常方便地经水蒸气蒸馏而与颜料悬浮液分离。

双芳胺类黄色偶氮颜料的色谱在强绿光黄色与强红光黄色之间。色光较绿的黄色颜料常用2,2′,5,5′-四氯联苯胺作重氮组分，采用3,3′-双氯联苯胺为重氮组分制得的颜料色光要红一些。双芳胺类黄色偶氮颜料具有较高的着色强度，比相同颜色的单偶氮黄色颜料高一倍以上。例如，就用于调制活版印刷油墨来说，颜料黄12的着色强度比颜料黄1高一倍。用于调制气干性醇酸漆时，颜料黄83的着色强度比颜料黄65高三倍。大多数双芳胺类黄色偶氮颜料的粒子较细，比表面积在50～90m^2/g之间，非常适合用于调制印刷油墨。不同的颜料化加工得到的颜料其比表面积数值并不相同,有些品种的实际数值较之要大一些。例如,颜料黄83在用树脂进行颜料化加工时,其比表面积会从原先的 $70m^2/g$ 增大到加工后的 $100m^2/g$ 以上。需要指出的是,残留在颜料表面的树脂要完全洗涤干净。

大部分双芳胺类黄色偶氮颜料主要应用于调制印刷油墨,这是由于在印刷油墨工业中,要求颜料有充分的耐通用溶剂性。保持一个合适的加工温度和保持较低的分散温度可以使颜料的颗粒最小化,为高透明性印刷油墨提供合适的着色剂。出于此目的时,除了双芳胺类黄色偶氮颜料外别无选择。制备高透明性的颜料品种时,需要用到硬脂酸类的树脂。各种高透明性双芳胺类黄色偶氮颜料中树脂的含量因牌号的不同而差异很大,尤其是颜料黄12和颜料黄13以及它们的衍生品种(如颜料黄127)。这就要求在调制印刷油墨时,根据这一点调整配方。在调制胶印印刷油墨时,首先要考虑的是树脂类添加剂的影响。好的分散性是双芳胺类黄色偶氮颜料与油墨介质易混合的重要保证。在分散过程中,树脂或多或少地溶解在油墨中,颜料颗粒先被树脂包覆,然后在介质中分布。

双芳胺类黄色偶氮颜料常被选为凹版包装印刷油墨的着色剂,这是因为它有很好的抗结晶性。虽然应用硝酸纤维素类基料调制油墨可预防加工过程中的重结晶现象,但使用硝酸纤维素会使产品的光泽受到影响,并进而影响到产品的透明性。庆幸的是包装印刷油墨不像胶印印刷油墨那样需要高透明性。颜料黄83的透明性很好,即使是用于包装印刷油墨,用它制得的油墨印在铝箔上也会产生亮丽的金光。铅印油墨通常要求颜料具有较细的颗粒和透明性,出于此目的时,可选用颜料黄17,或是其他的类似品种。

双芳胺类黄色偶氮颜料在印刷油墨中具有良好的热稳定性,它们可以耐180~200℃的温度,远远超过单偶氮黄色颜料的耐热性能。双芳胺类黄色偶氮颜料可广泛用作装饰印刷油墨的着色剂,它们一般耐清漆涂层,也耐消毒处理,耐酸、耐碱和耐水性都极好。许多双芳胺类黄色偶氮颜料能满足墙纸印刷品对耐晒牢度的要求,但耐迁移性不够理想,以致它们中的许多品种不能用来调制用于聚氯乙烯墙纸的印刷油墨。

与在印刷油墨中的需求量相比,双芳胺类黄色偶氮颜料在涂料工业中的用量要少得多。这是因为它们的耐晒牢度和耐气候牢度无法满足户外使用的要求。与单偶氮黄色颜料相比,双芳胺类黄色偶氮颜料(除了颜料黄83外)的耐晒牢度一般,这也限制了它们在乳胶漆中的应用。双芳胺类黄色偶氮颜料广泛用于塑料工业,尤其是颜料黄13、颜料黄17、颜料黄81、颜料黄83和颜料黄113这些品种。在聚烯烃中,这些颜料可耐受200~270℃达5min。研究发现,有些双芳胺类黄色偶氮颜料品种用于聚合物的加工时,当温度超过200℃时会发生热分解,热分解的产物是单偶氮化合物和芳香胺,当温度超过240℃时还会产生双氯联苯胺。这些品种是颜料橙13、颜料橙34和颜料红38。这些结果表明上述的双芳胺类黄色偶氮颜料不适合用于加工温度超过200℃的聚合物,既不适用于塑料,如聚丙烯和聚苯乙烯,也不适用于烘烤温度超过200℃的粉末涂料。

双芳胺类黄色偶氮颜料在塑料中通常不易观察到起霜现象,但在某些条件下可能发生,如加工温度不适宜、大量使用增塑剂、颜料的使用浓度低于0.05%等。在这样的条件下,这些颜料品种不适宜用于软质聚氯乙烯。大多数双芳胺类黄色偶氮颜料在塑料中有非常好的耐渗色性,这使得它们在各类聚氯乙烯制品中有较广泛的应用。这些颜料在塑料中的着色力也较高,这使得它们在塑料中的应用成本较合理。这些颜料在塑料中一般还具有良好的耐用性,这也使得它们在塑料中的应用范围日趋广泛。总之,双芳胺类黄色偶氮颜料可用于软(硬)质聚氯乙烯、聚烯烃、发泡聚氨酯、橡胶、树脂和其他聚合物的着色,也可用于合成纤维的原液着色。除此之外，还可用于各类清洁剂和溶剂以及办公用品（如铅笔、水彩笔、粉笔、美术涂料）的着色。双芳胺类黄色偶氮颜料也可应用于涂料印花。如今，以 3,3′-二甲氧基联苯胺、3,3′-二甲基联苯胺或 2,2′-二氯-5,5′-二甲氧基联苯胺为重氮组分的双芳胺类黄色偶氮颜料，取代了大多数以 3,3′-双氯联苯胺为重氮组分的双芳胺类黄色偶氮颜料。目前仍在使用的双芳胺类黄色和橙色偶氮颜料列于表 2-4。

表 2-4 双芳胺类黄色和橙色偶氮颜料

染料索引号	染料索引结构号	R¹	R²	R³	R⁴	R⁵	色光
C.I.颜料黄12	21090	Cl	H	H	H	H	黄
C.I.颜料黄13	21100	Cl	H	CH₃	CH₃	H	黄
C.I.颜料黄14	21095	Cl	H	CH₃	H	H	黄
C.I.颜料黄17	21105	Cl	H	OCH₃	H	H	绿光黄
C.I.颜料黄55	21096	Cl	H	H	CH₃	H	红光黄
C.I.颜料黄53	21091	Cl	H	Cl	H	H	黄
C.I.颜料黄8	21127	Cl	Cl	CH₃	CH₃	H	强绿光黄
C.I.颜料黄83	21108	Cl	H	OCH₃	Cl	OCH₃	红光黄
C.I.颜料黄87	21107	Cl	H	OCH₃	H	OCH₃	红光黄
C.I.颜料黄90	—	Cl	H	H	H	H	红光黄
C.I.颜料黄106	—	Cl	H	CH₃/OCH₃	CH₃/H	H/H	绿光黄
C.I.颜料黄113	21126	Cl	Cl	CH₃	Cl	H	强绿光黄
C.I.颜料黄114	21092	Cl	H	H/H	H/CH₃	H/H	红光黄
C.I.颜料黄121	21091	Cl	H	H	H	H	黄
C.I.颜料黄124	21107	Cl	H	OCH₃	OCH₃	H	黄
C.I.颜料黄126	21101	Cl	H	H/H	H/OCH₃	H/H	黄
C.I.颜料黄127	21102	Cl	H	CH₃/OCH₃	CH₃/H	H/H	黄
C.I.颜料黄136	—	Cl	H	—	—	—	黄
C.I.颜料黄152	21111	Cl	H	H	OC₂H₅	H	红光黄
C.I.颜料黄170	21104	Cl	H	H	OCH₃	H	黄光橙
C.I.颜料黄171	21106	Cl	H	CH₃	Cl	H	黄
C.I.颜料黄172	21109	Cl	H	OCH₃	H	Cl	黄
C.I.颜料黄174	21098	Cl	H	CH₃/CH₃	CH₃/H	H/H	黄
C.I.颜料黄176	21103	Cl	H	CH₃/OCH₃	CH₃/H	H/OCH₃	黄
C.I.颜料黄188	21094	Cl	H	CH₃/H	CH₃/H	H	黄
C.I.颜料橙15	21130	CH₃	H	H	H	H	黄光橙
C.I.颜料橙16	21160	OCH₃	H	H	H	H	黄光橙
C.I.颜料橙44	21162	OCH₃	H	H	Cl	H	红光橙

2）双乙酰乙酰芳胺类偶氮颜料

双乙酰乙酰芳胺类偶氮颜料以双乙酰乙酰芳胺类化合物为偶合组分，所用的双芳胺类化合物主要是对苯二胺和4,4′-联苯二胺及它们的衍生物。尽管这类颜料分子中也有对苯二胺和4,4′-联苯二胺的骨架，但此时的对苯二胺和4,4′-联苯二胺不再是重氮组分，而是先与双乙烯酮反应生成双乙酰乙酰芳胺，再与各种重氮组分偶合成双偶氮颜料。双乙酰乙酰芳胺类偶氮颜料的基本结构见图2-9。

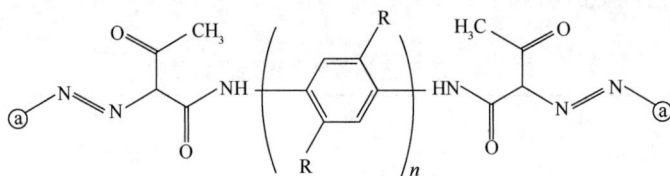

图 2-9 双乙酰乙酰芳胺类偶氮颜料的基本结构

ⓐ 表示重氮组分

双乙酰乙酰芳胺类偶氮颜料的特点是具有很好的耐有机溶剂性能。与双芳胺类偶氮颜料相比，其着色强度略低，但已能满足一般用户的要求。关于双乙酰乙酰芳胺类偶氮颜料的研究与开发有相当多的专利，但是真正实现商业化生产的并不多，所以双乙酰乙酰芳胺类偶氮颜料的品种比双芳胺类偶氮颜料要少得多。双乙酰乙酰芳胺类偶氮颜料中，以双乙酰乙酰苯胺为偶合组分的典型品种是C.I.颜料黄155（图2-10），以双乙酰乙酰联苯胺为偶合组分的典型品种是C.I.颜料黄16（图2-11）。

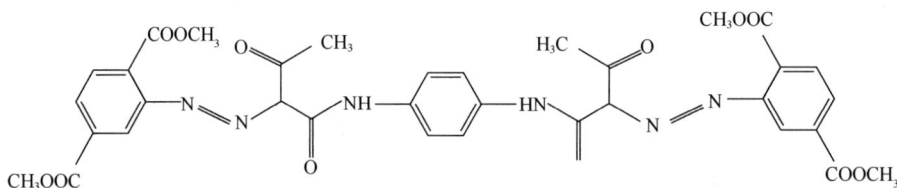

图 2-10 C.I.颜料黄 155

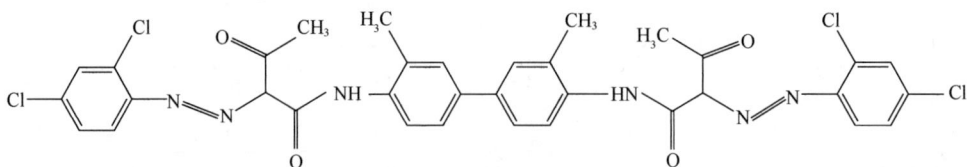

图 2-11 C.I.颜料黄 16

① 颜料黄16 色光为正黄色。随着用户对颜料应用牢度的要求日趋严格，该品种的应用受限。颜料黄16具有非常好的耐各种脂肪类有机溶剂（醇和酯）的性质，但耐芳烃类（如二甲苯）溶剂的牢度不够高。如果颜料黄16被用于调制含有芳烃溶剂的制品，如烘烤磁漆和包装凹版印刷油墨，则会引起重结晶，使色光偏红。X射线衍射分析表明，颜料黄16在含有芳烃的溶剂中会发生晶型的改变，伴随着颜料晶型的变化，它的色光也会发生变化。

在涂料工业中，颜料黄16主要用于调制工业漆，例如烘烤磁漆。只要该烘烤磁漆不含有芳烃类溶剂，则颜料黄16在其中的耐再涂性能很好，并且耐渗色性能也很好。用它调制的全色制品，耐晒牢度可高达7～8级。按颜料:钛白粉=1:5的比例加入钛白粉，制品的牢度降低到5级。只有全色制品的耐气候牢度令人满意。颜料黄16有一个高遮盖力的专用品种，用它调制的工业漆具有很好的流动性，因此可得到高颜料浓度的漆制品。这个专用品种常用来代替无机的铬黄颜料，以调制不含铬的涂料制品。该专用品种的颗粒较粗大，所以比起它的标准产品有较好的耐气候牢度和耐芳烃溶剂的性能。不过涂料制品并不适合用于长期露置在户外的场合，因为时间一长，制品的色光会变暗。颜料黄 16 适合用于调制各类印刷油墨，在油墨中，它的着色力较高，耐晒牢度也较高。例如，1/1 标准色深度的制品耐晒牢度为 5 级，1/3 标准色深度的制品耐晒牢度为 4 级，而高遮盖力的专用品种耐晒牢度要比这高 0.5～1 级。这些制品都耐清漆涂层和耐消毒处理。颜料黄 16 在油墨中可耐受 200℃ 的温度，所以它也适合用于调制金属装潢印刷油墨。颜料黄 16 很少用于塑料着色，因为它在塑料中的耐迁移牢度不够高，也不耐渗色。部分品种在塑料中的耐热牢度不理想，当然也有一些品种在塑料中可耐受 230～240℃ 的温度。此外，颜料黄 16 还可用于纺织品的涂料印花以及办公用品和文教用品。

② 颜料黄 155   呈绿光黄色，色光非常艳丽，具有非常好的耐各种有机溶剂的性质，耐酸、耐碱并有较高的着色力，被推荐用于涂料、印刷油墨和塑料。在烘烤磁漆中它有非常好的牢度。例如，在醇酸/密胺树脂漆中，它可在 140℃ 耐受 30min。在涂料中它的耐晒牢度与颜料黄 16 相近，但用白色颜料冲淡后的制品其牢度要高于后者。颜料黄 155 有一个高遮盖力的专用品种，用它调制的工业漆具有很好的流动性，因此可得到高颜料浓度的制品。这个专用品种常用来代替无机的铬黄颜料，以调制不含铬的涂料制品。该专用品种的颗粒较粗大，所以比起它的标准产品有较好的耐气候牢度和耐芳烃溶剂的性能。在涂料工业中，颜料黄 155 主要用于调制工业漆，在其中可耐受 160℃。颜料黄 155 可用于塑料着色，它在软质聚氯乙烯中可耐受 180℃ 且具有较高的着色强度。例如，配制 1/3 标准色深度的制品（含 5%钛白粉）需要 0.7%的颜料。用它配制的透明性（0.1%颜料）和遮盖性（0.1%颜料、5%钛白粉）的聚氯乙烯制品耐晒牢度都可达到 7～8 级。1/3 标准色深度的高密度聚乙烯制品（含 5%钛白粉）可耐受 260℃/5min。为此，颜料黄 155 被推荐用于聚丙烯和聚苯乙烯，但不可用于聚酯。颜料黄 155 还可用于调制各类印刷油墨，制品具有非常高的牢度并可耐黄油和皂类制品。

3）吡唑啉酮类双偶氮颜料

吡唑啉酮类双偶氮颜料是以吡唑啉酮为偶合组分的颜料，其结构如图 2-12 所示。在吡唑啉酮类双偶氮颜料问世的早期，曾经开发出许多品种，但是经过市场的优胜劣汰，如今只有少数几个品种留存。本来吡唑啉酮类双偶氮颜料的色谱范围从红光黄色、橙色、红色到紫酱色，现在只有橙色、红色的品种仍在生产和使用，应用领域为印刷油墨、涂料和塑料。表 2-5 列出了这些品种。

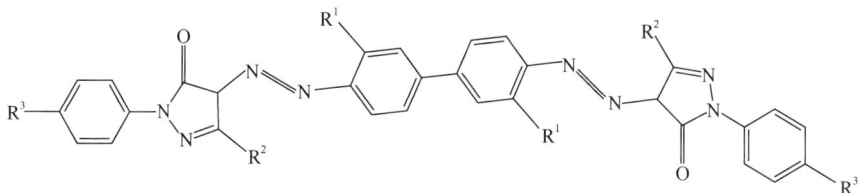

图 2-12   吡唑啉酮类双偶氮颜料分子结构

表 2-5　吡唑啉酮类双偶氮颜料

染料索引号	染料索引结构号	R^1	R^2	R^3	色光
C.I.颜料橙 13	21110	Cl	CH_3	H	黄光橙色
C.I.颜料橙 34	21115	Cl	CH_3	CH_3	黄光橙色
C.I.颜料红 37	21205	OCH_3	H	CH_3	黄光红色
C.I.颜料红 38	21120	Cl	$COOC_2H_5$	H	红色
C.I.颜料红 41	21200	OCH_3	CH_3	H	红色
C.I.颜料红 111	未公开	—	—	—	红色

下面分别介绍这些典型品种。

① C.I.颜料橙 13　呈艳丽的黄光橙色，市售的品种大多为半透明型的，比表面积约 35m^2/g。色光比颜料橙 34 略黄，着色强度比其略低，在介质中的牢度也要比其差一些。颜料橙 13 适用于调制各种印刷油墨，但很少用于包装印刷油墨。它在油墨中的耐晒牢度一般，不如颜料黄 12（在印刷油墨中作为测试耐晒牢度的标准品）。它在油墨中的耐溶剂性能却相当好，以致制得的油墨制品可耐热 200℃，并耐消毒处理和清漆涂层。为此，颜料橙 13 非常适宜调制金属装饰印刷油墨。在塑料工业中，颜料橙 13 不适宜用于软质聚氯乙烯，因为它在该介质中既不耐迁移又不耐渗色。颜料橙 13 不能以低于 0.1% 的颜料浓度用于硬质聚氯乙烯。颜料橙 13 很少用于聚烯烃，在这类介质中它只能承受 200℃ 的温度。因此它不能用于加工温度高于 200℃ 的塑料，例如聚苯乙烯、聚甲基丙烯酸酯等。颜料橙 13 用于塑料的唯一优点是它不影响部分结晶性塑料的扭曲性，尽管如此，还是很少有人将它用于聚烯烃类的塑料。

② C.I.颜料橙 34　呈艳丽的黄光橙色。它有多种品种，有比表面积为 15m^2/g 的高遮盖性品种，也有比表面积为 75m^2/g 的高透明性品种。透明性的颜料橙 34 常用于印刷油墨。在油墨中，颜料橙 34 具有较高的着色力，例如调制 1/1 标准色深度的铅印油墨，需 7.6% 的颜料橙 34，这与高着色力的颜料黄 12 相同。颜料橙 34 在油墨中的色光比相同强度的颜料橙 13 红些。在相等的颜色深度下，颜料橙 34 的耐晒牢度比颜料橙 13 高 1 级。1/3～1/1 标准色深度的油墨制品耐晒牢度都为 4 级，这与颜料黄 13 相似。

颜料橙 34 耐有机溶剂的性能高于颜料橙 13。尽管如此，颜料橙 34 在印刷油墨中仍会发生重结晶现象。颜料橙 34 耐石蜡和邻苯二甲酸二辛酯，也耐清漆涂层和耐消毒处理。透明性的颜料橙 34 对热比较敏感，通常耐热温度只有 100～140℃，较高的消毒温度或金属装饰印刷温度会使颜色转向红橙色。颜料橙 34 适用于调制各类印刷油墨，尤其是以硝酸纤维素为基料的包装印刷油墨。当用户对耐溶剂性的要求不是很高时，它经常被用于代替牢度较好的颜料橙 5，以得到颜色更为鲜艳的油墨制品。颜料橙 34 像联苯胺黄颜料一样，用于装饰印刷油墨时耐溶剂牢度不够理想，尤其是不耐苯乙烯单体和丙酮。在密胺树脂中，它的耐晒牢度很差，耐渗色牢度也很差，所以无法应用于该树脂。颜料橙 34 在纺织印染工业中较受欢迎，在纺织品上该颜料的耐晒牢度尚可，1/3 标准色深度的制品耐晒牢度为 5～6 级。制品的耐干洗剂性能极好，能经受温度为 200℃ 的干洗。在塑料工业中，颜料橙 34 可用于软质聚氯乙烯着色，但在使用浓度低于 0.1% 的情况下会起霜。在高浓度下，颜料在软质聚氯乙烯中又会有渗色性，但它的耐晒牢度比颜料橙 13 高。在相等的颜色深度下，1/3 标准色深度的制品耐晒牢度为 6 级，而相应的颜料橙 13 制品只有 4 级。透明性的颜料橙 34 在硬质聚氯乙烯中较耐晒，但是当颜料的使用浓度低于 0.1%时不适用，因为会起霜。颜料橙 34 很少用于聚烯烃，因为在这类介质中它只能承受 200℃ 的温度，而且它的不透明性品种耐晒牢度不够，有起霜的趋势。颜料橙 34 也适用于其他塑料，例如聚氨酯、不饱和聚酯等。透明性的颜料橙 34 品种在涂料工业中的应用极为有限。在汽车漆中，全色制品耐晒牢度为 6～7 级，而加了钛白粉（颜料：钛白粉=1∶5）后制品的耐晒牢度只有 3 级。在烘烤磁漆中，颜料橙 34 不耐再涂。

③ C.I.颜料红 37　呈黄光红色。它的应用性能在许多介质中都较差，故仅用于橡胶和塑料的着色。在橡胶中，它可满足用户所有的牢度要求，同时还具有良好的固化性和耐迁移性，制品非常耐水和耐清洁液。颜料红 37 在聚氯乙烯中有很高的着色力，但耐晒牢度不高，1/3 标准色深度的制品耐晒牢度为 2～3 级，而 1/25 标准色深度的制品耐晒牢度只有 1 级。在软质聚氯乙烯中，颜料红 37 的耐渗色性却与颜料黄 13 一样好。颜料红 37 有许多形式的制备物。由于它具有良好的绝缘性，常用于电缆绝缘层的着色，但不能用于聚烯烃材质的绝缘层。

④ C.I.颜料红 38　呈正红色，主要应用在橡胶和塑料中。它比颜料红 37 耐有机溶剂，在橡胶中的耐晒牢度很高，几乎可在任何条件下应用。颜料红 38 在天然橡胶及合成树脂中完全抗固化，抗渗色。制品耐水、耐皂化、耐清洁液，同样也耐许多种类的有机溶剂，包括汽油。颜料红 38 在聚氯乙烯中有较高的着色力，但在低浓度下使用会起霜。与颜料红 37 相比，低颜料浓度的颜料红 38 在硬质聚氯乙烯中会起霜，但颜料红 38 的耐晒牢度比颜料红 37 好得多。1/3 标准色深度制品的耐晒牢度达到 6 级，相当于颜料黄 13 的耐晒牢度。在聚氯乙烯中，颜料红 38 可耐受 180℃ 的温度。由于它具有良好的绝缘性，常用于电缆绝缘层的着色。

⑤ C.I.颜料红 41　被称为吡唑啉酮红，它在应用介质中呈中红色或蓝光红色，色光比颜料红 38 蓝。颜料红 41 在美国有适量的生产和应用，主要用于橡胶着色。颜料红 41 很少用于聚氯乙烯。由于它具有良好的绝缘性，常用于电缆绝缘层聚氯乙烯的着色。颜料红 41 的耐晒牢度不如颜料红 38，但它的耐酸性和耐碱性与颜料红 38 相似。颜料红 41 在橡胶中的耐晒牢度较高，1%颜料浓度的制品耐晒牢度为 6～7 级。事实上，颜料红 41 的耐晒牢度能满足橡胶着色的任何需要。该颜料在天然橡胶或合成树脂中耐迁移性能很好，不会发生渗色现象。用颜料红 41 着色的橡胶制品耐沸水、耐酸和耐皂化。

⑥ C.I.颜料红 111　化学结构尚未公开，但据披露，与颜料橙 34 和颜料红 37 很相似。颜料红 111 的色光比颜料红 37 蓝，耐晒牢度介于颜料橙 34 和颜料红 37 之间，其他牢度性能也与它们相似。该颜料尤其适用于橡胶和聚氯乙烯着色，极好的绝缘性使它适用于电缆绝缘层材质的着色。颜料红 111 的热稳定性不高，无法用于聚烯烃、聚苯乙烯、丙烯腈-丁二烯-苯乙烯共聚物（ABS）和其他塑料。

（3）β-萘酚系列颜料

从化学结构上看，β-萘酚系列颜料也属于单偶氮颜料，只是它们以 β-萘酚为偶合组分且色谱主要为橙色和红色，为将其与黄色、橙色的单偶氮颜料相区分，故将其归类为 β-萘酚系列颜料。它们的耐晒牢度、耐溶剂性能和耐迁移性能都较理想，但是不耐碱，生产工艺的难易程度同一般意义的单偶氮颜料，主要用于需要较高耐晒牢度的涂料。典型的品种有甲苯胺红（C.I.颜料红 3），其结构如图 2-13（a）所示，实物如图 2-13（b）所示。

β-萘酚系列颜料是指以 β-萘酚为偶合组分的单偶氮颜料，它们主要呈橙色和红色，结构通式见图 2-14。β-萘酚系列颜料问世较早，第一个品种出现于 1885 年，在这之前，β-萘酚被用作冰染染料的一种组分对棉纤维等纤维进行染色。进入 20 世纪后，β-萘酚系列颜料的发展进入一个旺盛期，相继有"甲苯胺红"（即 C.I.颜料红 3，1905 年）、"氯化对位红"（即 C.I.

颜料红 4，1906 年）、"对氯红"（即 C.I.颜料红 6，1907 年）等颜料问世，这些颜料直到今天仍被大量生产和使用。

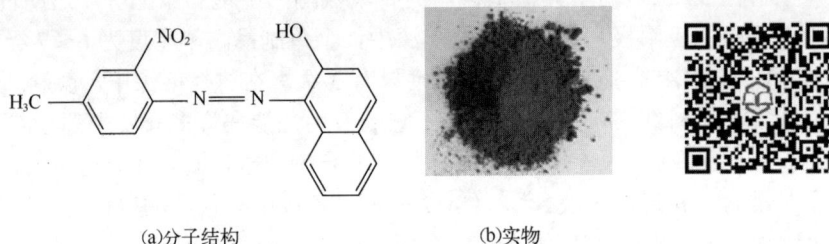

(a)分子结构　　　　(b)实物

图 2-13　甲苯胺红颜料

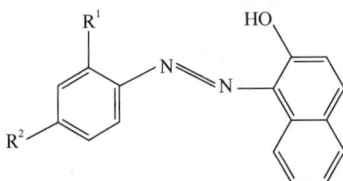

图 2-14　β-萘酚系列颜料的结构式

R^1，R^2=H，Cl，NO_2，CH_3，OCH_3，OC_2H_5

　　从结构分析中发现，这类颜料的结构有下列特点：①偶氮基两边邻位上的取代基均与偶氮基呈反式构型；②偶氮化合物均呈醌腙式结构而不是偶氮结构；③由于分子内氢键的存在，颜料分子均呈平面的几何形状；④不存在分子间氢键，分子之间的力为范德瓦耳斯力。可认为所有的 β-萘酚系列颜料都具有上述结构特征。表 2-6 列出了 β-萘酚系列颜料的品种。

表 2-6　β-萘酚系列颜料

染料索引号	染料索引结构号	R^1	R^2	商品名
C.I.颜料橙 2	12060	NO_2	H	邻位橙
C.I.颜料橙 54	12075	NO_2	NO_2	二硝苯胺橙
C.I.颜料红 1	12070	H	NO_2	对位红
C.I.颜料红 3	12120	NO_2	CH_3	甲苯胺红
C.I.颜料红 4	12085	Cl	NO_2	氯化对位红
C.I.颜料红 6	12090	NO_2	Cl	对氯红

　　（4）色酚 AS 系列颜料

　　色酚 AS 系列颜料是以色酚 AS 及其衍生物为偶合组分的颜料。色酚 AS 是指 2,3-酸与苯胺的缩合物（图 2-15）。如果用取代苯胺代替苯胺与 2,3-酸缩合，得到的衍生物就是色酚 AS 衍生物。有商业价值的色酚 AS 及其衍生物的生产方法较为简单，一般是在氯苯介质中，在三氯化磷的存在下，用 2,3-酸与苯胺（或它的衍生物）进行缩合便可制得。这类化合物是在 1920～1930 年间由德国的 IG Farben 开发的，此后色酚 AS 系列颜料便应运而生。在工业上可根据色酚 AS 系列颜料的化学结构将其分为两大类。第一类：具有简单取代基（如—Cl、—NO₂、—CH₃、—OCH₃）的色酚 AS 系列颜料。第二类：具有磺酰氨基或羧酰氨基的色酚 AS

系列颜料。尽管色酚 AS 系列颜料问世较早，但是它们在工业上的应用至今仍然非常广泛，是一类较有价值的红色有机颜料。色酚 AS 系列颜料一般具有如图 2-16 所示的结构通式。

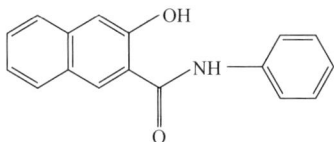

图 2-15　色酚 AS

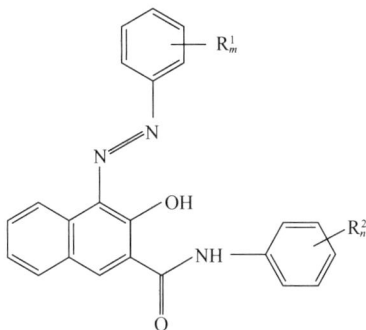

图 2-16　色酚 AS 系列颜料的一般结构通式

R¹=R²，COOCH₃，CONHC₆H₅，SO₂N（C₂H₅）₂；

$R^2=CH_3$，OCH_3，OC_2H_5，Cl，NO_2，$NHCOCH_3$；m，$n=0\sim3$

　　色酚 AS 系列颜料的生产方法如同一般的单偶氮颜料，不同的是重氮盐与色酚 AS 的偶合需在碱性条件下进行。对第一类色酚 AS 系列颜料，在偶合反应结束后，仅对偶合产物在 60～80℃ 进行热处理即可，不需要特殊的颜料化处理。对第二类色酚 AS 系列颜料，则必须在偶合反应结束后进行特殊的颜料化处理，有时这种处理还需要在有机溶剂中进行。曾经有人对色酚 AS 系列颜料的晶体结构做过分析与研究，发现这类颜料的结构具有如下特征：①分子几乎是平面的；②分子中的偶氮键一般不以偶氮的形式存在，而是以腙式结构存；③分子内普遍存在氢键，但分子间不存在氢键。

　　色酚 AS 系列颜料的色谱在黄光红与蓝光红之间，与同类色谱的偶氮颜料相比，它们的着色力要高一些。对第一类色酚 AS 系列颜料，如果重氮组分是氯代苯胺，则生成的色酚 AS 系列颜料色光为橙色或大红；如果重氮组分是氯代甲苯胺，则生成的色酚 AS 系列颜料色光为蓝光红色。它们中唯一的例外是 C.I.颜料蓝 25（图 2-17），这是一个双偶氮颜料，由 3,3′-二甲氧基联苯胺的重氮盐与色酚 AS 偶合制得，它的色光呈红光蓝色。

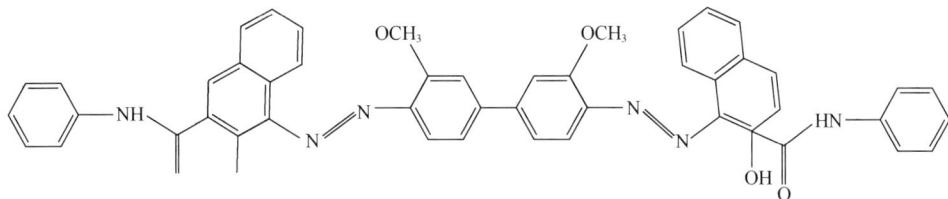

图 2-17　C.I.颜料蓝 25

　　色酚 AS 系列颜料也具有同质多晶现象，大多数此类颜料都具有两种以上的晶体构型。第二类色酚 AS 系列颜料的耐溶剂性能要明显高于第一类色酚 AS 系列颜料，这是由于前者分子中存在磺酰氨基或羧酰氨基。除个别品种外，大多数色酚 AS 系列颜料的耐晒牢度不好，甚至低于萘酚系列颜料。色酚 AS 系列颜料的耐热牢度依品种的不同也有较大的差别，最高可耐热 200℃，最低可耐热 120℃。色酚 AS 系列颜料的主要应用领域为涂料和印刷油墨，它们在涂料中的应用则受到其耐溶剂性能的限制，即使是性能好的品种也仅限用于气干性涂料或其他在室温下使用的涂料，只有极少数品种适合用于高级工业漆或汽车原始面漆与修补漆。

1）具有简单取代基的色酚 AS 系列颜料（表 2-7）

表 2-7　典型具有简单取代基的色酚 AS 系列颜料

染料索引号	颜色	性能	用途
C.I.颜料红 2	中红色	颗粒较粗大，透明性较差，具有良好的流动性	调制胶版印刷油墨、包装凹版印刷油墨和柔性版印刷油墨，很少用于涂料，仅用于家用汽车漆
C.I.颜料红 7	蓝光红色		主要用于印刷油墨、涂料和塑料
C.I.颜料红 8	艳丽的蓝光红色	颗粒较细，有较高透明性，着色力非常强，有较好的耐晒牢度，在油墨中热稳定性较差	主要用于调制铅印油墨、胶版印刷油墨、包装凹版印刷油墨和柔性版印刷油墨
C.I.颜料红 9	艳丽的黄光红色	具有同质多晶性，耐晒牢度较好	主要用于调制铅印油墨、胶版印刷油墨和水性的柔性印刷油墨
C.I.颜料红 10	艳丽的黄光红色	具有同质多晶性，耐晒牢度好，热稳定性较差	主要用于调制包装凹版印刷油墨和柔性版印刷油墨
C.I.颜料红 11	蓝光红色	与 C.I.颜料红 7 相似，耐晒牢度不如 C.I.颜料红 7	主要用于印刷油墨
C.I.颜料红 12	枣红色	具有同质多晶性，具有较好的耐晒牢度，油墨制品的耐石蜡、耐油脂性能一般，也不耐碱	主要用于调制胶版印刷油墨、包装凹版印刷油墨和柔性版印刷油墨
C.I.颜料红 13	蓝光红色		应用有限，在商业上价值不大
C.I.颜料红 14	枣红色	具有同质多晶性	主要用于调制工业漆和涂料，有时也用于印刷油墨或其他领域
C.I.颜料红 15	艳丽的中红色	牢度较差	使用范围较小，所以在商业上价值不大
C.I.颜料红 16	枣红色	具有同质多晶性	主要用于印刷油墨，但耐溶剂牢度较差，所以在商业上价值不大
C.I.颜料红 17	正红色	牢度较差，耐酸、耐碱，也耐皂化	可用于对耐碱和耐皂化比较注重的胶版、凹版和柔性版印刷油墨
C.I.颜料红 18	栗色		应用性能较差，适用范围有限
C.I.颜料红 21	黄光红色		牢度不能满足用户要求，应用受到限制
C.I.颜料红 22	黄光红色	耐皂化和耐碱性较好，有较高的着色力	主要用于纺织品的涂料印花，也可用于印刷油墨，如胶版和凹版印刷油墨，尤其是硝酸纤维素油墨
C.I.颜料红 23	蓝光红色	耐溶剂性能较高，耐晒牢度一般，着色强度较高，黏度较高	应用于水性和硝酸纤维素油墨，也能用于纺织涂料，也可用于涂料工业
C.I.颜料红 95	蓝光红色	耐酸、耐碱，但不完全耐皂化，耐热180℃（10min），耐迁移性较差	适用于调制各种印刷油墨，在涂料工业领域主要适用于调制各类工业漆和涂料
C.I.颜料红 112	艳丽的正红色		主要用于调制印刷油墨、工业漆和涂料，有时也用在其他领域
C.I.颜料红 114	蓝光红色	牢度性能与颜料红22非常相似	
C.I.颜料红 119	艳丽的黄光红色	具有良好的耐晒牢度和耐气候牢度	主要用于涂料和印刷油墨
C.I.颜料红 136	樱桃红/酒红色	耐溶剂性、耐再涂性能不高，具有良好的耐晒牢度和耐气候牢度	可用于汽车修补漆

续表

染料索引号	颜色	性能	用途
C.I.颜料红148	非常黄的红色或红橙色	耐晒牢度、耐溶剂性能、耐迁移性能不满足工业标准	主要用于印刷油墨、涂料、彩色铅笔以及粘胶纤维原液的着色，应用受限
C.I.颜料红223	蓝光红色	具有良好的耐晒牢度，耐再涂性能不高	已失去一定的商业重要性
C.I.颜料橙22	红橙色	具有极好的耐晒牢度、耐干/湿摩擦牢度、耐干洗牢度和耐过氧化物漂白性能	主要用于弹性人造丝和粘胶纤维原液的着色
C.I.颜料橙24	红橙色	耐溶剂性差，耐晒牢度不满足工业标准	
C.I.颜料棕1	中棕色	具有非常好的耐晒牢度和不褪色性，在有机溶剂中不稳定	用于调制耐溶剂性要求不高的印刷油墨，也适用于某些塑料及弹性人造丝和粘胶纤维原液的着色
C.I.颜料紫13	艳丽的紫色	耐晒牢度较差，不耐碱，也不耐造化，不耐再涂，不耐消毒处理	开始退出印刷油墨工业

2）具有磺酰氨基或羧酰氨基的色酚 AS 系列颜料（表 2-8）

表 2-8 具有磺酰氨基或羧酰氨基的色酚 AS 系列颜料

染料索引号	颜色	性能	用途
C.I.颜料红5	蓝光红色	耐晒牢度较好	在欧洲主要用于印刷油墨，在美国和日本主要用于涂料领域
C.I.颜料红31	蓝光红色	具有良好的耐晒牢度	主要用于橡胶着色
C.I.颜料红146	蓝光红色	具有非常好的耐溶剂性	主要用于印刷油墨和涂料
C.I.颜料红147	微蓝的淡红色	耐皂化、耐石蜡、邻苯二甲酸二丁酯、白油和甲苯，但不完全耐油脂和其他脂肪，耐清漆涂层，但不耐消毒处理	常用于调制胶印刷油墨、包装凹版印刷油墨和各类柔性版印刷油墨
C.I.颜料红150	色光范围从蓝紫色至洋红色		主要用于生产涂料印花色浆
C.I.颜料红164	黄光红色	着色力较低，耐晒牢度较差，制品在石蜡、油脂中稳定，也耐消毒处理，但不耐酸碱，也不耐皂化	可用于印刷油墨、涂料和塑料
C.I.颜料红170	正红色	具有同质多晶性和良好的耐溶剂性，具有较好的牢度性能	适合用于高级工业漆，如工具漆、仪器漆、农机漆和汽车漆。高遮盖性的品种尤其适合用于汽车漆和修补漆
C.I.颜料红184	蓝光红色	与颜料红164非常相似	
C.I.颜料红187	蓝光红色	具有较高的透明性，比表面积较大	主要用于塑料
C.I.颜料红188	黄光红色	具有很好的应用牢度	主要应用领域为印刷油墨和涂料，适合用于调制各种印刷油墨
C.I.颜料红210	蓝光红色		主要用于印刷油墨，除了印刷油墨外，还可用于透明性的水彩画颜料
C.I.颜料红212	蓝光红色	着色力较弱，牢度较差	主要用于印刷油墨工业和涂料印花色浆
C.I.颜料红213	蓝光红色	耐晒牢度略差	

染料索引号	颜色	性能	用途
C.I.颜料红222	蓝光红色	透明性非常好，耐有机溶剂性好，耐再涂，不耐消毒处理	主要用于调制三色和四色印刷油墨，适合用于调制金属装饰印刷油墨
C.I.颜料红238	蓝光红色	不耐清漆涂层，着色力中等，有渗色性，不耐消毒处理	主要用于印刷油墨和涂料
C.I.颜料红245	蓝光红色	具有较高的着色力，耐晒牢度一般	主要用于印刷油墨，尤其是用于以聚酰胺纤维素或氯乙烯醋酸乙烯共聚物为基料的包装印刷油墨
C.I.颜料红253	正红色	具有良好的透明性	可用于涂料和包装印刷油墨
C.I.颜料红256	黄光红色	着色力中等，耐晒牢度较好	适合于工业漆和装饰漆
C.I.颜料红266	蓝光红色	在油墨中的着色力和透明性都与颜料红170和颜料红210相似，油墨制品耐溶剂、耐石蜡、耐皂化、耐酸和碱	主要用于调制包装凹版印刷油墨和柔性版印刷油墨
C.I.颜料红267	微暗的黄光红色		主要用于调制印刷油墨
C.I.颜料红268	蓝光红色		主要用于调制印刷油墨
C.I.颜料红269	强蓝光红色		主要用于调制印刷油墨
C.I.颜料橙38	黄光红色		主要用于印刷油墨和塑料中，还可用于蜡烛、美术颜料、木材等着色
C.I.颜料紫50	蓝光紫色	耐晒牢度较差	可用于印刷油墨和办公用品
C.I.颜料蓝25	红光蓝色	色光随合成工艺的变化而变化，在应用介质中的牢度很好，耐脂肪、耐油脂、耐皂化和耐石蜡	主要用于二醋酸酯纤维的原液着色以及橡胶和包装印刷油墨

（5）偶氮色淀类颜料

这类颜料的前体是水溶性的染料，分子中含有磺酸基和羧酸基，经与沉淀剂作用生成水不溶性颜料。所用的沉淀剂主要是无机酸、无机盐及载体。此类颜料的生产难易程度同一般的单偶氮颜料，色谱主要为黄色和红色，它们的耐晒牢度、耐溶剂性能和耐迁移性能一般，主要用于印刷油墨。典型的品种有金光红C（C.I.颜料红53：1），其结构如图2-18（a）所示，实物如图2-18（b）所示。

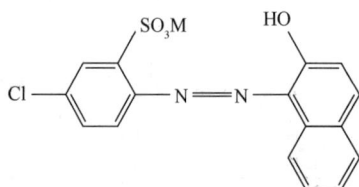  

（a）分子结构　　　　　　　（b）实物

图2-18　金光红C颜料

（6）苯并咪唑酮颜料

苯并咪唑酮颜料得名于分子中所含的5-酰氨基苯并咪唑酮基团（图2-19），所有的苯并咪唑酮颜料都含有该基团。严格来讲，将该类颜料命名为苯并咪唑酮偶氮颜料更为确切，但在习惯上一直称其为苯并咪唑酮颜料。

苯并咪唑酮类颜料是一类高性能的有机颜料，其生产难度较高。尽管在化学分类上属于偶氮颜料，但是它们的应用性能和各项牢度却是其他偶氮颜料不能相提并论的。苯并咪唑酮类颜料

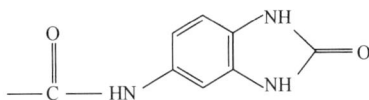

图2-19 5-酰氨基苯并咪唑酮基团分子结构

的色泽非常坚牢，适用于大多数工业部门。由于价格、性能比，它们主要被应用于高档的场合，例如轿车面漆、罩光漆、修补漆和高层建筑的外墙涂料以及高档塑料制品等。典型的品种有永固黄S3G，其结构如图2-20（a）所示，实物如图2-20（b）所示。苯并咪唑酮类有机颜料被《染料索引》登录的有17个品种，其中黄色的有7个品种，即C.I.颜料黄120、C.I.颜料黄151、C.I.颜料黄154、C.I.颜料黄175、C.I.颜料黄180、C.I.颜料黄181和C.I.颜料黄194；橙色的有3个品种，即C.I.颜料橙36、C.I.颜料橙60和C.I.颜料橙62；红色的有5个品种，即C.I.颜料红171、C.I.颜料红175、C.I.颜料红176、C.I.颜料红185和C.I.颜料红208；紫色和棕色的各有1个品种，即C.I.颜料紫32和C.I.颜料棕25。

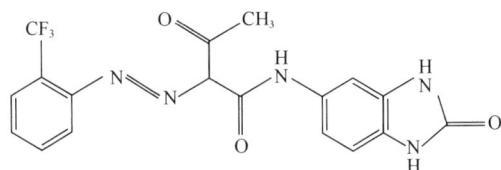  

(a)分子结构　　　　　　　　　　(b)实物

图2-20 永固黄S3G颜料

欲提高有机颜料的耐溶剂和耐迁移性能一般有下列两种方法：①加大颜料的分子量，如像偶氮缩合大分子颜料那样；②在颜料分子中引入可降低颜料溶解度的取代基。对于苯并咪唑酮颜料而言，采用了第二种方法。

1）黄色和橙色苯并咪唑酮颜料

黄色、橙色苯并咪唑酮颜料分子结构如图2-21所示。《染料索引》中登录的黄色、橙色苯并咪唑酮颜料如表2-9所示。

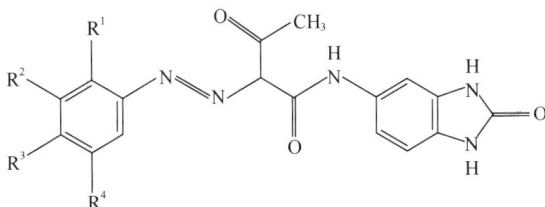

图2-21 黄色、橙色苯并咪唑酮颜料分子结构

表2-9 黄色、橙色苯并咪唑酮颜料

染料索引号	R¹	R²	R³	R⁴	色光
C.I.颜料黄120	H	COOCH$_3$	H	COOCH$_3$	黄
C.I.颜料黄151	COOH	H	H	H	绿光黄
C.I.颜料黄154	CF$_3$	H	H	H	绿光黄

续表

染料索引号	R¹	R²	R³	R⁴	色光
C.I.颜料黄175	COOCH₃	H	H	COOCH₃	强绿光黄
C.I.颜料黄180	(A)	H	H	H	绿光黄
C.I.颜料黄181	H	H	(B)	H	红光黄
C.I.颜料黄194	OCH₃	H	H	H	黄
C.I.颜料橙36	NO₂	H	Cl	H	橙
C.I.颜料橙60	CI	H	H	CF₃	红光黄
C.I.颜料橙62	H	H	NO₂	H	黄光橙

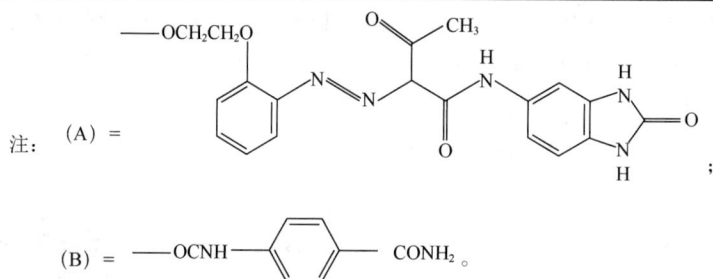

注: (A) =

(B) = —OCNH—〇〇—CONH₂。

① 颜料黄120　呈中黄色，具有良好的耐溶剂性能，这与该系列其他的黄色颜料相近。颜料黄120主要用于塑料，特别是聚氯乙烯，已经有专用于此用途的颜料制品问世。在油墨工业中，颜料黄120主要用于装潢用印刷油墨，这类油墨是印刷在密胺薄膜和聚酯薄膜上的。用颜料黄120调制的高级油墨，主要用于户外广告和包装用金属薄膜印刷。用于软质聚氯乙烯的凹版印刷油墨，其性能得到很高的评价。颜料黄120很少用于涂料工业。颜料黄120也可用于包括汽车修补漆在内的工业漆。因其耐碱性较好，故也适用于建筑漆。

② 颜料黄151　于1971年问世，其色光为清晰的绿光黄，较颜料黄154绿些，比颜料黄175明显偏红，颗粒较粗大，遮盖力较高。颜料黄151在颜料工业中的地位较为重要，主要应用领域为涂料工业，特别是高级工业漆，良好的流变性能使其掺入涂料的用量可多达约30%（与涂料基料的比值）而不影响涂层的光泽。含颜料黄151的涂料耐晒牢度很好且经久耐用。颜料黄151可用于丙纶纤维原液的着色，特别适用于那些流动性能良好、能在210～230℃进行加工的聚合物。颜料黄151在这些介质中的耐晒牢度非常高。颜料黄151还可用于需要高耐晒牢度的印刷油墨，适合用于聚酯薄膜装饰用印刷油墨。颜料黄151不溶于苯乙烯单体和丙酮。由于它在水性密胺树脂中有一定的溶解度，故颜料黄151不适宜在此介质中使用。

③ 颜料黄154　呈绿光黄色，耐晒牢度和耐气候牢度都非常好。其色调明显比颜料黄175红，较颜料黄151稍红。颜料黄154非常耐常见的有机溶剂，如醇酯（包括乙酸丁酯、邻苯二甲酸二丁酯）、脂肪烃（如矿物油）和芳香烃（如甲苯）。颜料黄154主要应用于涂料，是耐气候牢度最好的有机黄色颜料之一。颜料黄154可用于包括轿车面漆在内的高级工业漆。在烘烤磁漆中，当温度低于130℃时，其耐再涂性很好；超过该温度，可发现其有渗色性，在140℃时仅有轻微的渗色。在塑料领域中颜料黄154主要用于聚氯乙烯，由于其优异的耐晒牢度和耐久性能，非常适用于硬质和耐冲击聚氯乙烯，也非常适合在户外的应用场合。对于需要高耐晒牢度的印刷油墨，颜料黄154是一种很有用的颜料。颜料黄154还可应用于其

他介质，如画家用的油彩颜料。

④ 颜料黄 175　呈艳丽的强绿光黄色，色光较其他黄色苯并咪唑酮颜料绿，较同色谱的颜料黄 109、颜料黄 128 和颜料黄 138 也偏绿。颜料黄 175 主要用于工业漆，特别是轿车面漆和修补漆。在塑料工业中，该颜料也具有很高的耐晒牢度和耐气候牢度，不过它的耐晒牢度不如颜料黄 154。尽管如此，颜料黄 175 在塑料着色方面的潜在应用前景仍引起该行业的兴趣。在印刷油墨工业中，颜料黄 175 只用于高级产品。

⑤ 颜料黄 180　呈绿光黄色，它是一种双偶氮颜料，并且是苯并咪唑酮颜料中唯一的双偶氮颜料，在塑料着色方面特别有价值。用于高密度聚乙烯，当加工温度低于 290℃ 时，颜料黄 180 是热稳定的。它不影响塑料的扭曲性，故可用于注塑制品。在印刷油墨领域，颜料黄 180 主要用于那些普通的黄色偶氮颜料不能使用的场合。在塑料行业，颜料黄 180 有着重要的地位。

⑥ 颜料黄 181　在聚氯乙烯中耐迁移，而且在此介质中有优异的耐晒牢度。颜料黄 181 的热稳定性极好，因而适合用于须在高温条件下加工的聚合物，如聚苯乙烯（PS）、丙烯腈-丁二烯-苯乙烯共聚物（ABS）、聚酯、聚甲醛和其他工程塑料。颜料黄 181 也可用在涂料中，但由于着色力差，较少用于此目的。

⑦ 颜料黄 194　呈艳丽的黄色，色光与颜料黄 97 相近。该颜料目前在美国的使用量较大。从色光和耐晒牢度来讲，颜料黄 194 可以同单偶氮的双乙酰乙酰芳胺类黄色颜料（如颜料黄 16）相媲美。颜料黄 194 主要用于工业涂料，也适合用于塑料着色。

⑧ 颜料橙 36　呈暗橙色，耐晒牢度和耐气候牢度很高，是一类极为重要的颜料。市售的颜料橙 36 有高遮盖力和高透明性两大类，各个品种间在色光、鲜艳度、着色强度以及牢度等方面的差异非常明显。颜料橙 36 的应用范围很广，主要应用于涂料领域。全色和相近色深制品的耐晒牢度非常优异。目前，为适应颜料无铅化的环保要求，高遮盖性的颜料橙 36 品种是橙色系列颜料的标准品。颜料橙 36 还能用于汽车修补漆、商用车辆和农用机械的涂料以及普通工业漆，它在这些领域中应用都很广泛。在油墨行业，颜料橙 36 被用于各种类型的胶印油墨、凸印油墨、凹印油墨和柔性油墨以及金属装潢印刷用油墨。在塑料工业中，颜料橙 36 可用于聚氯乙烯着色，在硬质聚氯乙烯中，当颜料橙 36 的浓度较低时，耐晒牢度较差。颜料橙 36 还适宜用于不饱和聚酯树脂的着色，无论是高透明性的还是高遮盖性的颜料品种，在这些介质中耐晒牢度都达到 7 级，它不影响该塑料的扭曲性。

⑨ 颜料橙 60　呈黄光橙色，耐晒牢度、耐久性俱佳。它主要用于高级工业漆，如汽车漆，特别是轿车面漆。颜料橙 60 常与白色颜料混合使用，以冲淡它的色调。颜料橙 60 是橙色有机颜料中耐晒牢度最高的颜料之一。颜料橙 60 还可应用于印刷油墨和塑料，以满足高耐晒牢度和耐久性的要求。有少量的 TiO_2 存在时不影响颜料的耐气候性和耐久性。

⑩ 颜料橙 62　呈艳丽的黄光橙色，市售的颜料橙 62 比表面积较小，约为 $12m^2/g$，故它的粒子较粗，遮盖力较强。颜料橙 62 可用于所有的涂料，特别是适合用在需要艳丽的黄光红色或红光黄色的场合。颜料橙 62 常用于印刷油墨，以生产耐晒的胶印油墨和水性柔性油墨，在这些介质中它的耐晒牢度为 5~6 级。它不完全耐碱，不耐清漆涂层，也不耐消毒处理。在硬质聚氯乙烯中，颜料橙 62 也具有优异的耐晒牢度和耐久性，然而它并不能满足长期耐气候的高标准要求。颜料橙 62 可用于丙纶纤维原液或其他可在 230℃ 进行加工的合成纤维的原液着色。

2）红、紫、棕色苯并咪唑酮颜料

红、紫、棕色苯并咪唑酮颜料分子结构如图 2-22 所示。《染料索引》登录的红、紫、棕色苯并咪唑酮颜料如表 2-10 所示。

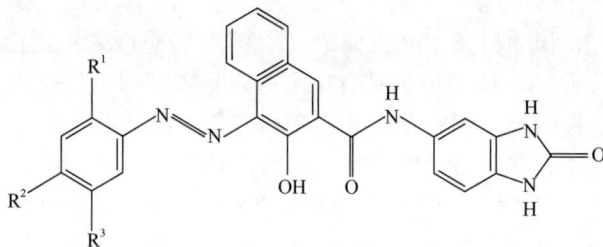

图 2-22　红、紫、棕色苯并咪唑酮颜料分子结构

表 2-10　红、紫、棕色苯并咪唑酮颜料

染料索引号	R^1	R^2	R^3	色光
C.I.颜料红 171	OCH$_3$	NO$_2$	H	枣红
C.I.颜料红 175	COOCH$_3$	H	H	蓝光红
C.I.颜料红 176	OCH$_3$	CONHC$_6$H$_5$	H	洋红
C.I.颜料红 185	OCH$_3$	SO$_2$NHCH$_3$	CH$_3$	洋红
C.I.颜料红 208	COOC$_4$H$_9$	H	H	红
C.I.颜料紫 32	OCH$_3$	SO$_2$NHCH$_3$	OCH$_3$	紫酱
C.I.颜料棕 25	Cl	H	Cl	棕

① 颜料红 171　呈黄光红色，色调较暗。该颜料各种牢度良好，具有较高的透明性。颜料红 171 可用在塑料和涂料中，在聚氯乙烯中的耐晒牢度为 7～8 级。它常与黄色有机颜料及无机氧化铁黄混合使用，以配制棕色着色剂。其高透明性品种可配制枣红色制品。颜料红 171 的着色力非常高，用于丙纶原液着色后得到的制品具有很高的耐晒牢度，纺丝后的产品耐干摩擦牢度很好，但耐湿摩擦牢度欠佳。含颜料红 171 的涂料耐再涂性能很好，耐晒牢度和耐气候牢度也很好。这使得颜料红 171 适用于各种高级工业漆，包括汽车修补漆。由于它在漆膜中的高透明性，颜料红 171 能满足金属漆的使用要求。颜料红 171 能满足各种印刷油墨所需要的牢度要求，并可与其他颜料混合以配制栗色制品。

② 颜料红 175　呈暗红色，各种牢度良好，完全不溶于（或几乎不溶于）常见的有机溶剂。市售的品种比表面积较大，因此透明性非常高。在涂料工业中，颜料红 175 主要用于工业漆和汽车修补漆，高透明性使其能满足透明性制品和金属漆的技术要求。在塑料中，颜料红 175 的耐晒牢度和耐气候牢度很好，在软质聚氯乙烯制品和硬质聚氯乙烯制品中的耐晒牢度分别为 7 级和 8 级。在这些介质中，颜料红 175 经常和炭黑混合使用，以配制棕色着色剂。在软质聚氯乙烯中，它的耐迁移性能很好，从未观察到有起霜和渗色现象。颜料红 175 可用于聚氯乙烯和聚氨酯泡沫，还可用于丙纶纤维原液的着色。对于聚苯乙烯和聚酯，它也是一个比较重要的着色剂。

③ 颜料红 176　呈蓝光红色，色光较颜料红 187 和颜料红 208 蓝，较颜料红 185 黄。颜料红 176 主要应用于塑料及其薄膜。在软质聚氯乙烯中，它的耐迁移性很好，1/3 标准色深度制品（含 5%TiO$_2$）的耐晒牢度为 6～7 级，1/25 标准色深度制品的耐晒牢度为 6 级，透明性制品（含 0.1%颜料）的耐晒牢度为 7 级。在硬质聚氯乙烯中，透明性制品的耐晒牢度为 7～8

级。用于聚苯乙烯和聚烯烃时，耐晒牢度也很好，透明性的聚苯乙烯制品（含 0.1%颜料）耐热 280℃。颜料红 176 也可用于塑料薄膜印刷用的油墨，耐渗色性能佳，是密胺和聚酯薄膜印刷用油墨的首选颜料。与该系列颜料中其他同色谱颜料相比，它的耐晒牢度要差 1 级。颜料红 176 的色光接近标准品红，可用于三色或四色彩印油墨。颜料红 176 还可用于丙纶纤维原液的着色。

④ 颜料红 185　具有同质多晶性，市售的品种呈艳丽的蓝光红色。颜料红 185 完全不溶（或几乎不溶）于常见的有机溶剂，主要应用领域为图案印刷油墨和塑料色母粒。在印刷油墨工业中，颜料红 185 可用于调制各种印刷油墨，制品非常耐常规溶剂，也耐消毒处理。颜料红 185 还可用于聚氯乙烯薄膜和聚酯薄膜印刷用油墨。在塑料工业中，颜料红 185 可用于聚氯乙烯和聚烯烃等的着色。在涂料工业中，颜料红 185 用于普通工业漆。

⑤ 颜料红 208　呈中红色，耐溶剂且呈化学惰性，主要应用领域为塑料色母粒和包装印刷用凹版印刷油墨。颜料红 208 可与颜料黄 83 和炭黑拼制成棕色着色剂。颜料红 208 是聚氯乙烯合成革着色的主要颜料，该合成革主要用于汽车行业。颜料红 208 还可用于腈纶纤维的原液着色，制品同样具有优异的纺织性能和良好的耐晒性能。颜料红 208 适用于各种印刷油墨，且耐晒牢度非常高。此外，颜料红 208 还可用于溶剂型木材着色剂。

⑥ 颜料紫 32　色光较蓝，色调较暗。它耐常规的有机溶剂，可用于涂料、塑料、印刷油墨及合成纤维原液的着色。

⑦ 颜料棕 25　呈红棕色，市售的品种比表面积较大，约 90m²/g，因而透明性很好。与同系列的其他颜料相比，颜料棕 25 在某些底物中的耐晒牢度相对较低。它适用于涂料、塑料、印刷油墨等。可用于这些目的的颜料品种较多，最为典型的是颜料棕 23。但与颜料棕 25 相比，颜料棕 23 色光偏黄，比表面积较小，遮盖性相对较高。

（7）偶氮缩合颜料

这类颜料的分子结构看起来就像普通的双偶氮颜料，但它们是由两个含羧酸基团的单偶氮颜料通过一个二元芳胺缩合形成的。黄色的单偶氮颜料大多以乙酰乙酰芳胺为偶合组分，而红色的单偶氮颜料大多以色酚 AS 为偶合组分。典型的品种有固美脱黄 3G（C.I.颜料黄 93）（图 2-23）。

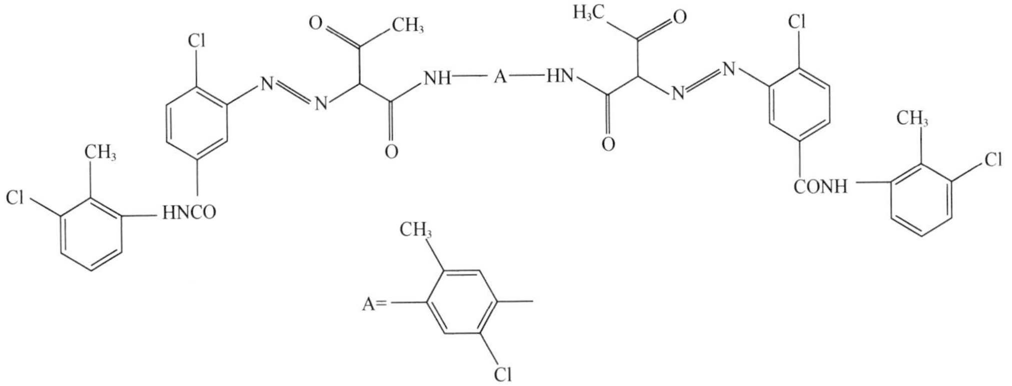

图 2-23　固美脱黄 3G

单偶氮颜料虽具有制造工艺相对简单的特点，但是由于分子量相对较小及其他原因，它们的耐溶剂性能和耐迁移性能不理想。黄色的双偶氮颜料大多以双乙酰乙酰芳胺为偶合组分，尽管其结构略微复杂且分子量相对较大，但它们的耐溶剂性能和耐迁移性能仍与结构简单的单偶氮颜料相似。对于单偶氮颜料，要提高它们的耐溶剂性能和耐迁移性能，可以用下列方法进行化学修饰：①在分子中引入酰氨基团；②加大颜料的分子量。根据这种思路，Ciba 公司已开发出分子量较大且含多个酰氨基团的红色双偶氮颜料，这些颜料现在被称为偶氮缩合颜料。偶氮缩合颜料分子结构的特点，可以下列红色的偶氮缩合颜料为例加以说明（图 2-24）。

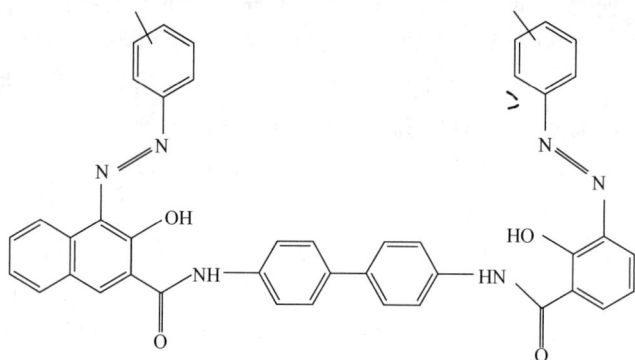

图 2-24　红色的偶氮缩合颜料

这类颜料类似两个单偶氮色酚 AS 颜料的联合体，但是它们的结构特征完全体现了上述的化学修饰思路，即增加分子中酰氨基团的数目和增加颜料的分子量。从上面这个示例，也可看出本章述及的偶氮缩合颜料与普通的双偶氮颜料相比，不同之处在于：①分子中两个单偶氮颜料的构造是通过一个芳二酰胺的桥连接在一起的；②含有多个酰氨基团。这样的分子结构有助于大大改善颜料的耐溶剂性能和耐迁移性能。

偶氮缩合颜料的色谱较广，从绿光很强的黄色到蓝光红色或紫色直至棕色。该类颜料一般具有较高的着色强度。经过化学修饰颜料的分子量明显增加，又因为在有机溶剂中反应，所以获得的产物颗粒较大，以致它们的耐溶剂牢度有了明显的提高，尤其是黄色品种非常耐醇、脂肪烃和芳香烃，不过在酯和酮类溶剂中不太耐渗色。偶氮缩合颜料的生产成本较高，主要用于高档的场合，尤其是高档塑料制品、合成纤维原液着色、高档印刷油墨、轿车面漆等。

偶氮缩合颜料在印刷油墨工业中的应用较普遍，适宜用于调制各种类型的印刷油墨，应用对象主要是高档包装印刷油墨。由于具有很好的耐迁移性和耐溶剂性，所以在调制用于聚氯乙烯薄膜印刷用的酮/酯基凹版印刷油墨时，它们是首选的品种之一。由偶氮缩合颜料制得的印刷油墨在印刷制品中对于所包装的内容物（如黄油、奶酪和皂类）都呈化学惰性。当然它们也耐酸、耐碱。印刷制品耐再涂性很好，也耐压延和耐消毒处理。在 160℃ 可耐受 60min，但在 200℃ 的环境中，耐受 15min 后颜料的色光会略微有变化。正因为如此，它们非常适合调制金属装潢印刷用的油墨。当然，所有的印刷制品都具有非常优异的耐晒牢度。

（8）金属络合颜料

含有氨基、羟基、羧基的某些偶氮颜料和氮甲川颜料能与过渡金属元素生成分子内络合物，这样的络合物被称为金属络合颜料，其中有机部分称为配位体，无机部分称为络合离子。一方面，配位体中的杂原子至少含有一对未共享电子（孤对电子），所以在本质上倾向于与其他元素共享此对电子以降低分子的内能，从而使分子处于更加稳定的状态。另一方面，作为络合离子的过渡金属元素的核外电子层含有未充满电子的空轨道，它们的特点是能够接纳外来电子以降低分子的内能，从而使分子处于更加稳定的状态。

最早实现商业化生产的金属络合颜料是 C.I.颜料绿8，这是由 BASF 公司在 1921 年推出的。它是由 3 个 1-亚硝基-2-萘酚分子与 1 个三价铁离子生成的络合物，商品名为 Pigment Green B。之后由于酞菁绿颜料的问世，它便逐渐退出市场。1946 年 DuPont 公司开发出一种金属镍与偶氮颜料的络合物，即 C.I.颜料绿 10（图 2-25）。在酞菁绿颜料未上市之前，该颜料是黄光绿色颜料中耐晒牢度和耐气候牢度最高的品种。商业上有价值的金属络合颜料按其结构可分为两大类：一类是偶氮型金属络合颜料，另一类是氮甲川型金属络合颜料。由于共振，偶氮型金属络合颜料的结构有两种表达方法（图 2-26）。

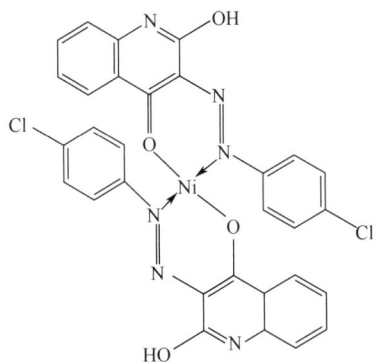

图 2-25 C.I.颜料绿 10

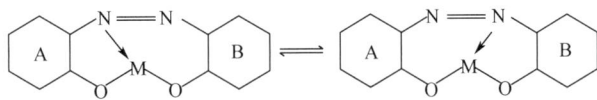

图 2-26 偶氮型金属络合颜料

式中的芳环（A，B）可以是取代（或未取代）的苯环，也可以是取代（或未取代）的萘环，参与络合的金属离子大多为二价铜离子、二价钴离子或二价镍离子。这些金属络合颜料的分子结构一般呈平面型。作为颜料使用的金属络合化合物一般在有机溶剂或水中的溶解度非常低。

金属络合颜料的色谱有绿光黄色、红光黄色、黄光橙色等。比照它们的配位体，络合物的色光要暗一些，但是耐晒牢度、耐气候牢度以及耐迁移性能和耐溶剂性能却要高得多。虽然有些金属络合颜料的色光较艳丽，也有令人满意的透明性，但是它们的着色强度却不尽如人意。金属络合颜料主要用于配制涂料。大多数品种具有很好的耐晒牢度和耐气候牢度，所以适合调制汽车原始面漆和修补漆。有些品种具有很好的透明性，故适合调制金属漆。此外，金属络合颜料还适合调制建筑漆和乳胶漆以及印刷油墨。几乎所有的金属络合颜料在用白色颜料冲淡后，其色光就失去了原有的光泽。

2.2.3 非偶氮类颜料

非偶氮类颜料一般指多环类或稠环类颜料。这类颜料一般为高级颜料，具有很高的各项应用牢度，主要用于高品位的场合。除了酞菁类颜料外，它们的制造工艺相当复杂，生产成本也很高。

（1）酞菁颜料

酞菁化合物，尤其是铜酞菁，不仅具有优异的耐热、耐光、耐气候牢度，而且颜色鲜艳，着色力强，广泛用于印刷油墨、涂料、塑料、橡胶、皮革与文具的着色，近年来又应用于催化、半导体、电子照相以及光能转换等特殊用途。铜酞菁颜料与偶氮系列颜料是有机颜料中两大重要类别，两者产量之和约占总产量的 90%，主要是蓝色与绿色品种，国外几乎所有颜料生产厂均生产酞菁颜料。典型的品种有酞菁蓝 B（C.I.颜料蓝 15），其结构如图 2-27（a）所示，实物如图 2-27（b）所示。

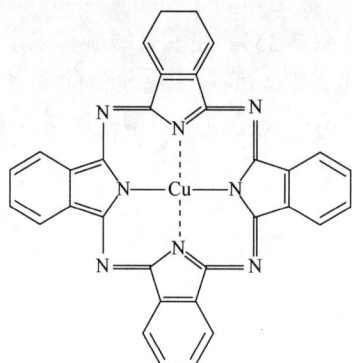

（a）分子结构   （b）实物

图 2-27 酞菁蓝 B 颜料

    酞菁是一个大环化合物，环内有一个空穴，空穴的直径约为 2.7Å（1Å=0.1nm），可以容纳铁、铜、钴、镍、锌等过渡金属或其他金属离子。酞菁环是一个具有 18 个 π 电子的大 π 体系，因此环上电子密度的分布相当均匀，以致分子中的四个苯环很少变形，并且各个碳氮键的长度几乎相等 [图 2-28（a）]。酞菁与金属元素结合可生成金属络合物，金属原子取代了位于该平面分子中心的两个氢原子，所以在金属酞菁分子中只有 16 个 π 电子 [图 2-28（b）]。由于分子的共轭作用，与金属原子相连的共价键和配位键在本质上是等同的。酞菁周边的四个苯环上有 16 个氢原子，可以被许多原子或基团取代。在众多的酞菁化合物中，作为有机颜料在工业上得到广泛应用的只有铜酞菁、铝酞菁、钴酞菁和其衍生物。酞菁颜料都是蓝色或绿色的，这类颜料是任何一种已知的其他物质所不能取代的，因为酞菁颜料不仅具有优良的应用性能，而且具有制造方便、成本低廉等优点。近年来，其产量逐年增加，目前已占有机颜料总产量的约四分之一，成为有机颜料中最大的一个种类。

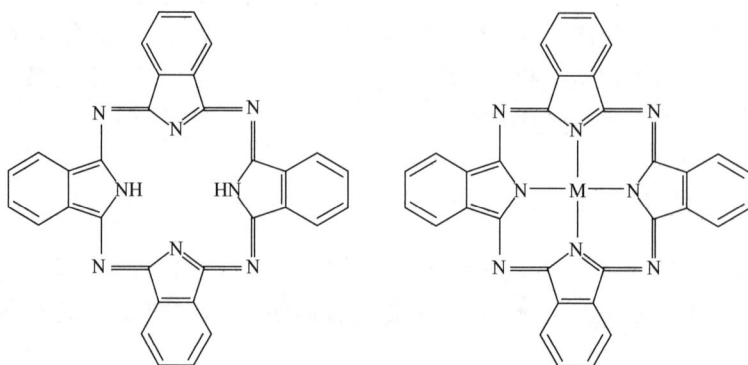

（a）酞菁   （b）金属酞菁络合物

图 2-28 酞菁和金属酞菁络合物

    酞菁及其金属酞菁都具有同质多晶性，有机颜料的同质多晶性对其应用性能的影响，既具有理论意义又具有实际意义。迄今为止，已发现铜酞菁有八种晶体构型。这些晶体构型一般用希腊字母命名，按发现的先后分别称为 α 晶型、β 晶型、γ 晶型、δ 晶型、ε 晶型、γ 晶型、π 晶型、χ 晶型。

1）铜酞菁的生产方法

铜酞菁本身不具有颜料性能，只是酞菁颜料的中间体。铜酞菁的工业制造方法按原料区分有苯酐-尿素法和邻苯二腈法两种，其中苯酐-尿素法是生产铜酞菁的主要方法，这是因为苯酐的生产成本低且易得。苯酐-尿素法生产铜酞菁有烘焙法（或称固相法）和溶剂法两种工艺。

① 烘焙法。将苯酐和尿素加入耐酸的反应器中，当物料的温度达到 170℃ 时，苯酐与尿素因熔融而处于液态，这样就很容易使反应物混合均匀。然后加入氯化亚铜和催化剂，混合均匀后将液态（或浆状）的反应物装入非铁制的金属盘或搪瓷盘中，加热到 220～240℃，至反应结束就可得到纯度约 60% 的铜酞菁，经稀酸液和稀碱液处理可得到纯度高于 90% 的铜酞菁。若欲获得更高纯度的铜酞菁，可用浓硫酸精制得到纯度高于 98% 的铜酞菁。

② 溶剂法。溶剂法是当前国内外普遍采用的铜酞菁生产方法，常用的溶剂是 C_{10}～C_{14} 的烷基芳烃。早期曾使用三氯苯，但它在 200℃ 的高温下会生成多氯联苯，这是一种对人体和环境有害的物质，所以自 20 世纪 80 年代后就不再用它生产铜酞菁。将苯酐和尿素加入反应器中，升温至 170℃，保温反应数小时，再加入氯化亚铜及催化剂，升温至 190～210℃，反应至结束。溶剂法比烘焙法生产的铜酞菁收率高得多，但是设备投资大，生产流程长，回收溶剂需要消耗相当大的能源。

2）卤代铜酞菁及其颜料

卤素（指氟、氯、溴、碘元素）可置换酞菁或金属酞菁分子中的氢原子。作为颜料使用的卤代铜酞菁为氯取代的和氯（溴）混合取代的铜酞菁，卤代铜酞菁主要指后者。铜酞菁的氯化或溴化反应可在不同的介质中进行，如氯碳酸、三氯化铝-氯化钠融熔体等，反应所用的催化剂有氯化锌、三氯化铁和碘等，反应温度在 60～230℃。铜酞菁的直接卤化反应首先是酞菁苯环上 α 位的氢被取代，然后是 β 位上的氢被取代。在卤化过程中，铜酞菁的色光随卤素原子取代数目的增加而发生变化，引入的卤素原子数目越多，铜酞菁的颜色就越绿。全氯代的铜酞菁颜色为微带黄光的绿色。氯（溴）混合取代铜酞菁的色光为带黄光的绿色，更接近自然界的绿色，所以看起来更加柔和。铜酞菁环上引入的氯原子数目小于 8 时，取代物的颜色在蓝与青之间；引入的氯原子数目大于 8 时，取代物的颜色在青与绿之间。若铜酞菁分子中已有 10 个氢被氯原子取代，此时每引入 1 个氯原子都对取代物的色光有较大的影响。当取代到第 14 个氯原子时，最后两个氯原子的取代对取代物的色光影响却不大，且最后 1 个氯原子的取代将十分困难。因此，商品化的颜料酞菁绿（C.I.颜料绿 7）（图 2-29）中仅含 14～15 个氯原子。随着铜酞菁上引入的卤素原子的数量增加，其着色强度就相应降低。

图 2-29　酞菁绿

一氯代铜酞菁也可以用 1 份一氯代苯酐与 3 份苯酐经混合缩合制得。此时得到的产物实际上是一个混合物，但它的氯含量与纯一氯代铜酞菁的氯含量相同。一氯代铜酞菁也可以用直接氯化的方法在溶剂（如三氯苯、氯碳酸或浓硫酸）中以氯化锑或碘为催化剂对铜酞菁氯化制得。由于氯化反应为串联反应，所以用此法制备一氯代铜酞菁并不能保证获得的产物为纯的一氯代铜酞菁。四氯代铜酞菁如用一氯代苯酐为原料制得，产物可为纯的四氯代铜酞菁。

（2）喹吖啶酮颜料

喹吖啶酮颜料的化学结构是四氢喹啉二吖啶酮，但习惯上都称其为喹吖啶酮。尽管喹吖啶酮颜料的分子量比酞菁颜料小得多，但它们像酞菁颜料一样具有很高的耐晒牢度和耐气候牢度，因它们的色谱主要是红紫色，所以在商业上常称其为酞菁红。喹吖啶酮颜料的生产工艺相当复杂，主要用于调制高档工业漆。典型的品种有酞菁红，其结构如图 2-30（a）所示，实物如图 2-30（b）所示。

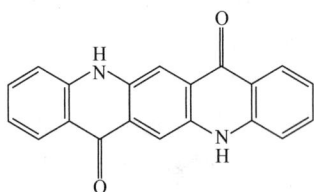  

(a)分子结构　　　　　　　(b)实物

图 2-30　酞菁红颜料

喹吖啶酮颜料的母体在化学上是一个由五个六元环组成的稠环芳香烃，其中第一、第三、第五个环是苯环，第二、第四两个环是吡啶酮环。这五个环有两种排列方式，即角型和线型。在这四种构型的分子中，仅线型反式异构体呈深红色，具有商业化应用的价值，喹吖啶酮颜料的母体指的就是它（图 2-31）。

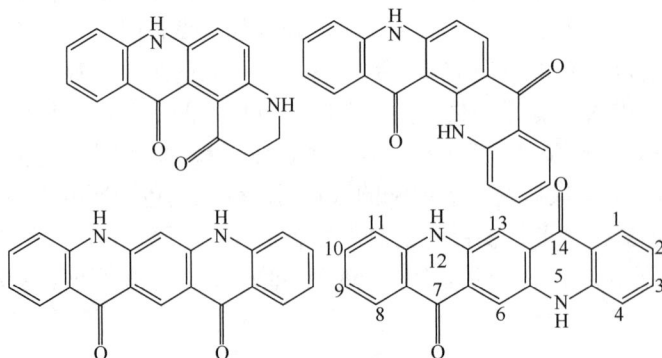

图 2-31　喹吖啶酮颜料母体

1）喹吖啶酮颜料的同质多晶性

迄今已发现喹吖啶酮颜料有四种晶型，即 α 晶型、β 晶型、γ 晶型和 δ 晶型。其中 γ 晶型还有一种变体，称为 γ' 晶型。用前述的各种反应路线制得的喹吖啶酮颜料粗品的晶体构型大多为 α 晶型，各项应用牢度均较差，故而不适宜用作颜料，需要通过各种方法将其转变为 β 晶型和 γ 晶型。将 α 晶型转变为 β 晶型或 γ 晶型的方法有多种，较为常见的有球磨法、溶剂法、酸溶法及热处理法，这些方法实际上就是喹吖啶酮颜料粗品的颜料化方法。在二氯苯或二甲苯的存在下对 α 晶型进行球磨，得到的颜料为 β 晶型；而在 N,N-二甲基甲酰胺（DMF）的存在下对 α 晶型进行球磨，得到的颜料为 γ 晶型。对 α 晶型进行酸溶处理，即将其完全溶于浓硫酸，再加水稀释使其析出，得到的颜料为 β 晶型。或者将其溶于多聚磷酸，再加乙醇使其析出，得到的颜料也为 β 晶型。然而，这样得到的 β 晶型会含有少量的 α 晶型。在有机溶剂中，如 DMF、二甲基亚砜，对 α 晶型进行回流可得到 γ 晶型。在压力下，于乙醇中对 α 晶型进行回流，也得到 γ 晶型。

2）喹吖啶酮颜料的应用性能

市售的喹吖啶酮颜料都是深红色的，只是有的带黄光，有的带蓝光，有的品种所具有的蓝光很强，以致看起来更像是紫色的。此类颜料的色光与着色性能与下列因素有关：①颜料颗粒的大小；②晶型的差异；③取代基的引入；④与其他品种的混合。喹吖啶酮颜料在常规的有机溶剂中溶解度极小，在 DMF、二甲基亚砜（DMSO）和四氢呋喃（THF）中有微量的溶解度。对该颜料的单晶 X 射线衍射分析表明，喹吖啶酮颜料分子具有很好的平面性，单个颜料分子在晶体中以层状的方式堆积，相邻的分子间依靠分子中的羧基和亚氨基形成氢键，再加上分子间的范德瓦耳斯力和各个分子中的 π 电子与相邻分子间电子云的重叠，使得分子在晶体中形成了"三维"的缔合体。正是因为这样的构造，该晶体具有很好的稳定性。也因为束缚该晶体的力很强，所以决定该晶体颜色的因素主要在于晶体结构而不是分子结构。在喹吖啶酮颜料分子中引入取代基会破坏分子的平面性，因而会降低分子间电子云重叠的程度和减弱分子间的范德瓦耳斯力。如果在喹吖啶酮分子中的 5 位、12 位（即 N 原子所在的位置）上引入甲基，这样就不能再在相邻分子间形成氢键，因而束缚晶体的力大大减弱。由这种结构的喹吖啶酮分子组成的晶体在有机溶剂中的溶解度大大增加，甚至可溶于乙醇。改变颜料色光的方法除了改变其晶型和引入取代基外，工业上较为常用的方法还有制备混晶。所谓混晶是指一种多组分的颜料，也就是将两种或多种结构与性能类似的颜料组合起来使用。组合的方法有化学的，也有物理的。化学组合是指在合成时按一定的比例将多个反应物一起反应，这样在生成晶体时，一个晶格内同时有多个颜料分子。物理组合是指将两个或多个颜料简单地按一定比例混合。混晶类的颜料既可以在色光上又可以在着色性能或应用性能上有所改进，有时这种混晶类的颜料在着色强度上要比组成它的两个组分都要高，产生了 1+1>2 的效果，这种现象称作加和增效。

（3）苝系和苝酮系颜料

苝（perylene）系、苝酮（perinone）系颜料以及后面将要介绍的硫靛系颜料和含蒽醌结构的颜料，在化学上都属于稠环类化合物，这些化合物一般具有很高的化学稳定性。在相当长的一段时间里，这些化合物一直作为还原染料用于棉纤维及织物的染色。除了硫靛类化合物以外，它们的各项应用牢度极高。正因为如此，人们尝试将它们用作颜料。为此，这类颜料又被称为还原染料性颜料。欲使一个还原染料成为一个颜料，就必须提高该染料自身的化学纯度，细化颜料的颗粒及控制粒径分布，还要使颜料具有特定的晶型。为此，人们采用了许多种化学和物理的方法对还原染料进行颜料化，从而大大地改善了此类颜料的应用性能。

上述稠环还原染料（或称颜料粗品）中的绝大多数刚被合成出来时，粒子都较为粗大。虽然这些粗大的颗粒可以经过研磨而成为细小的颗粒，但这种仅经过简单加工的还原染料并不具有颜料的应用性能，再则它们的颗粒粒径分布较宽（0.5～20μm），以致它们不适合用作颜料。通过在有机溶剂中（或含分散剂的水中）处理颜料粗品可改进它们的结晶性和易分散性。这实际上就是一种对颜料粗品进行颜料化处理的方式。经过多年的研究已经开发出了许许多多的后处理方法，以使颜料粗品成为易分散的高性能颜料。这些方法如下。

① 化学法。先在碱性介质中，用保险粉将还原染料中的羰基还原成羟基，使之生成可溶于水的隐色体盐，除去不溶性的杂质后再用氧化剂氧化，使之重新生成不溶性的颜料。控制氧化的速度可控制颜料粒子的大小及粒径分布。

② 酸溶法。用浓硫酸（或发烟硫酸、氯磺酸）溶解颜料粗品，除去不溶性的杂质后，将溶液倾入稀硫酸（或水、有机溶剂）中使颜料再析出。在特定的条件下可在介质中加入表面活性剂，如此得到的颜料颗粒相当细小。

③ 酸胀法。在70%～90%的硫酸中还原染料会以硫酸盐的形式存在，它在介质中不溶解。分离出未反应的中间体后再在水中将此盐水解成颗粒细小的颜料。为使生成的颜料性能更佳，可在水解时加入表面活性剂或在水解后再进行热处理。

④ 热处理。于压力釜内，在水（含表面活性剂）或高沸点有机溶剂中对颜料粗品进行热处理可改善颜料的结晶形态。

⑤ 研磨法。有许多对颜料粗品进行研磨的方法。颜料粗品粒子大小可以通过在捏合机中捏合及在球磨机中快速球磨来控制。在这些机械中，通过旋转或振动使颜料粒子相互碰撞，从而发生颗粒的破碎或晶体的晶型转变。颜料粗品在捏合前需先经过纯化，例如通过在酸中的重新沉淀。若进行球磨，则不必先经过纯化。加入无机盐作为助磨剂可提高球磨的效率，加入少量的有机溶剂或表面活性剂或非氧化性的强酸（$pK_a<2.5$）也可取得满意的效果。

上述各种方法可单独使用，也可把两种或更多种方法组合起来使用，通常以组合使用获得的效果为佳。虽然在这个领域中发展了许多技术，但仍只有很少量的还原染料品种适宜作为颜料使用。这是因为大多数还原染料的结构复杂，制造成本相对较高，而且只有少数的品种在应用牢度方面能达到酞菁颜料的标准。考虑到价格、性能比等因素，大多数还原染料品种也就失去了作为颜料使用的价值。

苝系和苉酮系颜料的化学结构是类似的。苝系颜料衍生于3,4,9,10-苝四甲酸（图2-32），而苉酮系颜料则衍生于1,4,5,8-萘四甲酸（图2-33）。

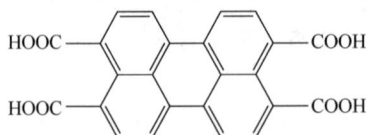

图 2-32　3,4,9,10-苝四甲酸

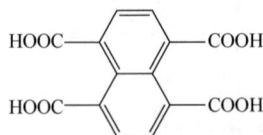

图 2-33　1,4,5,8-萘四甲酸

1）苝系颜料

苝系颜料的通式见图2-34。式中，X代表O或N-R；R代表H、CH_3或者取代的苯环，苯环上的取代基有甲基、甲氧基、乙氧基及偶氮苯基。

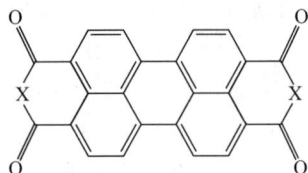

图 2-34　苝系颜料通式

苝系颜料的化学结构是3,4,9,10-苝四甲酸二酰亚胺及其衍生物。3,4,9,10-苝四甲酸二酰亚胺自身虽然从未被用作还原染料，但它是这一族中最早被发现的成员，于1912年问世。直到1950年苝类化合物才被用于颜料。

对颜料粗品进行后处理加工的方法有许多，较为常用的方法有酸溶法、酸胀法、球磨法和热处理法。习惯上常把这些方法组合在一起使用以优化效果。把苝酐转变成颜料的方法是先把它溶解在碱性水溶液中，去掉不溶物后再用无机酸酸化，使之生成四甲酸而重新析出。苝四甲酸在 100～200℃ 的环境中经热处理后便脱水生成苝酐。热处理可在一定压力下进行，也可在有机溶剂中进行，常用的溶剂有醇类、酮类、羧酸类、羧酸酯类和极性的非质子溶剂。各种遮盖力高的苝系颜料品种一般用球磨法结合热处理法制得，球磨时可加也可不加助磨剂，球磨结束后再在溶剂中于 80～150℃ 进行处理。常用的溶剂是甲基乙基酮、异丁醇、二乙二醇、N-甲基吡咯烷酮。也可在水中进行这样的热处理，但必须在压力釜中进行，还要加表面活性剂。苝系颜料的色谱主要为红色至红棕色，其中有大红、枣红、紫红和棕色。这类颜料具有极高的耐有机溶剂性和热稳定性，以及很高的耐晒牢度和耐气候牢度，在塑料中有非常高的耐迁移牢度，在涂料中有非常好的耐再涂性能。除了苝酐外，所有的品种都有很高的化学惰性。苝酐不耐碱，会溶于强碱性水溶液。苝系颜料有很高的着色力，比喹吖啶酮颜料还要高。在耐晒和耐气候度方面，它们与喹吖啶酮颜料相近。

　　近年来，有两个黑色的苝系颜料品种问世，这两个品种的化学结构与红色品种相关，也符合苝系颜料的通式，只是 X 不同罢了。X 不是共轭体系中的一部分，为何对此类颜料的颜色影响却如此之大？这是因为颜料的颜色不是由它的分子结构唯一决定的，除了化学结构外，颜料晶体结构的差异也是影响颜料颜色的重要因素。当 X=N—CH$_2$—CH$_2$—O—CH$_2$—CH$_3$ 时，颜料固体的颜色呈红色，但若将其溶于强极性溶剂中，则溶液的颜色是橙色。当 X=N—CH$_2$—CH$_2$—C$_6$H$_5$ 时，颜料固体的颜色呈黑色，将其以分子状态分散在苯乙烯中，则赋予该聚合物黄色。由此可见，颜料色光与颜料分子的颜色不同。

　　进一步的研究表明，这些颜料分子大多为平面型，在晶体中以面对面的方式一层一层地堆积。若分子堆积体不是柱状的，层与层之间分子的位置是错开的，则错开的距离决定了晶体的颜色。若错开的距离在纵向上达到分子长度的 27%～30%（相当于一个苯环的长度），或是在侧向上错开的距离小于分子宽度的 20%，则这种分子在晶体中的排列方式使得晶体呈黑色。若在侧向上错开的距离大于分子宽度的 20%，则这种分子在晶体中的排列方式使得晶体呈红色。

　　许多苝系颜料像喹吖啶酮颜料一样，主要用于高档的工业漆，尤其是用于汽车的原始面漆和修补漆。颜料的品种很多，有超细粉的（具有较高的比表面积和透明性），也有粒子较粗的（比表面积较低，遮盖力较高）。超细粉的品种主要用于金属漆和透明漆，而遮盖力高的品种常与无机颜料或其他有机颜料混合使用。有些品种特别适合用于塑料和纤维原液的着色，因为它们表现出特别好的热稳定性。但是，苝系颜料很少用于以受阻胺作光稳定剂的聚烯烃。在中等或高色度的颜料制备物中，这类稳定剂受颜料的影响极易被光解，从而使聚烯烃的强度也随之下降。

　　被《染料索引》收录的苝系颜料品种见表 2-11。

表 2-11　苝系颜料品种

染料索引号	染料索引结构号	X	色光
C.I.颜料红 123	71145	N—⟨苯环⟩—OC$_2$H$_5$	大红到红色

染料索引号	染料索引结构号	X	色光
C.I.颜料红 149	71137		红色
C.I.颜料红 178	71155		红色
C.I.颜料红 179	71130	N—CH₃	红色到酱紫色
C.I.颜料红 190	71140		蓝光红色
C.I.颜料红 224	71127	O	蓝光红色
C.I.颜料紫 29	71129	NH	红色到枣红色
C.I.颜料黑 31	71132		黑色
C.I.颜料黑 32	71133		黑色

2）芘酮系颜料

此类化合物中最早的商品是黄光红色还原染料，即还原红 74，是一个由顺反异构体组成的混合物。两种异构体经分离后，反式异构体呈艳丽的橙色，顺式异构体则呈深红色。这两种化合物在很长一段时间内一直作为还原染料用于棉纤维和织物的染色，直到 1950 年它们才被用作颜料。

两个异构体的分离利用了它们与氢氧化钾的复合物在乙醇中溶解度的差异。将混合物溶解在含氢氧化钾的乙醇中，经加热两个异构体都与氢氧化钾生成复合物。反式异构体与氢氧化钾的复合物是一个无色的加成物，它在乙醇中的溶解度较小，故从溶液中析出。该复合物溶于水后，即可重新生成原来的化合物。在浓硫酸中进行分馏也可使两个异构体得到分离。不论用何种方法对混合物进行分离，得到的单一化合物都必须经过颜料化加工，方能使其成为一个有商品价值的颜料。对其进行颜料化的方法一般为球磨、酸处理和在高温下的溶剂处理。

芘酮系颜料的性能与芘系颜料很相似，色谱范围从橙色到枣红。芘酮颜料具有很高的耐热性、耐晒牢度和耐气候牢度。芘酮类化合物中只有两个在商业上很重要，即前面提及的那两个异构体。两个异构体经分离后可分别作为两个颜料，反式体是颜料橙 43（图 2-35），顺式体是颜料红 194（图 2-36）。它们的混合物，即还原红 74 在商业上也可作为颜料使用。典型的芘酮系颜料品种见表 2-12。

表 2-12 典型的芘酮系颜料品种

染料索引号	染料索引结构号	结构	色光
C.I.颜料橙 43	71105	反式异构体	红光橙色
C.I.颜料红 194	71100	顺式异构体	蓝光红色
C.I.还原红 74	—	颜料橙 43 和颜料红 194 的混合物	大红

图 2-35 颜料橙 43

图 2-36 颜料红 194

（4）硫靛系颜料

硫靛是靛蓝的硫代衍生物。靛蓝是最古老的天然染料之一，早在 2500 年前，人类就已知道如何从植物靛草中获取该蓝色色素，用于对纤维素纤维的染色。靛蓝的化学结构是在 1883 年由德国学者 A.VonBaeyer 测定的，他也因此获得诺贝尔化学奖。自从靛蓝的化学结构确定后，人工合成靛蓝成为可能。所以在 100 年前，靛蓝已实现工业化规模的生产。今天，靛蓝作为还原染料仍然深受年轻人的喜爱，风行世界的"牛仔"服装就是用它染色的。靛蓝经过颜料化加工可以作为颜料（即 C.I.颜料蓝 66）用于橡胶的着色，也可用于合成纤维原液的着色。

靛蓝分子中的亚氨基被硫原子取代后的衍生物称为硫靛，硫靛本身在工业上无多大价值，但它的氯代或甲基化衍生物作为颜料使用较有价值，一度深受消费者的欢迎。这类颜料具有很高的耐晒牢度、耐气候牢度和耐热稳定性能，它们的生产工艺并不十分复杂，色谱主要是红色和紫色，常用于汽车漆和高档塑料制品。由于它们对人体的毒性较小，故又可作为食用色素使用。典型的品种有 C.I.颜料红 181（图 2-37）。

硫靛系颜料的色光较鲜艳，其分子结构如图 2-38 所示。其中生产量和使用量较大的品种有两个，即 C.I.颜料红 88 和 C.I.颜料红 181，见表 2-13。

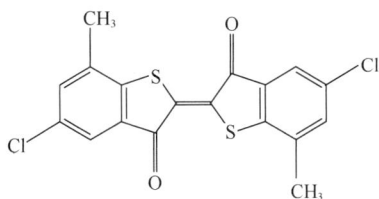

图 2-37 C.I.颜料红 181

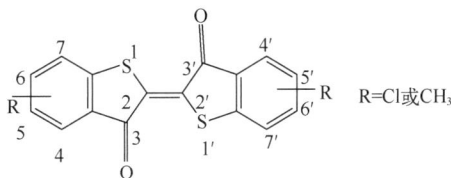

图 2-38 硫靛系颜料分子结构

表 2-13 硫靛系颜料典型品种

染料索引号	染料索引结构号	R⁴, R⁴′	R⁵, R⁵′	R⁶, R⁶′	R⁷, R⁷′	色光
C.I.颜料红 88	73312	Cl	H	H	Cl	红光紫
C.I.颜料红 181	73360	CH₃	H	Cl	H	紫光红

硫靛本身被《染料索引》收录为 C.I.还原红 41，这个品种经物理改性后可作为溶剂染料对塑料进行着色，主要用于硬质聚氯乙烯、聚苯乙烯等。它在大多数常见的有机溶剂中有适量的溶解度，得到的溶液具有蓝红色的荧光，但它的使用量很小。硫靛和它的衍生物在我国有生产，但主要是作为还原染料生产和使用。

① 颜料红 88 是硫靛的四氯代衍生物，主要用于涂料中，赋予它们红紫色的色彩和较高的遮盖力。为了调色，它也常常与无机的氧化铁红或钼铬红颜料混合使用，以获得深红色、枣红色和紫酱色。单一的颜料红 88 或者它与无机颜料的混合品种都具有较高的耐晒牢度和耐气候牢度，但与色谱相近的颜料紫 19 相比，着色力要低许多。

颜料红 88 用于涂料尤其是以丙烯酸酯为基料的涂料时，它呈现出紫酱色，但较易在表面形成"水斑"或"色斑"，造成该现象的原因尚未明了。此外，这类涂料在长期存放时，颜料会发生"絮凝"现象。由于这些问题的出现，它在涂料中的应用受到限制。在有机溶剂中，颜料红 88 有很好的耐溶剂性。由它制成的涂料耐酸碱性很好，但不耐热，如果使用温度超过 140℃，就会出现色差等问题。

颜料红 88 用于塑料可呈现出红紫色，或者说"品红"，这是一个典型的三原色品种。它可有条件地用于聚氯乙烯、聚氯乙烯凝胶、聚氨酯树脂等的着色。然而，在这些介质中，颜料红 88 多少会出现不耐迁移的问题。与颜料紫 32 相比，两者对软质聚氯乙烯着色呈现出的色光几乎一致，但是在着色力方面和浅色应用方面颜料红 88 要明显占优。颜料红 88 的改进型品种较耐渗色。用颜料红 88 对软质聚氯乙烯以全色着色时，制品的耐晒牢度达到 8 级，即使冲淡到 1/25 标准色深度，制品仍具有 6 级的耐晒牢度，只是耐久性稍差。在透明性聚烯烃中，颜料红 88 可耐 260～300℃ 的温度（取决于它在制品中的用量）；在 1/3 标准色深度的制品中，可耐 240～260℃。但对于低密度聚乙烯，它仅适用于低温着色。在这些介质中，它的耐晒牢度为 6～7 级。颜料红 88 不太适合用于聚苯乙烯的着色，用于此底物时常常出现色差问题以及牢度下降等问题。

颜料红 88 曾被推荐用于聚丙烯原液的着色，其专用剂型亦可用于腈纶原液的着色。这些着色制品极耐纺丝加工的条件，制成的织物具有相当高的耐汗渍牢度、耐干湿摩擦牢度，并耐热定型以及耐全氯乙烷等有机溶剂。当颜料红 88 使用浓度为 0.1% 和 3.0% 时，其耐晒牢度分别为 7 级和 7～8 级。颜料红 88 在聚酯中有适量的溶解度，所以它较适宜对聚酯原液着色，而且制品具有很好的耐升华牢度和耐迁移牢度。颜料红 88 用于丙烯酸酯类或其他不饱和酯类树脂的着色时，既可耐它们的加工温度，又可耐它们所含的过氧化物添加剂。颜料红 88 还可用于印刷油墨的着色，这类油墨适用于密胺、聚酯类薄膜基包装材料、户外广告等的印制。得到的制品耐有机溶剂、增塑剂、油脂、酸碱等，还可耐 200℃ 高温及消毒处理。颜料红 88 还常与颜料黄 83 或炭黑等混合，以得到棕色调的木材着色剂。

② 颜料红 181 适合用于聚苯乙烯及其他聚烯烃类塑料的着色，在这类介质的加工温度下，颜料红 181 有较大的溶解度。颜料红 181 赋予此类底物鲜艳的蓝光红色和极高的耐晒牢度，还能满足各项后加工的要求。颜料红 181 对人体几乎无毒，为此它可作为食用色素使用。

许多国家至今仍在使用它，以对牙膏、唇膏、香皂、指甲油等日用化学品着色。我国也使用它对香皂、指甲油等日用化学品着色。

（5）蒽醌颜料

蒽醌颜料是指分子中含有蒽醌结构或以蒽醌为起始原料的一类颜料，最初被用作还原染料。它们的色泽非常坚牢，色谱范围很广，但是生产工艺非常复杂，以致生产成本很高。由于价格、性能比等因素，并非所有的蒽醌类还原染料都可被用作有机颜料。根据它们的结构，可再将其划分为以下 4 个小类别：①蒽并嘧啶类颜料，典型的品种有 C.I.颜料黄 108（图 2-39）；②阴丹酮颜料，典型的品种有 C.I.颜料蓝 60（图 2-40）；③芘蒽酮颜料，典型的品种有 C.I.颜料橙 40（图 2-41）；④二苯并芘二酮颜料，典型的品种有 C.I.颜料红 168（图 2-42）。

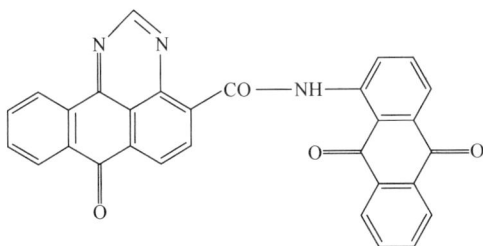

图 2-39　C.I.颜料黄 108

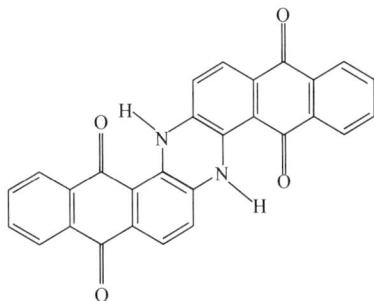

图 2-40　C.I.颜料蓝 60

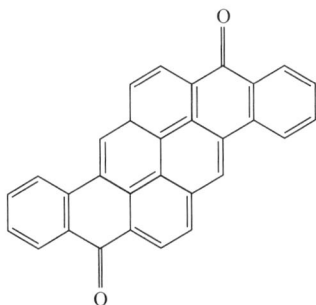

图 2-41　C.I.颜料橙 40

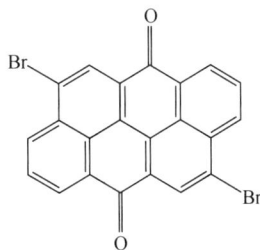

图 2-42　C.I.颜料红 168

（6）二噁嗪类颜料

该类颜料的母体为三苯二噁嗪（图 2-43），它本身是橙色的，没有作为颜料使用的价值。它的 9,10-二氯衍生物，经颜料化后可作为紫色颜料使用。现有的二噁嗪颜料品种较少，该颜料几乎耐所有的有机溶剂，所以在许多应用介质中都可使用且各项牢度都很好。该颜料的基本色调为红光紫，通过特殊的颜料化处理也可得到色光较蓝的品种。它的着色力在几乎所有的应用介质中都特别高，只需很少的量就可给出令人满意的颜色深度。

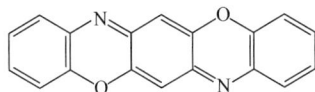

图 2-43　三苯二噁嗪

被《染料索引》收录的二噁嗪颜料有 4 个品种，即颜料紫 23、颜料紫 34、颜料紫 35、颜料紫 37。但目前仍被使用的仅有颜料紫 23（图 2-44）和颜料紫 37（图 2-45）。

图 2-44　颜料紫 23

图 2-45　颜料紫 37

① 颜料紫 23　也称为咔唑紫，这是因为它是用咔唑作为起始原料的。颜料紫 23 是一个通用品种，产量较大，它几乎耐所有的有机溶剂，所以在许多应用介质中都可使用，且各项牢度都很好。该颜料的基本色调为红光紫，通过特殊的颜料化处理也可得到色光较蓝的品种。用 N-丙基咔唑代替 N-乙基咔唑制成的二噁嗪类颜料，色光较颜料紫 23 更红，将它与颜料紫 23 混合使用，可得到红光非常强烈的紫色颜料品种。它既可作为主体着色颜料单独使用，也可作为调色颜料与其他颜料混合使用，甚至可作为"雕白剂"与白色颜料一起使用。这是因为当它与白色颜料（例如钛白粉）混合使用时，可遮盖钛白粉的黄光，从而产生令人赏心悦目的白色。在这种应用场合，只需要极少的量就可达到目的，例如在 100g 钛白粉中只需添加 0.0005～0.05g 颜料紫即可。当单独使用时，它主要呈现出红紫色。当它与酞菁蓝混合使用时，可使酞菁蓝带有更强烈的红光。

颜料紫 23 可用于调制各种类型的涂料（包括外墙涂料），尤其适用于以合成树脂为胶黏剂的乳胶漆。在这样的介质中，即使在冲淡的情况下（例如当它与钛白粉的混合比为 1∶3000时），它的各项应用牢度也非常高。颜料紫 23 在烘烤漆中具有非常好的耐再涂性。在涂料中，颜料紫 23 的耐热性不太高，在通常的情况下仅耐 160℃。大多数颜料紫 23 商品的比表面积在 70～100m²/g 之间。为了在使用介质中得到较高的分散稳定性并防止它在介质中絮凝，在用其对涂料着色时需要加入较高比例的分散剂和胶黏剂，这是它与众不同的地方。如果颜料紫 23 与各种固化剂共同使用，例如用于环氧类的粉末涂料时，会表现出渗色现象，但是这并不妨碍它在这类涂料中的应用。因为，此时它的用量很少，以至于用肉眼根本就观察不出。

颜料紫 23 用于印刷油墨时，常常与酞菁蓝混合以得到较红色光的蓝色。调制 1/1 标准色深度的胶印油墨，它的使用量是 8.7%；而调制 1/3 标准色深度的胶印油墨，它的使用量为 5.6%。这两种油墨的耐晒牢度都在 6～7 级。用颜料紫 23 制成的印刷品十分耐有机溶剂、酸、碱和油脂，并且可以在 220℃ 的环境中耐受 10min，在 200℃ 的环境中耐受 30min。这些印刷品还耐漂白和消毒处理。它还适用于涂料印花，得到的制品无论在耐晒牢度、耐气候牢度还是在其他应用性能方面都非常好。除此之外，颜料紫 23 还可用于办公用品、文教用品、水彩油墨等的着色。

鉴于颜料紫 23 的重要性，我国自 20 世纪 70 年代就立项开发这个颜料，当时尽管合成该颜料的粗品非常成功，但是对其进行颜料化的研究却不成功，以致制得的产品质量不能满足用户的需要。直到 1989 年，华东理工大学精细化工研究所的研究者在采用了球磨法颜料化工艺之后，才基本解决该颜料的质量与应用性能的问题。1990 年上海美满化工厂在华东理工大学的技术支持下，首先在国内生产出合格的工业化产品。如今，我国有好几家生产颜料紫 23 的企业，但每家的生产规模都较小。生产的颜料紫 23 的品种有两个，一个呈红光紫色，另一个呈蓝光紫色。这两个都为通用品种，既可用于油墨，又可用于涂料、塑料。

② 颜料紫 37　色光比颜料紫 23 的色光要红得多，在多数介质中它的着色力与颜料紫 23 相比要弱一些。然而它在硝酸纤维素中的着色力却与颜料紫 23 不相上下，这是因为它在该介质中的遮盖力较强。它的耐溶剂性能与颜料紫 23 一样好。颜料紫 37 可用于制造印刷油墨，尤其是油性印刷油墨和包装装潢用印刷油墨。此时，它呈现出较高的光泽和较好的流动度，各项牢度也与颜料紫 23 一样好。如将颜料紫 37 用于涂料，则其主要用于汽车漆。

（7）异吲哚啉酮系颜料和异吲哚啉系颜料

异吲哚啉酮和异吲哚啉系有机颜料分子中均含有图 2-46 所示结构。

当 X^1=2H、X^3=O 时，上述分子称为异吲哚啉酮；当 X^1、X^3=2H 时，上述分子称为异吲哚啉。现有的异吲哚啉酮和异吲哚啉类化合物可以作为颜料使用且有商业价值的数目很有限。此类颜料的生产工艺较为复杂，其色谱大多是黄色，具有很高的耐晒牢度和耐气候牢度，主要用于高档的塑料和涂料。

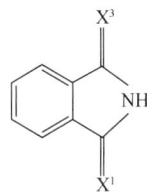

图 2-46　异吲哚啉酮和异吲哚啉

异吲哚啉颜料是比异吲哚啉酮颜料还要新一些的颜料，典型的品种有 C.I.颜料黄 139（图 2-47），它是由 2mol 带有活泼亚甲基的化合物与 1mol 异吲哚啉分子经缩合制得的。常用的带有活泼亚甲基的化合物有氰乙酰胺、巴比妥酸、四氢喹啉二酮及它们的衍生物。反应所用的异吲哚啉分子的苯环上一般都不含氯原子。换言之，在构成异吲哚啉核的苯环上不带有氯原子。

图 2-47　C.I.颜料黄 139

异吲哚啉酮系和异吲哚啉系颜料的色谱范围较广，从黄色、橙色至红色、棕色，但较有商业价值的品种其色谱为绿光黄色和红光黄色。若在无取代的异吲哚啉核上引入氯原子，衍生物的吸收光谱会发生红移。异吲哚啉酮系和异吲哚啉系颜料不溶或微溶于大部分有机溶剂，其耐溶剂性、耐迁移性、耐酸碱性、耐氧化还原性都很好，耐热性特别好，可耐热约 400℃。这些颜料的耐晒牢度、耐气候牢度也很好。异吲哚啉酮系和异吲哚啉系颜料属于高性能有机颜料，主要用于汽车漆、塑料、高级油墨及合成纤维原液的着色。异吲哚啉酮系和异吲哚啉系颜料的品种见表 2-14 和表 2-15。

表 2-14　异吲哚啉酮系颜料品种

染料索引号	结构	色光
C.I.颜料黄 109	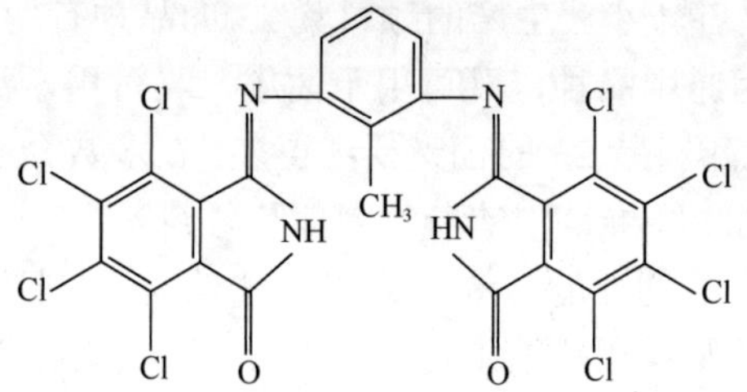	绿光黄
C.I.颜料黄 110	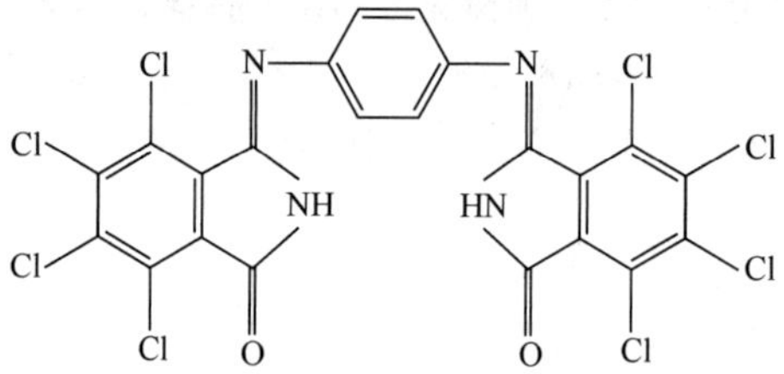	红光黄
C.I.颜料黄 173	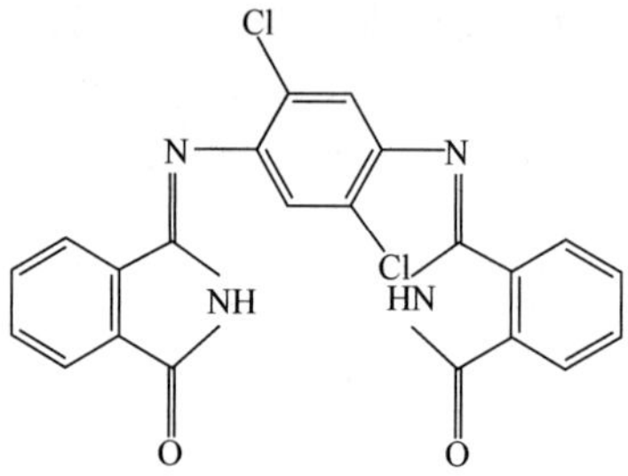	绿光黄
C.I.颜料橙 61	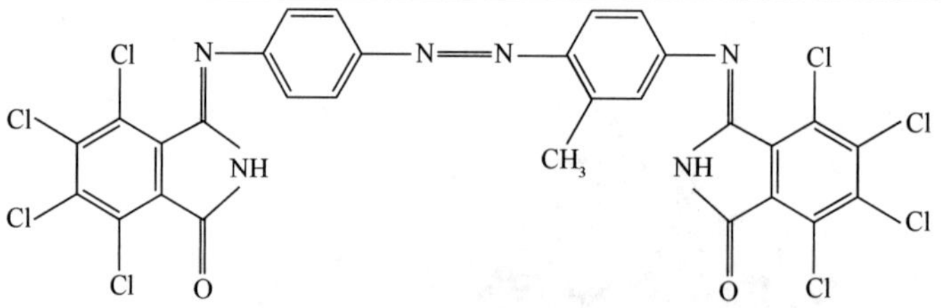	橙

表 2-15　异吲哚啉系颜料品种

染料索引号	结构	色光
C.I.颜料黄 139	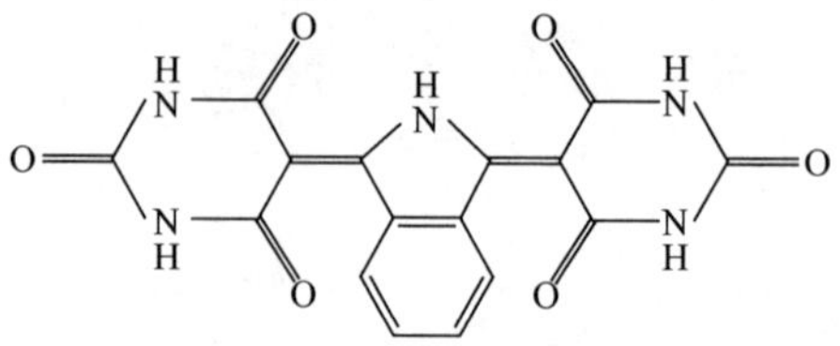	红光黄
C.I.颜料黄 185	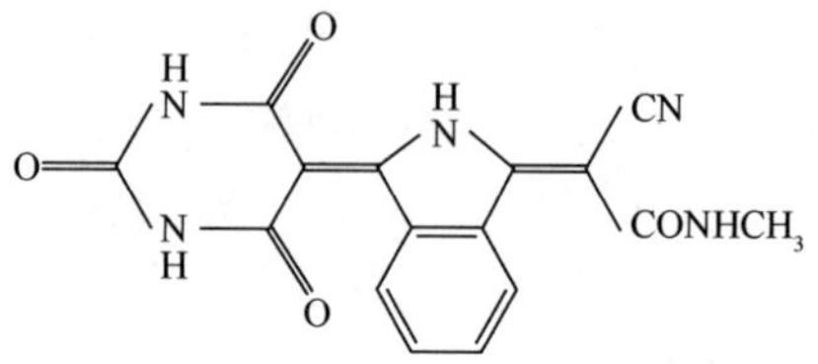	绿光黄

续表

染料索引号	结构	色光
C.I.颜料橙 66		黄光橙
C.I.颜料橙 69	—	黄光橙
C.I.颜料红 260	—	黄光红

2.3 无机颜料

2.3.1 无机颜料概述

（1）无机颜料的定义与分类

无机颜料是一种化合物，是有色金属氧化之后得到的产物，或一些不溶性的金属盐。无机颜料共有两种，一种是天然无机颜料，另一种是人造无机颜料。其中天然无机颜料的成分主要是矿物颜料，而人造无机颜料则是对天然矿物进行加工得来的，另外无机化合物通过加工后也是可以制成人造无机颜料的。一般，天然矿物颜料都有着相对较低的纯度，并且色泽稍显暗沉，故而都是非常低价的。人造无机颜料则不同，由于在合成时其合成材料的色谱都较为齐全，所以色泽较天然无机颜料要明艳许多，并且能够达到较好的遮盖效果。

无机颜料的应用历史是非常悠久的，在初期，无机颜料主要有烟黑，与其相对应的白垩也是常见的颜料之一，还有色土也是人们广为使用的，天然氧化铁也是一种常见无机颜料。早在 5000 年前，人类祖先就已经可以规律地生产铅白。而在大约 2300 年前，我国就有了炼制颜料银朱的技术。不过其他国家在颜料制作上也有一定的成就，在 18 世纪初德国一位名叫迪斯巴赫的人给出了普鲁士蓝颜料的制作方法；大约一个世纪之后，法国的沃克兰发明了铬黄的制作方法，其后 20 年左右法国的吉梅将群青这种颜料生产出来；而英国的威德尼斯工厂在 19 世纪 70 年代制成了锌钡白。随着后来钛复合颜料及钛白制作方法的问世，无机颜料生产取得了跨越式的发展。截至目前，色谱中的无机颜料种类几乎都已经到位。

无机颜料分类如表 2-16 所示，依据的是 ISO 和 DIN 所推荐的体系。这个体系是从颜色和化学方面的考虑出发，类别之间会出现部分重叠，这对许多种分类方法都是在所难免的。

表 2-16 无机颜料分类

项目	定义
白色颜料	无选择光散射造成的光学效应（例如二氧化钛、硫化锌、立德粉、锌白）
彩色颜料	选择性光吸收所造成的光学效应，在很大程度上也是选择性光散射的效应（例如氧化铁红和氧化铁黄、镉系颜料、群青颜料、铬黄、钴蓝）
黑色颜料	无选择光吸收所造成的光学效应（例如炭黑颜料、氧化铁黑）
光效颜料	镜面反射或干涉所造成的光学效应
金属效应颜料	主要在平的和平行的金属颜料粒子上发生的镜面反射（例如片状铝粉）

项目	定义
珠光颜料	发生在高度折射的平行颜料小片状体上的镜面反射（例如钛白、云母）
干涉色颜料	全部或主要由干涉现象而造成的有色闪光颜料的光学效应（例如云母、氧化铁）
发光颜料	由吸收辐射的能力和把辐射以较长波长发射出来的能力造成的光学效应
荧光颜料	激发后无延迟发射的较长波长光线［例如蒙（覆）银的硫化锌］
磷光颜料	激发后数小时之内持续发射较长波长的光线［例如蒙（覆）铜的硫化锌］

无机颜料耐晒、耐热、耐候、耐溶剂性好，遮盖力强，但色谱不十分齐全，着色力低，颜色鲜艳度差，部分金属盐和氧化物毒性大。无机颜料包括各种金属氧化物、铬酸盐、碳酸盐、硫酸盐和硫化物等，如铝粉、铜粉、炭黑、锌白和钛白等都属于无机颜料范畴。天然矿物颜料完全来自矿物资源，如天然产朱砂、红土、雄黄等。合成颜料的如钛白、铬黄、铁蓝、镉红、镉黄、立德粉、炭黑、氧化铁红、氧化铁黄等。

（2）无机颜料的物理性质

1）结晶学和光谱

以下是最普通的结晶类型：①立方晶系。锌混合晶格，例如沉淀 CdS；尖晶石晶格，例如 Fe_3O_4、$CoAl_2O_4$。②四方晶系。金红石晶格，例如 TiO_2、SnO_2。③正方晶系。针铁矿晶格，例如 α-$FeOOH$。④六方晶系。刚玉晶格，例如 α-Fe_2O_3、α-Cr_2O_3。⑤单斜晶系。独居石晶格，例如 $PbCrO_4$。

在理想的固体离子型化合物中，吸收光谱是由各个离子的光谱组成的，就像在离子溶液中一样。对 s、p 轨道都充满（电子）的金属离子来说，第一激发态能级较高，只有紫外线才可以被吸收。于是，当配位体为氧或氟时，就成了白色无机化合物。d 和 f 轨道未满的过渡元素硫属化物的吸收光谱，主要由具有惰性气体结构的硫属化物离子的电荷转移光谱来决定。对于过渡元素、镧系、锕系来说，基态与第一激发态之间的能量差较小，由波长决定的激发发生在有色光的吸收上，从而导致了有色化合物的产生。

对无机颜料的 X 射线检测给出了有关结构、精细结构、应力状态和可能存在的最小内聚区（即微晶）的晶格缺陷的信息，除此之外用其他任何方法都无法获得此类信息。微晶的尺寸与用电子显微镜测得的粒度不必一致，因为可能存在以下情况，例如，微晶的尺寸与颜料的磁性质紧密相关。

2）粒度

无机颜料最重要的物理参数不仅包括光学数据，还包括一些几何数据：平均粒度、粒度分布和粒子形状。在一些标准中规定了特殊的分布函数（即幂分布、对数正态分布和 RRSB 分布）。关于粒度分布的表达及测定方法的报道有很多，与粒度分布有关的重要参数是平均粒度和粒度。平均粒度的表达方法视所使用的测定方法而定，或者哪一个平均值最能反映所涉及的颜料性质，就使用哪一个平均值。无机颜料的平均粒度在 0.01～10pm 之间。比表面积也代表颜料粒度分布的一种平均，可以用它计算表面分布的平均直径。要注意，"内表面积"的影响也应给予考虑。如果一个产品有内表面积，而且与外表面积比较不能忽略的话，则所测得的比表面积就不再是平均直径的真实量度。这种情况适用于后处理颜料，因为进行处理时所用物料非常多孔。对于非异构的粒子（即针状或小片状粒子），可能适用数学统计。长度为 L、宽度为 B 的粒子的二维对数标准分布，也可以用特性参数和平均值来计算和表达。

（3）无机颜料的发展趋势

纵然大多数无机颜料已为人们所知，但在有关颜色研究方面仍然有新的发展，例如"高性能颜料"。受环境方面法律的影响，从前的一些重要的无机颜料已被取代。例如，在大多数国家防腐蚀漆中的红丹就已被取代。当然，环境方面的考虑并非开发新颜料的唯一驱动力。在过去，新颜料的发明，旧颜料的改进，都已在工业的范畴中使我们能够得到新的颜色效应。新的物理效应导致了所谓的"量子效应颜料"，当然，这一发展还处在引人入胜的纳米实验室早期阶段。多组分混合结晶体系的进展显示，镧氧化钽氮化物是红色到黄色范围内其色相引起人们兴趣的有希望的候选者。一般而言，从求新和市场已有供应的角度看，无机颜料发展的领域可综述如下。

① 许多颜料都涂覆了一个额外的对颜色没有多大影响的涂层，以求改善其应用性质：颜料基料组分更易调节（颜料表面的预润湿、分散中的表现、沉降中的表现等）；颜料在基料体系中的耐候性得到改善（对紫外线、水分等的稳定性）。这些表面处理（后处理）包括对无机物（SiO_2、Al_2O_3、ZrO_2）、有机物（多醇、硅氧烷、有机硅烷或钛酸盐）或无机/有机配合物的使用。

② 这些颜料不仅以纯粹的、自由流动的粉末形态出现，也以制剂（颗粒、片、糊、浓颜料浆）的形式出现。这些制剂的颜料含量都尽可能高，除颜料之外，制剂中还包含溶剂型和水性基料或基料混合物。这样的颜料-基料组合物对涂料、印刷油墨和塑料的制造商有特定的好处，即有较好的颜料分散性，加工中不会出现粉尘，具有最佳润湿表现，最终产品具有更好的颜色效果。

③ 新的趋势是把无机颜料的高遮盖力和稳定性与有机颜料的明亮和饱和结合起来。除已知的简单混配物之外，新出现了特种钛白与高性能有机颜料混配的制剂，这种制剂显示出能引起人们兴趣的性质，但是其商业品质尚有待证实。量体裁衣式的表面处理和颜料制剂的进一步发展将使无机颜料在将来更快地出现新的用途。

2.3.2 白色颜料

白色颜料包括二氧化钛（TiO_2）、锌白（ZnO）、硫化锌和立德粉（由硫化锌和硫酸钡组成的混合颜料）。历史上曾经使用的白色颜料如铅白粉（碱式碳酸铅和白垩）已不具有工业应用价值。白色颜料的光学性质是：在可见光范围内光的吸收很少，并且可以强烈地散射光，主要是无选择性地散射光。

（1）二氧化钛颜料

二氧化钛以金红石型、锐钛矿型和板钛矿型存在于自然界中。其中，金红石型、锐钛矿型的二氧化钛在工业上大量生产，并且用作颜料、催化剂和生产陶瓷材料。由于其光散射性质（优于其他所有的白色颜料）、化学稳定性和没有毒性，二氧化钛成为极其重要的白色颜料，如图 2-48 所示。

1）性质

在三种 TiO_2 变体中，金红石型是热力学上最稳定的一种。然而，其他两种形态晶格能相似，因此可以在很长时间内处于稳定状态。超出 70℃，锐钛矿型会迅速单向转化为金红石型。板钛矿型很难生产，因此在 TiO_2 颜料工业上没有什么价值。在三种 TiO_2 变体的晶格中，一个钛原子八面被六个氧原子包围，并且每一个氧原子又被三个钛原子以三角形排列所包围。三种变体对应着八面体的边和角的不同连接方式。TiO_2 变体的结晶学数据见表 2-17。

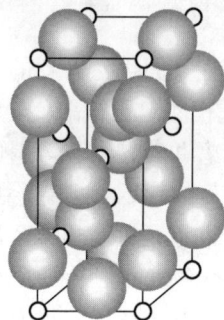

(a)晶体结构   (b)实物

图 2-48　二氧化钛颜料

表 2-17　TiO_2 变体的结晶学数据

形态	CAS登记号	晶体体系	晶格常数/nm			密度/（g/cm³）
			a	b	c	
金红石型	131-80-2	四方晶系	0.4594	—	0.2958	4.21
锐钛矿型	1317-70-0	四方晶系	0.3785	—	0.9514	4.06
板钛矿型	12188-41-9	斜方晶系	0.9184	0.5447	0.5145	4.13

　　金红石型和锐钛矿型呈四方晶系，板钛矿型呈斜方晶系。TiO_2 熔点大约为 1800℃，高于 1000℃，由于氧的释出，氧分压逐渐升高，生成钛的低级氧化物，这一变化伴随着颜色和电导率的变化。温度高于 400℃ 时，它明显呈黄色，这是由于晶格的热扩张，这是一个可逆的过程。金红石型具有最高的密度，最紧密的原子结构，因此是最硬的一种变体（莫氏硬度 6.5～7.0）。锐钛矿型相对较软（莫氏硬度 5.5）。二氧化钛是一个光敏的半导体，在接近紫外（UV）区域吸收电磁辐射。固体状态价带和导带之间的能量差，金红石型是 3.05eV，锐钛矿型是 3.29eV，相应的吸收光谱金红石型小于 415nm，锐钛矿型小于 385nm。光能的吸收可以使电子从价带激发到导带。电子和电子空穴是移动的，并且能移动到固体的表面，发生氧化还原反应。

　　二氧化钛是带有弱酸性和碱性的两性化合物。相应地，碱金属钛酸酯和游离钛酸在水里是不稳定的，在水解时生成无定形的氧化钛氢氧化物。二氧化钛的化学性质非常稳定，不受大多数有机和无机溶剂的侵蚀，但它能溶解在浓硫酸和氢氟酸中，并且为熔融的碱性和酸性物质所侵蚀和溶解。在高温下，TiO_2 和还原剂（如一氧化碳、氢气和氨）反应，生成低价的钛氧化物。500℃ 以上，在碳存在下，二氧化钛与氯气反应生成四氯化钛。

　　商业 TiO_2 产品的比表面积，按其用途不同在 0.5～300m²/g 之间变化。TiO_2 表面为配位的结合水所饱和，形成氢氧离子。按照羟基和钛原子键合的类型不同，这些基团显示酸性或碱性。因此，TiO_2 的表面总是极性的。覆盖羟基的表面对于颜料的性质，如分散性和耐候性，有着决定性的影响。羟基的存在使诱导光化学反应成为可能，例如，将水分解为氢和氧，以及将氮还原为氨和肼。

　　2）主要用途

　　二氧化钛用途广泛，它几乎完全代替了其他的白色颜料，以下是二氧化钛的主要用途。

① 油漆和涂料。油漆和涂料是 TiO_2 颜料的最大应用领域，该种颜料使得涂装材料的保护功能得到了充分的发挥。由于 TiO_2 颜料的不断发展，仅仅几微米厚的涂料就可以完全覆盖底材。使用简单的分散设备，如圆盘式高速分散机，就可以采用市售的 TiO_2 颜料生产涂料。在蒸汽喷射微粉化颜料前用有机物处理，生产出来的颜料光泽性质得到了改进，雾影减小，主要用于烘烤磁漆。此类产品在储存时不会发生沉淀，具有良好的耐光性和耐候性。

② 印刷油墨。印刷过程涂层厚度小于 $10\mu m$，因此 TiO_2 颜料要尽可能细。而这种非常薄的膜厚，只有用消色力（冲淡能力）为立德粉 7 倍的 TiO_2 颜料才行。由于 TiO_2 具有中性的主色，因此特别适用于着色颜料的消色（冲淡）作用。

③ 塑料。二氧化钛颜料广泛用于有色且不耐久的塑料制品，如玩具、家用电器、汽车、家具和包装薄膜。TiO_2 颜料可保护带颜色制品，免受有害的射线损害。

④ 纤维。二氧化钛颜料赋予合成纤维外观一种密实的感觉，消除了由合成纤维的半透明性导致的不实感。在纺丝的过程中，锐钛矿型颜料的磨损作用为金红石型颜料的 1/4，因此被合成纤维所采用。在聚酰胺纤维中，锐钛矿型颜料耐光性不良的问题可用适当的包膜来改善。

⑤ 纸张。欧洲造纸工业选用如高岭土、白垩或滑石粉之类的填料作为增白剂或不透明剂。二氧化钛颜料适用于即便在非常薄的情况下（航空信纸或薄的印刷纸），也必须是不透明的非常白的纸张。TiO_2 可以掺到纸浆中或用作涂层，从而赋予优级的品质（"艺术"纸）。用作装饰层或薄膜的层压纸，在与三聚氰胺脲醛树脂混合之前，通常用非常耐光的金红石型颜料着色。

（2）硫化锌颜料

以硫化锌为基础的白色颜料是 1850 年在法国首先开发和申请专利的，如图 2-49 所示。虽然它们还有经济价值，但是自从 20 世纪 50 年代初期推出二氧化钛以后，已不断失去了市场容量。

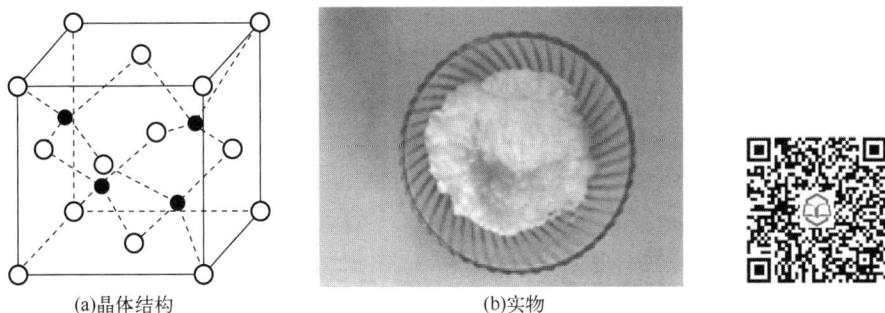

图 2-49　硫化锌颜料（白球 Zn，黑球 S）

销量最大的含硫化锌白色颜料是立德粉，它是硫化锌（ZnS）和硫酸钡（$BaSO_4$）的混合物共沉淀，随后煅烧而生产出来的。白色硫化锌类颜料之所以在其应用领域保持了它们的市场地位，是因为它们不仅有良好的光散射能力，而且还有其他所需的性能，如低磨损、低油量和低莫氏硬度。有时它们是由各种工业三废生产的，这种回收利用的方法缓解了环保的压力。

1）性质

硫化锌类颜料组分的性质见表 2-18。

表 2-18　硫化锌类颜料组分的性质

性质		硫化锌	硫酸钡
物理性质	折射率	2.37	1.64
	密度/（g/cm³）	4.08	4.48
	莫氏硬度	3	3.5
化学性质	耐酸/碱性	溶于强酸	不溶
	耐有机溶剂性	不溶	不溶

在可见光范围内（波长 400～800nm）白色颜料不吸收光，但是在此范围内它能完全地散射入射光。硫化锌和硫酸钡的光谱反射曲线在很大程度上与此完全吻合。ZnS 最大的吸收峰大约在 700nm。硫化锌在 UV-A 区域中有吸收边缘，这是其带蓝—白色光的主要原因。硫化锌具有闪锌矿晶格还是具有纤锌矿晶格取决于其生产工艺。ZnS 的折射率决定了其散射性能，其折射率为 2.37，比塑料和基料的折射率（n=1.5～1.6）要大得多。球形 ZnS 颗粒的直径为 294nm 时，分散力最大。由于硫酸钡的折射率相当低（n=1.64），它不直接散射光，但是用作体质颜料可提高 ZnS 的散射效率。立德粉里的硫酸钡可以借助热分析，在 1150℃下用可逆吸热相变来鉴定。在空气存在下，硫化锌和立德粉大约到 550℃都是热稳定的。由于它们的莫氏硬度低，故其耐磨蚀性比其他的白色颜料差。硫酸钡对酸、碱和有机溶剂是惰性的。硫化锌在水介质里 pH 值在 4～10 之间是稳定的，对有机溶剂基本上是惰性的。在水和氧存在下，它能被 UV 辐射氧化热分解。

2）用途

① 立德粉。主要以相当高的颜料浓度用于涂装材料，例如底漆、塑料物质腻子、中涂漆、绘画颜料和乳胶漆。立德粉的一个重要性能是，只需要很少的基料就可以得到良好的流动性能和施工性能。它几乎适用于所有的基料介质，并有良好的润湿性和分散性。立德粉与 TiO₂ 颜料混合使用具有经济优势。由于立德粉的吸收光谱向蓝光强烈偏移，所以它特别适合用作 UV 固化涂料体系的白色颜料。锌的化合物有杀菌和杀藻的作用，在户外用涂料的配方里含有立德粉或硫化锌，有助于防止菌类或藻类的生长。立德粉的材料优势（例如良好的耐光性和清澈带蓝的白色调）使它得以在塑料中应用。该产品也赋予了塑料非常好的挤出性质，因此产率高，挤出机操作很经济。在防火体系中，可以用无毒的立德粉替代大约 50%的阻燃剂三氧化二锑，而无任何负面的作用。

② 硫化锌。硫化锌主要用于塑料。应用硫化锌的出发点是它的功能性质，如消色和遮盖力。已经证明硫化锌对许多热塑性塑料的着色是非常有利的。在分散时，它不会引起金属生产机械的磨损，也不会对聚合物产生不良的作用，即便是在高温操作或多次加工工艺条件下也是如此，甚至对超高分子量的热塑性塑料的着色也不成问题。玻璃纤维增强塑料在挤出时，硫化锌的柔软性能防止纤维的机械损伤。在制造这些材料时硫化锌也用作干膜润滑剂。硫化锌的低磨损性能，延长了橡胶工业制品生产所用冲压模具的使用寿命。用硫化锌可改善许多弹性体的耐光性和耐老化性。它也用作滚柱和滑动轴承的干膜润滑剂，以及作为脂和油的白色颜料。

（3）氧化锌颜料

1）性质

氧化锌是一种细微的白色粉末，如图 2-50 所示，在加热到 300℃时变黄。它在 366nm 波长以下吸收 UV 光。在 ZnO 晶格中引入微量的一价或三价元素，会赋予其半导体的性质。用加热的方法得到的 ZnO 初级粒子，可以是粒状的、球状的（0.1～5μm）或针状的（0.5～10μm）。用湿法工艺生产的颗粒是无定形的（海绵状，颗粒大小可达 50μm）。氧化锌的物理性质见表 2-19。

(a)晶体结构　　　　　　　　　　　　　(b)实物

图 2-50　氧化锌颜料（白球 Zn，黑球 O）

表 2-19　氧化锌物理性质

密度/（g/cm³）	5.65～5.68
折射率	1.95～2.1
熔点/℃	1975
比热容（25℃）/［J/（mol·K）］	40.26
比热容（100℃）/［J/（mol·K）］	44.37
比热容（1000℃）/［J/（mol·K）］	54.95
热导率/［W/（m·K）］	25.2
晶体结构	六方晶系，纤锌矿型
莫氏硬度	4～4.5

氧化锌是两性的，它可以与有机酸和无机酸反应，也可以溶解在碱和氨的溶液里生成锌酸盐。它很容易和酸性气体（例如 CO_2、SO_2、H_2S）结合，在高温下可与其他氧化物反应生成复合物，如铁酸锌。

2）用途

氧化锌有许多用途，迄今为止，最重要的是在橡胶工业中的应用，几乎世界上一半的 ZnO 用作天然橡胶和合成橡胶硫化促进剂的活化剂。ZnO 的反应性是比表面积的函数，但也受存在的杂质如铅和硫酸盐的影响。ZnO 能确保硫化橡胶的良好耐久性，并且能提高其热传导性，含量一般为 2%～5%。虽然氧化锌呈极好的白色，可以为画家所用，但它不再是涂料的主要白色颜料。它可用作木材防腐外用涂料的助剂，也可用于防污和防腐蚀漆。它可以和氧化时产生的酸性物质反应和吸收 UV 辐射，可以改善漆膜的形成、耐久性和抗霉菌性（与其他杀菌剂一同起协同作用）。由于 ZnO 有杀菌性能，故它在制药和化妆品工业中也有应用，主要用于粉状和膏状产品。它可以与丁香酚起反应，用于牙科的胶泥。ZnO 以其能降低热膨胀、降低熔点和提高耐化学性能的特点，被用于玻璃、陶瓷和搪瓷领域中。它也用于改进光泽或提高不透明性。氧化锌可用作许多产品的合成原材料，如硬脂酸酯、磷酸酯、铬酸酯、硼酸酯、有机二硫代磷酸酯和铁酸盐。它与氧化铝掺和在一起可以使电阻下降，因而它可用作胶版复印中纸基印版的涂料。

2.3.3 黑色颜料

炭黑是几乎纯净的元素碳（金刚石和石墨是几乎纯净的碳的其他形式），其呈现近于球形胶体颗粒的形态，是由气态或液态烃的不完全燃烧或热分解产生的，是一种黑色的、分得很细的颗粒或粉末。它在轮胎、橡胶和塑料制品、印刷油墨和涂料中的应用，与其比表面积、粒度和结构、传导和颜色的性能有关。

近于 90% 的炭黑用于橡胶，9% 用作颜料，其余 1% 是许多不同的应用中一个不可缺少的成分。现代的炭黑产品是从早期的"灯黑"直接传承而来的，3500 年以前中国首次生产灯黑。这种早期的灯黑并不是非常纯净，并且它们的化学组成和现在的炭黑也有很大的不同。自 20 世纪 70 年代中期以来，大部分炭黑都是用油炉法生产的，故也被称作炉黑。

炭黑与晶体状碳的金刚石和石墨不同，它是由被称为聚集体的熔接粒子组成的无定形碳。各种不同类型炭黑的性质是不同的，如表面积、结构、聚集体的直径和团块大小。世界上共生产六种炭黑：乙炔黑、槽黑、炉黑、气黑、灯黑和热裂黑。每一种炭黑特有的物理和化学性能，综合在其材料安全资料和供应商的产品技术说明书中，表 2-20 是炭黑的主要用途。

表 2-20　炭黑用途一览表

领域	用途
橡胶	轮胎和机械橡胶制品补强材料
印刷油墨	着色，流变性
涂料	饱和黑色和调色
塑料	黑色和灰色着色，调色，防紫外线，导电，导电涂料
纤维	着色
纸张	黑色和灰色着色，导热，装饰和保光纸
建筑	水泥和混凝土着色，导热
电力	碳刷，电极，电池
金属还原，复合物	金属熔炼，擦胶剂
金属碳化物	还原化合物，碳原料
耐火材料	减少矿物的孔隙
绝缘	石墨炉，聚苯乙烯和聚氨酯泡沫

（1）橡胶炭黑

图 2-51 所示为橡胶炭黑。广泛被人们所认可的以补强性质为基准的炭黑类型分类方法如下：①活性炭黑，高补强力，细炭黑，胎面炭黑（粒度 18～28nm）；②半活性炭黑，低补强力，胎身炭黑（粒度 40～60nm）；③非活性炭黑，忽略补强性，高充填率（粒度大于 60nm）。

虽然人们仍然广泛地采用惯用的炭黑类型分类法，但在此采用国际上认可的 ASTM 分类命名法（表 2-21）。橡胶炭黑命名体系的第一个字母，是指炭黑对典型含炭黑的橡胶组合物硫化速度的作用。字母"N"用于表示没有经过专门改性来改变其对橡胶硫化速度作用的，典型炉黑的正常硫化速度。字母"S"用于表示通常经过氧化的方法改性的槽黑或炉黑，能有效地降低橡胶硫化速度。槽黑的特点是赋予橡胶组合物较慢的硫化速度。因此，字母"S"表示缓慢硫化。在此体系中第二个符号是一个三位数，第一位数表示用氮表面积测量的炭黑的平均表面积。炭黑的表面积范围分为六个独立组，每一组指定一个数字来表示。

图 2-51　橡胶炭黑

表 2-21　橡胶炭黑的类型（ASTM）

名称	粒度范围/nm	名称	粒度范围/nm
N110	11～19	N550	40～48
N220	20～25	N660	49～60
N330	26～30	N770	61～100

N330 系列的特点是包括大约 10 个不同类型宽广的橡胶炭黑品种。细颗粒的活性炭黑用于需要经受相当机械应力的橡胶，例如胎面胶。半活性炭黑用于胎身，也用于从屏幕和门的密封到地板坐垫的橡胶技术制品。轮胎中也含有其他专用的炭黑，例如所谓的黏合炭黑以改善径向钢带的附着性，传导炭黑或非活性炭黑用于提高填料的充填率。

（2）颜料炭黑

从量的角度来说，颜料炭黑远不如橡胶炭黑来得重要。从质的角度来说，颜料炭黑属于高度复杂的颜料，如图 2-52 所示。这些炭黑用于各种各样的用途，例如印刷油墨、涂料、塑料、纤维、纸张等。在工业上广泛地采用以颗粒大小为基础的颜料炭黑分类方法。

颜料炭黑与其他黑颜料和黑有机染料相比有许多优点：色泽稳定、耐溶剂、耐酸碱、热稳定性好、遮盖力高。炭黑最重要的色彩性能是黑玉色度和着色力。黑玉色度是指所达到的黑色强度。德固赛（Degussa）发明的测量残余组分（＜0.5%）的方法，已成为一个标准 DIN 55979。在该标准中，将炭黑样品和亚麻仁油混合，用光谱光度计进行测量，得到的结果以 M_y 值表示。炭黑的颗粒越细，M_y 值越高，相应于较高的黑度。经过改进的上述色浆法也是测定醇酸/氨基树脂体系（PA1540）M_y 系数的方法。着色力是炭黑相对于白色颜料（二氧化钛、氧化锌）而测量的上色能力。但是，着色力不单受到粒度和结构的影响，而且在某种程度上也受到粒度分布的影响。炭黑的颗粒越细，着色力越大，其为表面或粒度规格的间接指示。除了以黑玉色度（M_y值）表示的颗粒大小外，颜料炭黑的表面化学性质对加工性能也有决定性的影响。

图 2-52 颜料炭黑

印刷油墨工业对于颜料炭黑有许多要求，无论是印刷油墨还是被印刷的产品都期望颜料炭黑具有若干种性质。印刷油墨：良好的润湿性，容易分散，高浓度，适当的黏度，良好的流动性能，储存稳定性和经济性。被印刷的产品：黑玉色度，遮盖力，蓝色调，光泽，耐擦拭。采用恰当的颜料炭黑就能达到各种印刷效果。

在印刷油墨工业中，颜料炭黑的应用几乎百分百地涉及黑油墨的"染色"。颜料炭黑也用于灰色和带色油墨（棕色、橄榄色等）的调色，但是其用量与整个消费量相比相当小。颜料炭黑在印刷油墨中可以分为给色（上墨）部分和流变部分。上墨部分主要涉及黑玉色度、底色和光泽，而流变部分主要涉及黏度流动性质和黏性参数。上墨部分在相当大的程度上随着颜料炭黑粒度变化而变化。颜料炭黑越细，印刷油墨的色彩强度或黑玉色度越高。因此降低粒度，黑玉色度和棕色底色提高；提高粒度，黑玉色度和更蓝相的底色降低。流变部分同样与粒度和表面积有关，但是也与结构和表面化学性质有关。分得越细的颜料炭黑表面积相对越高，因此有强的增稠作用。如果粒度加大，表面积会减小，增稠效果降低。这就意味着：降低粒度，高黏度；提高粒度，低黏度。颜料炭黑的结构是生产印刷油墨的重要参数。因为颜料炭黑的一系列质量因素有赖于其结构，如分散性、黏度、流动性、色彩强度、光泽、耐擦拭性和导电性。高结构：高屈服值，高黏度，光泽降低。低结构：良好的流动性，低黏度，光泽提高。颜料炭黑的导电性也与其结构有关，结构越高，导电性越好。导电印刷油墨是用专门的高结构颜料炭黑制造的，由于这些颜料炭黑特殊的性能，导电印刷油墨具有相当高的黏度。为了使被印刷的物件达到良好的导电性，印刷时采用高颜料炭黑浓度的印刷油墨和高油墨膜。紫外光固化印刷油墨正在日益普及，但是，由于颜料炭黑强烈地吸收不可见光和紫外光范围的入射光，黑色的紫外光固化油墨只能取一个折中的办法。所以，印刷油墨越黑，固化时间延迟越长。专用的炭黑适于此应用。

被印刷的底材是选择颜料炭黑的一个重要的准绳。低结构的颜料炭黑在铜版纸上可以达到高质量的黑玉色度和光泽；高结构的颜料炭黑在非涂布纸上可以产生较高的黑玉色度，一般来说，在铜版纸上也会有较好的效果。印刷底材的表面粗糙度和吸收性决定了印刷油墨的组成。高屈服值的油墨适用于这种用途，其在非涂布纸上的渗透较少，因此可以较大程度地再现黑玉色度。流动性质和结构黏度可按颜料的结构来调整，报纸印刷油墨采用中到高结构的颜料炭黑。常用报纸印刷油墨有一个令人讨厌的特性，即其低下的耐擦性，而颜料炭黑的结构是可以影响到这种性能的。低结构的颜料炭黑能够改进耐擦性，高结构的颜料炭黑容易留下墨迹而将报纸蹭脏。通常将这两种颜料混合使用来解决这个问题。现在粒状炭黑在报纸印刷油墨中用得较多，粒状炭黑不产生尘埃，因此改进了油墨自动化生产所必需的处置过程。在包括含油颗粒、干颗粒和湿颗粒在内的各种类型粒状炭黑中，最受欢迎的是含油颗粒炭黑，因为其相当容易分散。

由于杂志的印刷油墨在印刷过程中的印刷速度非常高，所以低黏度是必需的。用中等粒度的低结构颜料炭黑生产的印刷油墨，可以满足这些条件，同时显示出极好的遮盖力、黑玉色度和光泽。在装饰和包装印刷（柔版和凹版印刷）中，会遇到各种各样的被印刷底材，印刷底材和连结料的选择要相互匹配。为此，在这种印刷油墨中有一系列的连结料体系可供选用。气黑法和槽黑法生产的颜料炭黑，不论是氧化的还是非氧化的都可应用。在包装印刷油墨领域，水性或者水基印刷油墨起到一个重要的作用。用高结构的颜料炭黑，总是可以达到高水平的黑玉色度。但是，高结构也会降低印刷油墨的流动性。如果在铜版纸或厚板纸和不吸收的表面上印刷，应该首选低结构的氧化炭黑颜料。低结构的炭黑颜料赋予了较好的流动性，并且可以较高的浓度来使用。

（3）新型纳米碳材料

纳米碳材料在油墨中的应用主要体现在纳米油墨的特性和应用领域。以碳纳米管、石墨烯等新型纳米碳材料为主的黑色功能颜料在油墨工业中具备较大的潜在应用价值。碳纳米管碳系油墨是一种用碳系材料与适宜的溶剂和聚合物混合而成的高性能、高导电性油墨。这种油墨的导电性能和稳定性受到多种因素的影响，如碳纳米管的体积分数、质量分数以及制备工艺等。碳纳米管具有优异的导电性能，因此，碳系油墨中加入适量的碳纳米管可以有效地提高其导电性能。为了使碳系油墨具有良好的黏附性和流动性，通常需要添加一定的聚合物和溶剂来调整其黏度和流动性。需要注意的是，纳米碳材料在油墨中的应用是一个复杂而专业的领域。在实际应用中，需要根据具体的需求和条件来选择合适的纳米碳材料和制备工艺，以确保油墨的性能和稳定性。同时，也需要注意纳米材料的安全性和环保性，避免对环境和人体健康造成潜在的风险。

2.3.4　着色颜料

（1）氧化铬颜料

氧化铬颜料（图 2-53），也称为氧化铬绿，由三氧化二铬组成。氧化铬绿是为数不多的单组分绿色颜料之一。铅铬绿是铅铬黄和铁蓝颜料的混合物，酞菁铬绿是铅铬黄和酞菁蓝颜料的混合物。迄今尚无人发现天然的、有价值的氧化铬矿藏。氧化铬的生产商除了提供颜料级产品之外，通常还按照性能，而不是按照颜色提供技术级的应用产品。这些产品包括以下几种：①冶金，铝粉和 Cr_2O_3 铝热法生产金属铬；②耐火材料工业，生产耐热、耐化学腐蚀的砖和衬里材料；③陶瓷工业，搪瓷、陶瓷烧结料和釉药的着色；④颜料工业，生产含铬着色剂和颜料的原材料，该着色剂和以混相金属氧化物为基础的颜料；⑤研磨和抛光磨料，由于三价氧化铬的硬度高，故可用于制动面衬和抛光磨料。

氧化铬氢氧化物和水合氧化铬颜料具有非常诱人的蓝绿色。其不透明性虽然低，但是耐光性极佳，耐化学性好。在加热时有水分损失，从而限制了其使用的温度。

1）性质

三价铬氧化物呈刚玉型的立方晶系，具有高硬度，莫氏硬度值大约为 9，它在 2435℃下熔化。随生产条件的不同，氧化铬颜料的粒度大小在 0.1～3μm 范围内，其平均值为 0.3～0.6μm，大多数颗粒是等轴的。较粗的氧化铬是为专门的用途而生产的，例如用于耐火材料领域。氧化铬折射率大约为 2.5。氧化铬绿颜料有橄榄绿的色调，细颜料可以得到带黄色相的浅绿色，大直径颗粒可以得到深色、带蓝色相的绿色；较深的颜料是较弱的着色剂。氧化铬绿反射曲线的最高峰位于大约 535mm 的绿色区域；次高峰在紫色区域（约 410mm），它是由于 Cr-Cr 在晶格中互相作用而引起的。由于氧化铬绿颜料在近红外区域有相当高的反射，因而用于红外反射伪装涂料。因为三价铬氧化物几乎都是惰性的，所以氧化铬颜料相当稳定，它们不溶于水、酸和碱，并且对二氧化硫以及在混凝土中极端稳定。它们具有耐光性、耐候性和耐温性。仅仅在高于 1000℃时，由于颗粒变大，色调发生变化。

图 2-53　氧化铬颜料

2）用途

三价氧化铬用作玩具、化妆品以及与食品接触的塑料和涂料中的颜料，是得到国家法规和国际标准允许的。它的重金属或可溶性物质部分的最高限量通常是先决条件。因为采用纯净的起始原料时，这些限制对大多数类型的氧化铬都可以满足。氧化铬作为着色剂和其他的工业应用是同样重要的。作为颜料，它主要用于涂料工业中特殊要求的高质量绿色漆，特别是钢结构（卷材涂料）、外墙涂料（乳胶漆）和汽车漆。除了价高的钴绿外，氧化铬是唯一能满足石灰和水泥等建筑材料高度颜色稳定要求的绿色颜料。然而，在塑料中氧化铬绿就不太重要，因为它着色发暗，但是它广泛用于啤酒板条箱的着色。

（2）氧化铁颜料

氧化铁颜料（图 2-54）与日俱增的重要性是基于其无毒性，化学稳定性，具有从黄、橙、红、棕到黑的一系列颜色，以及良好的性价比。天然和合成的氧化铁颜料由已知晶体结构的确定化合物组成。含有氧化铁的混相金属氧化物颜料也被采用。

图 2-54　氧化铁颜料

1）天然氧化铁颜料

在史前时代（阿尔塔米拉洞穴壁画），天然的氧化铁和氧化铁氢氧化物就作为颜料使用。埃及、希腊和古罗马人用它作为着色的材料。赤铁矿（α-Fe_2O_3）用作红色颜料，针铁矿（α-FeOOH）用作黄色颜料，棕土和黄土用作棕色颜料取得了经济上的重要意义。人们优先开采高氧化铁含量的矿床。天然的磁铁矿（Fe_3O_4）用作黑色颜料时，着色强度很差，因而在颜料工业中几乎没有得到应用。

针铁矿是赭土的显色组分，它主要是菱铁矿、硫化矿石和长石的一种风化产品，具有值得加工的储藏量的地方主要在南非和法国。棕土主要产于塞浦路斯，除了 Fe_2O_3 外（45%～70%），它还含有相当量的二氧化锰（5%～20%）。它的原生状态呈现深棕色到绿棕色，而一旦煅烧，其呈带有红色调的深棕色（煅烧棕土）。黄土主要产于托斯卡纳，它的平均 Fe_2O_3 含量大约为 50%，并含有少于 1% 的二氧化锰。它的天然状态呈黄棕色，而一旦煅烧，它呈现红棕色。天然氧化铁的加工取决于其组成，加工方法有：水洗、打浆、干燥、粉碎，或立即干燥然后在球磨机中粉碎，或通常在粉碎机或冲击磨中粉碎。天然氧化铁颜料大多数用于价廉的船舶涂料或以胶、油或石灰为基础的涂料，也用于彩色水泥、人造石材和壁纸。赭土颜料和黄土颜料用于生产颜色笔和粉笔。天然氧化铁颜料经济上的重要性与合成材料相比近年来在下降。

2）合成氧化铁颜料

由于合成氧化铁颜料的色调纯正、性能稳定和着色强度好，其重要性与日俱增。红、黄、橙和黑色颜料主要以单组分形态生产，其组成相当于矿物赤铁矿、针铁矿、纤铁矿和磁铁矿的组成。棕色颜料通常是由红和/或黄和/或黑色颜料的混合物组成的。均一相的棕色也有生产，例如（Fe，Mn）$_2O_3$ 和 γ-Fe_2O_3，但是与混合物相比数量很少。对于磁性记录材料来说，铁磁性的 γ-Fe_2O_3 是很重要的。

3）用途

所有的合成氧化铁颜料都有优良的着色力和卓越的遮盖力，同时，它们也耐光、耐碱。这些性能使其具有广泛适用性，主要应用在建筑工业，其次是涂料，当然也随地域而异。氧化铁颜料长久以来用于建筑材料的着色，如水泥屋顶的瓦片、铺地砖、纤维黏结料、沥青、砂浆、打底料等都可用少量颜料着色，而不影响建筑材料的固化时间、压缩强度或抗张强度。因为合成颜料有较好的着色力和较纯净的色相，优于天然的颜料。

天然橡胶只能用铜和锰含量非常低（Cu≤0.005%，Mn<0.02%）的氧化铁颜料着色，而合成橡胶敏感性较低。在涂料工业中，氧化铁颜料可以加到许多种类的基料中。它们之所以能被广泛应用于此领域，在于其纯正的色相、优良的遮盖力、优良的抗磨性以及低沉淀倾向。它们的耐高温性能使其可用于搪瓷和陶瓷，在塑料中的低迁移和渗出性也是其极大的优点，纯的氧化铁颜料是允许用于食品和日用塑料品的着色的。

（3）镉颜料

在颜料工业中，术语"镉颜料"被理解为纯的硫化镉和硫硒化镉以及含锌的硫化镉。含汞的镉颜料一直到 20 世纪中期还在使用，但是因为它们的毒性，已不再具有工业上的重要性。硫化镉存在于天然的镉闪锌矿和硫镉矿中，它具有六方晶系的纤锌矿晶体结构。然而，矿物本身不具有任何颜料的性质。镉颜料是半导体，它们的颜色是由晶格中价带和导带之间的距离决定的。颜料的高颜色纯度归结于陡峭的反射光谱。它们覆盖了相当宽的可见光范围。

图 2-55　镉颜料

　　镉颜料（图 2-55）耐光，在高温下稳定，色泽强烈和抗迁移，但是耐候性有限。其密度在 $4.2\sim5.6g/cm^3$ 之间，平均粒度在 $0.2\sim0.5\mu m$ 之间。它们有非常好的遮盖力，并且可用于工程塑料和陶瓷的着色。它们不溶于水和碱溶液，但是会受到酸的侵蚀和分解。由于这些颜料对摩擦很敏感，特别是硫硒化镉，所以在使用时要加倍关注。剪切力过大会改变颜料的颜色。

　　镉颜料有两种基本的制造方法：沉淀法和粉末法。对这两种方法要求都一样的是原材料中不能有过渡金属（例如 Cu、Fe、Ni、Co、Pb）化合物，因为这些化合物会形成深色的硫化物。在沉淀法中，先用镉盐溶液与多硫化钠溶液反应，随后加入锌盐生成浅黄色的镉颜料，添加硒则会使色相从橙色和红色转向枣红色。然后滤出沉淀物，干燥，在没有氧的条件下煅烧，湿磨，干燥和干磨。在粉末法中，先将分得很细的碳酸镉或氧化镉与硫黄和矿化剂进行强烈的机械混合，随后在没有氧的条件下煅烧，添加锌或硒产生与沉淀法同样的效果，最终产品用与沉淀法同样的方法制得。

　　（4）铋颜料

　　1985 年在市场上推出的以正钒酸铋（$BiVO_4$）为基础的黄绿色颜料是一类具有有趣的色彩性能的颜料（图 2-56），它们使熟知的黄色无机颜料的范围得到了扩展，例如铁黄、铅铬黄、镉黄、钛镍黄和铬钛黄。特别是它们取代了绿相的铅铬黄和硫化镉颜料。以片状结晶氧化铋氯化物（氧氯化铋，$BiOCl$）为基础的专用含铋效应颜料，早就为人所知。

图 2-56　铋颜料

　　1）性质

　　所有商品钒酸铋颜料都是以具有单斜或正方晶系结构的纯钒酸铋为基础的。各种钒酸铋颜料最重要的性质是卓越的色相亮度、非常好的遮盖力、高着色力、非常好的耐候性、高度耐化学性、容易分散、环境友好。

纯钒酸铋颜料的物理和色彩性能为：①密度 5.6g/cm³；②比表面积（BET）10m²/g；③折射率 n 2.45；④吸油量 27g/100g。

钒酸铋是一种带绿相的黄颜料，与其他的黄色无机颜料相比，它在色彩性质方面最类似于镉黄和铅铬黄。钒酸铋在 450nm 处反射明显提高，并且饱和度比铁黄或钛镍黄高。不论是本色或是与 TiO_2 复合时它都有非常好的耐候性。

2）用途

钒酸铋颜料可用于制造无铅、具有耐候性、颜色鲜亮的黄色颜料，在汽车原厂漆和修补漆、工业和装饰漆、部分粉末涂料和卷材涂料体系中应用。与其他的颜料拼用时，$BiVO_4$ 可以作为重要的黄色、橙色和绿色的德国标准色 RAL1003、RAL1021、RAL1028、RAL2002、RAL3018、RAL6018 和 RAL6029 的基础。迄今已有热稳定到 300℃的钒酸铋颜料，它们在户外使用的塑料中，显示了非常好的对光的耐久性和耐候性。该颜料在塑料中有卓越的耐迁移性，并且容易分散。具有优越热稳定性的钒酸铋颜料，很容易在 260～280℃下掺到聚烯烃和 ABS 中，在 280～300℃下掺到聚酰胺注射模塑材料中。

（5）铬酸盐颜料

最重要的铬酸盐颜料包括铬酸铅颜料（铅铬黄）和钼酸铅颜料（钼铬橙和钼铬红），它们的色泽范围从浅柠檬黄色到带蓝色调的红色。铅铬黄、钼铬橙和钼铬红可用于生产涂料和塑料，并且以明亮的色调、良好的着色力和良好的遮盖力为特点。经专门处理的颜料，可以不断改进其耐光性、耐候性、耐化学品性和耐温性。铬酸盐颜料可以和蓝颜料掺和（例如铁蓝或酞菁蓝），以获得高质量的铅铬绿和耐久性的铅铬绿颜料。钼铬橙和钼铬红颜料通常和有机红色颜料混合，色泽范围能得到相当程度的扩展和微调。铬酸铅、钼酸铅颜料，铅铬绿和耐久性铅铬绿颜料是以粉状、低尘或无尘制剂或颜料浆的形式供应的。

1）铅铬黄

铅铬黄颜料（C.I.颜料黄 34：77600 和 77603）（图 2-57）是纯的铬酸铅或具有通式 Pb（Cr，S）O_4（折射率为 2.3～2.65，密度约为 6g/cm³）的混相颜料。铅铬黄不溶于水。惰性金属氧化物沉淀到该颜料颗粒上时，在酸和碱里的溶解度可以减小到最小的程度。铬酸铅和硫酸铅铬酸铅（后者是混相颜料）都可以是正交或者单斜晶型的，单斜晶型更为稳定。铬酸铅的绿相黄色正交变体晶型在室温下是亚稳态的，在一定条件下（例如浓度、pH 值、温度）很容易转变为单斜晶型，单斜晶型存在于天然的铬铅矿里。混相晶体中用硫酸盐部分代替铬酸盐会使着色力和遮盖力逐渐减低，但是却可以生产出重要的带绿相黄色的铅铬黄。

图 2-57 铅铬黄

铅铬黄颜料主要用于涂料和塑料，其需要的基料量小，有良好的分散性、遮盖力、着色力、光泽和光泽稳定性。铅铬黄的广泛应用不仅是因为经济，也在于其具有有价值的颜料性质。在制造汽车漆和工业漆中，它们是重要的黄色基础颜料。在生产耐高温的彩色塑料（例如 PVC、聚乙烯或聚酯）时，用大剂量硅酸盐稳定化处理的铅铬黄颜料起了主要的作用。此外，将铅铬黄颜料加到塑料中也改进了它们对碱、酸、二氧化硫和硫化氢的耐化学品性。

2）钼铬红和钼铬橙

钼铬红和钼铬橙是通式为 Pb（Cr，Mo，S）O_4 的混相颜料。大多数的商业产品 MoO_3 含量在 4%～6%，折射率为 2.3～2.65，密度为 5.4～6.3g/cm³。其色调取决于钼酸盐的比例、结晶形态和颗粒大小。纯的四方晶型钼酸铅是无色的，它与硫酸铅、铬酸铅能形成从橙色到红色四方晶型的混相颜料。改变钼铬红和钼铬橙颜料的组成，可以给出所需的色彩性质，商业产品通常含大约 10%的钼酸铅。钼铬红和钼铬橙颜料的耐久性是相对于铅铬黄颜料而言的。正如铅铬黄一样，颜料颗粒可以涂覆金属氧化物、金属磷酸盐、硅酸盐等，得到稳定级的品种。

钼铬红和钼铬橙主要用于涂料和着色的塑料（例如聚乙烯、聚酯、聚苯乙烯）。其中温度稳定级的产品，对卷材涂料和塑料是最适用的。钼铬红和钼铬橙颜料的特点是低基料需要量、良好的分散性、遮盖力和着色力，再加上高耐光性和耐候性。像铅铬黄一样，钼铬红可用于生产混合颜料，与有机红颜料混合，可以提供相当宽的颜色范围。这样的复合物有非常好的稳定性，因为许多有机红颜料的耐光性能和耐候性能不会由于钼酸盐颜料而受到不良影响。

（6）群青颜料

世界上仅在很少的地方有天然存在的矿物天青石，质量最好的是产自阿富汗和智利的矿石。粉碎这种矿物而得到颜料（图 2-58），这种颜料的名字为"群青"，意味着"越过海洋"。矿物运输和加工的成本意味着这种颜料要比黄金还贵。

图 2-58　群青颜料

1）性质

合成的群青是无机的粉末状颜料，商业上有三种颜色：①红相蓝色，C.I.颜料蓝 29：77007；②紫色，C.I.颜料紫 15：77007；③桃红色，C.I.颜料红 259：77007。其化学组成比例是可变的，但晶格却重复着蓝色群青单元，它是 $Na_7Al_6Si_6O_{24}S_3$。紫色和桃红色的变型与蓝色的不同主要在于硫基团的氧化状态。

基本群青的颜色是浓厚、鲜亮又带红头的蓝色，随着化学组成变化发生红绿色调的变化。紫色和桃红色的衍生物具有较弱、不太饱和的颜色。采用研磨减小粒度以增强着色力的办法可以提高商品颜料的色彩质量，平均颗粒大小的范围一般在 $0.7\sim5.6\mu m$。虽然细颗粒颜料色调较浅，并且比粗颗粒产品更显绿相，但是当用白色颜料冲淡时，它们的颜色却更明亮和更为饱和。群青的折射率接近 1.5，与涂料和塑料的介质相似，在有光漆和透明的塑料中呈透明的蓝色，加入少量的白色颜料才具有不透明性。增加白色颜料的量，色调更浅，微量的群青加到白色颜料中会提高白度和满意度。

在许多应用中，群青蓝可以稳定到约 400℃，群青紫稳定到约 280℃，群青桃红稳定到约 220℃。它们对国际蓝色羊毛标准来说，都有卓越的耐光性（7～8 级），受光和热而引起的褪色几乎总是由于酸的侵蚀。群青能和各种酸起反应，如果有足够量的酸，颜料会完全分解，失去各种颜色，生成二氧化硅、钠和铝的盐、硫和硫化氢。遇酸释出硫化氢是测试群青有效性的方法。现有耐瞬间酸性级的产品，该产品的颜料颗粒有不可渗透的二氧化硅涂膜保护。蓝色和紫色的产品在弱碱中是稳定的，但桃红色的产品却倾向于转变成带紫色的色相。群青不溶于水和有机溶剂，所以在涂料或聚合物中不会渗出和迁移。这一点使群青获准在与食品接触方面广泛应用。

作为大分子，细微的群青颗粒具有高表面能和内聚力。越细的级别，其表面积越大，因而不如粗颗粒的产品那样容易分散。现已有经过颜料表面处理以降低表面能和改善分散性的若干品种。群青颗粒的外表面和沸石结构的内表面会吸收水分，外表面的水分（按颗粒大小为 1%～2%）在 100～105℃ 就可以驱走，但是另外 1% 内表面的水分需要 235℃ 才能完全除去。群青颗粒是硬的，众所周知不论是处理干的或浆状的颜料，都会引起设备的磨损。群青相对密度为 2.35，但是粉状颜料的松密度更低，其随着粒度不同而在 $0.5\sim0.9g/cm^3$ 之间变化。比表面积随粒度不一，在 $1\sim3m^2/g$ 之间变化。吸油量也随粒度变化（通常是 30%～40%）。pH 值在 6～9 之间。群青颜料基本上无味，不易燃和不助燃。

2）用途

群青颜料的稳定性和安全性是其得以广泛应用的基础，其油墨涂料的应用主要有：

① 涂料。群青颜料主要用于装饰漆、烘烤漆、透明喷漆、工业漆和粉末涂料。颜料的透明性使它可以和效应颜料如云母一起，用在一些令人难忘的闪光涂料中。

② 印刷油墨。群青颜料可用于大多数包括烫金箔在内的印刷油墨。凸版印刷、柔性版印刷和凹版印刷需要高强度级别的品种；平版印刷需要防水级别的品种；任何级别的品种都适用于丝网印刷油墨、织物印刷和烫金箔。高固体水分散的改进强度的品种，在柔性版印刷中的应用不断增加。

③ 纸张和纸张涂料。群青颜料可用于增强白纸或带色纸的色调，它们可以直接加到纸浆里，或用在纸张涂料中。它们特别适用于儿童用的彩色纸张。

（7）铁蓝颜料

ISO 2495 中定义的铁蓝颜料术语，在很大程度上取代了大量的旧名词（例如巴黎蓝、普鲁士蓝、柏林蓝、密罗里蓝、腾堡蓝、华蓝和非铜光蓝）。这些名词通常是以微晶 Fe（Ⅱ）Fe（Ⅲ）氰基络合物为基础的不溶性颜料，其中许多有特殊的色相，如图 2-59 为其中之一。

1）性质

铁蓝颜料最具有实际意义的性质是色相、相对着色力、分散性和流变性质，其他的重要性质有 100℃ 下的挥发物含量、水溶物和酸度。纯的铁蓝颜料几乎都是单独使用（例如在印刷油墨中），而不需要任何助剂来改进，分得很细的铁蓝颜料能赋予印刷油墨一种纯黑的色头。铁蓝颜料因粒度小而非常难以分散。微粉化级的产品干混合物着色力比用标准方法研磨制备的蓝色颜料大。经微粉化处理的产品聚集体的平均大小约为 $5\mu m$，而普通质量的产品约为 $35\mu m$。

图 2-59 铁蓝颜料

铁蓝颜料的物理性质和化学性质见表 2-22。

表 2-22 铁蓝颜料的物理性质和化学性质

项目	Vossen Blau®705	Vossen Blau®705LS	Vossen Blau®724	Manox Blue®460D	Manox Easisperse®HSB2
染料索引编号	77510	77510	77510	77510	77510
染料索引颜料	27	27	27	27	27
着色力	100 纯蓝	100 纯蓝	100 纯蓝	115 纯蓝	95 纯蓝
吸油量/（g/100g）	36～42	40～50	36～42	53～63	22～68
干燥时重量损失/%	2～6	2～6	2～6	2～6	2～6
夯实密度/（g/L）	500	200	500	500	550
密度/（g/cm³）	1.9	1.9	1.9	1.8	1.8
原始粒子平均直径/nm	70	70	70	40	80
比表面积/（m²/g）	35	35	35	80	30
热稳定性/℃	150	150	150	150	150
耐酸性	非常好	非常好	非常好	非常好	非常好
耐碱性	差	差	差	差	差
耐溶剂性	非常好	非常好	非常好	非常好	非常好
耐渗出性	非常好	非常好	非常好	非常好	非常好

铁蓝颜料在 180℃ 短时间下是热稳定的，因此可以用于烘烤漆。粉末状的物料具有爆炸危险，粉末状态的颜料是易燃的，在空气中可能高于 140℃ 就着火。单独使用的铁蓝颜料有卓越的耐光性和耐候性，一旦将它和白色颜料混合，这些性能就会消失。最近的研究表明面漆（如在汽车制造业通用的）克服了这个问题。该颜料能耐稀的无机酸和氧化剂，并且不渗出，但它们在热的浓酸和碱的作用下会分解。

2）用途

因为铁蓝颜料有浓厚的色调、良好的遮盖力和经济的成本/性能比，其在印刷，特别是在凹版印刷中是很重要的。在多色印刷中，铁蓝经常和酞菁颜料混合使用。其另一个重要的用途是调节黑色印刷油墨的色相，在随和色凹印油墨中典型的用量是 5%～8%，在黑色凹印和胶印油墨调色中用量是 2%～8%。铁蓝颜料用于制造单面和双面用的复写纸和蓝色晒图纸时，既用来对炭黑调色，又作为蓝颜料。在黑色凹印油墨的调色中，把 2%～6% 的 Manox Easisperse®HSB3 和 6%～12%的炭黑一起使用。通常铁蓝颜料也与带有蓝色调的红颜料混合使用。用有机颜料时，必须考虑到其耐溶剂性能。与炭黑相比，铁蓝的分散性差，单独分散蓝颜料是既经济又现实的。在胶印油墨中，铁蓝用作调色剂的基本要求是抗润湿和良好的分散性。"抗"在此理解为颜料的憎水性能，该性质能够防止颜料被水润湿，以及避免因此而产生的胶溶作用。由于非抗性的铁蓝吸收水分超过正常的量，油墨无法使用。胶溶的一个副作用是从印刷油墨中"溶解"蓝颜料，使润版液变成蓝色，产生经常碰到的印刷溅泼污染问题，其被称为脏版或着色。颜料的混合分散仅对具有相似分散性的色料才是现实的。调色剂比炭黑要难分散得多，因而制造商应以预分散浆的形式供应，否则必须靠用户单独研磨铁蓝技术领域的进展来克服这些问题。出现的新一代颜料既满足了充分抗润湿的要求，又有良好的分散性。容易分散的铁蓝被推荐用于与炭黑一起混合分散，其被称为"共研磨"工艺。

蓝色无机杀菌剂是以铜为基础的，并且主要用于处理葡萄、橄榄或柑橘类水果。大约从 1935 年起，特别是在地中海国家，它大量地被无色的有机化合物所替代。微粉化的铁蓝颜料可用于对这些杀菌剂的着色 [一般在 3%～6%（质量分数）]，由于其着色强度高，因此用很少的量就看得见，使得精确控制成为可能。铁蓝颜料也可用于涂料工业中，例如汽车漆中的饱和深蓝色，具有良好遮盖力的饱和色用 4%～8%的铁蓝颜料。直接在水相中加入"水溶性"铁蓝，可以生产感光纸。即将适当的铁蓝颜料和水溶性基料一起研磨，涂到纸上，然后干燥和上光（用量约为分散液的 8%）。此外，铁蓝在生产铅铬绿和锌铬绿颜料中的重要性也在急剧提高。

2.4 新型功能颜料

功能性颜料能赋予涂层特殊的功能，是不可或缺的一种颜料，它区别于以着色为主的普通颜料，是对具有防污、防霉、防火、示温、发光、防锈等特定功效的颜料的统称。功能性颜料主要品种有：船底防污漆用防污颜料、随温度而变色的示温颜料（变色颜料）、夜间发光的发光颜料、具有珍珠光泽的珠光颜料、荧光颜料、金属颜料、导电颜料、磁性颜料、防腐蚀颜料、香味颜料、防锈颜料、耐高温颜料等。

2.4.1 荧光颜料

物质受到某种形式的能源刺激，将所吸收的能量转变成热辐射以外的可见光的发光现象称为广义的荧光。将这种刺激隔离后仍然发出间断的光称为狭义的荧光，而停止刺激后仍然持续发光的现象称为磷。凡是在可见光的照射下或在紫外光的激发下能够产生荧光现象的颜料均称为荧光颜料，如图 2-60 所示。荧光颜料属功能性发光颜料，与一般颜料的区别在于当外来光（含紫外光）照射时能吸收一定形态的能量而激发光子，以低可见光形式将吸收的能量释放出来，从而产生不同色相的荧光现象，不同色光结合形成异常鲜艳的色彩。当光停止照射后，发光现象即消失。荧光油墨只能在紫外光或红外光下发光，正是由于它的可转换和隐藏特征，以及在彩色复印机上不能精确地被复制的特点，该油墨在特种印刷行业中获得比较广泛的应用。

荧光颜料根据其化学组成和性质可以分为无机荧光颜料和有机荧光颜料两大类。

① 无机荧光颜料。无机荧光颜料根据是否需要活化剂激发可以分为需要微量的铜、银、锰的化合物作为活化剂，只有在活化剂的激发下才能产生荧光的，和不需要活化剂的激发就能产生荧光的两大类。前者如锌、镉的硫化物和镉与锌的硫化物的混合物，其特点是余辉亮度高而持续时间短，耐晒牢度高；后者如稀土金属的氧化物和硫化物及盐类，其特点是余辉亮度低而持续时间长，耐晒牢度高。

② 有机荧光颜料。有机荧光颜料可以分为荧光色素颜料和荧光树脂颜料两大类。荧光色素颜料的特点是具有蒽、蒽醌、苯胺结构，荧光较弱，着色力高，色光鲜艳，但耐晒牢度低；荧光树脂颜料的特点是以对甲苯磺酰胺、聚甲醛树脂、三聚氰胺甲醛树脂的混合体为基体，以荧光颜料分子为发光体，混合物，着色力高，耐光性好。

图 2-60　荧光颜料

无机荧光颜料的化学分子式为 $n\text{ZnS}_{(1-n)} \cdot \text{CdS}$：A。其中 n 为 $0.15 \sim 1.0$，A 为活化剂（为铜、银或锰），其量为 $0.003\% \sim 1.0\%$。无机荧光颜料的颜色随使用的活化剂不同、颜料本身色彩不同而变化。如用铜作活化剂时，颜色可自深红至绿色，这随着 n（$0.5 \sim 1$）而变化；而用银作活化剂时，颜色可自深红至深蓝，随 n（$0.15 \sim 1.0$）而变化；用锰作活化剂时，颜色在黄、橙之间，它们与 n 无关。

无机荧光颜料的制造过程为：①将氧化锌或氧化镉溶于稀硫酸中；②以分步沉淀法将溶液纯化，然后过滤；③以硫化氢将硫化锌或硫化镉沉淀，过滤；④将滤饼放于原始罐中，加水冲洗；⑤压滤，并冲洗之，然后干燥；⑥与助溶盐和活化剂混合，干燥；⑦置于坩埚中，煅烧；⑧与水混合，过滤，洗涤；⑨使之再成糊状，进行表面处理，干燥，过筛。

在该基本生产过程中，颗粒尺寸可由助溶盐（如氯化钠、氯化钡、氯化镁等）的种类和数量、温度以及在 $1300 \sim 2000°\text{F}$（$704.4 \sim 1093.3℃$）时的煅烧时间（$1 \sim 2\text{h}$）来控制。表面处理一般是涂以硅酸盐或磷酸盐类物质，这有助于颜料的稳定以及质量的提高。日光荧光颜料可吸收可见光及部分紫外光，并将它转变为一定波长的可见光，成为高光亮度的颜料。例如采用某些氧蒽类碱性染料（如碱性桃红 6GDN、罗丹明 B）与树脂（对甲苯磺酰胺甲醛树脂）制成"染料-树脂"固溶体，可以获得红光荧光颜料。

2.4.2 珠光颜料

珠光颜料（图2-61）是一种装饰性颜料，常见的如天然角鳞片、氢氧化铋、砷酸氢铅、碱式碳酸铅以及多层金属氧化物包膜云母等。这类颜料已广泛应用于化妆品、塑料、造纸、皮革、织物、陶瓷、建筑装饰材料等方面。在这些珠光颜料中，天然角鳞片的来源有限，价格很贵；砷酸氢铅、碱式碳酸铅等有毒；氢氧化铋密度大，难以悬浮在各种基料浆液中，从而限制了它们的应用。目前的珠光颜料多使用多层金属氧化物包膜云母珠光颜料，它是以云母为载体的。大多数云母矿源不适合制作云母珠光颜料，只有水磨小粒干白云母才适合制作云母珠光颜料。这种云母基本无色，折射率为1.55，与普通的基料有相似的折光指数（又称折射率），密度小，很容易分散在基料浆液中，无毒，耐光、耐气候性好。传统的天然珠光颜料和人工合成的以铅、铋为主的珠光颜料，由于原料来源短缺、价格昂贵、毒性大、性能不稳定等，使用范围受到限制。用二氧化钛包膜云母制作的珠光颜料，具有比金属粉和其他颜料更为丰富的色彩和应用领域，势必将取代传统的、来源少而成本高的天然珠光颜料。用非金属云母钛珠光颜料配制珠光网印油墨，印刷效果更为突出，印品具有独特的立体效果和艺术感受。

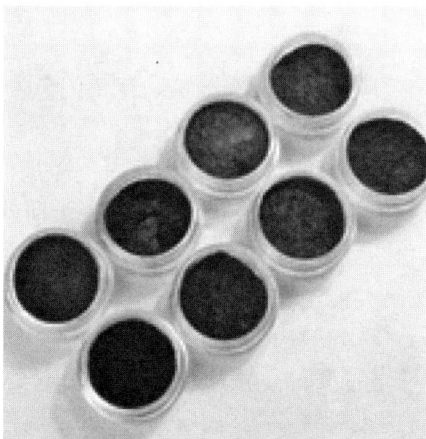

图 2-61　珠光颜料

（1）云母钛珠光颜料

最常见的珠光颜料为云母钛珠光颜料，俗称"云母钛珠光粉"。它是以天然白云母薄片为核，在其表面包覆一层或交替包覆多层二氧化钛及其他金属氧化物形成的微粉，是一种在结构上与天然珍珠极为相似的平面夹心体。该颜料利用云母及包覆物和光作用的特性及两者的折射率差别而产生光的透射、反射和衍射，将复合光分解成五颜六色的单色光，从而显示出极其美丽的珍珠光泽和金属光泽效应。云母钛珠光颜料随云母基片的粒度和包覆物的不同，可产生不同色相和闪光强度。粒度较粗的珠光颜料产生星光闪烁的金属视感；粒度较细的则呈现类似丝绸和软缎般细腻、柔和的珍珠光泽。云母钛珠光颜料完全无毒，并且有耐光、耐候、耐高温、耐酸碱、较高的机械强度和优良的珠光光泽等优点，已完全取代了传统的有毒珠光颜料，应用范围不断得到拓宽。

1）分类

按其反射光颜色，习惯上将云母钛珠光颜料分为银白类、彩虹类和着色类。

① 银白类。银白类为最通用的一种,一般只用钛氧化物或锆氧化物单独包膜,其氧化物包覆率为 8%~28%,因而多晶膜较薄,其光学厚度通常仅为 220~1220nm,其反射光为白色复合光,主反射色相为银白。因为所采用的原料制造方法上的差异,有的产品近似于鱼肚白色,所以也有人称为"珠白"或"鱼肚白"珠光颜料。

② 彩虹类。彩虹类珠光颜料也称幻彩珠光颜料。云母钛珠光颜料随着二氧化钛包覆率的增加,也即随二氧化钛多晶膜光学厚度的增加,其干涉色相由银白依次向金、红、紫、蓝、绿转变。幻彩珠光颜料在两种干涉色相之间时通过控制包膜厚度,还可以获得系列过渡色相的幻彩珠光颜料。

③ 着色类。以云母薄片银白珠光颜料和干涉色幻彩珠光颜料为核,采用其他金属或非金属氧化物包膜,或采用透明有机颜料包膜,则可获得着色类珠光颜料。着色类珠光颜料是珠光颜料中最庞大的一类,品种繁多,色谱齐全。其中,应用最普遍的有用铁、铬等氧化物包膜的着色黄金黄、着色黄铜黄、着色青铜黄、着色铁锈红等品种。近年来又出现了采用稀土金属氧化物包膜的着色珠光颜料,其色彩更加鲜艳、亮丽。稀土金属氧化物包膜的珠光颜料所呈现的色调极其特殊,是迄今为止任何无机和有机颜料无法比拟的,也无法通过调色来达到其特殊的色彩风韵,因此价格十分昂贵。目前用于制造防伪珠光油墨,在钱币和有价证券的印刷中得到应用。

2) 光学特性

云母钛珠光颜料的光学特性有珠光效应、金属闪光效应、视角闪色效应、色彩转移效应、附加色彩效应和三维空间效应。

① 珠光效应。是指珠光颜料具有的珍珠般的柔和色泽。珠光色泽是包覆于云母基材上的二氧化钛多晶膜对入射光产生多重反射和透射的结果,即由光的干涉所致。对于粒径小的珠光颜料,由于包覆于云母片表面的二氧化钛多晶膜像天然珍珠那样,分成许多微小层次,这样当入射光照射到其表面时,就会呈现出类似丝绸那样的柔和色泽,这种色泽称为"珠光"。云母钛珠光颜料的这种光学特性,称为"珠光效应"。

② 金属闪光效应。是指金属表面对光的镜面反射对人眼产生的闪烁视感。云母钛珠光颜料通过用其他金属氧化物包膜,或用着色剂处理,可以获得一系列金属色泽。例如:单纯采用二氧化钛作包膜材料的云母钛珠光颜料能显示注目的银白金属光泽,称为银白珠光颜料;银白珠光颜料用炭黑着色,色调深沉,近似于铅粉;用氧化铬着色,其色调近似于青铜色;用氧化铁着色的黄干涉色珠光颜料,具有很强的黄金光泽等。

③ 视角闪色效应。云母钛珠光颜料是由透明云母薄片表面沉积一层透明的、折射率比基材云母高得多的金属氧化物所构成的,当光线在折射率不同的透明层界面发生多次光的折射、反射及部分吸收、穿透作用时,平行的各种反射光之间将发生光的干涉现象,因而产生珍珠般的光泽和色彩。对观察者而言,当处于光线的反射角时能看到最强的干涉色,而偏离反射角时却只能看到珠白色或其他颜色。这种随观察者的观察角度不同而看到不同干涉色的现象称为"视角闪色效应"。

④ 色彩转移效应。采用干涉色云母钛珠光颜料制成的连续涂膜或塑料薄膜,能够同时显示两种颜色,这种颜色的变化称为色彩转移效应。

⑤ 附加色彩效应。云母钛珠光颜料可以和透明的无机或有机颜料相混合,或直接用这些颜料对珠光颜料进行着色,所产生的色彩更加迷人。如用铜酞菁蓝或铜酞菁绿对珠光颜料进行着色,其色彩不但不会削弱,反而会增强。这种光学特性称为"附加色彩效应",也叫"增色效应"。

⑥ 三维空间效应。不论是何种类型的珠光颜料，它总是透明或半透明的薄片。当光线照射在薄片表面时，它总是反射大部分入射光，而把剩余的光透射到下一层珠光颜料晶片上，于是重复一次光的反射和折射，这样反复多次直到基底层才被完全反射和吸收。这一光学特性使得珠光颜料在透明的涂膜和塑料薄膜中具有深远的三维空间质感。当人眼视觉垂直于涂膜或塑料薄膜的某点时，会发现颜料片镶嵌在涂膜或塑料膜的不同厚度处。膜的厚度即使很薄（25～40μm），但给人们的视感却是厚膜。这一现象称为"三维空间效应"。

（2）纳米二氧化钛

纳米二氧化钛又称超细二氧化钛、透明二氧化钛，是纳米材料中的重要品种之一。纳米二氧化钛除了具有常规二氧化钛的理化特性之外，还具有以下特性：①由于其粒径远远小于可见光波长的一半，故几乎没有遮盖力，是透明状的；②吸收和屏蔽紫外线的能力极高；③化学稳定性和热稳定性很好，完全无毒，无迁移性；④以纳米二氧化钛为填充剂与树脂所制成的涂膜或塑料薄膜，显示悦目的珠光和逼真的陶瓷质感，且其颜色随粒径的大小而改变，粒径越小，颜色越深，为此可以选择体积适当且粒径均匀的纳米二氧化钛制备各种颜色的涂料或油墨，以代替常规化学颜料配色工艺；⑤纳米二氧化钛还同时具有云母钛珠光颜料所有的光学特性，如珠光效应、视角闪色效应、色彩转移效应和附加色彩效应等。

2.4.3 示温颜料

示温颜料（temperature indicating pigment）是可随温度的变化而变色的一种颜料。示温变色颜料是示温变色油墨的基本组分，油墨受热发生颜色变化，主要取决于变色颜料。因为这些颜料加热前后出现的颜色变化截然不同，并且以此作为指示温度的依据，所以这是配制示温变色油墨的核心或基础。示温变色颜料必须具备以下条件：①对热作用要敏感，在常温下有固定明显的颜色，并且当达到预定温度时变色要迅速；②有明显的变色界限，即变色温度区间要窄，变色前后色差要大；③受外界环境影响要小，在光照、潮湿气候条件下性能稳定，不分解、不褪色。示温变色颜料按颜料性质可以分为有机变色颜料和无机变色颜料；按变色类型可以分为不可逆变色颜料和可逆变色颜料两大类。

可逆性的变色颜料可以随温度的降低而返回原色，但可示的温差范围小，具体品种很多，有金属的氢碘酸复盐、钴盐和镍盐与六亚甲基四胺所形成的化合物等，按所要求示温范围可选用不同的品种。不可逆的变色颜料，变色后不能返回原色，仅能测知受热表面已达到或超过某一温度，可示的温度范围大，具体品种有镉、铜、铅的氢氧化物，铜、银、铅、锰、钴等的碳酸盐，以及含硫的有机化合物同金属盐的混合物。

可逆性变色颜料主要选用银、汞、铜的碘化物、络合物或复盐的钴盐、镍盐与六亚甲基四胺所形成的化合物等。可逆性变色颜料其变色过程，有的是在变色时失去结晶水，有的则是进行晶型转化，有的是 pH 值变化引起的，均属于物理变化，其变化是可逆的。含有结晶水的物质加热到一定温度后，会失去结晶水，从而引起物质颜色变化；一经冷却，该物质又能吸收空气中的水汽，逐渐恢复原来的颜色。例如：粉红色的氯化钴、六亚甲基四胺，于 35℃ 失去结晶水而变为天蓝色。

$$CoCl_2 \cdot 2C_6H_{12}N_4 \cdot 10H_2O \rightleftharpoons CoCl_2 \cdot 2C_6H_{12}N_4 + 10H_2O$$

（粉红色）　　　　　　　　　　　（天蓝色）

有些变色颜料是一种结晶物质，在一定温度作用下其晶格发生位移，即由一种晶型转变为另外的一种晶型，从而导致颜色的改变。当冷却至室温，晶型复原，颜色也随之复原。例如：正方体（红色）的碘化汞（HgI_2），当加热至 137℃时变为青色斜方晶体，冷却至室温后颜色复原。变色颜料的晶格位移变化比温度变化慢得多，因而晶型改变所出现的颜色变化滞后于温度变化，而晶型恢复过程要比改变过程中的颜色变化滞后现象更为明显。因此，应用此类油墨，必须注意颜料本身这一特性，升温速度不能过快。某些物质与高级脂肪酸混合，当加热到一定温度时，酸中解离出的羧酸质子活化，与某种物质作用而出现明显的颜色变化。一旦冷却，羧酸质子就复原，物质颜色也随之复原。因此可以利用 pH 值随温度变化而改变某种物质颜色的原理达到指示温度的目的。例如：硬脂酸与溴酚蓝混合物在 55℃时颜色由黄色变蓝发生变色，冷却至室温颜色又复原。

不可逆变色颜料常用的有铅、镍、钴、铁、镉、锶、锌、锰、钼、钡、镁等的硫酸盐、硝酸盐、磷酸盐、铬酸盐、硫化物、氧化物以及偶氮颜料、酞菁颜料、芳基甲烷染料等。不可逆示温变色颜料的变色机理为：颜料因受热时发生了物理或化学变化，改变了原来的物理化学性质，从而产生颜色的变化，变化后的颜色在冷却时不能复原到原来的颜色。不可逆示温变色颜料的变色类型可以分为升华、熔融、热分解、氧化和固相反应五种情况。具有升华性质的某些变色颜料与填料配合显示一种颜色，但是当加热到一定温度时（在一定压力下），它则由固态分子直接变为气态分子逸出连结料，脱离油墨，此时墨膜只显示填料的颜色，人们可以利用这种机理达到示温目的。例如：选用靛蓝作为变色颜料，二氧化钛作为填料，以有机硅树脂为连结料配成油墨，在 240℃±10℃加热，靛蓝升华，墨膜由蓝变白。升华是一种物理变化，因为当墨膜受热时，变色颜料逸出墨膜，而升华的颜料的化学组成没有改变。

熔融型示温变色油墨是根据纯结晶变色颜料具有固定熔点的原理而设计的。结晶变色颜料在一定温度下由有色的固态物质变为透明的液态物质，外观颜色发生变化，起到指示温度的作用。这种熔融要求时间短，变色明显。例如：使用硬脂酸铅和乙基纤维素溶液研磨成白色色浆，喷涂或印刷在深色底材上形成白色涂层，当加热至 100℃时，白色硬脂酸铅熔融而变成透明的液体，立即显示出深色底材的颜色，由此可以确定加热所达到的温度。熔融也是一种物理变化。

对于热分解型示温变色油墨，无论是有机物还是无机物，在一定压力和温度下，大部分都能发生分解反应。这种分解反应破坏了原来的物质结构，分解产物与原来物质的化学性质截然不同，呈现新的颜色。同时，伴随着分解可有气体放出，如 CO_2、SO_3、H_2O、NH_3 等。因此可以利用这种特性达到指示温度的目的。例如：以碳酸镉为变色颜料，以改性环氧树脂为连结料配制成油墨，该墨膜在 300℃温度下碳酸镉分解，分解后所产生的黄棕色氧化镉与原来白色的碳酸镉对比，颜色明显不同，涂层借此颜色改变可以起到指示温度的作用。

对于氧化型示温变色油墨的变色机理，氧化反应是一种常见的化学变化，不少物质在氧化条件下加热即可以发生氧化反应，生成一种与原组成不同的物质，同时产生一种新的颜色，从而达到指示温度的目的。例如：以黄色硫化镉为变色颜料制成油墨，令其在空气中受热发生氧化反应，生成白色的硫酸镉，以实现指示温度的目的。

2.4.4 金属颜料

金属颜料（metallic pigment）是用于生产金属油墨的颜料，是由金属或合金的颗粒或薄片经过磨细而制得的具有金属光泽的颜料。品种有铝粉（银色）（图2-62）、铜粉（金色）（图2-63）、锌粉（图2-64）、铅粉（图2-65）、钛粉和不锈钢粉。

图2-62　铝粉

图2-63　铜粉

图2-64　锌粉

图2-65　铅粉

与普通油墨的生产相比，金属油墨生产工艺的最大区别是金属颜料的制备过程，尤其是研磨工艺。由于铝颜料在研磨过程中易爆炸，所以必须采用湿磨工艺。此外，金属油墨是利用金属薄片颗粒的反射作用来实现金属光泽的，为了保证良好的镜面反射效果，金属颜料的研磨过程要比普通颜料轻柔，避免破坏金属片的形状。在研磨的过程中还要注意添加剂的选择，采用不同

的添加剂能生产出浮型或非浮型两种类型的金属油墨。浮型金属油墨的金属光泽度好，但附着力和耐磨性差，不能着色；非浮型金属油墨虽然金属光泽度差一点，但附着力和耐磨性好，尤其是着色性好。在实际应用时，要根据实际需要选择浮型或非浮型的产品，否则会影响后加工和最终产品的性能。金属油墨闪亮的效果是金属颜料镜面反射和漫反射共同作用的结果。为了实现更好的金属效果，应该提高金属颜料的镜面反射，减少漫反射。

影响油墨光学性能的主要因素有以下几点：①金属颜料粒径的尺寸越大，单个颜料颗粒的镜面反射效果越好，金属油墨的金属光泽度越高，但它的遮盖力和网点再现性会变差。金属颜料粒径的尺寸越小，金属油墨的遮盖力和网点再现性越好，但由于存在过多的边缘漫反射，金属油墨的金属光泽度下降。使用时要根据自己的要求选择适合的粒径尺寸，但选择时要结合具体的印刷方式。不同的印刷方式需要使用不同金属颜料粒径的金属油墨，否则会出现由于粒径太大，在印刷过程中无法顺利传墨，或粒径太小印刷效果不好的情况。②金属颜

料的粒径分布也会影响金属油墨的光学性能。金属颜料的粒径一般是指油墨中金属颜料的平均粒径 D_{50}，例如 $10\mu m$ 的金属颜料是指检测时 50%的颜料粒径小于 $10\mu m$。不过，该指标代表金属油墨性能的好坏。③传统金属油墨中金属颜料颗粒的形状是不规则的，称为玉米粒状，由于每个金属颜料颗粒的形状无规则且边缘不平滑，颗粒的镜面反射效果差，边缘漫反射严重，所以金属油墨的金属光泽和遮盖力相应也差。爱卡公司采用最新的冷凝和研磨技术生产出了新型的银元形金属颜料，这种金属颜料的每个颗粒都是近似圆形的结构，尺寸均匀，镜面反射效果好，用它生产的油墨金属效果和遮盖力都很出色。

为了实现良好的金属光泽，金属油墨中金属颜料的含量一般是普通油墨中颜料含量的 $2\sim4$ 倍，所以金属油墨比普通油墨的价格要高。一些新型金属油墨中的金属薄片粒子多为长条状的颗粒，这种形状的颗粒在满足尺寸大小的前提下，可以减少颗粒在油墨介质中运动时所需的推力，从而达到降低油墨黏稠度的目的。金属油墨不会因颜料颗粒细腻度的增加而变得黏稠。这主要是因为金属片在流动过程中发生旋转或摇摆时，所需能量要较普通颗粒高，大一些的颗粒在油墨介质中运动时需要很大推力，所以油墨的黏稠度就要增加。如果油墨太稠，不仅油墨通过丝网的网孔时会受到影响，而且印刷时不论是凹印或柔印的印版上，都会产生印刷密度不均和成片现象。相反，细小的颗粒只需很小的推力，流动就能达到通畅自然，黏稠度就变得很低了。大一点的金属颗粒可以更好地增加油墨的金属效果，但为了达到低黏稠度和获得印刷均匀性的效果，往往又需要小一点的颗粒。所以两者的选择往往是从实际情况来决定的。

目前还出现了一种超薄、非浮型电镀铝浆，是一种非常独特的金属颜料——真空电镀金属颜料，通过特殊的真空电镀工艺生产，可获得非常平滑且极薄的鳞片结构，因而与传统方法生产的铜、铝金属颜料有完全不同的金属效果。使用得当的话可获得类似镀铬的表面涂层，非常有金属感。目前，利用真空金属颜料（VMP）特亮铝浆生产油墨，在包装印刷时使用含 VMP 的油墨作为铝箔卡纸替代物，可节省材料成本。

2.4.5　导电颜料

导电颜料主要指具有导电性能的颜料，如图 2-66 所示为导电颜料之一（碳纤维）。导电颜料根据其材料的种类不同，可以分为以下几种：①碳系导电颜料，如石墨、乙炔墨、碳纤维、炭黑等；②金属系导电颜料，如银粉、铜粉、金粉、铝粉、镍粉等；③金属氧化物系导电颜料，如掺锑二氧化锡、掺铟二氧化锡等。碳系导电颜料由于具有良好的导电性，在各个领域得到广泛的应用，特别是石油化工方面，但其附着力和耐油性差，并且颜色很暗、单一、不美观，不为人们所喜欢，应用受到极大的限制；金属系导电颜料目前已很少使用，主要原因是价格昂贵，金属的耐化学品性差，不稳定，且密度较大；金属氧化物系导电颜料自 20 世纪 90 年代由德国、美国、日本、法国等研制出后，部分产品已实现商业化，但由于生产成本高，金属氧化物本身的密度比较大，其推广受到一定的限制。

基于上述导电颜料的种种弊端，近年来国内外致力于开发浅色复合型导电颜料。它是以一种价廉、质轻、色浅的材料作为基质，在其表面包覆一层或几层化学性能稳定、耐腐蚀性强、电导率高的浅色导电金属氧化物而得到的复合材料。这类复合型导电颜料根据其基质不同可分为复合型云母导电颜料、复合型二氧化钛导电颜料、复合型二氧化硅导电颜料等。其中复合型云母导电颜料，也称作片状导电云母珠光颜料（简称片状导电珠光颜料），既具有优异的导电性能，又有绚丽多彩的珍珠光泽；既能起到抗静电作用，又具有豪华高档的装饰效果；同时可将其混合于涂料中，由于其具有片状结构，涂在制品表面后，均呈现平行排列，从而在制品与空气之间形成一层屏障，隔绝了制品表面与大气接触，具有很好的防腐、抗氧化作用。

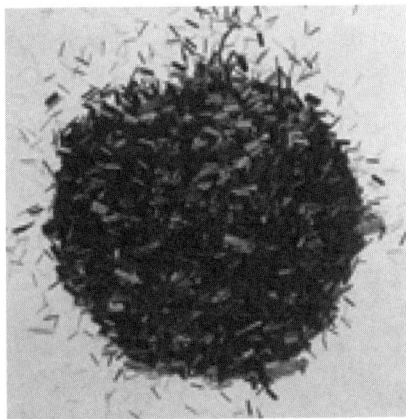

图 2-66 碳纤维

片状导电珠光颜料可作为一种功能颜料添加于涂料中，广泛应用于航空航天、电子、汽车等行业的塑料制件表面，还可以用于电子元器件、电器设备表面以及印刷电路、静电复印、导电纸等方面，使其具有导电、抗静电、屏蔽电磁波等功能，同时还具有高雅的装饰效果，应用前景相当可观。

2.4.6 磁性颜料

磁性颜料是磁性油墨最重要的组成部分，是磁性油墨具有磁性防伪功能的关键，也是决定磁性油墨质量的主要因素。磁性颜料主要是强磁性材料，如铁（Fe）、钴（Co）、镍（Ni）等磁性元素，含有 Fe-Mo 和 Fe-W 的合金，以及具有 NiAs 型结晶结构的合金，如 Mn-Al 合金、Mn-Bi 合金等。磁性颜料按照磁性材料种类的不同通常划分为氧化物磁粉和金属粉两大类。但大多数磁性颜料是铁素体，如锰-铁素体、铁-铁素体、铜-铁素体等。较常用的磁性颜料有氧化铁黑（Fe_3O_4）、氧化铁棕（γ-Fe_2O_3）、含钴的针状 γ-Fe_2O_3 和氧化铬（CrO_2）等。氧化铁黑（Fe_3O_4）是磁性油墨中应用最广泛的磁性颜料，如图 2-67 所示。它的组成中，氧化亚铁（FeO）的含量在 18%~26%之间，氧化铁（Fe_2O_3）含量在 74%~82%之间，颗粒形状一般为立方体形或者圆球形，颗粒的一致性好，冲淡后带有干净的蓝-灰色相。氧化铁黑的耐渗性、耐酸碱性、耐光性优异，并且无毒，分散性较好。氧化铁棕（γ-Fe_2O_3）一般是小于 1μm 的针状颗粒，其针状结构使它容易在磁场中均匀排列，从而得到比较高的残留磁性。有研究者指出：纳米级的氧化铁黑和氧化铁棕具有更优异的性能，在磁性油墨中将具有更广泛的应用。

（1）氧化铁颜料

铁磁型氧化铁颜料主要被用于音像盒式带、软盘、硬盘以及计算机带的磁性信息储存系统。在磁带技术的早期，使用的是无钴氧化铁（Ⅲ）和非化学计量混合相颜料（即所谓的非

定比化合物 $FeO_x \cdot Fe_2O_3$，其中，$0<x<1$）。目前，在低偏移（bias）盒式录音带、电影、广播和计算机带的生产中主要使用的是 Fe_2O_3 和 Fe_3O_4，后者少量。磁性颜料的形态和磁性性质可以很不相同，这种不同主要取决于其应用范围以及所使用的录制介质。计算机带使用的是最大粒子（其长度大约为 $0.6\mu m$）的产品。粒度越小，磁带的噪声越低，因此越是质量好的盒式磁带，越要使用粒子更细的颜料。对粉体或磁带的滞后曲线进行测量就可以确定磁性性质。除形态和磁性性质之外，通常的颜料性状如 pH 值、堆积密度、可溶性盐含量、吸油量、分散性和化学稳定性等对磁记录材料的制造也是很重要的。

图 2-67　氧化铁黑

（2）二氧化铬颜料

在为磁性信息储存系统开发颜料的过程中，CrO_2 是第一个被广泛使用的颜料，它给出的记录密度高于 $\gamma\text{-}Fe_2O_3$。CrO_2 是一个铁磁性物料，其比饱和磁化强度 M_s/ρ 在 0K（$-273.15℃$）时为 132（$A \cdot m^2$）/kg，相当于每个 Cr^{4+} 两个不成对电子的自旋。CrO_2 在室温下的 M_s/ρ 值大致是 100（$A \cdot m^2$）/kg，CrO_2 磁性颜料的 M_s/ρ 值为 $77\sim92$（$A \cdot m^2$）/kg。该物料结晶为以小针状形式出现的四方形金红石晶格，具有所要求的磁性各向异性。颜料颗粒形态可以因掺杂而有几种变异，特别是掺锑和碲。可以借助掺杂过渡金属离子的方法控制矫顽场强在 $30\sim75kA/m$ 之间，这样的离子可以改进物料的磁-晶各向异性。在水的存在下，纯 CrO_2 会缓慢歧化，商品颜料的 CrO_2 结晶表面因此会局部规整地转化为 $\beta\text{-}CrOOH$，它可以起保护层的作用。如果没有水分存在，CrO_2 直到大约 $400℃$ 都是稳定的，超过此温度它就会分解为 Cr_2O_3 和氧。

（3）金属铁颜料

铁的磁化强度比氧化铁高出 3 倍以上。金属铁颜料的矫顽场强可以高达 $150kA/m$，当然，这取决于颜料颗粒粒度。这些性质使得金属铁颜料高度适用于高密度记录介质。金属铁颜料的矫顽场强主要决定于其粒子的形状和粒度，可变化于 $30\sim210kA/m$ 之间。模拟音乐盒带（$H_c \approx 90kA/m$）的颜料其粒子长度通常为 $0.35\mu m$。颜料的针状粒子的长宽比大致为 10∶1。细度很细（粒子长度大约为 $0.12\mu m$）、矫顽场强为 $130kA/m$ 的颜料可以用在 8mm 录像带和数码录音带（R-DAT）上。金属颜料比氧化的磁性颜料具有更大的比表面积（高达 $60m^2/g$）和更高的饱和磁化强度，它们的粒子排序能力相当于氧化物类。

（4）铁酸钡颜料

铁酸钡颜料可应用于高密度数码储存介质。它们非常适合用于制备非定向的（即软盘）、纵向定向的（常规磁带）和垂直定向的储存介质。对垂直定向的来说，磁化作用垂直于被涂装表面。这是垂直记录系统所要求的，从而使达到极高数据密度成为可能，对软盘而言尤其如此。使用铁酸钡和铁酸锶制备磁条码，可以防止支票和识别卡的伪造。六角形的铁酸盐具有广泛系列的结构，其差别在于三个基本元素，即所谓的 M 块（磁性块）、S 块（尖晶石块）和 Y 块（Y 形块）的不同堆积布置。对磁性颜料来说，M 型结构是最重要的。M 型铁酸盐的磁性可以在广泛的范围内予以控制，方法是对 Fe^{3+} 予以局部取代，通常是用二价和四价的离子如钴和钛的配合物来进行取代。铁酸钡结晶为小的六角形片晶，磁化方向以平行于 c 轴为宜，因此，其定向也就垂直于片晶的表面。未掺杂的铁酸钡比饱和磁化强度大致为 72（A·m^2）/kg，相比于其他磁性氧化物颜料来说是稍低的。对铁酸钡来说，矫顽场强基本上决定于磁晶的各向异性，只在有限的程度上受粒子形态的影响。正是基于这个理由，所制成的铁酸钡具有极均匀的磁性。铁酸钡颜料为棕色，其化学性质类似于氧化铁。

（5）纳米颜料

纳米颜料通俗上来说，就是粒径极细达到纳米级别的超细颜料。它是以特定的树脂为载体将稳定分散的、极细的颜料粒子包裹制备而成，呈现无粉尘、自由流动的颗粒形式，涵盖多种化学类型、色调和牢度性能的颜料，具有粒径小（低于 1μm，部分产品粒径低于 0.2μm）、透明度高、产品的展色性高、流变性好、抗絮凝、抗沉淀等优点。极细的粒径使纳米颜料具有突出的分散性和高透明性，纳米颜料的使用非常方便，无需初步研磨，可直接加入涂料或塑料等产品中。虽然纳米颜料尤其是纳米有机颜料有良好的市场前景，但由于业界对于纳米材料的健康及环境风险研究得尚不充分，所以这类产品一般会受到化学品法规更严格的监管。

纳米颜料主要有结构型纳米颜料和功能型纳米颜料。结构型纳米颜料可以提高涂料漆膜的力学性能，如硬度、强度、抗冲击性及耐磨性；功能型纳米颜料可应用于抗静电涂料、防污涂料、吸波涂料及抗菌防沾污涂料等。在油墨中加入纳米粒子时，由于纳米粒子的粒径和材料性质不同，会呈现出不同的颜色。例如，粒径的变化可能导致颜色的变化，或者不同物质的纳米粒子本身具有不同的颜色。应用纳米技术生产的油墨还具有更好的表面平滑效果、更强的吸附能力和更高的表面强度。如 TiO_2、SiO_2 的纳米粒子是白色的，Cr_2O_3 是绿色的，Fe_2O_3 是褐色的。这些纳米粒子可作为油墨的颜料，使油墨不再依赖于有机颜料，而是由适当体积的纳米粒子来呈现不同的颜色，这在颜料上给油墨制造业带来巨大变革。1994 年，美国 XMX 公司申请并获得了一项制备用于生产印刷油墨的、颗粒均匀的纳米粒子专利。该专利技术提出了一种全新概念的油墨颜色配比与生产技术。在产品的制造过程中加入 3%~5%比例的纳米颜料，即能改善油墨的遮盖率、饱和度、耐旋光性、耐水性等性能。若将铜、镍等材料制成 0.1~1μm 的超微颗粒，它们可以代替钯与银等金属具备导电特性。在纳米油墨中，纳米粒子是最重要的组成部分，它可以是有机的、无机的，也可以是金属、非金属或者它们的氧化物，人们可以根据用途加入相应的纳米材料。

纳米颜料的应用范围相当广泛，用于喷墨墨水、涂料、油墨、光电显示器等。纳米二氧化钛除了具有常规二氧化钛的理化特性外，还具有以下特性：①由于其粒径远小于可见光波长的一半，故几乎没有遮盖力，是透明的，并且吸收和屏蔽紫外线的能力非常高；②化学稳定性和热稳定性好，完全无毒，无迁移性；③以纳米二氧化钛为填充剂与树脂所制成的油墨，其墨膜、塑膜能显示赏心悦目的珠光和逼真的陶瓷质感，并且纳米二氧化钛的颜色随粒径的大小而改变，粒径越小，颜色越深。

油墨添加了纳米二氧化硅后，具有一定的防结块、消光、增稠和提高触变性作用，还有利于颜料悬浮。纳米石墨具有表面效应、小尺寸效应、量子效应和宏观量子隧道效应，其与常规块状石墨材料相比具有更优异的物理化学及表面和界面性质。纳米石墨不仅具有石墨的传统优良性能，还具有纳米粒子的独特效应，在高新技术领域有广泛的应用。在印刷领域，将纳米石墨加入油墨中，可制成导电油墨。用添加了特定纳米粉体的纳米油墨来复制印刷彩色印刷品，能使印刷品层次更加丰富、阶调更加鲜明，极大地增强了表现图像细节的能力，从而可得到高质量的印刷品。基于纳米材料的多种特性，将它运用到油墨体系中会给油墨产业带来巨大的推动。

纳米级碳酸钙的颗粒直径在 2～10nm。用于油墨中的胶质碳酸钙最早是氢氧化钙与碳酸钙沉淀，并经表面改性制取的具有良好透明性、光泽性的碳酸钙。将其用于制造油墨具有良好的印刷适性，而将其与一定比例的调墨油研磨，可以具有合适流动性、光泽性、透明度、不带灰色等性状。在油墨生产中，颜料分散性越好，平均粒径越小，越容易在连结料中分散均匀，油墨质量越好。作为油墨中体质颜料的碳酸钙，若达到纳米级，并进行表面改性，使其与连结料有很好的相容性，不仅可起到增白、扩容、降低成本的作用，还有补强作用和良好的分散作用，对油墨的生产及提高油墨的质量起到很大的作用。

印刷品尤其是高档彩色印刷品的质量和油墨的纯度、细度有很大的关系，只有细度小、纯度高的油墨才能印刷出高质量的印刷品。由于纳米金属微粒对光波的吸收不同于普通的材料，纳米金属微粒可以将光波全部吸收而使自身呈现黑色，同时，除对光线的全部吸收作用外，纳米金属微粒对光还有散射作用。因此，利用纳米金属微粒的这些特性，可以把纳米金属微粒添加到黑色油墨中，制造出纳米黑色油墨，从而可以极大地提高黑色油墨的纯度和密度。如今，纳米技术已广泛应用于材料加工的各个领域。材料的物理化学性能取决于其组成和结构，而纳米技术正是在原子和分子的层面上改变材料的组成和结构，从而优化材料的性能。纳米技术的快速发展给日新月异的印刷和包装技术注入了新的活力。面对油墨制造技术相对落后的现状，纳米技术既是一个挑战，更是一个机遇。通过纳米技术，可以开发出纳米油墨系统。进入纳米技术领域后，把微米级的各种不同类型的添加剂制成纳米级的产品，就可使传统的油墨产品更新换代；同时纳米技术将通过纳米颜料和纳米添加剂的制作应用到整个包装印刷产业中。

2.4.7 防腐蚀颜料

防护金属材料使其免于腐蚀长期以来都是有机涂料所发挥的关键作用之一。在保护涂料技术的问题中，防腐蚀颜料最重要的作用就是对腐蚀的控制。当然，以涂料防腐蚀所能达到的程度并不仅仅决定于所使用的防腐蚀颜料的类别，在所用颜料之外最重要的因素是所选择的用来配制涂料的树脂体系。防腐蚀颜料可以通过几种途径来影响保护涂料的性能，这些途径是：防止膜下腐蚀；当漆膜因机械损坏而不再呈连续状态时起保护金属基材的作用；在已被破坏的面上防止腐蚀向别处蔓延；膜厚不变，而使耐久性得到改善；在膜薄的情况下改善耐久性，以使施工上的失误所可能带来的损害得以减小。

防腐蚀颜料可以按其作用模式分类，例如，化学性和/或电化学性（活性颜料）、物理性（屏蔽性颜料或屏蔽颜料）以及电化学/物理性（牺牲性颜料或牺牲颜料）。

① 活性颜料。活性颜料是通过化学和/或电化学作用而防止腐蚀的，这些颜料直接或通过中间体与金属基材发生交互作用以减缓腐蚀。所谓中间体可以是通过与树脂的反应而形成的。使一个金属表面变钝的能力叫作钝化。在基材表面上生成保护性涂层从而保护金属免于

腐蚀的那些颜料是在阳极面积上呈现其活性的（阳极钝化），基于其高氧化电势而阻止锈形成的颜料是在阴极面积上呈现其活性的（阴极钝化）。一般来说，活性颜料是可以抑制两个电化学局部反应之一或两者兼防的。活性颜料的另一个机制是对腐蚀物质如硫酸盐类、酸类或氯化物进行中和，从而使涂层 pH 值保持恒定。

② 屏蔽性颜料。屏蔽性颜料发挥的是物理作用，它们可以增强涂料膜的屏蔽性质，即降低漆膜的渗透性从而减少支持腐蚀过程的那些物质通过漆膜透入其下。一般地，它们在化学上是惰性的。颜料粒子为小片状体或层状体形状就可以达到屏蔽的效果，因为这样的粒子在涂料膜内可以平铺开来，形成一道墙，使得电解质要想通过漆膜透入其下，就不得不费"更大的劲"，寻找更简捷的途径。

③ 牺牲性颜料。牺牲性颜料是活性颜料中特殊的一类，它们是金属颜料，施覆于铁属基材之上时，通过阴极保护发挥作用。在这样的颜料中必须包含一种在金属电动势序列中比被保护的基材金属位置更高的金属。在腐蚀条件下，这个牺牲性金属比基材金属更为活泼，在电化学腐蚀电池中成为阳极，而基材则成为阴极，阴极保护之含义即在此。商业上具有重要性的唯一的牺牲性颜料就是金属锌，或为锌粉，或为锌片。它作为牺牲性颜料，在其电化学作用之外，还有一层作用，即通过锌与大气成分的化学反应，形成不溶性锌化合物，填塞漆膜上的孔洞从而使漆膜得到保护。

2.4.8　香味颜料

香味颜料是一种微胶囊产品，在压力、摩擦、热膨胀或自然释放等方式下能缓慢释放香味，发香时间可持续一年以上。微胶囊香味颜料的发香原理是利用微胶囊壳储存香味，当摩擦香味颜料时，微胶囊破裂，香味散发出来。微胶囊香味颜料有很多优点，如香味品种多样、香味持续时间长、优异的耐久性、耐洗牢度好、可按客户需求来定制等。根据它的这一特点，可以开发出多种用途：①可用于调制微胶囊香味油墨，通过丝网印刷或胶版印刷印在纸张、布料等产品上，达到印刷品加香目的，如香味贺卡、香味标签（图 2-68）、香味刮刮香、香味名片等；②可用于塑胶料的注塑、挤出、成型，通常可与硅胶料挤出，使硅胶产品达到发香的目的，需要注意的是，香味微胶囊耐温 180℃，温度过高微胶囊会破裂，导致香味流失；③可用于调配微胶囊香味整理剂，香味整理剂是专用于布料、纺织品加香去味的，一般采用纺织品浸染、浸泡的工艺使其加香。

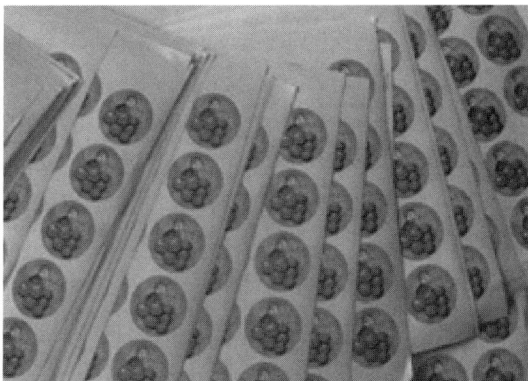

图 2-68　香味标签

香味的种类非常多，分为水果香、花香、食品香，以及其他特殊定制的香味。如水果香味的草莓、甜橙、柠檬、青苹果、葡萄、香蕉、菠萝、樱桃比较常见；花草香味的玫瑰、茉莉、薰衣草、洋甘菊、香草、松树、薄荷等较常见；食品香味的巧克力、奶香、甜甜圈、泡泡糖、棉花糖等深受孩子们的喜爱。

2.5　油墨对颜料的要求

油墨用颜料的关键特性包括颜色、着色力、密度、细度、溶解度、吸油量、遮盖力、分散度、视比容、活性和表面性质，以及固着力。

（1）颜色

颜料作为着色剂，是色彩显示的基础，油墨的颜色取决于颜料。一般油墨用颜料要求颜料色调多、稳定、有光泽。颜料中有机颜料的颜色种类多，无机颜料种类较少。

（2）着色力

着色力是指某一种颜料与其他颜料混合后，对混合颜料颜色产生影响的能力。任何与白色物质混合而容易褪色的颜料，其着色力都很弱。配制油墨应选用着色力较强的颜料，用于印刷时可达到耗墨少、快干的效果。例如，白色墨水与黑色墨水混合可形成灰色墨水。用两种颜色浓度相同的黑色油墨与白色油墨按相同比例混合，如果第一种黑色油墨形成的灰色油墨比第二种黑色油墨形成的灰色油墨颜色深，说明第一种黑色油墨的着色力比第二种黑色油墨强。颜料的着色力因种类而异，不过一般情况下颜料的颗粒越小，其着色力越强。

（3）密度

密度大的颜料在油墨储存时更容易发生沉淀，油墨中的黏结剂往往会浮到顶部。油墨的着色力和遮盖力更多地取决于颜料的体积而不是颜料的质量，颜料的密度是油墨的质量浓度，如果颜料颗粒较小，相对于质量的"体积"就会变大。

（4）细度

颜料的粒径很细，一般为 $0.1 \sim 3.0 \mu m$，颜料的粒径越小，其着色力和遮盖力越大。颜料的粒径与其种类有关，各不相同，颜料颗粒的形状也各不相同，复杂多样。如钛白粉、铬黄为结晶性粉末，炭黑为非结晶性粉末，银粉、金粉为扁平性粉末，颜料的不同形状对墨膜的黏度、流动性和形成都有影响。

（5）溶解度

染料可以被水和其他溶剂溶解，布、丝等纺织品若浸入染料溶液中，会被染出颜色。染料溶解在溶剂中，然后用介质染色。而颜料一般是不溶的，它在任何溶剂中都能在任何地方显色，但有机颜料一般都有一定的溶解度。在印刷厂内，将清洗印版和刮刀的废液放置一段时间，可以看到颜料沉淀后溶剂上方澄清的部分也被染上了颜色。此外，丝网印版用完后用剥离液去膜，油墨通过的尼龙丝上也能发现轻微的颜色。但颜料能被溶剂溶解并不是一件好事，特别是部分塑料油墨易溶解于增塑剂和塑料助剂未反应的单体中，这就要求油墨生产企业在配制工艺上慎重选择颜料。要考虑什么样的印刷材料使用什么样的油墨、什么样的加工条件、印刷品用于什么场合或面临什么样的环境条件，通过适当的试验，慎重选择相应的颜料。

（6）吸油量

向连结料中滴入一定量的颜料，当颜料全部润湿时，把使颜料变成一定程度糊状所需的黏结剂量称为颜料的吸油量。配制涂料时，根据颜料的性质，在一定量的颜料中加入清漆，当所有颜料颗粒被涂料润湿时，称为"润湿点"；继续添加清漆，当颜料形成的团组表面呈现光泽时，在刮刀上由散沙变为黏稠状，称为"滑点"；然后继续加入清漆，当涂料从刮刀上掉下来时，就会有流动性，这就是所谓的"流点"。吸油量用 100g 颜料完全润湿时所需的油量表示。虽然说吸足油量，但并不是渗透到颜料颗粒内部所需的油量，而只是润湿颜料颗粒表面所需的油量。因此，相同密度的颜料，颗粒越小，吸油量越大。颜料的吸油量不仅与粒径有关，还因表面形状而不同。吸油量决定了油墨搭配时的颜料浓度，而油墨的黏度主要取决于黏结剂的黏度和黏结剂中所含颜料颗粒的流动性。因此，如果颜料颗粒在润湿点时黏结剂较多，就必须增加黏结剂，使油墨从滑点到流点。相应地，对于颜料，增加结合材料的用量，颜料浓度就会降低。如果忽略了这一点，一味地提高颜料浓度，墨膜就会因缺少固色黏结剂而出现粉化现象。

（7）遮盖力

油墨是否具有遮盖力取决于颜料与黏结剂的折射率比值。当这个比值为 1 时，颜料是透明的；当该比值大于 1 时，颜料具有遮盖力。不同的印刷产品对颜料遮盖力有不同的要求，如铁印油墨要求颜料具有较强的遮盖力以防止底色外露，而四色套印油墨则要求颜料具有较高的透明度，以使重叠的油墨达到较好的色彩表现效果。

（8）分散度

分散度是指颜料颗粒的大小，油墨中的颜料颗粒必须完全浸入墨膜中的黏结剂中。因此，颜料颗粒的大小不能超过墨膜的厚度，否则会影响印刷品的光泽。颜料的颗粒越小，即分散度越高，油墨的色调饱和度就越高。

（9）视比容

视比容是指每克颜料的体积，以立方厘米表示。同一颜料不同颗粒大小的视比容是不同的。颜料的视比容越大，其密度越小，在黏结剂中越不易沉淀，油墨的稳定性就越好。

（10）活性和表面性质

颜料具有各种化学性质。例如，钛白粉是中性的，不与其他物质发生反应。但碱性颜料与黏结剂搭配时，有时会与酸性黏结剂发生反应，导致黏度变化，甚至沉淀固化而不能使用。此外，颜料表面的物理性质也很复杂，有的颜料容易被黏结剂润湿，有的很难被润湿，这就导致初期油墨与基材黏附困难。在颜料中，炭黑与某些沉淀颜料具有相同的吸附性，因此有时会引起黏结剂的絮凝反应。为了改变颜料表面的理化性质，需要对颜料的表面进行处理，如用金属皂对颜料表面进行处理，可以防止吸油量的增减和颜料的沉淀。

（11）固着力

所谓墨膜的"粉化现象"是指当载体作用于油墨中颜料的固着力较弱时，稍有摩擦或涂抹，印刷膜层就会变粉脱落。为了克服这个问题，油墨制造商已经竭尽全力生产丙烯基油墨用于印刷。炭黑是一种颗粒小、吸油性高的颜料，一般说来，它构成了颜料浓度较低的油墨，这样印出的墨膜是黑色半透明的，因此，油墨厂家想提高颜料浓度，但油墨黏度会增大，接近滑移点，印花流动性差，容易产生砂眼。于是，出现了以下两个相反的结果，若为了增强墨膜的覆盖力而增加颜料浓度，流动性会下降，墨膜易碎，易被破坏；如果为了使油墨形成均匀、延展性强的膜层，需要保证油墨流动性好。因此，要根据颜料的吸油情况加入黏结剂，这样颜料浓度就会降低，遮盖力就会减弱。

随着全社会环保意识的不断提升，对环保型油墨的需求增长迅速。而选择适合的颜料可以有效提升油墨的质量和印刷效果。一般来说，油墨用颜料的品质主要看以下几方面：①色彩饱满度，颜料的色彩应该鲜艳丰富，能够呈现出预期的色彩效果；②耐光性，颜料应该具有良好的耐光性，避免在阳光或紫外线下褪色；③耐候性，颜料应该具有一定的耐候性，能够在室外环境下长期保持良好的色彩稳定性；④色彩稳定性，颜料应该在不同的温度、湿度下仍能保持一定的色彩稳固性；⑤易分散性，颜料在油墨中应该具有良好的分散性，能够均匀分散在油墨基质中，确保印刷效果均匀。不同油墨品种选择的油墨用颜料要求也略有不同。目前得到广泛应用的油墨品种主要有：胶印油墨、溶剂型凹印油墨、紫外光固化油墨、水性油墨、柔印油墨、丝网印刷油墨和特种印刷油墨，如喷墨印刷油墨等。下面简单介绍几个常见油墨品种对其油墨用颜料的要求。

（1）胶印油墨

胶印油墨目前使用量占比非常大，其所用颜料的选择主要考虑以下几点：①体系溶剂性状为透明、无色液体，主要是矿物油和植物油；②在印刷过程中，油墨要与给水辊接触，因此耐水性要好；③印刷时墨层较薄，因此浓度要高；④透明性好，尤其是黄颜料。

（2）溶剂型凹印油墨

溶剂型凹印油墨中的溶剂主要是有机溶剂，如苯类、醇类、酯类、酮类等，不同的溶剂体系对颜料的选择又有不同的要求，总体上要考虑以下几点：①凹印油墨本身的黏度比较低，这就要求颜料的分散性要好，并且要具有优异的流动性、良好的储存稳定性，没有变动性；②溶剂型凹印油墨以挥发干燥为主，所以在体系干燥时要拥有良好的溶剂释放性；③耐溶剂性要好，在溶剂中不会发生变色、褪色的现象。

（3）紫外光固化油墨（UV油墨）

最近几年，UV油墨在全世界范围被广泛运用，它主要有胶印、柔印和丝印这三种形式。它的干燥方式决定了颜料的选择，生产过程主要考虑以下因素：①颜料在紫外光下不会变色；②为避免影响油墨的固化速度，应选用对紫外光谱吸收率小的颜料。

（4）水性油墨

水性油墨主要采用柔印、凹印两种形式，水性油墨中一般含醇类溶剂，所以使用的颜料要耐醇。从可持续发展来看，水性油墨与UV油墨都含有极少的VOCs，具有环保性，是今后油墨的发展方向，所以油墨用颜料的研制也应该向环保这个方向发展。

思考题

1. 除了上述颜料外，还有哪些颜料没有提到？它们又属于哪些分类？

2. 上述各种颜料是怎么样进行生产的？

3. 将颜料制成油墨的方法有哪些？

4. 我国颜料行业制作出来的颜料还有哪些普遍的性能需要改进？

5. 我国有哪些比较大的颜料企业？

6. 与西方国家相比，我国颜料行业的优势与弊端在哪里？

参考文献

[1] 李媛媛. 颜料化学与工艺学 [M]. 北京：化学工业出版社，2020.

[2] 宋延林. 纳米材料与绿色印刷 [M]. 北京：科学出版社，2018.

[3] 金银河. 包装印刷 [M]. 北京：印刷工业出版社，1996.

[4] 沈永嘉. 有机颜料——品种与应用 [M]. 北京：化学工业出版社，2007.

[5] 赖雅文. 无机颜料在涂料应用中的性能要求 [J]. 上海染料，2017，45（2）：22-24.

[6] 高晶. 油墨500问 [M]. 北京：印刷工业出版社，2013.

→ 第 3 章

连结料

近年来，印刷行业的发展推动了油墨连结料行业的发展，油墨连结料行业技术不断进步，生产工艺得到改善，油墨连结料的市场需求量不断增加。数据显示，2022 年中国油墨行业产量约为 88 万吨，需求量约为 85.93 万吨，均价约为 1.85 万元/吨。其中，平版印刷油墨市场份额最大，约占 36%；其次为凹版印刷油墨，占比约为 30.8%；其他类型油墨占比约为 33.2%。为满足环保、高质量和特殊应用的需求，油墨行业一直在不断进行技术升级和创新，环保型油墨，如 UV 油墨和水性油墨等得到了广泛应用。而这些油墨的产量及需求量最主要的基础保障就是油墨连结料。当前，我国油墨连结料的生产主要集中在天津、浙江、山东、广东等主产区。

3.1 连结料的作用和组成

3.1.1 连结料的作用

连结料作为油墨的核心组成部分，对油墨的印刷适性有重要影响。连结料是油墨中的流体组成部分，它起连结作用，使颜料、填料等固体物质分散在其中，印刷时利于油墨的均匀转移。它的另一个重要作用是使油墨能在承印物表面干燥、固着并成膜。连结料可以由各种物质制成，如各种干性植物油大都可以用来制造油墨的连结料，矿物油也可制成连结料，溶剂和水以及各种合成树脂也都可用于制成连结料。油墨的流变性、黏度、酸值、色泽、抗水性以及印刷性能等主要取决于连结料。同一种颜料，使用不同的连结料，可制成不同类型的油墨；而同一种连结料，使用不同的颜料，所制成的仍为同一类型的油墨。因连结料不能改变油墨的根本性能，所以油墨的质量好坏除与颜料有关外，主要取决于连结料。

对油墨而言，颜色、身骨（通常将稀稠度、流动性等油墨的流变性质称为油墨的身骨）和干燥性能是其最重要的三个性质，也是研制油墨配方及工艺和生产油墨时最应该注意的；印品上的墨膜应该有一定的耐抗性，这样才能使印品具有实际用途。而这些性能与连结料密切相关。对于某种油墨，如果没有很好地选择与印刷过程、承印物材料、干燥方式相适应的连结料，那么不但得不到色彩鲜艳、光泽优良的印刷品，还可能在印刷时产生不下墨、糊版、蹭脏、透背、拉纸毛、不干燥等一系列的故障，甚至无法继续印刷。因此连结料是研制和生产油墨极其重要的部分。

3.1.2　连结料的组成

连结料是决定油墨性能的关键因素，其品质优劣直接影响着油墨的表现。因为连结料在很大程度上决定了油墨的黏度、黏性、干燥性及流动性质。要想得到高品质的油墨，就必须采用高品质的连结料。一般来说，连结料的成分主要包括油（植物油、矿物油）、树脂、有机溶剂及辅助材料（见图3-1）。不同的印刷过程、承印物材料和印机的干燥系统需要不同类型的连结料，同一种连结料也有不同的配方和不同的原材料，现概括介绍如下。

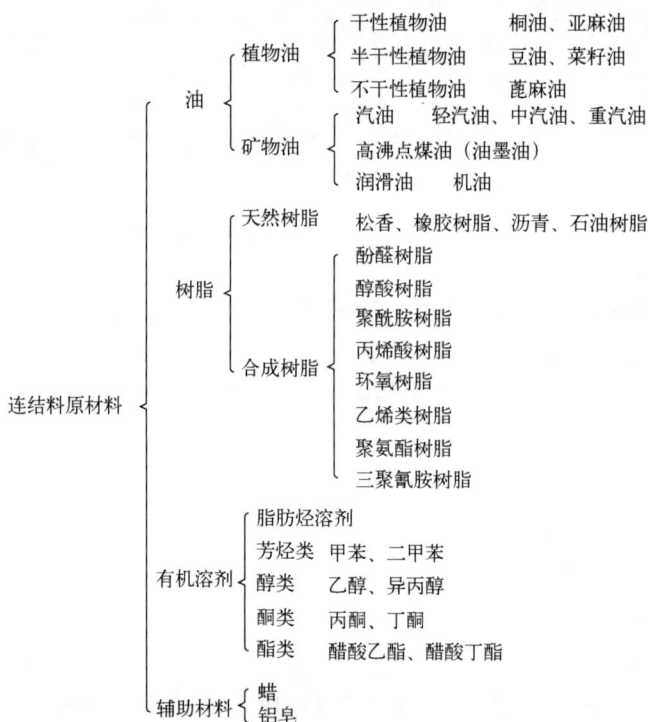

图 3-1　连结料的主要原材料

（1）油

连结料中使用的油类按照其在空气中能否自行干燥而分为干性油、不干性油及半干性油。将油类铺在玻璃板上形成一层油膜，过一段时间后，这层油膜会因吸收空气中的氧而变稠、具有弹性，最终形成固态，这就是油脂的干燥过程。油脂的干燥性能取决于其结构中的不饱和双键数与位置情况，不饱和双键越多，则干燥性能越好。由于油脂干燥的快慢基本上取决于吸氧聚合的快慢，而吸氧聚合由小分子变成大分子的快慢则又取决于油脂中的不饱和双键数及其位置情况，因而油脂中的不饱和脂肪酸越多，则干燥性能越好。卤素能和不饱和双键发生加成反应，在一定的标准条件下，将 100g 油脂所吸收的碘的质量（以 g 计）定义为该油脂的碘值。所以，可以用碘值来评价油脂不饱和程度。碘值越高则干燥性能越好，一般来说，碘值在 140～200g/100g 为干性油，在 100～140g/100g 的为半干性油，低于 100g/100g 的为不干性油。

连结料中所使用的油类主要包括植物油和矿物油。植物油是一种含有多种复杂的饱和与不饱和甘油三酯的混合物，主要成分是脂肪酸甘油三酯（简称甘油三酯），它的不饱和程度通常用碘值来表示。矿物油是从石油分馏得到的系列溶剂的总称。石油通过常压分馏，可分得汽油、煤油、柴油和重油。油墨工业上常用的矿物油主要有汽油、高沸点煤油（油墨油）和润滑油（机械油）。这些油类可以溶解多种树脂，也可以与其他种类油料相混合，用于渗透干燥型油墨。

（2）树脂

树脂是一种有机物，分子量较大，结构复杂，是一类非晶态物质，因此没有熔点，只有软化点。在油墨制备中，干性油单独用作连结料时，由于其分子量较小、固着速度慢、光泽度较差，并且容易与润版液发生乳化，为了提高连结料性能，将树脂引入连结料中。树脂能溶解在有机溶剂中，当溶剂从树脂溶液中蒸发时，溶液会逐渐变黏稠，最终能够形成薄膜。用树脂制成的油墨与早期单纯用植物油作连结料制成的油墨相比，树脂成膜后硬度比较高，形成墨膜后耐摩擦性能比较强；印刷品具有很高的光泽；由于树脂具有一定的稠度、黏度，油墨在打印机上的转移性能得到很大改善；用树脂作连结料的油墨，它的干燥方式无论是溶剂挥发，或是热固或是紫外光干燥，干燥速度都比植物油氧化结膜的速度快，因此固化速度不会受影响；某些树脂与承印物材料表面有很强的吸引力，可提高墨膜对承印物表面的附着力。目前，树脂型连结料已广泛应用于胶印、丝印和凹印油墨领域。

树脂型连结料是将分子量较高的树脂溶解于植物油中形成高黏度相，然后通过添加油墨油（低黏度相）来稀释降低其黏度，从而制备成可应用的连结料。由于油墨油与树脂/植物油是以混溶的状态组合在一起的，因而当用这种连结料配成的油墨印到纸张上时，油墨向纸内选择性地渗透，即纸张对油墨的成分选择性地吸收。混溶在油墨体系中的油墨油表面张力较小，由于纸张的吸收作用而立即离开油墨体系，渗入纸张纤维中。由于这个过程是在油墨印到纸张上后立即发生的，所以速度很快，加之留在纸张表面的是高分子成膜物质，光泽很亮，所以叫作快干亮光油墨。相比之下，氧化结膜干燥是在后期才逐渐完成的。

衡量树脂的物理和化学性能的指标有很多，对油墨工而言，主要注意以下问题。

① 树脂的抗水性。树脂的抗水性是指连结料在水的作用下，性能不发生变化的能力。连结料的抗水性是决定油墨耐水性的因素之一。连结料必须具有较强的抗水性，如果抗水性差，油墨接触水后，水会进入油墨中造成油墨乳化、黏度下降，破坏油墨的结构，改变油墨的性能，会发生相应的印刷故障。

② 树脂的成膜性。树脂的成膜性主要是指在油墨印刷后能形成均匀的薄层，并对颜料起保护作用使其难以脱落。连结料的光泽度是油墨印刷后能否产生光泽的主要因素。油墨的光泽度是指油墨在承印物表面形成印刷品墨膜之后，对可见光在同一角度反射光线的能力。印刷品的光泽度是衡量印刷品外观质量的一个重要性能，它不仅可以增加印刷品色彩的鲜艳度，使画面明亮具有质感，而且还能提高印刷品的美观程度，增强印刷品的立体感。连结料由液态变成固态的性能称为干燥性。油墨的干燥性主要是由连结料所决定的，连结料必须具有一定的干燥能力，或能够与其他印刷条件相配合完成油墨的干燥过程。

③ 树脂的黏度。树脂的黏度是指树脂在溶液中溶解后的溶液黏度，它与树脂的分子量有关，也与树脂在该溶液中的溶解性能有关。同系列的树脂，分子量越大，黏度越大；非同系树脂，在溶液中的溶解性能越差，黏度越大。树脂溶液的黏度与温度有很大的关系，温度上升，黏度下降。树脂的黏度很大程度上会影响油墨的黏度，选择树脂时应该考虑它的黏度大小。

④ 树脂的溶解性。树脂的溶解性是指树脂在组成其连结料的溶剂中溶解的难易程度。树

脂都是在液体状态下被应用的，而树脂一般都是大分子量的物质，不可能呈液态完全溶解，而是溶剂分子渗透到树脂的大分子间隙之中引起树脂的溶胀，进而使树脂被分散在溶剂中成为胶体分散状态的溶液。树脂的这种溶解的难易程度是相对于溶剂而言的，有极性基团的树脂较易溶于极性溶剂中，与树脂有相似结构或基团的溶剂也较易溶解该树脂。同种树脂，分子量较小的比分子量大的较易溶解。此外，还和外界因素有关，如温度越高、搅拌速度越快，树脂溶解越快。

⑤ 树脂中溶剂的释放性。树脂中溶剂的释放性是指溶剂从树脂中释放出来的速度的快慢。油墨印刷以后，溶剂从树脂中离析出来，使树脂胶凝而干燥。树脂的释放性与溶解性有关，溶解性好的树脂不利于溶剂或者稀释剂从树脂中离析出来，故释放性较差，油墨干燥较慢，容易产生印品粘连等弊病。因为树脂是以溶解成液态然后释放成固态这种转化形式在印刷中应用的，所以要求树脂的溶解性要适当，以保证其溶解性和释放性达到很好的平衡。

⑥ 树脂的色泽及透明度。树脂的色泽是由树脂中多种色素杂质所形成的，与树脂原料的性质、纯度及合成工艺过程有关。树脂一般都带有淡黄色，但油墨的连结料应为无色或颜色越浅越好，这样对颜料色相的影响较小。透明度与树脂中混有的水分及其他杂质有关，透明度会影响到树脂的溶解性，透明度低的树脂溶解性差。

⑦ 树脂的软化点。固体树脂随着温度的升高而逐渐软化，可塑性增大，最后变为液态。软化点是指树脂软化过程中，在变为黏稠液体时所规定的温度，这个温度称为流动温度。软化点随着树脂分子量的增大而提高。一般来说，树脂的软化点越高对溶剂的释放性越强，尤其是化学组成相同的树脂，这一特点更为突出。所以用于油墨中的树脂以软化点较高者为宜。

⑧ 树脂的酸值。油墨中应用的许多树脂是由树脂酸、脂肪酸、芳香酸等有机酸与其他化合物经缩合而成的，因此树脂中多少都存在未参加反应的羧基，使树脂具有一定的酸值。酸值是表示树脂反应进行程度的指标，其定义为中和每克树脂所消耗的氢氧化钾的质量（以 mg 计），故酸值以 mgKOH/g 为单位。酸值过高，油墨的性质不稳定，如抗水性能下降，与碱性颜料容易起反应；酸值过低，树脂与颜料的润湿性不佳。

（3）有机溶剂

1）芳烃类溶剂

① 苯。能溶解植物油、松香、多种天然树脂、改性酚醛树脂、醇酸树脂、脲醛树脂、氧茚树脂、各种沥青、橡胶和聚苯乙烯等，但由于它挥发快、毒性大，限制了它的直接应用。

② 甲苯。挥发比苯慢，毒性比苯小得多，对多种高聚物的溶解力比苯强，故涂料工业上常用它作溶剂或稀释剂。甲苯能溶解植物油、松香、改性酚醛树脂、醇酸树脂、顺丁烯二酸酐树脂、聚酯树脂、环氧树脂、氨基树脂、各种沥青、橡胶、聚苯乙烯树脂、聚乙酸乙烯树脂、过氯乙烯树脂和乙基纤维素等，但不能溶解虫胶、聚乙烯以及硝酸纤维素。油墨工业上用于制造凹印油墨。

③ 二甲苯。有 3 种异构体，即邻二甲苯、间二甲苯和对二甲苯。混合二甲苯的沸点约为 140℃，它的挥发速度比甲苯大约慢 1 倍，比汽油大约慢 3 倍。油墨工业上用于制凹印油墨。

2）醇类溶剂

① 乙醇。沸点为 78.3℃，能与水混溶。乙醇与水能形成恒沸混合物，沸点 78.15℃，其中含乙醇 95.6%、水 4.4%，常用的工业酒精和化学纯酒精就是这种恒沸混合物。工业酒精中常加有少量甲醇，使它变得有毒，以防人们掺水饮用，称为变性酒精。乙醇的溶解力随着含水量的增加而降低，无水乙醇能部分溶解低含氮量的硝酸纤维素，而工业酒精则不能溶解。

通常将乙醇和苯或酯类溶剂混合配成混合溶剂，用来溶解多种树脂，用于制造凹印油墨和苯胺油墨。

② 异丙醇。沸点比乙醇略高，可与水、乙醇和甲苯混溶，其他性质也和乙醇比较接近，而且毒性也小，故常作为乙醇的代用品，用于凹印油墨和苯胺油墨制造。

③ 丁醇。有 4 种异构体（正丁醇、异丁醇、仲丁醇、叔丁醇），都是重要的有机化工原料，并可直接作为溶剂，尤其是正丁醇和仲丁醇，更是常用的有机溶剂。正丁醇毒性最小，但和乙醇相比它的溶解力较弱，聚合度较高的树脂被其溶解后，冬季有时会发生分层现象。

④ 松油醇。沸点为 219℃，无色黏稠液体，有类似紫丁香的气味。它可用于油墨、电信等工业中，是玻璃器皿上色的优良溶剂。

3）酮类溶剂

① 丙酮。又名二甲酮，能与水、乙醇、乙醚、氯仿、多数烃类溶剂和植物油相混溶。它是重要的酮类溶剂，具有 3 个显著的优点：溶解力强、毒性小、价格低。丙酮能溶解多种树脂，而且稀释比很高，溶液黏度很低。它的缺点是挥发太快，限制了它的应用，一般需和挥发较慢的溶剂配合使用。能在丙酮中溶解的聚合物有乙基纤维素、纤维素酯类、聚乙酸乙烯酯、氯醋共聚树脂、低分子量聚苯乙烯、醇酸树脂、氧茚树脂等；而松香、达玛树脂、贝壳松脂、虫胶和沥青只能部分溶解；聚氯乙烯和聚甲基丙烯酸甲酯只能发生溶胀。

② 丁酮。又名甲乙酮，能与烃类溶剂、亚麻油、蓖麻油等相混溶。它的挥发性比乙酸乙酯略慢，稀释比和丙酮一样大，故从使用角度来说优于这两者，但受产量和价格的限制，用量不如乙酸乙酯和丙酮。丁酮能溶解乙基纤维素、纤维素酯类、聚乙酸乙烯酯、聚苯乙烯、聚丙烯酸酯、醇酸树脂、氧茚树脂、松香、达玛树脂、贝壳松脂等，但不能溶解石蜡和聚丙烯。

③ 环己酮。能与乙醇、石脑油、二甲苯 3 种有机溶剂混合，能溶解纤维素醚、纤维素酯、醇酸树脂、聚氯乙烯、聚乙酸乙烯酯、聚甲基丙烯酸甲酯、聚苯乙烯以及多种天然树脂。

4）酯类溶剂

① 乙酸乙酯。是一种挥发性较快、性能较好的溶剂，其在甲苯中的稀释比是乙酸酯类中最高的，但溶液的黏度较低，能和烃类溶剂、亚麻油、蓖麻油相混溶。乙酸乙酯能溶解乙基纤维素、硝酸纤维素、聚乙酸乙烯酯、氯醋共聚树脂、聚苯乙烯、氧茚树脂、松香等，但不能溶解乙酸纤维素和聚氯乙烯，如在乙酸乙酯中加入一部分乙醇则能溶解前者。乙酸乙酯的混合溶剂常用于塑料凹印油墨中。

② 乙酸正丁酯。挥发速度适中，常把它作为测定挥发速度的标准溶剂。用它配制的溶液，例如硝酸纤维素的溶液，其黏度比用乙酸乙酯配制的高，但溶液的临界溶液温度较低，不像丁醇溶液那样在冬天会发生分层现象。它也能和烃类溶剂、亚麻油、蓖麻油相混溶。它能溶解松香、氧茚树脂、聚苯乙烯、聚乙酸乙烯酯、聚氯乙烯、氯醋共聚树脂、贝壳松脂、硝酸纤维素等，但不能溶解乙酸纤维素，能部分溶解各种松香皂干料。和乙酸乙酯一样，它也常应用于塑料凹印油墨中。

③ 乳酸丁酯。难溶于水，能与烃类、油脂混溶，对极性小的树脂有良好的溶解能力，能溶解硝酸纤维素、乙酸纤维素、天然树脂与合成树脂等。与其他溶剂配合使用可提高涂膜的光泽、黏结性和增塑性能。可制作硝基漆、印刷油墨等。

（4）辅助材料

连结料的重要辅助材料包括蜡和铝皂。蜡按其来源可分为植物蜡、动物蜡、矿物蜡和合成蜡。

1）植物蜡

植物蜡中最著名的是加拿巴蜡，又称巴西棕榈蜡，为黄绿色至棕色固体，质硬而脆，熔程83～91℃，不溶于水，能够溶于热的乙醇、乙醚、氯仿和四氯化碳中。在油墨中加入植物蜡时，能使油墨增滑，但在胶印、铅印油墨中应用时常有晶化的倾向。也可用于制清漆、鞋油、地板蜡、蜡纸、复写纸等。

2）动物蜡

动物蜡主要有蜂蜡，它是黄色至灰黄色固体，熔程62～70℃，不溶于水，溶于热乙醇、乙醚、氯仿和四氯化碳等有机溶剂中。将它用于制油墨，能增强光滑度，改进套印性能，并可避免晶化现象。也可用于制蜡纸、鞋油、药膏等。

3）矿物蜡

矿物蜡主要有地蜡、石蜡等。地蜡是从地蜡矿中提取出来的，经活性炭脱色得到精制品，色白至微黄，熔程58～100℃，具有良好的耐磨性，主要用作润滑油、凡士林等的原料。石蜡是白色至微黄色固体，是从石油中提炼出来的，熔程43～68℃，有较好的耐磨性和光滑性。它的精制品具有较细的晶体结构，称为微晶蜡，用于油墨中有较好的效果。

4）合成蜡

合成蜡是人工合成的蜡，其种类较多，如聚乙烯、高级脂肪酰胺等。低分子量聚乙烯又称聚乙烯蜡，分子量一般为1000～6000，为白色粉末状或块状固体，熔程90～130℃。它能在许多溶剂中溶解，和树脂的互溶性良好，并且具有良好的化学稳定性。聚乙烯蜡是目前油墨工业中最常用的蜡，能使印品表面耐磨性好、印迹清晰。

铝皂是连结料的凝胶剂，特别是炼制凝胶树脂油时，铝皂更是不可缺少的原料。将铝皂加入油墨后，油墨外表呈现增稠状态，故铝皂又可称为增稠剂。铝皂之所以有此功能，是由于它能和连结料中树脂的活性基因反应形成大分子或螯化合物，包围了连结料中的稀料部分，从而形成凝胶状态。

3.2 天然连结料

3.2.1 植物油

植物油是一大类天然有机化合物，定义为混脂肪酸甘油三酯的混合物。一般来说，天然油脂由95%的脂肪酸甘油三酯和极少量且成分复杂的非甘油三酯组成。植物油作为低成本生物质资源，具有许多优点，包括产量充足、可生物降解和可再生等，被广泛应用于合成各种生物基高分子材料，如聚酰胺、聚氨酯与环氧树脂等，并将这些油脂高分子广泛应用于橡胶、涂料、黏结剂和弹性体材料等领域。植物油以其在空气中的干燥状况，又可分为干性植物油、不干性植物油、半干性植物油3类。

（1）干性植物油

这类油在空气中有较好的干燥性，碘值一般在140g/100g以上。在玻璃板上涂一薄层这类油并暴露于空气中，即能干燥而结成一层固体膜，失去原有的黏性，所以称为干性油。它之所以能在空气中较为迅速地干燥结膜，是由于在干性油的成分中含有较多的不饱和脂肪酸基，而这些不饱和脂肪酸基能均匀地吸收空气中的氧气，氧化聚合呈网状结构，从而形成坚韧的固态薄膜。这类植物油主要包括桐油、亚麻油、梓油、苏子油等。

① 桐油。桐油是指大戟科油桐属植物的种子榨出的油，其色泽呈金黄色或棕黄色，散发着桐油特有的酮酸气味，黏度是植物油中最大的，能溶于苯、石油醚、乙醚、三氯甲烷、热酒精及冰醋酸等有机溶剂中，碘值在 160～175g/100g 的范围，酸值约为 4mgKOH/g。

桐油是干性最好的植物油之一，其主要成分为 85%～90%的桐油酸、8%～10%的油酸、1%～2%的亚油酸、3%～7%的饱和脂肪酸等。干性油能吸收空气中的氧而氧化聚合干燥，由液态转变成固态膜。干性油之所以有干性，主要取决于大量含两个或三个双键的不饱和脂肪酸。桐油中的桐酸有三个不饱和双键，而且是双双共轭的，活性很大，因此干燥快，加热反应也快，桐油加热后会增稠胶化。桐油中加入少量酚类、树脂或树脂酸、植物油脂肪酸等物质，均可防止胶化。

桐油的干燥性和成膜性能十分优异，但干燥过快会引起晶化起皱，所以在油墨工业中很少单独采用桐油作连结料，一般与树脂或其他的油类混用，这样就充分弥补了它的不足，发挥了它的长处。用桐油制成的油墨耐抗性较好，现在使用的高光泽油墨，连结料中或多或少都使用了桐油。

② 亚麻油。亚麻油是草本植物亚麻的种子经机械压榨而得到的一种天然植物油，又称亚麻仁油或亚麻籽油，颜色呈淡黄色，为清净的透明状液体，有强烈的特殊气味，碘值在 177～204g/100g，酸值<4mgKOH/g。亚麻别名胡麻，因而亚麻油又称胡麻油。亚麻主要种植在我国的华北、西北和东北地区，其含油量较高，是我国重要的油料作物之一。

亚麻油是油墨工业及涂料工业中具有代表性的干性油。天然状态下的亚麻油需经过一定的处理，否则其干燥速度非常缓慢，并且也没有适当的黏度，因此未经处理的天然亚麻油是不能直接用作连结料的。亚麻油对大部分颜料有极好的润湿性，并且有很好的转移性能和干燥性质，在纸张上也有极好的附着力。

亚麻油的干燥过程也是氧化聚合到固化的过程。亚麻油的主要成分为：21%～45%的亚麻油酸（三不饱和的）、22%～59%的亚油酸（两不饱和的）、6%～20%的油酸（单不饱和的）、5%～10%的饱和脂肪酸，是混合甘油酯。亚麻油的干性主要由亚麻酸和亚油酸决定，它们都含有不饱和双键，但双键被饱和的亚甲基—CH_2—隔开，是非共轭双键，因此，活性比桐油小，干性比桐油慢。

③ 梓油。梓油又叫青油，是由乌桕籽仁（含油 40%～50%）所得的干性油，呈青黄色，黏度高，结膜硬度较高，弹性和光泽不如亚麻油，干燥性强于亚麻油。其主要成分为 3%～6%的癸二烯（2,4）酸、9%的棕榈酸、20%的油酸、25%～30%的亚油酸、40%的亚麻酸。梓油一般与其他植物油混合使用，其碘值为 169～190g/100g，酸值为 7mgKOH/g。

（2）半干性植物油

这类油在空气中干燥较慢，其表面不易形成薄膜，涂布成薄膜后在空气中加热才能干燥成固体涂膜，形成的薄膜也不如干性油形成的那么坚韧，故称为半干性油。这是由于其成分中含有较少的不饱和脂肪酸基，通常半干性油中的甘油三酯含有 4～6 个双键，碘值一般在 100～140g/100g 的范围。属于半干性油的有豆油、菜籽油、葵花籽油、棉籽油、芝麻油等。

豆油是半干性油中具有代表性的一类。豆油是从大豆中提取出来的油脂，具有一定黏稠度，呈半透明液体状，其颜色因大豆种皮及大豆品种不同而异，从浅黄色至深褐色，具有大豆香味。目前大豆油原料具有种植广、产出高、成本低等优点，同时随着转基因技术不断提升，大豆油的转换产出率也在逐年攀升中。豆油的碘值在 120～141g/100g 的范围，酸值 <3mgKOH/g。

大豆油的脂肪酸组成主要包括：50%～55%的亚油酸、22%～25%的油酸、10%～12%的棕榈酸和 7%～9%亚麻酸等，属于含非共轭双键的高度不饱和植物油。豆油是半干性油，可供食用，干燥性缓慢，基本不能结成坚固的薄膜，故很少单独使用，大多与桐油或亚麻油等配合使用。以 25%桐油、75%豆油配合炼油，其干性与亚麻油相仿。豆油虽然干性慢，但颜色浅、加热也不易泛黄，适用于制浅色油墨，特别是制烘干型的油墨。菜籽油适用于配制油墨酯。

（3）不干性植物油

这类油在空气中氧化极慢，表面长期不能形成薄膜，不能自行干燥，故称为不干性油。通常，其中的甘油三酯含双键数在 4 个以下，碘值一般在 100g/100g 以下。不干性油型连结料有一定的耐水性，附着力良好，能形成较光泽的墨膜，但固着速度较缓慢，干燥时间较长。属于不干性油的有蓖麻油、椰子油、花生油、米糠油、茶油等。

蓖麻油是一种有代表性的不干性油。蓖麻油存在于蓖麻的种子里，其含量为 35%～57%，通常用榨取或溶剂萃取法制得，呈几乎无色或微带黄色的澄清黏稠液体。它的特点是相对密度大，黏度较高，能与乙醇和醋酸混溶，这是由于分子内所含羟基的作用。蓖麻油的脂肪酸主要包括：87%的蓖麻醇酸、7.4%的油酸、3.1%的亚油酸、2.4%的饱和脂肪酸（棕榈酸、硬脂酸）。蓖麻油的碘值在 80～90g/100g 的范围，酸值≤2mgKOH/g。蓖麻油可以制造复印油墨、复写纸油墨、水印油墨，也可以加到某些溶剂型油墨中作为增塑剂。蓖麻油改性的醇酸树脂可应用于烘烤干燥型的白色油墨中，也可用于软管油墨和圆珠笔墨中。蓖麻油虽为不干性油，但在酸性催化剂的存在下，经高温脱水反应它可转化为含有共轭双键的干性油，干燥性介于桐油和亚麻油之间，颜色浅，柔韧性好，可以代替桐油与半干性油配合使用，用于印铁和食品包装油墨中。

3.2.2 矿物油

矿物油是从石油分馏得到的系列溶剂的总称。石油经由常压分馏可分得汽油、煤油、柴油和重油，主要是含碳原子数比较少的烃类物质，多的有几十个碳原子，多数是不饱和烃，即含有碳碳双键或是碳碳三键的烃。油墨工业上常用的矿物油主要有汽油、高沸点煤油（油墨油）和润滑油（机械油），这些油类可以溶解多种树脂，也可以与其他种类油料相混合，用于渗透干燥型油墨。

（1）汽油

汽油在常温下为无色至淡黄色的易流动液体，很难溶于水，易燃，馏程（沸点范围）为 30～220℃，主要成分为戊烷到十二烷。汽油按其沸点高低又可分为：轻汽油，又叫石油醚，馏程为 30～70℃；中汽油，馏程为 60～170℃；重汽油，又叫白节油，馏程为 160～220℃。汽油是油类、树脂和橡胶等材料的优良溶剂，而且挥发性很强，中汽油与二甲苯及重汽油混合常用于制造挥发性干燥油墨，如凹印油墨、塑料印刷油墨等。

（2）高沸点煤油

这种油主要为石油裂解所得馏程为 270～310℃的馏分，也可称为油墨油，主要成分为癸烷至十八烷，一般要求含蜡量要低，在-10～-5℃不析出。油墨油之所以要求较窄的馏程范围，是由胶印、铅印油墨的性质决定的。初馏点不能过低，否则挥发过快，影响油墨在印刷机上的稳定性；终馏点不能过高，否则渗透过慢，影响油墨在纸上的固着速度。油墨油的挥发性比较差，不能结膜，对油墨的光泽和耐磨性能不利；油墨油具有一定的渗透性，可以溶解多种树脂。油墨油被广泛地用于胶印、凸版油墨中，是一种重要的矿物油。

（3）润滑油

润滑油是馏程高于310℃的石油馏分，呈淡黄色的黏稠液体，常被用作润滑剂，也称机械油。润滑油在常温下不挥发，是具有一定黏度的液体，根据其黏度不同又常分为三档：轻润滑油，其黏度类似植物油；重润滑油，其黏度类似中黏度的聚合油；中润滑油，其黏度则介于两者间。油墨生产中主要是用轻润滑油和中润滑油，它们能溶解多种树脂，能和植物油相混溶，用来制造沥青油和石灰松香油等连结料，用在凸版铅印及轮转新闻油墨中。

润滑油没有氧化结膜的能力，但具有渗透固着的特点，在油墨制造中常用这类油与树脂相配合，制备渗透干燥性连结料。松香与机械油制成的连结料是典型的渗透干燥型连结料，具有渗透快、易干的特性，缺点是由于矿物油制的油墨没有氧化结膜的可能，因而印在疏松的纸张上时有透背现象。选择机械油时，因烷烃尤其是带侧链多的烷烃会影响油墨的流动性及对树脂的溶解性，应尽可能选芳烃或环烷烃含量高的机械油。

3.2.3　天然树脂

常用的天然树脂主要有松香、松香衍生物、沥青、达玛树脂、虫胶、石油树脂。天然树脂一般是透明发脆的固体，化学结构非常复杂，至今尚不能完全掌握它的结构；性质也比较难以掌握，同一类天然树脂的性质可能会有比较大区别。成膜过程是溶剂挥发或者渗透干燥的过程，树脂一般不发生化学变化；成膜速度主要取决于溶剂挥发和渗透的速度以及树脂对溶剂的释放性。由于天然树脂存在的种种问题会给油墨的质量稳定带来很大影响，因此合成树脂出现后很快就取代了天然树脂。虽然现在在低档油墨中偶然有直接使用天然树脂的，但多数须经过加工和改性。尽管如此，天然树脂在油墨工业中仍占有很重要的地位。

（1）松香

松香是松树分泌的树脂，加工后呈琥珀色透明脆性固体。松香可从世界各地类似松树的树种中获得，特别是产于美国东南部的长叶松、古巴松和火炬松。在这些树身上割出口子，收集高黏度的分泌物（称为松脂精）进行蒸馏提取，所得易挥发的液体就是松节油，剩下的硬实树脂叫作松香。松香还曾被称为松脂和希腊树脂。松香的主要成分是松香酸，占其组成成分的90%左右，其结构如图3-2所示。图中—COOH为反应活性中心，可与醇发生酯化反应，与金属反应生成盐，双键可进行加成反应。松香质硬而脆，不溶于水，能溶于酮类、酯类、醇类、苯类、烃类等多种溶剂中，与植物油可在加热条件下熔合。但其必须改性后才能用于油墨中。

松香还具有一些性质，对其质量和加工产品颇有影响，也不能忽视，如松香的结晶性、易氧化、易热分解等。松香的结晶现象就是在厚的透明松香块中出现树脂酸的结晶体，松香因而变浑浊，肉眼可见。结晶松香的熔点较高（110～135℃），难于皂化，在一般有机溶剂中有再结晶的趋向。松香对光、热、氧的作用都很敏感，尤其是粉末状极易氧化，所以箍好整块储存，防止氧化使颜色变深、性能变化。块状松香表面氧化时会生成氧化膜，可防止内部松香进一步氧化。

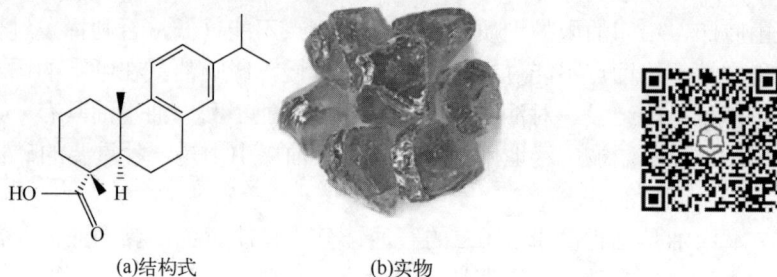

(a)结构式   (b)实物

图 3-2　松香酸的结构式与实物

中国是世界上松香主产地之一，由于松香来源丰富、价格低廉，且具有良好的油溶解性，因此在许多行业中得到广泛应用，尤其在油墨工业中应用更是十分广泛。松香在印刷油墨中主要用作载色体，并增强油墨对纸张的附着力。若油墨若不含松香，印制出的墨迹就会色调呆滞、模糊不清。松香中的金属皂，如松香酸钴作干燥剂；钙皂常用于印报油墨；其他皂还可作表面活性剂。在油墨工业中，采用矿物油为溶剂，可以用松香来生产新闻印报油墨。但是它更主要的用途是用来生产松香改性树脂，其改性树脂，如松香改性酚醛树脂，可用于高级亮光胶印油墨中。松香经聚合、氢化、歧化、胺化、加成等之后可具有多种用途。

（2）松香衍生物

1）松香酯

松香酯是松香酸的多元醇酯，有两类三种，即松香甘油酯、松香季戊四醇酯与聚合松香季戊四醇酯。松香酯是浅黄色透明固体，软化点在 90～180℃，国外资料介绍甚至可以达到 200℃，其酸值均较低，一般在 10～20mgKOH/g。这些酯类制造方便，价格较低，且溶解性好，可用于油墨制造，性能较好。特别是用季戊四醇酯化的产品，有更好的性质，软化点高，干燥快。这类树脂在铅印及溶剂型凹印油墨中均有应用。

松香和不同品种的醇类进行酯化反应，可生成一系列的松香酯类产品，主要包括松香甘油酯、松香季戊四醇酯、聚合松香季戊四醇酯及顺丁烯二酸酐改性松香酯等。松香甘油酯呈黄色或浅褐色透明玻璃状，质脆，无臭或微有臭味，没有明确的化学结构式，主要成分为枞酸三甘油酯，还含有少量的枞酸二甘油酯和枞酸单甘油酯，酸值≤10mgKOH/g，可溶于芳族和脂肪族烃类溶剂、干性油等，对颜料的润湿性较好，但因溶剂释放性差，故不适用于液体油墨中。松香季戊四醇酯呈淡黄色粒状或片状固体，黏度高，耐热性好，其酸值为 15～20mgKOH/g，结膜坚硬，干燥快，耐水、耐碱、耐汽油等方面的性能均比松香甘油酯强。其结膜光泽大，溶剂释放性较快。聚合松香季戊四醇酯是用聚合松香制作的油墨，它的黏性比较高，能够直接用于制作廉价的照相凹版油墨。聚合松香，二聚体含量高，色泽浅，软化点高，不结晶，酸值高，油溶性好。由聚合松香生产的各类改性树脂用于制备涂料都具良好涂刷性能，不易返黄，漆膜坚硬，光亮好，抗水性能强。聚合松香也可直接用于廉价的照相凹版油墨用作罩光油。总的来说，聚合松香季戊四醇及其酯类具有取代松香甘油酯和松香季戊四醇酯的趋势，因其具有更广泛的用途和更优越的性能。

2）顺丁烯二酸松香

顺丁烯二酸松香俗称苹果酸（酐）树脂或失水苹果酸树脂，是以松香和顺丁烯二酸酐进行加成反应，并且以甘油酯化而制得的不规则、淡黄色透明固体，色泽浅，抗光性强，不易泛黄，能溶于煤焦油、酯类、植物油、松节油，不溶于醇类。由它制备的漆膜强度大，干后爽滑。其酸值≤30mgKOH/g，软化点≥128℃。苹果酸树脂一般有三种，即乙二醇溶型、乙醇溶型、油溶或烃溶型。

① 乙二醇溶型。大量用于溶剂型和水基型油墨中。此类树脂也可用作硝酸纤维素和聚酰胺树脂的改性剂，用于印刷玻璃纸、聚乙烯薄膜等，也可用于蒸汽凝固和水洗涤铅印墨中。

② 乙醇溶型。涂料行业叫作磁漆型苹果酸树脂。此类树脂大量应用于硝酸纤维素和氯化橡胶照相凹印油墨中，用于印刷铝箔、玻璃纸；用钠或铵处理后可成水溶性，用于水基型柔性凸版油墨中；也可用于醇基柔性凸版油墨的制造。

③ 油溶或烃溶型。也叫调墨油型苹果酸树脂，用于快干和热固型连结料中制造胶印、铅印油墨，也可用于印铁油墨中。由于它不泛黄，故可大量用于罩光油中。这类树脂颜色浅，且颜色的保留性也好，具有良好的光泽及溶剂释放性。其制得的油墨黏性较低，身骨短，印刷性能较好。

3）松香酸金属盐

松香中的树脂酸钠与金属反应，则可生成松香酸金属盐。油墨工业所用的松香酸金属盐有钙盐、锌盐、钴盐、锰盐、铅盐等。前两种可以用作油墨连料，后三种是干燥油的原材料。用松香酸金属盐制作的油墨质量较好，而且价格很便宜，因此松香酸金属盐长期以来被油墨工业所采用。

① 石灰松香。俗称松香酸钙，是由松香酸与不足量消石灰（氢氧化钙）起反应而生成的含有部分未皂化松香的钙皂，完全溶解于煤焦系、酯类溶剂和植物油及松节油。石灰松香的软化点比松香高，酸值比松香低，成膜后的硬度、光泽都比松香好；缺点是脆性大、耐候性差。一般用于印报墨中。

② 氧化锌松香。俗称松香酸锌，是由松香与氧化锌加热制得的树脂酸锌盐，熔点为120~130℃，酸值很低，可达到零。聚合松香的锌盐是由聚合松香与醋酸锌一起加热至220~270℃制得的。此法可制得熔点较高（140~150℃）和含锌量≥9%（用氧化锌时最高为7%）的锌盐。松香酸锌可溶于脂肪烃或芳烃中，适用于配制高质量的套色印刷油墨。松香酸金属盐长期以来被油墨工业所采用，其原因就是质量满足基本需求，而且价廉易得。

4）聚合松香

聚合松香的性能比松香优越，它有较高的软化点，不结晶，且溶解性能很好。由于聚合减少了共轭双键，所以聚合松香的抗氧化性提高了，也更稳定了。用它来制改性树脂，可提高软化点、黏度，而与矿油相容性不降低。用聚合松香代替松香制得的多元醇酯及改性酚醛树脂已在油墨中应用，并且还在做新的探索。

（3）沥青

油墨工业应用的主要有天然沥青和石油沥青。天然沥青是从地下采掘出来的矿产，这种沥青大都经过天然蒸发、氧化，一般已不含有任何毒素。石油沥青是蒸馏石油后的残余物，根据提炼程度的不同，在常温下呈液体、半固体或固体。它们的成分基本相似，主要是烃类化合物缩合产物的混合物。

在油墨工业中，天然沥青的应用比较广，其具有硬质和可塑性，具有黑色光泽，几乎能溶于各种有机溶剂及植物油中，熔点范围在70~150℃，其中98%是烃类化合物，有少量的杂质。照相凹版油墨是广泛使用沥青的一个油墨品种，沥青所特有的色韵是任何其他颜料所不能比拟的，例如棕色照相凹版油墨就只用沥青作为有色体来生产，效果极佳。此外，热固性铅印油墨、轮转印报墨、一般铅印油墨也均使用沥青。在轮转印报墨中加上1%~3%的沥青，可以改善油墨的流动性质。但是不能使用过多，过多后会使墨膜色泽发黄，印品严重透印，还可能造成糊版等弊病。现在沥青还部分用于铅印书刊印刷和凸版轮转印报黑墨中。但用沥青配制的连结料存放时容易出现变稠的现象，这是因为沥青具有氧化聚合形成高分子化合物的趋势，沥青的聚合度越高，油墨越稠。在天然沥青短缺时，高熔点石油沥青是它的代用品。沥青资源广泛、性能优良以及价格便宜，使它在油墨中至今仍占有一定的地位。

（4）虫胶

虫胶简称腊克，又名紫胶、漆片、虫漆、洋干漆，大多产自印度东北部、马来西亚等地。它是当地森林中树上的一种虫胶虫（又叫紫胶虫）在幼虫时新陈代谢分泌在树上的胶质物，经收集加工而得。粗制品呈紫红色，经精制后呈黄色或棕色的虫胶片和白色的白虫胶，主要成分是光桐酸（9,10,16-三羟基软脂酸）的酯类，溶于乙醇和碱性溶液，微溶于酯类和烃类。

虫胶漆片有一定的溶剂保留性，抗湿性差，其膜遇水发白。漆片在280℃时，在松香、氧化铅等助剂存在条件下，可溶于亚麻油中。虫胶漆片广泛用于柔性凸版油墨中，可制成醇溶性的，也可制成水溶性的，也用于制造蒸汽凝固和可用水洗涤的铅印油墨。它能形成坚硬、耐摩擦的膜，对处理过的聚乙烯薄膜有良好的黏附性，但价格比较贵。随着聚酰胺及其他合成树脂的出现，漆片的价格也在下降。

（5）石油树脂

石油树脂是石油裂解所副产的 C_5、C_9 馏分，经前处理、聚合、蒸馏等工艺生产的一种热塑性树脂，它不是高聚物，而是分子量介于 300～3000 的低聚物。它的物理形态可以是液体，也可以是熔点为 150℃的固体，具有抗氧化性好、干燥快、无毒、价格低廉等优点。但是它的润湿性能比较差。石油树脂与酸、碱和其他电解质不互溶，也不溶于醇、醛、酮、乙二醇、醚或有机酸中，能够溶于芳香烃及脂肪烃类溶剂中。它的酸值小于 1mgKOH/g。

油墨行业长久以来一直使用石油树脂作为成膜物质。油墨用石油树脂主要是高软化点 C_9 石油树脂、双环戊二烯（DCPD）树脂。油墨中加入石油树脂能起到展色、快干、增亮的效果，具有提高印刷性能等作用。石油树脂一般用来配制铅印油墨，一些特殊规格熔点比较高的石油树脂，也可以经过适当设计将其配成短油度或长油度的连结料，以改进油墨的黏性、身骨、流动性等性能，故在胶印油墨中也有使用。

3.3 合成连结料

合成连结料主要为合成树脂。与天然树脂及其简单加工产物不同，合成树脂是经过化学反应合成的高分子化合物，通常为黏稠液体或加热可软化的固体，受热时具有熔融或软化的温度范围，在外力作用下可呈塑性流动状态，某些性质与天然树脂相似。油墨连结料中使用最多的树脂，按其热行为大致可分为热塑性树脂和热固性树脂。下面介绍几种油墨工业中使用较多的合成树脂。

3.3.1 酚醛树脂

（1）酚醛树脂的概述

酚醛树脂是一类合成树脂，是由酚类化合物（苯酚、甲酚、壬基酚、芳烷基酚、腰果酚、辛基酚、双酚 A、二甲酚或几种酚的混合物）与醛类化合物（甲醛、乙醛、糠醛或几种醛类的混合物）经加成反应和缩聚反应而制得的一大类合成树脂，其结构式如图 3-3 所示。固体酚醛树脂呈黄色透明的无定形块状，含有游离酚而呈微红色，具有耐弱酸和弱碱的特性，但遇强酸会发生分解，遇强碱会发生腐蚀。酚醛树脂不溶于水，但易溶

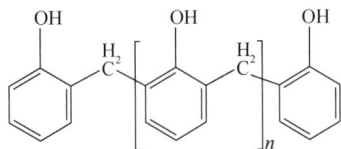

图 3-3　酚醛树脂的结构式

于芳香烃类溶剂、醇类或植物油中。液体酚醛树脂呈黄色至深棕色液体。通过改变酚醛树脂的合成工艺条件，可以控制加成和缩聚反应的反应过程，从而合成具有不同分子结构形态的酚醛树脂。根据不同的分子形态可将酚醛树脂分为热塑性酚醛树脂和热固性酚醛树脂。

（2）酚醛树脂的性质

1）耐高温性能

酚醛树脂最重要的特性就是耐高温性，即使在非常高的温度下，它也能保持结构的整体性和尺寸的稳定性。正因为这个原因，酚醛树脂才被应用于一些高温领域，例如耐火材料、摩擦材料、黏结剂和铸造行业。

2）黏结强度

酚醛树脂的一个重要应用就是作为黏结剂。酚醛树脂是一种多功能、与各种各样的有机和无机填料都能相容的物质，设计正确的酚醛树脂润湿速度特别快，并且在交联后可以为磨具、耐火材料、摩擦材料以及电木粉提供所需的机械强度、耐热性能和电性能。水溶性酚醛树脂或醇溶性酚醛树脂被用来浸渍纸、棉布、玻璃、石棉和其他类似的物质，为它们提供机械强度、电性能等。典型的例子包括电绝缘和机械层压制造、离合器片和汽车滤清器用滤纸制造。

3）高残碳率

在温度大约为 1000℃ 的惰性气体条件下，酚醛树脂会产生很高的残碳，这有利于维持酚醛树脂的结构稳定性。酚醛树脂的这种特性也是它能用于耐火材料领域的一个重要原因。

4）低烟低毒

与其他树脂系统相比，酚醛树脂系统具有低烟低毒的优势。在燃烧的情况下，用科学配方生产出的酚醛树脂系统，将会缓慢分解产生氢气、烃类化合物、水蒸气和碳氧化物。分解过程中所产生的烟相对少，毒性也相对低。这些特点使酚醛树脂适用于公共运输和安全要求非常严格的领域，如矿山、防护栏和建筑业等。

5）抗化学性

交联后的酚醛树脂可以抵制任何化学物质的分解，例如汽油、石油、醇、乙二醇、油脂和各种烃类化合物。因其具有抗化学稳定性，因此适合用于制作厨卫用具、饮用水净化设备（酚醛碳纤维）、电木茶盘茶具，并广泛用于罐头及易拉罐、液体容器等食品饮料包装材料中。

6）热处理

热处理对固化树脂的性能提升至关重要，通过热处理固化树脂的玻璃化转变温度可以提高，这有助于改善树脂的各项性能。玻璃化转变温度类似于结晶固体的熔化温度。酚醛树脂最初的玻璃化转变温度与在最初固化阶段所用的固化温度有关。热处理过程可以提高交联树脂的流动性促使反应进一步发生，同时也可以除去残留的挥发酚，降低收缩，增强尺寸稳定性、硬度和高温强度。同时，树脂也趋向于收缩和变脆。树脂后处理升温曲线取决于树脂最初的固化条件和树脂系统。

7）发泡性

酚醛泡沫是由酚醛树脂通过发泡而得到的一种泡沫塑料。与早期占市场主导地位的聚苯乙烯泡沫、聚氯乙烯泡沫、聚氨酯泡沫等材料相比，在阻燃方面它具有特殊的优良性能。酚醛泡沫重量轻，刚性大，尺寸稳定性好，耐化学腐蚀，耐热性好，难燃，自熄，低烟雾，耐火焰穿透，遇火无洒落物，价格低廉，是电器、仪表、建筑、石油化工等行业较为理想的绝缘隔热保温材料，因而受到人们的广泛重视。而且酚醛泡沫已成为泡沫塑料中发展最快的品种之一，消费量不断增长，应用范围不断扩大，国内外研究和开发都相当活跃。但是它也具备一些缺点，酚醛泡沫最大的弱点是脆性大、开孔率高，因此提高它的韧性是改善酚醛泡沫性能的关键。

（3）酚醛树脂的改性

酚醛树脂是集耐热、阻燃、耐腐蚀等多种性能于一体的优质树脂材料，但其结构中的羟甲基等不稳定结构易氧化、固化产生小分子，限制了其在特殊领域的应用。因此，对于酚醛树脂的结构改性研究一直是重要的研究方向。通过改性，酚醛树脂的冲击韧性、黏结性、机械强度、耐热性、阻燃性、尺寸稳定性、固化速度、成型工艺性等分别得到提高。因此，可根据实际用途，选择不同的改性酚醛树脂。

1）聚乙烯醇缩醛改性酚醛树脂

用聚乙烯醇缩醛改性酚醛树脂在工业上应用最为广泛。这种改性可以提高树脂对玻璃纤维的黏结力，改善酚醛树脂的脆性，增加复合材料的力学强度，并降低固化速率，从而有利于降低成型压力。通常，用作改性的酚醛树脂是用氨水或氧化镁作催化剂合成的苯酚甲醛树脂，用作改性的聚乙烯醇缩醛是一个含有不同比例羟基、缩醛基及乙酰基侧链的高聚物，其性质取决于：①聚乙烯醇缩醛的分子量；②聚乙烯醇缩醛分子链中羟基、乙酰基和缩醛基的相对含量；③所用醛的化学结构。由于聚乙烯醇缩醛的加入，树脂混合物中酚醛树脂的浓度相应降低，减慢了树脂的固化速率，使低压成型成为可能，但制品的耐热性有所降低。

2）聚酰胺改性酚醛树脂

经聚酰胺改性后提高了酚醛树脂的冲击韧性和黏结性，并改善了酚醛树脂的流动性，且仍保持了酚醛树脂的优点。用作改性的聚酰胺是一类羟甲基聚酰胺，利用羟甲基或活泼氢在合成树脂过程中或在树脂固化过程中发生反应形成化学键而达到改性的目的。

3）环氧改性酚醛树脂

用40%的一阶热固性酚醛树脂和60%的二酚基丙烷型环氧树脂混合物制成的复合材料可以兼具两种树脂的优点，改善它们各自的缺点，从而达到改性的目的。这种混合物具有环氧树脂优良的黏结性，改进了酚醛树脂的脆性，同时具有酚醛树脂优良的耐热性，改进了环氧树脂耐热性较差的缺点。这种改性是通过酚醛树脂中的羟甲基与环氧树脂中的羟基及环氧基进行化学反应，以及酚醛树脂中的酚羟基与环氧树脂中的环氧基进行化学反应，最后交联成复杂的体型结构来实现的。

4）有机硅改性酚醛树脂

有机硅树脂具有优良的耐热性和耐潮性，可以利用有机硅单体线型酚醛树脂中的酚羟基或羟甲基发生反应来改进酚醛树脂的耐热性和耐水性。采用不同的有机硅单体或其混合单体与酚醛树脂改性，可得到不同性能的改性酚醛树脂，具有广泛的选择性。用有机硅改性酚醛树脂制备的复合材料可在200～260℃下工作应用相当长时间，并可作为瞬时耐高温材料，用作火箭、导弹等烧蚀材料。

5）硼改性酚醛树脂

由于在酚醛树脂的分子结构中引入了无机的硼元素，硼酚醛树脂比酚醛树脂的耐热性能、瞬时耐高温性能和力学性能更为优良。硼改性酚醛树脂的耐热性、瞬时耐高温性、耐烧蚀性比普通酚醛树脂好得多，它们多用于火箭、导弹和空间飞行器等空间技术领域作为优良的耐烧蚀材料。

6）二甲苯改性酚醛树脂

二甲苯改性酚醛树脂是在酚醛树脂的分子结构中引入疏水性结构的二甲苯环，由此改性后的酚醛树脂的耐水性、耐碱性、耐热性及电绝缘性都得到改善。

7）改性新酚醛树脂

新酚醛树脂（xylok）为高分子化合物，是由苯酚和芳烷基醚通过缩合反应而生成的，具有良好力学性能、耐热性能，广泛应用于金刚石制品、砂轮片制造等行业。新酚醛树脂黏结力强，化学稳定性好，耐热性高，硬化时收缩小，制品尺寸稳定。其黏结强度比酚醛树脂提高20%以上，耐热性提高100℃以上。新酚醛树脂制品可在250℃下长期使用，制品耐湿耐碱。

8）松香改性酚醛树脂

松香改性酚醛树脂是松香或松香衍生物与酚醛树脂反应的产物。松香改性酚醛树脂独特的蜂窝状结构使其具有良好的颜料润湿性和良好的油水分离性，向其加入一定量的高温煤油、蓖麻油及一定量成胶剂反应可以得到有一定弹性的油墨连结料。当前，松香改性酚醛树脂的种类有苯酚类酚醛树脂、双酚A类酚醛树脂、对叔丁基酚类酚醛树脂、对辛基酚类酚醛树脂、壬基酚类酚醛树脂及烷基酚类酚醛树脂。

9）笼型聚倍半硅氧烷及其衍生物改性热塑性酚醛树脂

笼型聚倍半硅氧烷（POSS）是由Si-O交替连接的硅氧骨架组成的无机内核，在其8个顶角上的Si原子所连接的基团为反应性或惰性的有机官能团，是一种有机-无机杂化材料，兼具有机物与无机物的特性。与大多数有机硅或填料不同，POSS分子的外表面含有有机取代基，因而可以与聚合物相容或混溶。同时，这些取代基还可以根据需要进行设计，从而适用于聚合、接枝、共混等。POSS及其衍生物用作改性材料可以显著提高聚合物的力学强度、耐热性、热氧化稳定性等，因而备受关注。同时其作为陶瓷前驱体与酚醛树脂反应制备复合材料更是目前大力发展的方向。

（4）酚醛树脂连结料的特性

酚醛树脂干燥速度很快，具有很好的光泽，附着力很好，也具有很好的耐碱性能。酚醛树脂对于颜料的润湿性能良好，它们的软化点也比较低，通常在80~130℃，易溶于芳香烃类溶剂中。其主要缺点是在光照下容易泛黄。油墨工业使用的酚醛树脂主要有两类：一类是所谓的100%油溶性纯酚醛树脂，另一类是松香改性的酚醛树脂。

实际上，油溶性纯酚醛树脂在油墨中的应用是极为有限的。早期油溶性纯酚醛树脂用以制造所谓耐水清漆（凡立水），在石印油墨中以耐水性强而出名，它的润湿性好，能生成坚硬且光泽好的薄膜，但易泛黄，在烷烃中的溶解性也较差。目前油墨中用的主要是改性酚醛树脂，如二酚基丙烷甲醛松香改性酚醛树脂、对异辛酚甲醛松香改性酚醛树脂等，通过改性可以提高酚醛树脂的油溶性、溶剂释放性、软化点、成膜硬度、抗水性、耐气候性等。不同的酚类物质，如苯酚、对叔丁酚、双酚A等，酚醛不同的连接方式及酯化所用的多元醇不同，是造成松香改性酚醛树脂品种差异的主要原因。

松香改性酚醛树脂可应用于各种油墨中，是各类油墨优良的连结料，具有成膜硬、光泽大、耐光性好的特点，它们在脂族中具有一定的溶解性。松香改性酚醛树脂适合制作快干型油墨，光泽度、耐酸碱性佳；它具有良好的溶剂释放性能，也适合作为热固油墨、新闻油墨、丝网印刷油墨的原料；有时也作为溶剂型凹版油墨的原料；在商业上有酸值为 80～120mgKOH/g 的松香改性酚醛树脂，用来生产水基油墨；松香改性酚醛树脂也是胶印、铅印油墨中不可缺少的一种，目前暂无更好的替代用品。

3.3.2　醇酸树脂

（1）醇酸树脂的概述

多元醇和多元酸可以进行缩聚反应，所生成的缩聚物大分子主链上含有许多酯基（—COO—），这种聚合物称为聚酯。油墨工业中，将脂肪酸或油脂改性的聚酯树脂称为醇酸树脂（见图 3-4），而将大分子主链上含有不饱和双键的聚酯称为不饱和聚酯，其他不含不饱和双键的聚酯则称为饱和聚酯。这三类聚酯型大分子在油墨工业中都有重要的应用。按改性用脂肪酸（或油）分子中双键的数目及结构，醇酸树脂分为干性和不干性两类。

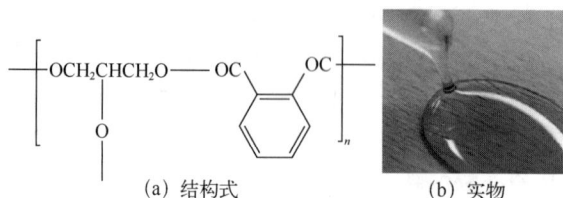

(a) 结构式　　　　(b) 实物

图 3-4　醇酸树脂的结构式与实物图

1）干性醇酸树脂

干性醇酸树脂是用干性油或不饱和程度较高的脂肪酸改性制成的醇酸树脂。这类树脂与空气接触能在常温下固化成连续的膜。醇酸树脂固化成膜后有光泽和韧性，附着力强，并具有良好的耐磨性、耐候性和绝缘性等。干性醇酸树脂的脂肪酸部分的不饱和程度较高。用碘值为 125～135g/100g 或更高的油都能制得室温自干的醇酸树脂，碘值低于此则将不干或干得太慢。碘值高的油类制成的醇酸树脂不仅干得快，而且硬度较大，光泽较强，但易变黄。所以要求快干，而对变色要求不严时可用亚麻油；不要求干得快，要求变黄性时可用豆油。松浆油酸具有好的保色性及满意的干率；桐油因为反应太快，一般只与其他油类混用，以提高干率、硬度；季戊四醇酯化可提高干率及其他一些性能。

干性长油度醇酸树脂通常具有 60%～70% 的油度，其中苯二甲酸醇含量为 20%～30%。这种树脂应用于油墨中有着一定的优势和特点，其墨膜具有良好的干燥性能和弹性，同时具备较好的光泽、保光性以及耐候性。然而，与中油度醇酸树脂相比，它在硬度、韧性、耐摩擦性等方面表现出一定的劣势。

脂肪酸部分在醇酸树脂中的含量也决定着醇酸树脂的性能。100% 聚酯树脂是硬、脆、玻璃状物质，仅溶于丙酮、酯类溶剂。油是低黏度的液体，溶于溶解力很弱的 200# 溶剂中。醇酸树脂的性质就介于两者之间。

干性醇酸树脂根据油度长短分为短油度、中油度、长油度三类。

① 干性短油度醇酸树脂。油度为 30%～40%，苯二甲酸醇含量>35%，由豆油、亚麻油、脱水蓖麻油、红花油、桐油等制成。干性短油度醇酸树脂的墨膜干燥性能良好，有比较好的

附着力、耐候性、光泽度。干燥后的短油度醇酸树脂比长油度醇酸树脂的硬度、光泽、耐磨性等都好。

② 干性中油度醇酸树脂。油度 45%～60%，苯二甲酸醇含量为 30%～35%，是醇酸树脂中最主要的品种，也是用途最多的一种。其特点是墨膜干燥极快，有极好的光泽、耐候性、柔韧性。但与短油度醇酸树脂相比，它的保色保光性差些，加入氨基树脂后的干燥时间要长些。由季戊四醇代替部分或全部甘油制得的醇酸树脂，比甘油制得的醇酸树脂墨膜干率、耐候性好，但韧性略差。季戊四醇官能度为 4，所以季戊四醇醇酸树脂要比甘油醇酸树脂的油度长一些，例如 62%左右的季戊四醇醇酸树脂的油度便相当于 55%左右的甘油醇酸树脂。

③ 干性长油度醇酸树脂。油度 60%～70%，苯二甲酸醇含量为 20%～30%。干性长油度醇酸树脂的墨膜有较好的干燥性能和弹性，以及良好的光泽、保光性与耐候性，但在硬度、韧性、耐摩擦性等方面较干性中油度醇酸树脂差。

2）不干性醇酸树脂

不干性醇酸树脂是由椰子油、蓖麻油、叔碳酸、月桂酸、壬酸以及其他饱和脂肪酸和中、低碳合成脂肪酸等制成的醇酸树脂且大都被制成中、短油度醇酸树脂，饱和程度高，耐氧化性好。这些树脂单独不能形成墨膜，须与其他材料如硝酸纤维素、氨基树脂、环氧树脂等合用，制成挥发干燥或烘烤干燥的膜，具有附着坚牢、光泽高、保色性好等特点，被大量用于印铁油墨及罩光清漆中。

（2）醇酸树脂的改性

醇酸树脂合成原料易得、工艺简单、漆膜综合性能好，但醇酸树脂也存在缺陷，比如涂膜干燥较慢、硬度较低、耐水性不理想等，对其性能的提高必须通过改性的方法。当前对醇酸树脂进行改性的方法主要有丙烯酸树脂改性、有机硅改性、苯乙烯改性、环氧树脂改性、纳米材料改性等。

1）丙烯酸树脂改性醇酸树脂

采用丙烯酸树脂改性后的醇酸树脂，其干性、硬度、耐候性等都有提高。丙烯酸树脂改性醇酸树脂主要有物理混合和化学改性两种方法。物理混合法是在加入阻聚剂与催化剂的前提下，用苯类作为溶剂，由多官能团醇和丙烯酸合成。溶剂作为带水剂，能够促进反应进行，制得多元醇丙烯酸酯。常用的丙烯酸酯有季戊四醇四丙烯酸酯、三羟甲基丙烷三丙烯酸酯。丙烯酸酯中的多元醇和醇酸树脂共混后，能提高醇酸树脂的固体分，漆膜干燥性能和硬度都有提高。化学改性法有共聚法和接枝共聚法。共聚法是先合成出醇酸树脂，然后加不饱和单体进行共聚；接枝共聚法是首先制备出有活性基团的丙烯酸预聚体，再与醇酸树脂反应。接枝共聚常用的是单甘油酯化法，首先合成出含羟基的丙烯酸预聚物，用单甘油酯酯化，再加入苯酐、多元醇酯化制得醇酸树脂。

2）有机硅改性醇酸树脂

有机硅树脂具有优良的耐热性、电绝缘性、耐高温性、耐潮湿性、抗水性及耐大气腐蚀性，将有机硅树脂引入醇酸树脂可以大幅度提高醇酸树脂的耐热性能和耐候性能。有机硅改性醇酸树脂的方法有两种：一种是简单的混合，可以使醇酸树脂的室外耐候性大大改进；另一种是先制备反应性有机硅低聚物，再与醇酸树脂上的自由羟基反应，也可将有机硅低聚物作为多元醇与醇酸树脂进行共缩聚。在有机硅改性醇酸树脂的合成过程中，催化剂、有机硅中间体和不同羟基含量的醇酸树脂会影响有机硅改性产品的性能，如利用亚麻油、季戊四醇、苯酐、二甲苯、硅酮中间体合成有机硅改性产品时，催化剂的加入能有效促进树脂的醇解。

3）苯乙烯改性醇酸树脂

苯乙烯改性醇酸树脂的墨膜具有干性好、硬度高、成本低等优点，可用作快干型油墨，已成为醇酸树脂中的一个重要种类。苯乙烯改性醇酸树脂的工艺路线有：脂肪酸或油的苯乙烯化、单甘油酯的苯乙烯化、醇酸树脂苯乙烯化以及酯化法。其中，后苯乙烯化的酯化法由于方向可行，已被广泛用于醇酸树脂的改性。

4）环氧树脂改性醇酸树脂

通过环氧树脂改性，既可保留水性醇酸树脂的优点，还能结合环氧树脂的优良黏结性、耐化学品性及自干性等。环氧树脂改性醇酸树脂常用方法有物理共混和化学改性两种。这两种方法均需先将环氧树脂进行酯化，得到含有特定官能团（如—OH）的环氧酯后，再改性醇酸树脂。

5）水性醇酸树脂

水性醇酸树脂以水和少量助溶剂为溶剂，使有机溶剂用量大大减少，因此由其配制的油墨体系挥发性有机化合物（VOCs）很低，符合现代油墨工业绿色、环保的发展方向，产业界、研究机构已经投入大量人力、物力进行研发。水性醇酸树脂的开发经历了两个阶段：即外乳化和内乳化阶段。外乳化法即利用外加表面活性剂的方法对常规醇酸树脂进行乳化，得到醇酸树脂乳液，该法所得体系储存稳定性差、粒径大、墨膜光泽差。内乳化法主要是通过在聚合物分子中引入可离子化的基团（如—COOH、—NH$_2$等），然后加入适量的酸或碱中和成盐，或在分子中引入含多元羟基或多元醚键的非离子基团，加适量的水分散即得水性醇酸树脂。目前主要使用内乳化法合成水性醇酸树脂分散体。

6）纳米改性醇酸树脂

在油墨中运用纳米技术对提升墨膜的性能很有益处。纳米材料有特异的功能，比如纳米粒子有较高的活性、较大的比表面积，在油墨中加入纳米粒子，对油墨的性能提高有很大的改善。纳米二氧化铁由于其粒径小、比表面积大、吸收紫外线能力强、表面活性较高等优点而成为研究的热点。有研究采用均匀沉淀法制得的纳米粒子，以一定比例加入醇酸树脂中，得到的纳米复合醇酸树脂墨膜综合性能相比未加入纳米粒子的醇酸树脂墨膜有很大提高。但由于纳米粒子的活性很高，粒子间有很高的界面张力，容易团聚，因此要加入特定的分散剂才能缓解纳米粒子的团聚问题，即使在分散剂存在条件下，还需要高速机械搅拌预分散。利用纳米粒子改性醇酸树脂提高醇酸树脂的综合性能，扩大醇酸树脂的应用范围，是一个新兴课题。

（3）醇酸树脂连结料的特性

醇酸树脂的油脂种类和油度对其应用有决定性影响。对应用于油墨来说，主要考虑其有好的光泽、附着力、柔韧性、干性、对颜料的润湿性以及各种耐抗性，而且在多数情况下能与其他树脂拼合使用。

醇酸树脂大量用于胶印油墨中，因为它们的黏度比较适合这类油墨，在配制时无须添加其他溶剂就可以达到比较理想的黏度值。醇酸树脂的高亮光性使它成为铅印和胶印快干油墨的成膜剂。由于它在多种溶剂中有良好的溶解性能，因此它也是生产溶剂型油墨（如丝网印刷油墨）的重要树脂。

醇酸树脂的性质主要取决于所用的植物油种类与油度，其用途也是以此来区分的。干性醇酸树脂在油墨中的应用主要有两个方面：中、短油度干性醇酸树脂，主要以豆油、脱水蓖麻油等植物油制成，这种树脂可自干，也可加入氨基树脂烘干，干燥快、色泽好，又有良好的保色、保光性能，常用于印铁、软管等品种的墨中；长油度干性醇酸树脂，有良好的脂肪烃溶剂溶解性及对颜料的润湿性，常用于胶印、铅印油墨中。

3.3.3 聚酰胺树脂

聚酰胺（PA）树脂是由多胺与多酸类物质缩合而得到的高分子物质，其结构式如图 3-5 所示。高分子量的聚酰胺树脂多用在合成纤维工业中，就是平常所称的尼龙。聚酰胺树脂最突出的优点为软化点的范围特别窄，因而它不像其他热塑性树脂那样，有一个逐渐固化或软化的过程，当温度稍低于其熔点时就引起急速地固化。聚酰胺树脂具有较好的耐药品性，能抵抗酸碱和植物油、矿物油等。由于它分子中含有氨基、羰基、酰氨基等极性基团，因此对于木材、陶器、纸、布、黄铜、铝和酚醛树

图 3-5 聚酰胺树脂结构式

脂、聚酯树脂、聚乙烯等塑料都具有良好的胶合性能。印刷油墨用的聚酰胺树脂是二聚脂肪酸与二胺类物质的缩合产物，是分子量较低的线型缩聚物。

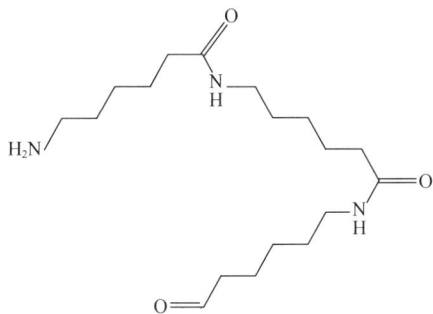

根据二元胺和二元酸或氨基酸中含有的碳原子数不同，可制得多种不同的聚酰胺。聚酰胺品种多达几十种，其中以聚酰胺-6、聚酰胺-66 和聚酰胺-610 的应用最广泛。聚酰胺-6 和聚酰胺-66 主要用于纺制合成纤维，称为尼龙-6 和尼龙-66。尼龙-610 则是一种力学性能优良的热塑性工程塑料。

PA 具有良好的综合性能，包括力学性能、耐热性、耐磨损性、耐化学药品性和自润滑性，且摩擦系数低，有一定的阻燃性，易于加工，适于用玻璃纤维和其他填料填充增强改性，以提高性能和扩大应用范围。由于聚酰胺具有无毒、质轻、优良的机械强度和耐磨性及较好的耐腐蚀性，因此广泛应用于代替铜等金属在机械、化工、仪表、汽车等工业中制造轴承、齿轮、泵叶及其他零件。聚酰胺熔融纺成丝后有很高的强度，主要用于制造合成纤维并可作为医用缝线。

油墨工业用的聚酰胺树脂与化学纤维工业用的聚酰胺树脂在性能上要求完全不同。油墨工业用的聚酰胺树脂是用三聚脂肪酸作为单体，通过多种改性方法生产而成的，其性能也因此各异，但大体上分成两大类。一类是苯溶聚酰胺树脂，为淡黄色结晶粒状透明固体，颜色浅、亮度好、软化点高、冻点低、无毒、无刺激，在苯类及苯醇类混合溶剂中有较好的溶解性能，调制油墨方便、省时。用该树脂调制的油墨冻点低、流动性好、附着力强、色彩鲜艳、牢固不脱落、溶剂释放快，主要用于表印凹版油墨中。另一类就是醇溶聚酰胺树脂，但目前大多数厂商提供的聚酰胺树脂的醇溶性不好，需加入一定量的芳香族溶剂以提高其醇溶性。该类树脂为微黄色结晶颗粒状透明固体，颜色浅、亮度好、软化点高、冻点低、无毒、无刺激，具有极佳的醇溶解性和溶剂释放性，对硝化棉有很好的相容性，具有优越的抗冻性、抗胶凝性和极佳的光泽度，调制的油墨流动性好、附着力极强。

醇溶聚酰胺树脂在印刷油墨领域的广泛应用使其具有重要的市场地位和发展前景。它适用于橡胶凸版油墨，具有良好的黏附性，在各种承印材料上表现出色，特别适用于塑料制品的印刷，如聚乙烯和聚丙烯薄膜。用醇溶聚酰胺树脂调制的油墨流平性、光泽、溶剂释放性

都较好，与耐热性好的硝酸纤维素、纤维素酯等拼用，可提高其耐热性、耐指划性、耐摩擦性，同时可以提高油墨与承印物间的黏附力；若同时还加入一些蜡、防静电剂等辅助剂，则可进一步提高其印刷适应性。利用醇溶聚酰胺树脂对醇酸树脂改性时，可得触变性大而流动极小的胶状物质，用作高速印刷油墨的连结料；还可与亚麻油混合制成胶质油，用于胶印油墨。此外，具有高光泽及附着强度等特点的醇溶聚酰胺树脂也可用于制作罩光油。亦有油墨厂商把醇溶聚酰胺树脂与苯溶聚酰胺树脂掺和在一起用来制造表面凹版油墨以获得更佳的印刷效果。另外，据报道，国外的一些公司已相继向市场推出了有较好复合适性的醇溶聚酰胺树脂并取得了市场认同。可见，随着科技的不断进步，醇溶聚酰胺树脂必将获得更为广阔的市场前景。

3.3.4　硝酸纤维素

（1）硝酸纤维素的概述

硝酸纤维素又称纤维素硝酸酯，简称 NC，俗称硝化纤维素，为纤维素与硝酸酯化反应的产物。以棉纤维为原料合成的硝酸纤维素称为硝化棉。硝酸纤维素是一种白色纤维状聚合物，耐水、耐稀酸、耐弱碱和各种油类，不溶于水，溶于酯、丙酮等有机溶剂，在阳光下易变色，且极易燃烧，遇明火、高热极易燃烧爆炸。为安全起见，成品的硝酸纤维素应该用乙醇润湿后包装存储，产品中硝酸纤维素的含量不得超过 70%。

纤维素的 3 个羟基可全部或部分被硝酸酯化，不同的硝化度与理论含氮量有关。含氮量为 10.8%～12.6% 的硝酸纤维素适合作为清漆（腊克）的棉原料，含氮量大于 12.3% 的硝酸纤维素只适合作为炸药。硝酸纤维素的主要质量指标包括含氮量、溶解性、黏度及稳定性等。含氮量取决于硝化反应时混合酸的浓度和用量，酸浓度愈低，产品的含氮量也愈低。工业生产上用大量混合酸来避免因反应生成水而降低其浓度。硫酸与硝酸之比对产品影响不大，一般常用 3:1。

硝酸纤维素的含氮量影响它的溶解度，含氮量过高或过低，溶解性均会变差。当含氮量在 10.5%～11.2% 时，它在乙醇中的溶解度能够达到 100%；含氮量在 11.3%～11.7% 时，它在乙醇中的溶解度只能达到 20%；若含氮量在 12.5%～13.6% 时，它在乙醇中无法溶解。

（2）硝酸纤维素的改性

1）纳米硝化纤维素

近年来，纳米纤维素材料的优异性能逐渐显现，成为当前的热点材料之一。而作为纤维素的衍生物，硝化纤维素的纳米化却较少受到关注。原因可能是安全事故频发损伤了社会上对这一材料的信心，降低了广大科研工作者的研发兴趣。但对于这种独特的材料来说，对其进行纳米化研究依旧是具有现实意义的。

目前已见报道的纳米硝化纤维素制备方法主要是静电纺丝法和纳米纤维素晶须分散液硝化法。前者可以制得直径分布比较狭窄的纳米硝化纤维素纤维，后者可以制得纳米硝化纤维素晶须。二者均具有更大的比表面积、更好的反应活性。使用纳米纤维素晶须分散液进行硝化反应时，由于纳米纤维素晶须在水中均匀地分散，反应表现为接近于均相反应，硝化反应速率大幅提高，在一定的条件下仅需数分钟就反应完全。

纳米硝化纤维素材料继承了纳米纤维素材料原有的性能，同时保持了自身的化学性质。对于单纯的纳米纤维素材料来说，其亲水性强，在作为增强相制作复合材料时仅与水性材料良好相容，在油性材料中的相容表现差，不仅不能表达出其增强、增韧的能力，反而将材料弱化。传统的涂料研究已经显示出硝化纤维素具有良好的油溶性特征，因此将硝化纤维素进行纳米化，并与油性高分子材料配合制作先进复合材料是极具发展前景的。

2）羟烷基醚改性硝化纤维素

从分子结构角度看，硝化纤维素属于刚性高分子链，通过改性提高其大分子链段的柔顺性是一种有效的途径。合成羟烷基醚硝化纤维素时，首先需要将纤维素进行碱化制得碱纤维素，然后再通过醚化剂和溶剂得到羟烷基醚纤维素，最后对其进行硝酸酯化得到羟烷基醚硝化纤维素。我国谭惠民曾采用预聚体由异氰酸酯基聚醚封端对硝化纤维素进行改性，得到含能黏结剂，结果表明以新型黏结剂为基料制备的药片，其力学性能得到较大幅度的提高。邵自强等人采用先改性后硝化的方法得到具有优越热塑性的新型改性硝化纤维素材料，由于小分子支链的"内增塑"作用，在不采用传统的火药增塑技术条件下，可得到无烟、均质火药；新型火药是热值为 800kcal/kg（3348.68kJ/kg）的冷火药，并具有高能量、优良力学弹性、高密度、化学安定性好、燃速高、分散性小、吸湿性小、烧蚀腐蚀性小的特点，同时物理性能和弹道性能稳定。

3）羧甲基纤维素硝酸酯

随着绿色世纪的到来，人类对油墨绿色环保的要求日趋严格。传统硝基油墨存在高污染、高能耗、低固含量等缺点，严重限制了其发展，开发具有两亲性的环保硝基油墨成为行业发展的突破方向。

通过化学改性，将羧甲基基团和硝酸酯基基团接入纤维素分子链上，可赋予其两亲性能。硝酸酯基的亲油性好，在一定范围内，提高硝酸酯基的取代度，可以增加其在溶剂中的溶解度；羧甲基的亲水性好，提高羧甲基的取代度会使得羧甲基纤维素钠（CMC-Na）的亲水性提高，那么油墨中可以添加的水量也会相应增多，可代替的有机溶剂也就越多。

4）纤维素醋酸硝酸混合酯

纤维素醋酸硝酸混合酯（CAN）具有很多不同于纤维素硝酸酯（NC）或纤维素乙酸酯（CA）或这两种酯的物理混合物的独特性质。已有研究表明混合酯的拉伸强度和热稳定性提高了很多，可作为凝胶稳定剂应用在推进剂中。乙酰基的加入提高了纤维素硝酸酯的稳定性，并对纤维素硝酸酯的燃烧没有影响，因此一些含氮量高的纤维素醋酸硝酸混合酯可以应用于塑料、漆、胶片行业，打破了只有低含氮量纤维素硝酸酯才能应用于这些行业的限制，并带来低含氮量纤维素硝酸酯所不能媲美的性能。另外，纤维素硝酸酯剩余羟基被乙酰基取代可以提高纤维素硝酸酯的溶解性，因此增加了和多种增塑剂的混合性。

（3）硝酸纤维素的应用

含氮量高的硝酸纤维素俗称火棉，用以制造无烟火药、鱼雷、水雷以及炸药等。含氮量低的硝酸纤维素俗称胶棉，用以制造胶片、塑料等。正常情况下纤维素这样的大分子是无法溶解在水或者有机溶剂之中的，但将这些纤维素用硝酸进行处理后就可以溶解在丙酮、乙醚等溶剂里。低黏度的硝化纤维素被广泛用于油墨等领域。硝酸纤维素，又称硝化棉，是一种溶剂型油墨中常用的树脂，其最显著的特点是干燥速度快、形成的膜具有较高的硬度和韧性。然而，硝酸纤维素在承印物表面的附着力较差，且易泛黄。因此对于硝酸纤维素一般不单独使用，而是与其他树脂混合使用，以增加油墨的干燥性能。棉花中的纤维素含量最高，但是天然纤维素的分子量很大，平均分子量为 60 万～150 万，在溶剂中的溶解性能很差。对于天然纤维素，要通过改性降低它的分子量，提高它在溶剂中的溶解性能后才能应用于油墨中。

硝酸纤维素的黏度直接与分子量有关。经硝化的纤维，黏度高达 1000s（采用落球法测定），无法直接用于油墨中，须经加压水煮处理，使分子裂解，降低黏度后才能应用。一般油墨及油墨用的硝酸纤维素黏度在 0.25～40s，分子量为 22000～68000。硝酸纤维素广泛用于柔性凸版和照相凹版油墨中，一般与其他树脂混用，可印刷纸张、铝箔、塑料薄膜等，还可用于配制罩光油或作为铝箔的涂层。

3.3.5　环氧树脂

（1）环氧树脂的概述

环氧树脂泛指分子结构中含有环氧基团的高分子化合物，是一种性能优良的化学材料，其中二酚基丙烷环氧树脂应用最广泛。环氧树脂的外观取决于它的分子量，分子量小于 500，其在常温下是黏稠的液体状态；分子量大于 500，将逐渐过渡到固体状态。环氧树脂具有良好的力学性能、耐化学腐蚀性和尺寸稳定性，在风电、电子电气、工业涂料等领域有着广泛应用。环氧树脂因其对承印物质具有良好的附着力，可溶于酮、酯、醚等溶剂，可与许多合成树脂相混溶，而广泛用于水性油墨、光固化油墨。环氧树脂常与其他柔性树脂（如醇酸树脂等）一起用以制造印铁油墨，与酚醛、尿素结合的产品可用于罐头内涂料，未改性的环氧树脂可用作罩光油及铝箔涂层等。

（2）环氧树脂的特性

① 形式多样。可以选用各种树脂、固化剂、改性剂，环氧树脂体系几乎可以适应各种应用对形式提出的要求，其范围可以从极低的黏度到高熔点固体。

② 固化方便。选用各种不同的固化剂，环氧树脂体系几乎可以在 0～180℃温度范围内固化。

③ 黏附力强。环氧树脂分子链中固有的极性羟基和醚键的存在，使其对各种物质具有很高的黏附力。环氧树脂固化时的收缩性低，产生的内应力小，这也有助于提高黏附强度。

④ 收缩性低。环氧树脂和所用固化剂的反应是通过直接加成反应或树脂分子中环氧基的开环聚合反应来进行的，没有水或其他挥发性副产物放出。和不饱和聚酯树脂、酚醛树脂相比，环氧树脂在固化过程中显示出很低的收缩性（小于 2%）。

⑤ 力学性能好。固化后的环氧树脂体系具有优良的力学性能。

⑥ 电性能优良。固化后的环氧树脂体系是一种具有高介电性能、耐表面漏电、耐电弧的优良绝缘材料。

⑦ 化学稳定性好。通常，固化后的环氧树脂体系具有优良的耐碱性、耐酸性和耐溶剂性。像固化环氧树脂体系的其他性能一样，化学稳定性也取决于所选用的树脂和固化剂。选用适当的环氧树脂和固化剂，可以使其具有特殊的化学稳定性能。

⑧ 尺寸稳定性优异。上述许多性能的综合，使环氧树脂体系具有突出的尺寸稳定性和耐久性。

⑨ 耐霉菌。固化的环氧树脂体系耐大多数霉菌，可以在苛刻的热带条件下使用。

环氧树脂及环氧树脂黏结剂本身无毒，但由于在制备过程中添加了溶剂及其他有毒物，不少环氧树脂因此"有毒"。近年国内环氧树脂业正通过水性改性、避免添加等途径，保持环氧树脂"无毒"本色。环氧树脂一般和添加物同时使用，以获得应用价值。添加物可按不同用途加以选择，常用的添加物有固化剂、改性剂、填料、稀释剂和其他。其中固化剂是必不可少的添加物，无论是制作黏结剂、涂料还是浇注料都需添加固化剂，否则环氧树脂不能固化。

（3）环氧树脂连结料的特性

环氧树脂优良的物理机械性能、电绝缘性能、与各种材料的黏结性能，以及其使用工艺的灵活性是其他热固性塑料所不具备的，因此它能制成涂料、复合材料、浇铸料、黏结剂、模压材料和注塑成型材料，在国民经济的各个领域中得到广泛的应用。

环氧树脂体系制成的油墨字迹清晰、色调鲜明，并且固色牢度好，不易磨去，便于长期保存。环氧树脂对承印物有良好的附着力，可溶于酮、酯、醚等溶剂，其常与其他柔性树脂（如醇酸树脂等）一起用以制造印铁油墨。

现代科技的发展使得光固化树脂研制成功，进而推动环氧树脂体系在印刷业得到越来越广泛的应用。环氧树脂和丙烯酸或甲基丙烯酸经过酯化反应而制得的环氧丙烯酸酯树脂是目前应用最广泛、用量最大的光固化低聚物，其光固化速度在各类低聚物中是最快的，而且其固化后的膜具有硬度高、光泽度好及耐腐蚀性能、耐热性能、电化学性能优异等特点。此外，环氧丙烯酸酯树脂原料来源广、价格低廉、合成工艺简单，因此广泛用作光固化纸张、木器、塑料和金属涂料，光固化油墨，光固化黏结剂的主体树脂。主要品种有双酚 A 环氧丙烯酸树脂、酚醛环氧丙烯酸树脂、环氧化油丙烯酸酯和各种改性的环氧丙烯酸树脂。

环氧树脂与木材、金属、某些塑料等许多物质能形成化学键，故许多专用丝印油墨常采用环氧树脂来配制，以期达到理想的固着效果。

3.3.6 乙烯类树脂

乙烯类树脂是一种反应性预聚物或聚合物，是由一部分含乙烯基（CH_2＝CH）单体所聚合成的合成树脂（塑料）。这种树脂具有坚韧的机械性能、优良的耐化学性和高黏合强度，因此在油墨行业中得到广泛应用。低分子量聚乙烯（分子量小于10000）可用作蜡类，以制造或作为油墨助剂用。在油墨中添加聚乙烯蜡可以改变油墨的流动性，降低体系的黏度，提高油墨的爽滑性、耐磨性、抗划伤性，减少结块、拔毛、蹭脏等弊端，提高油墨的印刷适性。氯磺化的聚乙烯（平均分子量约为20000）由低密度聚乙烯或高密度聚乙烯经过氯化和氯磺化反应制得，含氯量在30%～40%，为白色或黄色弹性体，能溶解于芳香烃及氯代烃，不溶于脂肪烃及醇中，在酮和醚中只能溶胀不能溶解，有优异的耐臭氧性、耐大气老化性、耐化学腐蚀性等，有较好的物理机械性能、耐热及耐低温性、耐油性。它也可与多种树脂混用，用以制造照相凹版油墨，印刷聚乙烯薄膜用。

（1）聚氯乙烯树脂与过氯乙烯树脂

1）聚氯乙烯树脂

聚氯乙烯（PVC）是用一个氯原子取代聚乙烯中的一个氢原子而制得的高分子材料，是含有少量结晶结构的无定形聚合物。氯乙烯树脂是无定形结构的白色粉末，对光和热的稳定性差，无固定熔点，有较好的机械性能，有优异的介电性能。聚氯乙烯树脂是一个极性非结晶性高聚物，密度为$1.380g/cm^3$，玻璃化转变温度为87℃，因此热稳定性差，不易加工，不能直接使用，必须经过改性混配，添加相关助剂和填充物才可以使用。聚氯乙烯的改性方法主要包括化学改性和物理改性两种。其中化学改性包括共聚改性、接枝改性、氯化改性。共聚改性是用氯乙烯单体和其他单体进行共聚反应，例如和醋酸乙烯、偏二氯乙烯、丙烯腈、丙烯酸酯、马来酸酯等单体共聚，以此提高成型加工性能，或使成型温度降低，或开拓新的用途，或作为新型材料出现。接枝改性是在聚氯乙烯树脂的侧链上引入另外的单体基团或另一种聚合物，进行接枝反应。例如乙烯醋酸乙烯与聚氯乙烯进行接枝，控制聚氯乙烯接枝部分的数量及聚合度，可以改善这种改性材料的冲击性能、低温脆性、老化性等。氯化改性是将聚氯乙烯用水相悬浮法（或气相法）进行氯化，使氯含量由原来的57%提高到65%左右，这样改性的目的在于提高聚氯乙烯的耐热性，使用温度比原来的聚氯乙烯高出35～40℃，改性后的聚合物称为氯化聚氯乙烯（CPVC）。物理改性是通过添加各种助剂或进行填充、共混、增强来改善其性能。例如添加丙烯酸酯类来改善聚氯乙烯物料的成型加工性能；添加内外润滑剂或聚乙烯蜡来改善物料的黏度、流动性等；添加热稳定剂来提高物料在成型加工时的热稳定性，降低其分解温度；添加抗氧化剂、抗紫外线剂以提高制品的耐老化寿命；添加增塑剂来提高物料的塑化性能，增加制品的柔软度等。除上述改性方式以外，还可用增强改性、交联改性、发泡改性、辐射改性等方法来改善聚氯乙烯的性能。聚氯乙烯是世界上最早工业化的树脂品种之一，也是五大通用合成塑料之一，具有良好的物理性能及力学性能，可用于生产建筑材料、包装材料、电子材料、日常消费品等，被广泛地应用于工业、农业、建筑、交通运输、电力电信和包装等领域，是目前世界上仅次于聚乙烯的第二大塑料品种。

2）过氯乙烯树脂

过氯乙烯树脂是聚氯乙烯进一步氯化的产物，可溶于丙酮、醋酸酯类、二氯乙烷、氯苯等溶剂，但不溶于汽油和醇类，其黏度取决于所用聚氯乙烯的分子量，分子量愈大，氯化后的过氯乙烯树脂黏度愈高。过氯乙烯树脂具有优良的溶解特性，良好的电绝缘性、热塑性和成膜性，化学性能极为稳定，耐腐蚀，耐水，不易燃烧。过氯乙烯树脂的改性方法主要有物理改性和化学改性两大类。化学改性主要包括：加醇酸树脂等其他树脂以改进其光泽和附着力、加邻苯二甲酸二丁酯等增塑剂以改进其柔韧性、加脂肪酸钡盐等以改进其对光和热的稳定性。溶剂一般混用丙酮、乙酸丁酯和二甲苯，依靠溶剂挥发成膜，涂膜具有良好的耐化学品腐蚀性、耐气候性和防霉性。适用于化学工厂的厂房建筑、机械设备等的防护，在金属、木材、水泥表面都可涂饰。物理改性主要包括：填充改性，通过加入无机或有机填充剂（填料）来改善某些性能，如加入木粉填料以降低聚氯乙烯制品的密度，使之接近木材，加入金属粉末（如铜粉、铝粉）以提高制品的导电性能；共混改性，加入一种或两种高聚物（如塑料、橡胶、弹性体等），通过共混合得到"高分子合金"，以此改善聚氯乙烯的流动性或冲击韧性。除此以外，还可用增强改性、交联改性、发泡改性、辐射改性等方法来改善PVC的性能。例如用纵横比大的云母粉进行增强改性，用过氧化二异丙苯（DCP）进行交联改性，用偶氮二甲酰胺发泡剂来降低PVC制品的密度，用钴60射线进行照射来提高PVC制品的强度等。关于过氯乙烯树脂的应用：这类共聚树脂用酮类等有关溶剂溶解后，可用于一定类型的塑料油墨制造，用来印刷聚氯乙烯等薄膜；用于制造黏结剂、过氯乙烯防火涂料和皮革上光剂等。

（2）聚偏二氯乙烯

聚偏二氯乙烯是具有头尾相连线型结构的聚合物，分子结构对称，结晶度高。它是一种阻隔性高、韧性强以及低温热封、热收缩性和化学稳定性良好的理想包装材料，特别是它具有阻湿、阻氧、防潮、耐酸碱、耐油浸和耐多种化学溶剂等性能，可直接与食品进行接触，同时还具有优良的印刷性能。这类树脂的溶解性较好，芳香族溶剂均可溶解，并可与松香衍生物、其他乙烯类树脂、醇酸树脂、氨基树脂等混溶，用以制造溶剂型油墨。

除此之外，聚偏二氯乙烯因具有优异的高阻隔性，常被用于食品包装材料，用它包装食品可以有效地解决变质问题，从而大大延长食品的保质期，同时对食品的色泽、香气、口感具有良好的保护作用。对聚偏二氯乙烯进行化学改性可以有效地提高其韧性，化学改性的主要方法是在聚偏二氯乙烯的链段上引入柔性链节单元。引入的柔性链节单元必须满足几个条件：①和聚偏二氯乙烯要有良好的共聚性，比如丙烯酸酯类、甲基丙烯腈、丙烯腈、醋酸乙烯酯等；②分子基团有很大的极性，能够和原有的分子链形成很强的极性，这样可以保证新制取的聚合物既具有很好的柔软性，又不降低其阻隔性能。物理改性是将改性剂与聚偏二氯乙烯共混，起到改性的作用，是一种简单易行、经济实用的方法。此外，为了提高聚偏二氯乙烯的热稳定性，还可在聚合前后添加丙烯酸甲酯、丙烯酸烷基酯等共聚单体。

（3）聚乙酸乙烯酯

聚乙酸乙烯酯是以乙酸乙烯酯为主单体，水为分散介质，借助乳液聚合或悬浮聚合方法，通过均聚或与其他单体共聚制成的聚合物乳液。聚乙酸乙烯酯是白色黏稠液体或淡黄色细粉或玻璃状块，无臭，透明，韧性强，不溶于水、脂肪，溶于乙醇、乙酸乙酯等醇类或酯类，遇光、热不易变色，不易老化，分子量较低，适用于涂料、油墨工业的应用，可用以制造罩光油等。但因其对颜料的润湿性差，使用受到一定限制。

聚乙酸乙烯酯的耐水性、耐热性、耐寒性以及机械稳定性均较差，在湿热的条件下，其黏结强度会大幅下降，抗蠕变性差。为了克服上述缺点，可以通过加入一些添加剂来提高聚乙酸乙烯酯均聚乳液的耐寒性，可以通过交联改性提高其耐水性。比如，聚乙酸乙烯酯乳液可以与天然胶乳、丁苯胶乳、羧基丁苯胶乳、氯丁胶乳、丙烯酸酯乳液等共混，以提高其耐水性、柔韧性、黏结性等；丙烯酸酯类单体与乙酸乙烯酯共聚改性可引入酯基，产生空间位阻效应，具有内增塑作用，能有效改善聚乙酸乙烯酯乳液的黏结性、耐寒性和耐水性；叔碳酸乙烯酯与乙酸乙烯酯共聚改性，叔碳酸乙烯酯庞大的侧基就像保护伞一样，既保护自己的酯基，又保护邻近的乙酸乙烯酯的酯基，从而改善了聚乙酸乙烯酯乳液的耐水性、耐碱性和耐擦洗性，使得共聚乳液具有优良的水解稳定性、耐擦洗性、耐候性、耐碱性以及很好的颜填料、黏结力；用丙烯酸-2-乙基己酯（2-EHA）、三乙氧基乙烯基硅（TEVS）与乙酸乙烯酯共聚，可以得到抗紫外线、耐溶剂的共聚物乳液。氯乙烯乙酸乙烯酯共聚物的溶解性相比它们各自的均聚物有了很大提高，且与其他树脂的混溶性也大大增加。这类树脂在照相凹版及柔性凸版的溶剂型油墨中还是有其独到之处的。

（4）聚乙烯醇缩丁醛

聚乙烯醇缩丁醛是由聚乙酸乙烯酯水解或者醇解生成的聚乙烯醇与正丁醛经酸催化缩合而成的。聚乙烯醇缩丁醛为白色固体颗粒状，对水有一定的敏感性，具有良好的成膜性、黏结性、分散性和相容性，可溶于醇、酯类溶剂中，不溶于烃类及油类；可与虫胶片（俗称漆片）、苹果酸树脂、纤维素等混溶，可用以制造柔性凸版的溶剂型油墨。聚乙烯醇缩丁醛具有优异的耐光、耐热、耐寒、耐冲击、成膜性等性能，且具有高抗张强度和优良的透明度，被广泛应用于安全玻璃夹层、黏结剂、织物处理剂等领域，成为一种不可或缺的树脂材料。但是，聚乙烯醇缩丁醛在使用过程中需要用 N,N 二甲基甲酰胺（DMF）、己二酸二甲酯（DMA）等有机溶剂，给环境造成了一定压力。此外，纯聚乙烯醇缩丁醛的分子极性较大，在不添加增塑剂的情况下无法加工成膜，而增塑剂的选择条件较为苛刻，达不到选择要求的增塑剂易渗出，影响薄膜与无机玻璃之间的黏合强度，且容易起泡，影响安全玻璃的耐冲击性能。为克服聚乙烯醇缩丁醛的不足，可以对其进行改性。聚乙烯醇缩丁醛的应用领域主要包括：制成薄膜用于制作安全玻璃的夹层材料，该安全玻璃透明性好、冲击强度大，广泛用于航空和汽车领域；涂料工业用于制造防腐蚀涂料，防锈能力强，也用于制造附着力、耐水性好的金属底层涂料和防寒漆；印刷行业用于制造柔印、凹印、凸印、丝网印、热转印油墨；因其溶于醇类且无毒、印件不残留异味，故可用于食品工业中对异味敏感的包装，如茶叶/香烟等。

（5）聚苯乙烯

聚苯乙烯是由苯乙烯单体经自由基加聚反应合成的聚合物，是一种无色透明的热塑性塑料。因其具有透明、成型性好、电绝缘性能好、易染色、低吸湿性和价格低廉等优点，被广泛应用于电子、汽车、包装、建筑、仪表、家电、玩具和日用品等行业中。聚苯乙烯可以用作一定范围的凹印油墨连结料，也可当罩光油用。而它的共聚物则有比较广的应用领域，例如，它与失水苹果酸的加成物可用于水性柔性凸版油墨中；与烯丙醇的改性聚合物，聚苯乙烯改性的醇酸树脂、漆片等，均可在各种有关油墨中应用。但聚苯乙烯也具有脆性较大、耐环境应力及耐溶剂性能较差、热变形温度较低、冲击强度低等缺点。因此，通过适当的方法，在模量损失较少的前提下制备改性聚苯乙烯是当前广受关注的重要课题。聚苯乙烯的常用改性方法有共混改性、共聚改性以及无机纳米粒子改性。

① 共混改性：用聚丙烯与聚苯乙烯共混，可以提高聚苯乙烯的热性能；用聚乙烯与聚苯乙烯共混，有利于提高聚苯乙烯的韧性；用聚碳酸酯与聚苯乙烯共混，可以提高聚苯乙烯的热稳定性、强度和韧性。

② 共聚改性：通过单体苯乙烯与第二单体共聚的方法引入柔性基团，从而在保持聚苯乙烯具有优良性能的同时，又提高其韧性、改善加工性能。

③ 无机纳米粒子改性：将无机纳米材料与聚苯乙烯在一定工艺条件下复合，可以大幅度提高聚合物材料的强度、韧性、耐热性、耐摩擦性等。

3.3.7　橡胶树脂

橡胶树脂是指以天然橡胶或合成橡胶为主要原料改性制成的树脂，包括氯化橡胶、环化橡胶等。天然橡胶是从橡胶树、橡胶草等植物中提取胶质后加工制成的，合成橡胶则由各种单体经聚合反应而得。天然橡胶的分子量一般都很大，并且溶解性能不好，但是可以通过氧化、氯化、环化等方法对天然橡胶加以改性。改性的目的是保持橡胶原有的耐水、耐腐蚀、电绝缘等性能，改进其附着性及在有机溶剂中的溶解性和表面硬度。油墨工业中一般采用氯化橡胶和环化橡胶两种橡胶树脂。

（1）氯化橡胶

氯化橡胶是由天然橡胶或合成橡胶经氯化改性后得到的橡胶衍生产品，一般为白色或乳黄色粉末状、片状或纤维状，可溶于芳烃及氯化烃、酯、醚、酮中，不溶于醇及脂肪族烃中。其分子中不含双键，结构稳定，氯原子呈无规则分布，分子链低结晶或无结晶，这些结构特征赋予氯化橡胶许多优异的使用性能。氯化橡胶具有优良的耐化学性，成膜坚韧，溶剂释放性比较快，主要用于照相凹版油墨中。其缺点是光泽比较小，应与其他树脂混用才能得到适当的光泽。

针对氯化橡胶存在的不足，可以通过对氯化橡胶接枝改性的方法进行解决。接枝改性主要是选择合适的接枝单体，将其接枝到氯化橡胶的大分子链上，从而在氯化橡胶中引入新的官能团，增加氯化橡胶的应用性能。氯化橡胶具有优异的耐水、耐酸碱和耐候等性能，其应用领域主要是由分子量大小或黏度高低决定的。一般低黏度（≤0.01Pa·s）产品主要用于油墨行业，作添加剂使用；中黏度（0.01~0.03Pa·s）产品主要用于制备防腐涂料；高黏度（0.1~0.3Pa·s）产品的黏性较强，主要用于黏结剂的制备。国内氯化橡胶行业主要产品是中黏度产品，主用于各种涂料的生产。

（2）环化橡胶

环化橡胶也叫异构化橡胶，是分子内部形成环状结构的橡胶同分异构体，按环化程度的不同分为部分环化橡胶或单环橡胶和全部环化橡胶或多环橡胶。它是坚硬的固体树脂，颜色呈淡黄色至琥珀色不等，可溶于脂肪烃、芳香烃和酯中，在加热的情况下可溶于植物油连结料中（这种连结料可用于小型胶印机用油墨的制造）。相比氯化橡胶，它的溶解性与混溶性要好得多，故可用于胶印（使用少量可提高胶印油墨的耐水性）、铅印快干油墨的制造，溶剂释放性快（故可用于快固化油墨制造）、坚韧、光泽较好。其缺点是油墨的飞色比较严重，故要求连结料的配方设计非常严谨，也可用于照相凹版墨中，价格较贵。

3.3.8 丙烯酸树脂

（1）丙烯酸树脂的概述

随着人们环保意识的日益增强，水性油墨已成为印刷包装领域的研发重点。水性油墨是一种以水为分散介质的油墨，主要包括连结料、颜料和助剂等组成部分，其可显著减少VOCs排放量，防止大气污染，不危害人体健康，且其不易燃烧，墨性稳定，色彩鲜艳，不腐蚀版材，操作简单，价格便宜，附着力好，故特别适用于食品、饮料、药品等的包装印刷，是目前公认的环保印刷材料。水性油墨的性能主要取决于水性连结料的性能，即可用作水性油墨连结料树脂的新型聚合物——聚丙烯酸酯与水性聚氨酯。目前，国内外普遍采用丙烯酸树脂作为连结料，因其在光泽、耐热性、耐水性、耐化学性和耐污染性等方面都极具优势，所以丙烯酸树脂在水性油墨和水性涂料中都得到了广泛应用。

丙烯酸树脂是由丙烯酸或其衍生物聚合而成的一类高分子化合物，通常呈无色或淡黄色黏性液体，具有一定的腐蚀性和刺激性，其结构式如图3-6所示。大多数丙烯酸树脂都可以溶于芳香烃之类的溶剂中，部分可以溶于脂肪烃和醇类溶剂中，这意味着它们可以用于照相凹版油墨和柔性版油墨中，由于它们的透明无色性，它们在罩光油中也起到重要作用。通过选用不同的树脂结构、配方、生产工艺及溶剂组成，可合成不同类型、不同性能和不同应用场合的丙烯酸树脂。根据结构和成膜机理的差异丙烯酸树脂又可分为热塑性丙烯酸树脂和热固性丙烯酸树脂。丙烯酸树脂的分类及功能如表3-1所示。

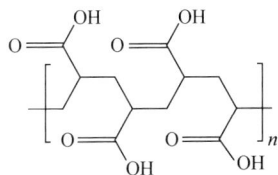

图3-6 丙烯酸树脂的结构式

热塑性丙烯酸树脂是由丙烯酸、甲基丙烯酸及其衍生物（如酯类、腈类、酰胺类）聚合制成的一类热塑性树脂，可反复受热软化和冷却凝固，一般为线型高分子化合物，可以是均聚物，也可以是共聚物。热塑性丙烯酸树脂是溶剂型丙烯酸树脂的一种，可以熔融、在适当溶剂中溶解，由其配制的油墨靠溶剂挥发后大分子的聚集成膜，成膜时没有交联反应发生，属非反应型油墨，具有较好的物理机械性能，耐候性、耐化学品性及耐水性优异，保光保色性高。

热固性丙烯酸树脂以丙烯酸系单体（丙烯酸甲酯、丙烯酸乙酯、丙烯酸正丁酯和甲基丙烯酸甲酯、甲基丙烯酸正丁酯等）为基本成分，其结构中带有一定的官能团，在制油墨时通过和加入的氨基树脂、环氧树脂、聚氨酯等中的官能团反应形成不溶不熔网状结构。热固性丙烯酸树脂一般分子量较低，有本体浇铸造材料、溶液型、乳液型、水基型多种形态。热固性丙烯酸油墨具有优异的丰满度、光泽、硬度、耐溶剂性、耐候性，在高温烘烤时不变色、不返黄。

由于丙烯酸的不饱和性，以及对紫外光有比较强反应，因而被广泛用于紫外光固化油墨的制造中，它与其他物质（如聚酯、氨基甲酸酯、聚醚、醇酸树脂等）的共聚物都可以作为光固化油墨的树脂。丙烯酸共聚物的乳液含水量低于25%时，就有封闭（干燥）而使印刷无法进行的弊端，因此一般都制成水溶性的。因而随着光固化油墨和水基油墨的发展，丙烯酸树脂在油墨工业中的使用有上升的趋势。

表 3-1　丙烯酸树脂的分类及功能

单体名称	功能
甲基丙烯酸甲酯、甲基丙烯酸乙酯、苯乙烯、丙烯腈	提高硬度，称为硬单体
丙烯酸乙酯、丙烯酸正丁酯、丙烯酸月桂酯、丙烯酸-2-乙基己酯、甲基丙烯酸月桂酯、甲基丙烯酸正辛酯	提高柔韧性，促进成膜，称为软单体
丙烯酸-2-羟基乙酯、丙烯酸-2-羟基丙酯、甲基丙烯酸-2-羟基乙酯、甲基丙烯酸-2-羟基丙酯、甲基丙烯酸缩水甘油酯、丙烯胺 N-羟甲基丙烯酰胺、N-丁氧甲基（基）丙烯酰胺、二丙酮丙烯酰胺（DAAM）、甲基丙烯酸乙酰乙酸乙酯（AAEM）、二乙烯基苯、乙烯基三甲氧基硅烷、乙烯基三乙氧基硅烷、乙烯基三异丙氧基硅烷、γ-甲基丙烯酰氧基丙基三甲氧基硅烷	引入官能团或交联点，提高附着力，称为交联单体
丙烯酸与甲基丙烯酸的低级烷基酯、苯乙烯	抗污染性
甲基丙烯酸甲酯、苯乙烯、甲基丙烯酸月桂酯、丙烯酸-2-乙基己酯	耐水性
丙烯腈、甲基丙烯酸丁酯、甲基丙烯酸月桂酯	耐溶剂性
丙烯酸乙酯、丙烯酸正丁酯、丙烯酸-2-乙基己酯、甲基丙烯酸甲酯、甲基丙烯酸丁酯	保光、保色性
丙烯酸、甲基丙烯乙酸、亚甲基丁二酸（衣康酸）、苯乙烯磺酸钠	实现水溶性，增加附着力，称为水溶性单体、表面活性单体

（2）丙烯酸树脂的改性

丙烯酸树脂具有色浅、透明度高、光亮丰满、涂膜坚韧、附着力强、耐腐蚀等特点，是常用的涂层材料。由于丙烯酸树脂在特定场合存在一定的缺陷，如硬度、抗污染性、耐溶剂性、机械性能不够好以及成本偏高等，限制了它的进一步应用，因而对结构进行改性成为近些年来丙烯酸树脂合成中最关注的课题之一。

1）环氧树脂改性

环氧树脂具有强度高、黏附性好的特性，应用广泛，但其户外耐候性较差。用环氧树脂改性丙烯酸树脂时，在环氧树脂分子链的两端引入丙烯基不饱和双键，然后与其他单体共聚。得到的乳液既具有环氧树脂的高模量、高强度、优良的耐化学品性和防腐蚀性，又具有丙烯酸树脂的光泽、丰满度和耐候性好等特点，且价格较廉，适用于装饰性要求特别高的场合，如塑料表面涂装、加工过程（如表面处理、电镀、烫金、镀膜等）的需要。目前，主要有两种常见的改性方法分别是酯化法、接枝聚合法。

2）聚氨酯树脂改性

聚氨酯涂膜具有高的机械耐磨性、丰满光亮、耐化学品性能好、耐低温、柔韧性好、黏结强度高等优点，但是水性聚氨酯涂膜耐候性、耐水性差，力学强度不及丙烯酸酯乳液。将水性丙烯酸酯和聚氨酯复合，能够克服各自的缺点，使涂膜性能得到明显的改善，而且成本较低，具有广泛的应用前景。聚氨酯树脂改性丙烯酸酯乳液主要有以下 4 种途径：①聚氨酯乳液与丙烯酸酯乳液物理共混；②先合成带双键的不饱和氨基甲酸酯单体，再与丙烯酸酯共聚；③用聚氨酯乳液作种子进行乳液聚合；④先制得溶剂型聚氨酯丙烯酸酯，再蒸除溶剂、中和、乳化得到复合乳液。

3）有机硅改性

丙烯酸酯聚合物本身是热塑性的，线型分子上缺少交联点，难以形成二维网状交联胶膜，因此其耐水性、耐沾污性差，低温易变脆，高温易发黏。而有机硅的 Si—O 键能（450kJ/mol）远大于 C—C 键能（351kJ/mol），内旋转能垒低、键旋转容易、分子体积大、表面能小，具有良好的耐紫外光性、耐候性、耐沾污性和耐化学介质性等。用有机硅改性丙烯酸酯乳液，可以改善丙烯酸酯乳液热黏冷脆、耐候性、耐水性等性能，将其应用范围扩大至胶黏剂、外墙涂料、皮革涂饰剂、织物整理剂和印花等领域。有机硅改性丙烯酸树脂包括物理改性法和化学改性法。用有机硅氧烷对丙烯酸酯类乳液进行物理改性的方法通常有 2 种：①有机硅氧烷单体作为促进剂和偶联剂直接加入丙烯酸酯类乳液中进行改性；②先将有机硅氧烷制成乳液，再将它与丙烯酸酯类乳液冷拼进行改性。化学改性法是基于聚硅氧烷和聚丙烯酸酯之间的化学反应，从而将有机硅分子和聚丙烯酸酯有机结合的一种方法。通过化学改性，可改善聚硅氧烷和聚丙烯酸酯的相容性，抑制有机硅分子向表面迁移，使二者分散均匀，从而达到改善聚丙烯酸酯共聚物乳液物理力学性能的目的。

4）有机氟改性

氟是电负性最大的元素，具有最强的电负性、最低的极化率，而原子半径仅大于氢。氟原子取代 C—H 键上的 H，形成的 C—F 键极短，而键能高达 460kJ/mol。含氟丙烯酸酯聚合物中的全氟基团位于聚合物的侧链上，在成膜的过程中，全氟烷基会富集到聚合物与空气的界面上，并向空气中伸展，由于全氟侧链趋向朝外，故可对主链以及内部分子形成"屏蔽保护"。此外，氟原子半径比氢原子半径略大，但比其他元素的原子半径小，所以能把碳碳主链严密地包住。因此，氟改性丙烯酸树脂具有较强的化学惰性，优异的防水、防污、防油性和良好的成膜性、柔韧性及黏结性等，广泛应用于建筑、汽车、机电、造船、航天航空等高科技领域。

5）纳米粒子改性

近年来，随着纳米科技的快速发展，纳米材料已广泛地应用于丙烯酸树脂改性，使其各项性能获得提高。丙烯酸树脂的线型结构导致其具有热黏冷脆、抗回黏性和耐热性不佳等缺点，对其应用范围有一定限制。纳米材料具有表面效应、小尺寸效应、光学效应、量子尺寸效应、宏观量子尺寸效应等特殊性质，可以使材料获得新的功能。油墨中添加纳米颜填料后，由于纳米颜填料粒子能够吸收紫外光，起到紫外光吸收剂的作用，故能增强油墨的耐老化性能，同时还具有光催化性、疏水疏油性、高韧性、高耐擦洗性、高附着力等，故可使油墨的耐候性得到大幅度的提高。除此之外，纳米材料改性的丙烯酸树脂还呈现出如自清洁、抗静电、抗菌杀菌和吸波隐身等特殊性能，使丙烯酸酯乳液向着环保方向发展。纳米材料改性丙烯酸树脂的开发已成为近年来国内外研究的新热点，常见用于改性水性丙烯酸树脂的纳米材料有纳米 SiO_2、纳米 TiO_2、纳米 $CaCO_3$、纳米 ZnO 和纳米 Fe_2O_3 等。目前，化学原位聚合法是纳米改性水性丙烯酸树脂常见的制备方法，即将纳米粒子转移分散于单体或聚合物溶液中引发聚合生成纳米复合材料。原位聚合过程涉及以下几个步骤：首先用表面改性剂对纳米粒子进行接枝预处理，然后将改性后的纳米粒子分散到单体中，最后在聚合过程中原位形成纳米复合物。

（3）丙烯酸树脂连结料的特性

目前，国内外普遍采用丙烯酸树脂作为连结料，因其在光泽、耐热性、耐水性、耐化学性和耐污染性等方面都极具优势，且作为颜料的载体和分散体它具有良好的润湿性。所以，丙烯酸树脂在水性油墨和水性涂料中都得到了广泛应用。

① 丙烯酸树脂在紫外光固化油墨里的作用。由于丙烯酸的不饱和性，丙烯酸树脂对紫外光有较强的反应，在紫外光的作用下可以发生聚合反应，故广泛用于紫外光固化油墨的制造。它与其他物质（如聚醚树脂、氨基甲酸酯树脂、聚酯树脂、醇酸树脂、环氧树脂、改性环氧树脂等）的聚物均可作为紫外光固化树脂。

② 丙烯酸树脂在溶剂型油墨里的作用。大多数丙烯酸树脂均可溶于芳烃、酯类等溶剂中，有一些则可溶于脂肪烃和醇类溶剂中。这意味着它们可应用于照相凹版油墨和柔性凸版油墨的制造，它们的透明无色又可使之在罩光油范畴内发挥作用。

③ 丙烯酸树脂在水性油墨里的作用。随着水性油墨的发展，近来丙烯酸树脂在油墨工业中的使用有上升的趋势。这一类树脂有优异的耐光、耐候性，户外曝晒耐久性强，耐紫外光照射，不易分解变黄，能长期保持原有的光泽和色泽，耐热性好，在 230℃ 左右或更高温度下仍不变色，色浅，耐腐蚀，有较好的耐酸、碱、盐、油脂、洗涤剂等化学品性，极好的柔韧性和最低颜料反应性，适合用于水性油墨制造。丙烯酸共聚物的乳液，由于其含水量低于 25%时就会封闭（干燥）而使印刷无法进行，故一般将其制成水溶性的，它们有三种形式：碱溶型、非离子聚合物型和酸溶聚合物型。水溶性油墨中主要采用的是碱溶型。

由于水性油墨用水作溶解载体，所以无论是在其生产过程中，还是被用于印刷时，几乎不会向大气散发挥发性有机化合物（VOCs）。而溶剂型油墨在生产过程中会散发出大量的低浓度 VOCs。根据估算，一般溶剂型油墨制造工厂若采用未完全密闭的生产设备，有机溶剂的挥发损失占油墨产量的 0.3%~1%。而对于低浓度 VOCs 的处理，除了极少数油墨工厂采用如活性炭吸附等高成本的处理方法外，大多数都高空直接排入大气，如果按照溶剂型油墨中有机溶剂所占比例为 25%~35%计算，其直接排入大气环境的 VOCs 数量相当惊人。而水性油墨恰恰克服了这一缺点，这一独有的对大气环境无污染的特点正在被越来越多的印刷企业所看好。水性油墨完全解决了溶剂型油墨的毒性问题，由于不含有机溶剂，印刷品表面残留的有毒物质大大减少，这一特性在烟、酒、食品、饮料、药品、儿童玩具等卫生条件要求严格的包装印刷产品中更体现了良好的健康安全性。

不仅如此，由于印刷时需要经常清洗印版，因此使用溶剂型油墨印刷需要大量的有机溶剂清洗液，而使用水性油墨印刷清洗的介质则主要是水。从资源消耗的角度看，水性油墨更加经济，符合当今世界提倡的节约型社会的主题。使用水性油墨印刷不需要用任何的有机溶剂稀释，只用清水便可。印刷行业常说的"可加入多少溶剂"，如在油墨中加入 30%~50%的溶剂，并错误地认为加入溶剂越多越好，这样成本就越低。其实不然，溶剂的挥发会引起油墨黏度的变化，所加入的 30%~50%溶剂是在整个印刷过程中加入的。印刷速度越快所需调配的稀释剂的挥发性就要越快，加入溶剂的次数就越多，这就等于不断地增加印刷成本。以油墨行业的标准来看，油墨的色浓度高、黏度低（除丝网等）才是好油墨。油墨中加入稀释剂只为降低油墨的黏度，使其适宜印刷，如过量地加入，油墨的色浓度会降低，连结料的分量同时降低，这样便印不出好产品。所以，水性油墨只加纯净水，而且是一次性加入（印前）。在印刷过程中，水性油墨不会因为黏度的变化而引起颜色的变化，更不会像溶剂型油墨那样因印刷途中需加入稀释剂而产生废品，这就大大提高了印品的合格比例，节省了溶剂的成本，减少了废品的出现，这便是水性油墨的成本优势之一。

尽管水性油墨具有以上诸多优点，但由于水性油墨是一种新兴的油墨，许多性能研究还不成熟，在实际应用中仍然存在着许多问题，从而在一定程度上阻碍了其发展。作为第二代、第三代水性油墨连结料树脂的"主力军"，水性聚丙烯酸树脂制得的水性墨膜具有明显的优势，包括光泽度、透明性、附着力、耐热性和耐候性等方面。但是由于水性聚丙烯酸树脂中含有亲水性基团和双键，其具有热黏冷脆、耐水性和耐溶剂性能较差等缺点，因此对聚丙烯酸的合成方法及改性研究是水性油墨研究的关键课题之一。

总的来说，丙烯酸树脂的应用领域非常广泛，涉及涂料、化纤、纺织、胶黏剂、皮革、造纸、油墨、橡胶和塑料等各工业领域。可以预知的是，随着市场与技术的不断发展与进步，丙烯酸树脂的新应用领域仍会不断出现。

3.3.9 聚氨酯树脂

（1）聚氨酯树脂的概述

聚氨酯是主链含有—NHCOO—重复结构单元的一类聚合物，由异氰酸酯单体（结构式如图 3-7～图 3-10 所示）与羟基化合物聚合而成。由于它含有强极性的氨基甲酸酯基，故不溶于非极性溶剂。聚氨酯具有良好的耐油性、韧性、耐磨性、耐老化性和黏合性，硬度范围宽，强度高。高温下它不耐水解，也不耐碱性介质。最重要的是，聚氨酯性能的可调节范围大，多项物理机械性能指标均可通过对原材料的选择和配方的调整在一定范围内变化，从而满足用户对制品性能的不同要求。聚氨酯树脂大分子中除含有氨基甲酸酯基外，还可含有醚基、酯基、脲基、缩二脲基、脲基甲酸酯基等基团。复合油墨用聚氨酯树脂一般采用聚酯或聚醚多元醇、多异氰酸酯、扩链剂和溶剂反应而得到。

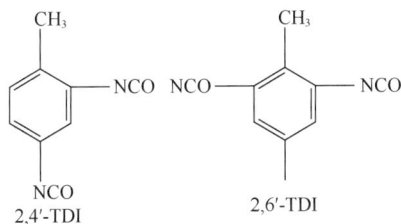
图 3-7 甲苯二异氰酸酯（TDI）

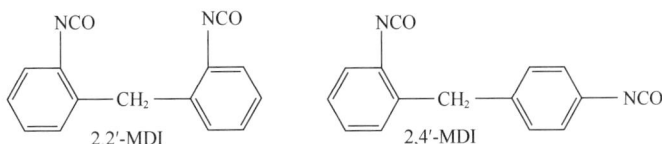
图 3-8 二苯基甲烷二异氰酸酯（MDI）

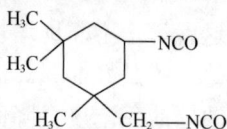

图 3-9　异佛尔酮二异氰酸酯（IPDI）　　图 3-10　二环己基甲烷二异氰酸酯（HMDI）

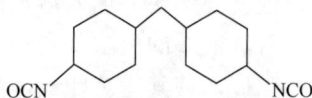

聚氨酯（PU）最早由德国研发，初时用于制造泡沫塑料与黏结剂。涂料工业在 20 世纪 60 年代使用聚氨酯醇酸树脂等制造涂料。聚氨酯是一类多用途材料，其特殊的机械、物理、生物和化学性质在不同的应用中具有巨大的潜力，特别是基于其结构-性能的关系。因此，发达国家对于聚氨酯树脂新技术的开发都很重视，除基本原料大型化外，新的制品工艺技术和先进的设备不断地在市场上涌现，及对新原料和新品种大力的开发，更促使聚氨酯树脂基础原料工业的快速发展。通过改变生产工艺或制造过程中使用的原材料，或通过使用先进的表征技术，来提高 PU 基材料的性能被认为是最有效的途径。油墨工业中聚氨酯树脂的应用主要在近 20 年内，目前已有聚氨酯快干油墨等投入市场。由于聚氨酯具有极好的耐磨性、耐擦伤性、黏结性能、低温性能、高光泽和保光性，脂肪族聚氨酯还具有耐紫外光性能，并且其应用范围具有较广泛的可调性，可以满足各种不同要求，成为油墨行业最重要的树脂材料之一。尤其是随着环保型油墨工业发展需求，水性聚氨酯可作为主要连结料树脂在油墨工业中大量应用，在网版印刷、复合薄膜印刷方面都占有举足轻重的地位。

水性聚氨酯（WPU）是以水代替传统聚氨酯中的有机溶剂作为分散介质发展起来的高分子树脂，具有无毒、不易燃、不易污染环境等优点。其合成步骤与一般聚氨酯相似，通过逐步加成反应得到，整个合成步骤可分为两个阶段：第一阶段为预逐步聚合，第二阶段为中和后的预聚体在水中的分散。聚氨酯是由柔性的软段和刚性的硬段交替连接而成的嵌段共聚物。软段通常是指在分子中相对比较柔软的，呈无规则曲状的链段，如聚醚、聚酯、聚烯烃链段，具有弹性、低温性能和耐水解等性能；硬段通常比较僵硬，为刚性链段，一般是指由异氰酸酯与小分子活性氢化物（扩链剂）形成的氨基甲酸酯，具有硬度、模量、抗撕裂、耐磨和耐溶剂等性能。聚氨酯作为油墨连结料能带来极好的黏结性、耐磨性和光泽度等，在环保油墨中已显示出优异的应用价值，其研究正受到人们的关注。

1）软段

水性聚氨酯的软段链由低聚物多元醇构成，常用的多元醇有聚醚多元醇和聚酯多元醇。

① 聚醚多元醇。是主链含有醚键且主链两端都带羟基的聚合物，通常是以小分子化合物为起始剂，再与多元醇和环氧烷烃开环聚合反应得到的。聚醚多元醇主链上的醚键能够自由旋转，故其柔顺性较好，且耐寒性能优良。由于聚醚多元醇结构中不含酯基，故耐水解性能优良，能够长时间保存。因此在皮革产品生产中，水性聚氨酯的软段链通常选用聚醚多元醇。

② 聚酯多元醇。聚酯多元醇主要有两种类型：一种是由多元酸和低分子量多元醇通过脱水缩聚而成，得到端基为羟基的聚酯多元醇；另一种是在起始剂作用下，由环己内酯通过开环聚合得到端羟基聚酯多元醇。值得一提的是，随着中国生态文明建设的加速推进，我国对废弃塑料再生资源化提出了更高的要求。西安理工大学周星研究团队针对印刷包装产品产生的大量废弃聚酯（聚对苯二甲酸乙二醇酯）进行了高效化学降解，制备得到端醇羟基聚酯二元醇，并对不同分子量的二元醇进行结构及性能分析，有效利用降解提纯后的二元醇合成新型聚氨酯产品。该方法为聚酯多元醇的制备开辟了新的途径。

③ 聚酯和聚醚结构混合软段链。结晶性聚酯二元醇内聚能大，以它作为软段链制备的水

性聚氨酯保持了聚酯的结晶性，在拉伸强度和黏结强度方面具有较大优势，但是结晶性水性聚氨酯的柔顺性和耐水解性能较差。而聚醚二元醇制备的水性聚氨酯的柔顺性和耐低温性能优越，耐水性和耐水解性能优异，二者混合可赋予聚氨酯优良的性能。据报道，当聚酯二元醇和聚醚二元醇比例为 1∶1 时，得到的水性聚氨酯胶膜的综合性能优异。

2）硬段

聚氨酯硬段链结构对其性能有着重要的影响。水性聚氨酯的硬段链基团由脲基、氨基甲酸酯基和脲基甲酸酯基等基团构成，其中氨基甲酸酯基构成硬段链的主体部分。在聚氨酯中，只有当刚性链段的内聚能足够大时，才能彼此缔合在一起形成硬段链。影响刚性链段的因素有异氰酸酯、扩链剂和交联剂的种类及用量。

① 异氰酸酯。在聚氨酯合成中，一般采用二异氰酸酯（或多异氰酸酯）作为原料。多异氰酸或多异氰酸酯一般分两类：一类是芳香族，这类异氰酸酯的代表是 TDI 和 MDI（如图 3-7、图 3-8）；另一类是脂肪族，这一类异氰酯的代表是六亚甲基二异氰酸酯（HDI）和四甲基间苯二亚甲基二异氰酸酯（TMXDI）等。芳香族聚氨酯具有良好的力学性能，但生产的产品易变黄，并且大量的苯环结构使水分散液的热活化温度较高，限制了其应用范围。脂肪族聚氨酯水解性能较好、稳定性高、不易变黄，且其异氰酸酯基团与水反应的活性较低，在工艺制备过程中易控制，因此在国外高水平的水性聚氨酯制备中都采用该类异氰酸酯为原料。我国受到原料合成技术、产品价格等限制，大多数采用芳香族异氰酸酯制备聚氨酯。

在异氰酸酯基团（—NCO）中氧原子和氮原子上的电子密集，其中氧原子电负性最强，这就使得其易受含活泼氢基团的化合物进攻。对于 R-NCO，—NCO 的活性受 R 官能团的影响。如果 R 是吸电子基团，那—NCO 基团上的电子向 R 方向移动，这就降低了—NCO 基团上面的电子密度，使其对活泼氢的吸引能力下降，导致异氰酸酯的反应活性降低。如果 R 是给电子基团，情况则正好相反。相比于脂肪族异氰酸酯，芳香族异氰酸酯的反应活性要高很多，芳香族异氰酸酯对水分子非常敏感。例如，IPDI 上的两个—NCO，一个连在脂肪族上，另一个连在芳香族上。连接在不同官能团上的—NCO 活性不同，该类异氰酸酯合成的预聚体分子量分布较窄，且黏度不大。在聚氨酯的预聚体合成中，希望存在两个活性不同的异氰酸酯基团，以调控逐步聚合反应的进度，但具体情况还要考虑聚氨酯的功能和合成树脂的成本等。

研究表明，由不同的异氰酸酯制备的水性聚氨酯，其软段的玻璃化转变温度（T_g）不同，顺序大小为：IPDI<IPDI/HDI<二环己基甲烷二异氰酸（H_{12}MDI）<TMXDI。T_g 主要取决于异氰酸酯分子结构的对称性及软硬段相分离的程度。软段的 T_g 主要取决于软段的组成以及软硬段的相分离程度。异氰酸酯的结构对称性越好，越有利于硬段的微区结晶；软硬段的相分离程度越高，软段的 T_g 受到硬段的影响越小。即不对称的结构和 α 位基团的空间位阻效应不利于硬段的有序排列和微区结晶。由对称的二异氰酸酯制备的水性聚氨酯具有较高的模量和抗撕裂强度。例如，由结构对称的 MDI 制备的水性聚氨酯具有较好的力学性能。

② 交联剂。线型高分子链间以共价键连结成网状或体型高分子的反应称为交联反应。交联反应是提高聚氨酯性能的一个重要方法。交联对力学性能的影响主要表现为对聚氨酯强度的影响。适度的交联可以有效地增加分子链间的联系，使分子链不易发生相对滑移。随着交联度的增加，分子链取向困难，因而过度的交联并不一定能进一步提高聚合物的力学性能。未交联水性聚氨酯存在机械性能、耐水性、溶剂性和耐热性差等缺点，一定程度的交联可提高 WPU 的耐热性、耐水解性和耐溶剂性等，过度的交联影响结晶和微观相分离，破坏胶层的

内聚强度。

蓖麻油是一种天然交联剂，作为可再生原材料之一，其价格低廉，来源丰富。同时，蓖麻油具有独特的分子结构，其中羟基的平均官能度为 2.7，可以用于制备水性聚氨酯。蓖麻油中高含量的羟基在反应过程中起到了交联作用，利用蓖麻油改性聚氨酯的目的就是将其特殊的分子结构引入水性聚氨酯的分子链中，既可取代部分多元醇，又可作为交联剂增加交联度。

聚醚 330 是一个含支链的多元醇高聚物，也可作为交联剂。聚醚 330 三个官能团的空距离较大，形成交联点后对分子运动的束缚作用减弱，形成交联网络结构，交联密度和拉伸强度变大。研究表明：随着分子量增大，WPU 中软段变长从而更具有柔顺性，因此断裂伸长率也增大。影响胶膜手感的主要因素是软、硬段的比例，硬段比例越大，极性基团越多，胶膜越硬。聚醚 330 分子量大，羟值小，硬段含量小，故胶膜较软。

三羟甲基丙烷醇酸（TMP）是最常用的一种小分子交联剂。在合成 WPU 的过程加入 TMP，随着 TMP 含量的增加，胶膜的拉伸强度先增大后减小。这是因为随着 TMP 含量增加，聚合物分子链间发生交联，形成体型结构分子。随着交联剂用量的增大，交联密度增大，分子间发生位移程度减小，分子链刚性增大，胶膜的内聚能密度相应提高，使得胶膜的模量和拉伸强度都有效地提高。但当 TMP 用量超过一定范围时（一般为 0.8%~1.2%），会造成过度的交联，使乳化前的聚合物体系的黏度过大，导致所得的乳液颗粒不匀。

③ 扩链剂。含芳环的二元醇扩链剂制备的 WPU 相比脂肪族二元醇扩链剂制备的 WPU 有较高的强度。二元胺扩链剂能形成脲键，脲键的极性比氨基甲酸酯键强，因此二元胺扩链剂制备的 WPU 比二元醇扩链剂制备的 WPU 具有更高的机械强度、模量、黏附性和耐热性等，同时还具有较好的耐低温性能。

国外油墨生产商之所以能够生产优异的水墨产品，在很大程度上是因为他们广泛以高档 WPU 作为连结料。一般而言，水性油墨树脂大多选择聚氨酯树脂、改性丙烯酸乳液或聚丙烯酸树脂三类，在光泽度等测试中水性聚氨酯优势度更高，在包装印刷方面被广泛应用。因此，通过改变水性聚氨酯的性能以提高水性油墨环保性、光泽度等问题也成了各国印刷行业的发展研究方向。油墨用聚氨酯树脂主要有以下特点：

① 优异的耐黄变性能。油墨用聚氨酯树脂在制备过程中主要以脂肪族聚酯与脂肪族异氰酸酯为主要原料，较芳香族聚氨酯具有优异的光学稳定性能，成膜后胶膜具有优异的耐黄变性能。

② 对于薄膜基材有优异的附着牢度。油墨用聚氨酯树脂分子链段中含有氨基甲酸酯、脲基甲酸酯、酯键、醚键等极性基团，能与多种极性基材聚对苯二甲酸乙二醇酯（PET）、聚酰胺（PA）等塑料表面的极性基团形成氢键，进而形成具有一定连接强度的接头。该聚氨酯树脂制成油墨后，印刷在极性塑料基材表面具有优异的附着牢度。

③ 与颜料/染料有良好的亲和性和润湿性。油墨用聚氨酯树脂一般由聚酯或聚醚多元醇、脂环族二异氰酸酯及二元胺/二元醇扩链剂制备而成，分子量数万。由于在 PU 树脂中引入了脲基，即形成了聚氨酯-脲树脂（PUU），故其对颜料有着良好的分散润湿性能。

④ 良好的树脂相容性。为了实现油墨性能的最优化，多数油墨配方中的树脂连结料往往由几种树脂混合组成，这就要求不同树脂间有很好的匹配性和兼容性。聚氨酯树脂能与大多数树脂如氯醋树脂、硝基纤维素树脂、丙烯酸树脂、聚酮树脂、氯化聚丙烯树脂等兼容，从而制备不同类型的聚氨酯油墨。

⑤ 优异的成膜性能。油墨聚氨酯树脂与其他领域所用的聚氨酯树脂有着结构上的不同，传统聚氨酯主要以聚酯多元醇/聚醚多元醇与异氰酸酯反应生成端羟基聚氨酯树脂，分子结构中极性基团以氨基甲酸酯基为主，分子内聚力不足以满足油墨用树脂成膜性能要求。故油墨用聚氨酯树脂在传统的聚氨酯基础上引入了脲基，大大提高了树脂本身的内聚强度和成膜性。

⑥ 有机溶剂的广泛相溶性及良好的溶剂释放性。有机溶剂对树脂的溶解作用是通过溶剂分子的极性吸引溶质分子而实现的，也就是通常所说的同类相溶。传统的聚氨酯树脂对有机溶剂具有广泛的相溶性，酮类、酯类、苯类等非醇类有机溶剂都是其优良溶剂。在制作油墨过程中，为调节油墨流动性能和黏度，醇类有机溶剂的加入必不可少，对于传统的聚氨酯树脂来说醇类溶剂的加入大大降低了树脂体系的稳定性，往往会出现浑浊、絮状沉淀等不相溶现象。但油墨用聚氨酯树脂由于脲基的存在，其对醇的相溶性成为现实。但值得指出的是醇类溶剂依旧是假溶剂，微观状态下醇类溶剂对聚氨酯树脂分子进行包裹，而不是像真溶剂那样由于分子极性贯穿于分子中，使得聚氨酯树脂制作出来的油墨流动性好。

（2）聚氨酯树脂的改性

聚氨酯性能优异，是用途广泛的高分子材料之一。水性聚氨酯（WPU）是以水为基本介质，PU 粒子溶解在水里或分散在水中而形成的聚氨酯乳液。WPU 不仅保留了 PU 的优良性能，而且具有节能、安全、易施工、易改性、低毒、低污染等优点，被广泛应用于印刷、印染、造纸、建筑以及皮革涂饰等行业。但其也有耐水性、耐高温性、耐溶剂性、耐候性不良以及表面光泽差等缺点，因此要对 WPU 进行适当的改性以提高其综合性能。常用的改性方法有交联改性、丙烯酸酯改性、环氧树脂改性、有机硅改性、纳米材料改性和复合改性等。

1）交联改性

交联改性是指在聚氨酯中引入能与其分子链发生反应的物质，从而使分子之间发生交联。利用交联改性可以有效地将热塑性聚氨酯树脂转变为热固性聚氨酯树脂以提高其性能，交联改性后的 WPU 涂膜的耐水性、耐溶剂性及力学性能都有明显提高。交联改性可分为内交联改性与外交联改性。内交联法是选择含有一定的可反应官能团的原料从而制得部分支化和交联的水性聚氨酯，以满足不同的应用需要。内交联改性的水性聚氨酯属于单组分水性聚氨酯，具有较好的稳定性。外交联改性是将交联剂加入 WPU 中，使之混合均匀，在成膜过程中进行化学反应，形成交联结构。外交联改性的水性聚氨酯属于双组分水性聚氨酯，水性聚氨酯是一种组分，交联剂为另一种组分。外交联改性不仅提高了水性聚氨酯的耐水性，力学性能也有一定的提升。

2）丙烯酸酯改性

聚丙烯酸酯树脂具有耐光性和耐候性好，耐酸、碱、盐腐蚀，物理机械性能良好，柔韧性高且价格低廉等优良特性，但其不耐低温、热黏冷脆且黏结强度不足。聚氨酯乳液耐低温性和耐磨性较好，且对其他材料有良好的黏结性能，但耐水性和耐碱性较差。利用聚丙烯酸酯良好的附着力、耐候性改性水性聚氨酯，可以制备出高固含量、低成本的水性聚氨酯。这种方法不仅使水性聚氨酯树脂的综合性能得到了提高，而且产品的成本也降低了，应用前景广阔。丙烯酸酯改性的方法主要有物理共混法和化学共聚法。

① 物理共混法　即先分别合成两种树脂的稳定乳液，随后在剪切搅拌下将其混合。研究表明，丙烯酸酯的加入有利于提高 WPU 的强度和伸长率，但由于两种聚合物分子间不发生化学反应，主要依靠聚氨酯中氨基甲酸酯键和丙烯酸酯中羰基之间的氢键作用来实现两种物质的物理混合，这也导致两种树脂间相互作用力不强。并且共混乳液为热力学不稳定体系，储

存稳定性较差。另外，聚氨酯和丙烯酸酯的不同链段之间应力较大，相容性不佳，胶膜外观不透明，且对力学性能无明显改善。因两种乳液需分别制备，对乳液酸碱性要求严格，故该法应用较少。

② 化学共聚法　相比于物理共混法，化学共聚法在解决聚氨酯和丙烯酸酯的相容性，以及提高乳液综合性能等方面具有极大的优势。这是由于复合材料的性能依赖于组分间的协同作用，而协同作用与分子间的相容性密切相关，聚氨酯丙烯酸酯复合乳液能够最大限度地促进聚氨酯和丙烯酸酯分子间"混溶"甚至交联，对两者间相容性的提升效果不言而喻。化学共聚法无论是在产品乳液稳定性，还是胶膜性能等方面都能够真正实现丙烯酸酯改性 WPU 的目的。目前丙烯酸酯化学改性水性聚氨酯的方法主要有核-壳乳液聚合、互穿网络聚合、接枝共聚和嵌段共聚等。

a. 核-壳乳液聚合。可根据核壳间是否存在交联，分为核壳间无交联和核壳间交联两种，而后者又包括壳体交联与核壳交联两类。壳体交联是聚氨酯壳体的自交联；核壳交联则通过在核与壳上分别引入不同官能团的单体，从而得到不同类型的核壳交联。无交联核壳结构丙烯酸酯/WPU 复合乳液大部分仍以纯丙烯酸酯和聚氨酯形式存在，无法充分发挥出两者各自性能特点；而交联型核壳结构乳液则进一步改善了丙烯酸酯和聚氨酯的相容性，材料的抗张强度、杨氏模量、硬度、耐久性及稳定性也得到了进一步的提高，其形成的膜表面结构也比非交联型的均匀。

b. 互穿网络聚合。是将两种分散体以线型分子的方式相互渗透，然后以某一组分为交联结构在分子水平上进行共聚反应，最终形成网络相互贯穿的丙烯酸酯和聚氨酯复合分散体系。此法巧妙地提高了二者的相容性，最大限度地提升了复合体的性能。

c. 接枝共聚。是通过接枝反应在聚氨酯分子链上接枝聚丙烯酸酯分子链，一般先向聚氨酯分子链引入不饱和双键，再利用双键与丙烯酸酯共聚，得到丙烯酸酯接枝改性聚氨酯乳液。研究表明聚氨酯预聚体中双键含量越多，接枝率越大，合成的 WPU 越稳定，但过度接枝会严重影响乳液的稳定性，因此应充分考虑接枝率的大小。

d. 嵌段共聚。可细分为双预聚体法和不饱和化合物封端法两种。双预聚体法是使封端的 WPU 预聚体溶液与含羟基或羧基的丙烯酸酯预聚体反应，得到嵌段共聚物。不饱和化合物封端法是用带有不饱和双键的化合物对聚氨酯预聚体进行封端后，再与丙烯酸酯单体进行扩链共聚。

3）环氧树脂改性

环氧树脂（EP）是含多环氧基、羟基和醚基等活泼官能团的化合物，因此它能进行各类固化剂反应。此外 EP 材料还具有模量高，机械强度、附着力强，耐水性、热稳定性、耐化学性能好等特点，在航空航天、电子、涂料、胶黏剂等领域广泛应用。而 EP 改性 WPU 可将两者的优良性能有机地结合起来。用 EP 对 WPU 进行改性的方法有物理共混和化学共聚。

① 物理共混　物理共混中两种树脂分子之间没有化学键的结合。该改性方法的主要目标在于使 WPU 链形成网状结构。在改性反应中将支化点引入 WPU 的主链上，使之形成网状结构。改性过程中，环氧基与羟基发生反应，同时与氨基甲酸酯发生开环反应。

EP 和 WPU 共混属于基本的物理共混，考虑到水分散相体系的基本特征，与 WPU 进行共混的 EP 常采用水性环氧树脂，这样可以使 EP 和 WPU 在分散时更加均匀、稳定，并且也有利于后期加入各种颜料或填料。采用物理共混的改性方式虽然操作方便，但毕竟是物理层面的改性，稳定性较差，其涂膜的综合性能要明显地劣于嵌段共聚法得到的产品。

② 化学共聚

a. EP 和 WPU 嵌段共聚。EP 为多羟基化合物，可与异氰酸根直接进行反应，且能发生部分交联，形成网状结构。通过嵌段改性可以使 EP 有效地接入聚氨酯结构中，并且改性效果明显。

b. EP 开环后和 WPU 共聚。EP 中存在大量环氧基团，在起始剂作用下可打开环氧基团，形成含羟基化合物，该羟基直接与异氰酸根反应，接入 WPU 主链中。目前在环氧树脂改性 WPU 的研究中，环氧基团未参加反应或者只是很少部分开了环，造成最终乳液中依然含有环氧基团，在储存时环氧基团的 β 位 C 原子受三乙胺、羟基、水等亲核试剂进攻，氧原子受质子和路易斯酸等亲电子试剂进攻发生开环反应，造成乳液的储存稳定性变差。故采用合适的开环起始剂使其先开环，再接入聚氨酯结构中发生共聚反应，可以很大程度地提高乳液的储存稳定性。现有研究结果表明，EP 改性后的 WPU 继承了 EP 许多优良性能，通过两种树脂优势互补，改性 WPU 的耐水性、黏结性和力学性能均高于未改性的 WPU。

4）有机硅改性

有机硅通常指硅烷单体及聚硅氧烷，是一类以硅氧键为主链、有机基团直接连在硅原子上的聚合物，兼具有机、无机化合物的特性。这种特殊结构使其具有低表面能、耐高低温、耐气候老化和生理惰性等特质，可用于改善 WPU 的耐水性，同时赋予 WPU 表面富集和低温柔顺等性能，提升聚合物的综合性能。这类复合材料常用于制备密封剂、涂饰剂、胶黏剂、纺织品用处理剂以及水性涂料等。有机硅改性 WPU 的方法有 3 种：物理共混、原位聚合和化学共聚法。有机硅与 WPU 溶解度参数相差较大，物理共混时常需使用乳化剂，且两者微相分离明显，膜的综合性能较低，现已较少选用。对 WPU 的改性主要集中在有化学键生成的化学共聚法，常采用硅烷偶联剂和聚硅氧烷系列对 WPU 进行共聚改性，一种是在形成预聚体过程中将含有—OH 或—NH$_2$ 的硅氧烷单体或树脂引入 WPU 分子链中与异氰酸根反应，通过硅氧烷的水解-自缩聚反应与 WPU 大分子形成交联；另一种则是引入环氧硅氧烷作为后交联剂形成交联体系。通过有机硅改性 WPU，不仅能提高水性聚氨酯的耐水性，还能提高有机硅材料的力学性能。

5）纳米材料改性

随着纳米技术的不断发展，纳米材料在改性水性聚氨酯方面也取得了很大的成就。纳米材料因具有特殊的界面和尺寸小等优良特性，结合聚氨酯良好的力学性能和可加工性能，可制备出性能优异的多功能复合材料。纳米材料改性的水性聚氨酯的耐磨性和隔热性都有所提高。纳米粒子在 PU 中的分散性很差，原因是纳米粒子颗粒极易团聚。因此，选择合适的工艺条件或对纳米粒子表面改性，使纳米粒子能稳定地分散到基料中是制备纳米改性聚氨酯的关键。

6）复合改性

复合改性即用两种或两种以上改性剂对 WPU 进行共混、共聚、接枝、交联，利用多种材料之间的协同作用对 WPU 进行优势互补与性能协调。可与 WPU 复合的材料有很多，目前在科研与生产中研究较为活跃的复合改性材料主要有丙烯酸酯、环氧树脂、有机硅和纳米材料等。

多种改性手段可使 WPU 耐水性、耐溶剂性、耐化学稳定性差等固有缺陷得到改善，但在选用改性方法的同时也需评判改性后所带来的负面作用，避免无效改性。在建设美丽中国的愿景下，复合材料的绿色化、环保化必将备受重视，绿色环保的生物质改性将成为未来改性

WPU 的主要趋势。同时，制备 WPU 的过程中依旧会使用一定量的有机溶剂，溶剂挥发会导致环境污染并造成涂膜收缩、脱落，导致使用寿命降低。而且 WPU 原料成本高、生产周期长、能耗大，阻碍了其在市场中的进一步发展。因此对于 WPU 的改性应探索并使用无溶剂合成技术，改进生产设备和工艺，简化操作过程，降低生产成本和能耗，采用多功能性的新型材料或表面活性粒子，赋予 WPU 更多潜在经济价值和科技含量。

（3）聚氨酯树脂连结料的特性

聚氨酯油墨是以聚氨酯为主体树脂连结料制成的油墨，包括溶剂型聚氨酯油墨（酯溶型、醇溶型）以及水性聚氨酯油墨等。酯类溶剂因对聚氨酯树脂的溶解效果好，所制得的酯溶型复合油墨综合性能较好；而醇溶型聚氨酯树脂因使用乙醇作为溶剂，除了价格便宜外，其导电率较高，所制得的醇溶型聚氨酯复合油墨印刷时可有效减少麻点、转移不良等印刷缺陷。溶剂型聚氨酯油墨具有使用简便、性能稳定、附着力强、光泽度优、耐热性好等优点，能适用于各种印刷方式的要求，它是目前塑料软包装印刷中应用最多的油墨品种。聚氨酯多用于胶印和水性油墨的制造中，但价格较高。国外从 20 世纪 70 年代开始，陆续实现了溶剂型聚氨酯油墨连结料工业化大生产，如日本的东洋油墨、DIC 等；国内早期所使用的聚氨酯油墨连结料一般都是从国外进口聚氨酯树脂颗粒，用合适溶剂进行溶解后使用。近十多年以来，国内已有许多科研机构从事了聚氨酯油墨连结料树脂的研究，并取得了很好的效果。

① 酯溶型聚氨酯油墨。是继醇溶型聚酰胺油墨之后，推出的第二代环保型无苯无酮油墨，主要采用异丙醇、乙酸乙酯和丙酯作溶剂。酯溶型聚氨酯油墨具有以下应用特点：使用简便，价格便宜，性能稳定；色泽鲜艳，附着力好，耐热性能优良。它是目前塑料软包装印刷中应用最多的油墨品种。

② 醇溶型聚氨酯油墨。其核心技术是在合成聚氨酯树脂时，引入大量的脲基和氢键，以确保其与醇类溶剂的相容性。同时，由于聚氨酯分子链中含有大量的氨基甲酸酯、脲基甲酸酯、氢键、醚键等，可与 PET、PA 等塑料表面极性基团形成具有较强连接强度的接头，从而产生比较理想的附着牢度。在醇溶型聚氨酯油墨的配方体系中，使用的溶剂主要是乙醇和少量的乙酯。醇溶型聚氨酯油墨具有以下应用特点：优良的印刷适性；对多种基材具有良好的附着性、耐冻性、耐热性，堪比苯溶剂时代的氯化聚丙烯油墨。

③ 水性聚氨酯油墨。油墨中加入聚氨酯树脂可以提高油墨对颜料的润湿性，而且成膜性好，墨膜坚牢耐磨，更加值得关注的是水性聚氨酯乳液具有无毒、不燃、无污染等优点，因而成了一种具有巨大发展潜力的水性油墨用连结料树脂。随着环保要求的提高，水性油墨的开发逐渐得到人们的重视，水性油墨的主体溶剂为水，挥发后清洁无污染，在使用过程中安全健康无毒害。WPU 油墨是聚氨酯油墨大家族中新推行的又一个主要产品，与水性丙烯酸树脂油墨、环氧树脂油墨相比较，WPU 油墨的墨层具备更佳的耐磨性、耐水性、耐化学性、抗冲击性、柔韧性和硬度等，主要用于轮转凹版印刷机在根据电火花处理的聚对苯二甲酸乙二醇酯（PET）、聚丙烯（PP）、聚乙烯（PE）、聚氯乙烯（PVC）膜食品包装印刷。聚氨酯系列油墨功能的多样化与国内软包装印刷的现状和发展非常契合，因而聚氨酯油墨在软包装印刷行业备受青睐。

发展低碳经济、推广绿色环保是未来发展的主旋律，生产和使用节能环保型油墨正日益成为油墨业和印刷业的共识。要适应新时代的要求，印刷行业必须重视绿色印刷材料的研发，未来，环保型油墨连结料产品将会更加受到消费者的信赖，环保化将是未来油墨连结料行业发展主要趋势之一。不仅仅是环保油墨的研究与推广，也要考虑在纸张、设备等其他方面进行改进和创新，以此来推动和促进印刷行业向绿色、环保的方向发展，为建设美丽中国和可持续发展贡献力量。

3.4 油墨连结料的性质

印刷过程中油墨从印版转移到承印物上，其中连结料与颜料立即固着在一起，连结料将颜料包覆起来，覆盖于其中，综合起来。油墨在印刷中所体现的优点，如流动性、成膜性、黏结性、干燥性很大程度都取决于连结料。因此，印刷油墨对连结料的要求必须达到一定的性能标准。

3.4.1 黏度

黏度是对连结料分子间作用所产生的阻碍分子间相对运动能力的量度。油墨中的连结料具有一定的黏度。流体之所以具有黏度特性，是由于它的分子间的吸引力，这种吸引力称为内聚。固体物质的内聚力大，几乎把所有分子都固定着，没有相对位移；液体则不同，分子间的内聚力较小，各分子间作相对运动，从而产生内部的摩擦。如果连结料没有足够大的黏度，它与颜料一起研磨时，颜料就不能被研细，配制成的油墨也不能在印刷机上良好传递，印刷时会发生糊版甚至出现粉化现象。如果连结料的黏度过大，配制成的油墨在印刷时易引起飞墨、拉毛，甚至纸张表面剥离等弊病。因此，连结料的黏度必须控制在一定范围内，而这个范围则随油墨的种类和印品不同而各异。

3.4.2 色泽

连结料一般都带有淡黄色。在油墨制造中，要求连结料的色泽越浅越好，因为颜色越浅对颜料色相的影响越小。即使配制黑色的油墨，使用浅色连结料也可以配得更纯净的黑色。

测定连结料颜色的方法大都为比色法，如碘量比色法等。测定方法：预先配制一套标准颜色溶液，分别放入内径为 10.75mm、长度 115mm、管壁厚度相等的无色标准玻璃试管中，按颜色由浅至深编成 16 个等级；测定连结料颜色时，把它装入另一标准试管，和这套标准颜色溶液进行比较，定出色级。这套标准颜色溶液是用碘量标准溶液与蒸馏水按表 3-2 的比例配成的。

表 3-2 碘量比色法标准颜色溶液配制

颜色等级	碘量标准溶液/mL	蒸馏水/mL	颜色等级	碘量标准溶液/mL	蒸馏水/mL	颜色等级	碘量标准溶液/mL	蒸馏水/mL
1	1	89	7	1	29	13	5	5
2	1	79	8	1	19	14	6	4
3	1	69	9	1	9	15	7.5	2.5
4	1	59	10	1.5	8.9	16	纯溶液	
5	1	49	11	2	8			
6	1	39	12	3	7			

3.4.3 干燥性

连结料由液态变为固态的性能称为干燥性。油墨的干燥性能主要由连结料所决定，连结料的种类不同，油墨的干燥方式和干燥性的强弱也不同。如油型平版印刷油墨的连结料是用纯干性植物油炼制成的，属于氧化结膜干燥类型；树脂型平版印刷油墨的连结料是用合成树脂、矿物油、干性植物油和凝胶助剂等炼制而成的，属于渗透胶凝氧化结膜干燥类型；凸版印刷油墨的连结料是用松香、沥青、矿物油、植物油等炼制而成的，属于渗透氧化结膜干燥类型；照相凹版印刷油墨的连结料是用合成树脂和挥发性溶剂配制而成的，属于挥发干燥型。此外还有湿固着干燥和光固化干燥等类型的油墨，都需要有特定的连结料来配制。

植物油连结料干燥性的强弱与其结构中的不饱和双键数量有关。由于卤素能与油分子中的不饱和双键起反应，所以可用碘值来测定植物油的不饱和程度，碘值的高低表明了连结料干燥性的大小。

3.4.4 碘值

碘值是表征有机化合物不饱和程度的一种指标，指 100g 物质所能吸收（加成）碘的质量（以 g 计），主要用于油脂、脂肪酸、蜡及聚酯类等物质的测定。不饱和程度愈大，碘值愈高。干性油的碘值大于非干性油的碘值。碘值>140g/100g 为干性油，干性油不饱和程度高，易氧化生成大分子物质，在表面形成硬膜，如亚麻仁油、桐油是干性油，不适用于制皂。碘值为 100~140g/100g 为半干性油，半干性油在制皂时可适当配用，如棉籽油、糠油、菜油等，但加入量不宜过多，一般棉籽油的用量为 3%~5%。碘值<100g/100g 为不干性油，植物油脂中椰子油、棕榈油、花生油，动物油脂中牛油、羊油、猪油都是不干性油，适用于制皂。

3.4.5 透明度

透明度是指油墨对入射光线产生折射（透射）的程度。印刷中透明度是指油墨均匀涂布成薄膜状时，能使承印物体的底色显现的程度。油墨的透明度低，不能使底色完全显现时，便会在一定程度上将底色遮盖，所以油墨的这种性能又称为遮盖力。油墨的透明度与遮盖力呈反比关系，透明度用油墨完全遮盖某种底色时油墨层的厚度来表示，厚度越大，表明油墨的透明度越好，遮盖力越低。透明度取决于油墨中颜料与连结料折射率的差值，并与颜料的分散度有关。颜料与连结料的折射率差值越小，颜料在连结料中的分散度越好，则油墨的透明度越高。这项性能是指油墨在酸、碱、水、醇或其他溶剂的作用下，颜色及性能不发生变化的能力，又称为油墨的耐化学性或耐抗性。油墨的耐化学性强，在酸、碱等物质的作用下，颜色和油墨的性质不会发生变化。油墨的耐化学性是由颜料和连结料的种类及性能决定的，并与颜料和连结料结合的状态有关，与油墨的稳定性有关。

3.4.6 抗水性

抗水性是指连结料在水的作用下性能不发生变化的能力。连结料的抗水性是决定油墨耐水性的因素之一，连结料必须具有很强的耐水性。尤其在平版印刷时，是依靠油水相斥的原理来进行印刷的，同时为了使套印准确，纸张须具有一定的潮湿度，以避免变形，所以平版印刷用的油墨连结料必须具有很强的抗水性。如果连结料不耐水，当油墨和润湿液在印版上相遇时，水会进入墨中使油墨严重乳化，其结果是急剧降低油墨的黏性，破坏油墨的结构，造成传递不良、堆版、糊版等一系列印刷故障。

3.4.7 酸值

酸值是指连结料中所含游离脂肪酸的量或树脂中未参加反应的羧基的量，以中和 1g 油脂或树脂所消耗的氢氧化钾的质量（以 mg 计）表示。连结料的酸值高低直接影响到油墨的性能，当酸值过高时，油墨的性能不稳定，抗水性能下降，易与碱性颜料发生反应，甚至胶化、结块，使油墨变质；当酸值过低时，连结料对颜料的润湿性差，制成油墨后流动性不良，光亮度小。故连结料的酸值应保持在一定范围内。

除了以上的要求外，还对透明度以及相对密度有一定的要求。固化油墨的连结料不能只选用一种光固化树脂，大都采用两种或多种光固化树脂进行拼合。光固化连结料的选择还要根据使用对象、施工方法及涂膜性质来决定。以丙烯酸型不饱和聚酯作为油墨的主要连结料效果最好，这种树脂具有极高的紫外光反应性，可生成坚硬的亮光膜，具有合适的柔韧性，能够满足紫外光固化印刷的需要。

思考题

1. 油墨连结料可以分为哪几种？
2. 树脂型连结料的优点有哪些？
3. 植物油基连结料的优缺点有哪些？
4. 丙烯酸树脂作为水性油墨的连结料，其优缺点各是什么？
5. 影响聚氨酯树脂性能的因素有哪些？
6. 简述连结料原材料中酸值、碘值的定义。其数值高低对油墨性质及颜料分散有什么影响？
7. 除了文中所提到的连结料，你还知道有哪些新型连结料？

参考文献

[1] 陈永常. 纸张、油墨的性能与印刷适性 [M]. 北京：化学工业出版社，2004.
[2] 董明达. 纸张油墨的印刷适性 [M]. 北京：印刷工业出版社，1988.
[3] 申英娟. 松香改性酚醛树脂的生产及其对油墨的影响 [J]. 山西化工，2018，38（5）：34-35.
[4] 丁蔚文. 涂料与油墨制造业 VOCs 排放绩效体系研究 [J]. 涂料工业，2020，50（10）：50-56.
[5] 陈晓英. 油墨行业 VOCs 排放现状分析 [J]. 化学工程与装备，2019（5）：288-290.
[6] 徐吉生. 聚氨酯树脂在醇溶型油墨中的应用 [J]. 包装前沿，2020（3）：27-28.
[7] 王宇. 水溶性高分子 [M]. 北京：化学工业出版社，2017.

填料与助剂

4.1 填料

　　填料也称为填充料或伸展剂，是一种性能良好的物质，能够均匀分散在连续相中。它通常为无机化合物，种类包括碳酸盐、硅和硅酸盐、硫酸盐类等。由于填料种类繁多，本章主要讨论与油墨工业有关的产品。它们大致包括碳酸钙、碳酸镁、硫酸钡、氢氧化铝、铝钡白、和硅酸铝（高岭土）等几种。表 4-1 为几种填料的主要性能比较。在油墨中适量添加填料可以改善油墨身骨体质，降低成本。填充料用适当的连结料调和轧制后，多为透明或半透明的稠厚流体，其干燥固体多呈白色粉末状。以干性植物油为油墨连结料主体时，填充料会大量使用氢氧化铝。随着科学的发展，油墨连结料逐渐转向以树脂为主体，相应的填充料——胶质碳酸钙也就应运而生，并被广泛应用。

表 4-1　几种填料的主要性能比较

名称	分子式	分子量	密度 /（g/cm³）	吸油量 /（g/100g）	颗粒直径 /μm	折射率	pH 值
胶质碳酸钙	$CaCO_3$	100.09	2.65	28~58	0.02~0.1	1.4~1.8	8.0~8.4
沉淀氢氧化铝	$Al_2O_3 \cdot 0.3SO_3 \cdot 3H_2O$	179.96	2.43	90~115	—	1.5	6.3~6.7
硫酸钡	$BaSO_4$	233.42	4.5	9	2~30	1.6	6.9

　　（1）胶质碳酸钙
　　胶质碳酸钙又称超细碳酸钙，是一种新型填充料。其主要特点是颗粒细微，在 0.02~1μm 之间，具有较大的表面积。并且有着吸油量较大、明度好、亮度好、稳定性较好等优点，所以在油墨中的用量逐渐增加。以这种碳酸钙配制的油墨，身骨及黏性比较好，具有良好的印刷性能，而且稳定性好。尤其是在油墨进入树脂时代以后，胶质碳酸钙在这类油墨中的稳定性显著高于其他填料，干性快而且没有副作用。传统填料中，铝钡白的光泽是比较好的，但是经有机物处理过的超细碳酸钙的光泽也可与之媲美。
　　胶质碳酸钙是用较复杂的方法制取的，天然碳酸钙、轻质碳酸钙等都不具备以上优点。在胶质碳酸钙中，又分为一般胶质碳酸钙和透明胶质碳酸钙，后者有更好的透明度和性质，但制造过程较长。胶质碳酸钙的一般性质见表 4-2。总之，由于超细碳酸钙所具有的各种优异特性，在油墨工业中它几乎已有取代其他所有填料之势。

表 4-2　胶质碳酸钙的一般性质

品种	粒径/μm	比容/（mL/g）	白度/%	相对密度	pH 值	吸油量/（mL/100g）
透明胶质碳酸钙	0.02~0.03	1.6	90	2.56	8	36
一般胶质碳酸钙	0.05~0.1	2.0	90	2.57	8.4	28

（2）硫酸钡

硫酸钡分为天然和人造（合成）两种形式。天然硫酸钡又称重晶石，油墨用的均为白色粉末，具有良好的耐化学性，但遮盖力低，通常用作填充料。硫酸钡的密度较大，可改善某些轻体颜料的流动性，但用得过多会影响油墨的印刷性能。自然界的重晶石是比较软而无定形的矿物，但有时也可发现它会形成复杂的斜方晶系或平片状团。合成硫酸钡（Blanc Fixe）也叫沉淀硫酸钡，颗粒比较细软，纯度高，无味，由于水溶性极低，故无毒，属斜方晶系。硫酸钡由于具有一定的透明度，干净，对酸、碱、热、光均比较稳定，故是油墨工业中一种良好的廉价填料。硫酸钡用于油墨中还有一定的防脏作用，如在容易起脏的红色油墨中，使用一定量的硫酸钡就可大大克服这种问题。它还有调节油墨流动度的性能，表 4-3 是其特性数据。

表 4-3　硫酸钡的特性数据

项目	硫酸钡	
	天然	合成
外观	白色粉状	
密度/（g/cm³）	4.5	4.3~4.5
吸油量/（g/100g）	9	
折光（射）率	1.637	1.636~1.648
颗粒尺寸（平均）/μm	2~30	—
耐渗透性（水、有机溶剂、油）	优	优
耐化学性（酸、碱）	优	优
耐光性	优	优
比表面积/（m³/g）		0.823
熔点/℃	1580	1580
硬度（莫氏）	3	2.5~3.5
pH 值	6.9	—

（3）氢氧化铝

氢氧化铝可用于制造色淀颜料，故亦叫色淀白，由于其密度小、透明、结构软、印刷性能良好，故长期以来用作油墨工业的优良填料。表 4-4 是它的特性数据。其中吸油量是以六号调墨油测得的。氢氧化铝由于透明、光泽好，有时可作为最后一色的罩光用，但应加入适量干燥剂。由于它密度小，故适于应用在密度大的颜料的油墨配方设计中。用适当的调墨油调和后，氢氧化铝可以制成透明的冲淡剂。它具有很好的分散性，透明度也比较好。

氢氧化铝的主要缺点：与酸性连结料反应成胶变质和在存放过程中吸收干燥剂从而降低

体系的干性。由于在氢氧化铝中引入了磷酸盐类，所以透明度稍差一些，但成胶性能已大大改善。由于磷酸铝可以降低氢氧化铝的活性，故这种由磷酸铝和氢氧化铝共沉淀的产品已可应用于一定范围的树脂型油墨中。

表 4-4　氢氧化铝的特性数据

项目	特性数据
外观	白色粉状
密度/（g/cm³）	2.43
吸油量/（g/100g）	90～115
折光（射）率	1.535
pH 值	6.3～6.7

（4）铝钡白

铝钡白是氢氧化铝与硫酸钡的混合物。铝钡白也叫亮白，一般由 75%的硫酸钡和 25%的氢氧化铝组成，它的特性数据也介于它们二者之间。这种铝钡白的吸油量（六号油）在 35～45g/100g 之间。

（5）高岭土

高岭土（Kaolin）即水合硅酸铝，也叫中国瓷（黏）土（China clay），这是因为我国长期以来用其制造白色瓷器而得名的。高岭土是一种天然细粒状的黏土矿物，其组成是像书一样的颗粒，每一"页"像书一样的结构具有重复的铝-硅层，每一层包括一个四面体的硅层和一个铝八面体，并由氧将它们二者连在一起。高岭土的主要成分为天然水合硅酸铝，且一般均含有微量的钙、镁、钾等元素。高岭土作为油墨填料，主要应用于雕刻凹版油墨中。这是因为高岭土与连结料混合后其身骨比较短，易擦版。

除了油墨、涂料等工业应用高岭土作填料外，造纸工业也广泛地采用它作为填料及表面涂层用，有不少高级有光纸的涂层都是以高岭土作基料的。表 4-5 是它的特性数据，表中没有标出颗粒大小，一般小于 2μm 的颗粒在粗级中约占 40%，在细级中约占 90%，在煅烧级中约占 65%。

表 4-5　高岭土的特性数据

项目	高岭土		
	粗	细	煅烧
外观	白色粉状		
密度/（g/cm³）	2.53	2.58	2.63
吸油量/（g/100g）	32	45	55
折光（射）率	1.56	1.56	1.56
硬度（莫氏）	2.5	2.5	2.5

4.2　油墨助剂

油墨助剂是指围绕着油墨制造以及在印刷使用中为改善油墨性能而附加的一些材料，是指按照基本组成配置在某些特性方面仍不能满足要求，或者由于条件的变化（如油墨经过长期存储变质、气温条件、印刷条件、纸张条件等的变化）而不能满足印刷使用上的要求，必须添加少量辅助材料来解决相关性能需求的一类材料。对油墨制造者来说，要求油墨具有良好的适印性，尽量做到开罐就可应用，不必进行调整。但是印刷条件是变化多端的，为了适应多变的印刷条件、提高印刷质量，使用油墨助剂是非常有必要的。

油墨助剂的种类较多，几乎每种油墨都有与之配套使用的助剂。虽然助剂加入量很少，但却能对油墨的性能产生明显和重要的影响。而溶剂在丝网印刷中的主要作用是调配印料、改变印料适印性、承印物表面预处理、承印物返工与清洗、网版清洗以及网版胶黏剂的配制等。油墨中溶剂的挥发既决定着油墨的干燥速度，又直接影响着印刷适性。仅由颜料和连结料所配制成的油墨，并不能满足印刷工艺对油墨的多种多样的要求。为了能主动适应多变的印刷条件，从而用好油墨，需要使用"辅助剂"调节油墨。

油墨中的助剂主要有稀释剂、增塑剂、紫外线吸收剂、干燥剂、防干剂、慢干剂、冲淡剂、增稠剂、抗静电剂、分散、润湿剂、稳定剂、反胶化剂和防结皮剂等，如图 4-1 所示。另外，为改善油墨的印刷适性和其他一些指标，油墨中还有其他一些助剂，如蜡、抗氧化剂、防脏剂、表面活性剂、防腐剂、减黏剂、消泡剂等。在印刷时通常只需加入少量的助剂，便可使油墨的印刷适性大为提高。此外，助剂还能改善油墨的加工性、储存性、施工性及防止墨膜出现缩边、缩孔、浮色、发花等病态，提高墨膜光泽、防止老化、提高附着力、延长墨膜使用寿命和增加墨膜特殊功能等。

按照功能油墨助剂可分为以下 6 种：
① 改善油墨加工性能的助剂：分散剂、润湿剂、消泡剂、表面活性剂等。
② 改善油墨储存运输性能的助剂：防干剂、反胶化剂、防结皮剂、铝皂等。
③ 改善油墨施工性能的助剂：减黏剂、稀释剂、防脏剂、增稠剂等。
④ 促进油墨固化成膜性能的助剂：干燥剂、光引发剂等。
⑤ 提升油墨性能的助剂：增塑剂、冲淡剂、蜡等。
⑥ 赋予油墨特殊功能的助剂：防针孔剂、防霉剂、紫外线吸收或屏蔽剂、偶联剂、纳米助剂、发泡剂等。

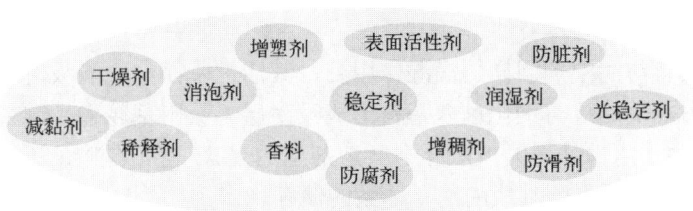

图 4-1　助剂种类

近年来依据助剂结构与性能的关系，研究者们不断地发掘并利用助剂的敏感性、选择性、凸显效应、协同效应和叠加效应等应用特性，通过几种助剂间发生相互作用、渗透融合，改善了助剂应用效能，拓展了助剂的应用领域。正确选取助剂品种、用量及其配比，采取有效的技术措施及配制技巧，就能开发出具有正效应、呈现本质特性并能保障应用稳定的匹配助剂体系。

4.2.1　改善油墨加工性能的助剂

（1）分散剂与润湿剂

由于润湿剂和分散剂的作用有时较难区分，两者往往均兼备润湿和分散的功能，故称为润湿分散剂。常用的润湿分散剂主要有天然高分子类（如卵磷脂）、合成高分子类（如长链聚酯和氨基盐）、硅系和钛系偶联剂等。用于紫外光固化油墨的润湿分散剂主要为含颜料亲和基团的聚合物，这是一种用于提高颜料在油墨中悬浮稳定性的助剂。该类润湿分散剂能使颜料很好地分散在连结料中，缩短油墨生产的研磨时间，降低颜料的吸墨量，从而制造高浓度的油墨，同时还能防止油墨中颜料颗粒的凝聚沉淀。

1）分散剂与润湿剂的作用机理

分散剂一般为表面活性剂，能够吸附在颜料颗粒表面，降低颜料颗粒与连结料之间的界面张力，并且能够在颜料颗粒的表面产生电荷斥力或空间位阻，防止颜料颗粒产生聚集现象，导致油墨返粗现象的出现，从而使分散体系保持稳定状态。分散剂在油墨中的作用效果：增加墨膜的光泽，改善流平性，降低色浆的黏度，改善流动性，提高油墨的储存稳定性，提高颜料的着色力和遮盖力，改变油墨的流变性，节省时间和能源。分散剂按种类可分为无机类、有机类和高分子类。

润湿剂的主要作用是降低油墨体系的表面张力，使之铺展于承印物上。润湿分散剂大多数也是表面活性剂，由亲颜料的基团和亲树脂的基团组成。一般地，溶剂型油墨选择润湿分散剂要注意三个原则：选择好颜料和溶剂，为连结料树脂在颜料上吸附提供条件；确定连结料树脂的最佳浓度范围（浓度范围应该根据油墨的稳定性对树脂浓度的依赖关系来确定）；要注意润湿分散剂产生化学吸附的必要条件和最佳浓度，使其分子性质接近于树脂的性质。亲颜料的基团容易吸附在颜料表面，亲树脂的基团能很好地和油墨树脂相容，克服了颜料固体和油墨基料之间的不相容性。在分散和研磨过程中，机械剪切力把团聚的颜料粉碎到原始粒子粒径，其表面被润湿分散剂吸附，由于位阻效应或静电斥力，颜料粒子不再重新团聚结块。

润湿剂所含有的活性基团能定向吸附在颜料粒子表面，增加基料与颜料的亲和性，同时降低基料（溶剂）的表面张力，加速其渗透进入颜料聚集粒子间的孔、缝之中，取代颜料粒子表面所吸附的水和空气等，帮助研磨分散设备将颜料团粒打开，减少研磨时间，提高效率，降低研磨能量消耗。

而分散剂除具有与润湿剂同样的润湿作用外，其活性基团一端能吸附在被粉碎成细小微粒的颜料表面，另一端通过溶剂化进入基料形成吸附层（吸附基越多，链节越长，吸附层越厚），产生电荷斥力（水性油墨）或熵斥力（溶剂型油墨），使颜料粒子长期分散悬浮于基料中，避免再次絮凝，因而保证制成的油墨体系的储存稳定。

2）颜料的分散

颜料分散是油墨制造过程中的重要环节，是把颜料研磨成细小的颗粒，均匀地分布在油墨基料中，得到一个稳定的悬浮体系。颜料分散要经过润湿、粉碎和稳定三个过程。润湿是用树脂或助剂取代颜料表面吸附的空气或水等物质，让固/气界面变成固/液界面的过程；粉碎是用机械力把凝聚的颜料聚集体打碎，分散成接近颜料原始状态的细小粒子；稳定是指形成的悬浮体在无外力作用下，仍能处于分散悬浮状态。分散效果除与颜料、低聚物、活性稀释剂的性质和相互作用有关外，往往还需添加润湿分散剂才能达到最佳的效果。

在分散时，颜料聚集体被冲击力和剪切力破坏，在理想的情况下可以成为原始颗粒（图

4-2）。颜料颗粒度的分布对其性能起决定性影响，因此减小其聚集体的大小极为重要。在这一过程中，能量被输入油墨体系，从而形成了较小的颗粒，它们与树脂溶液则有了较大的界面。这样的体系会趋向摆脱前述的高能量状态，而恢复到原先的低能量状态。以细微颗粒分布的颜料会聚集在一起，形成较大的结构，这就是絮凝。这一过程表现为诸如颜色强度的降低、失光以及流变性质的变化等现象。从结构上来看，絮凝体与聚集体很相似，只不过絮凝体中颜料之间的空间内充满了基料溶液而不是空气。由于表面能的存在，细小的有机颜料颗粒常常凝聚在一起，必须引入足够的剪切力才能使有机颜料聚集体分散。

(a)聚集体　　　　　　　　　　　　(b)分散

图 4-2　颜料聚集体到分散

有机颜料在连结料中的有效分散与有益效果是提高着色力，特别是经白色颜料的冲淡后，还可以改变色调、增加透明性、增加光泽性、增加黏度、减小有机颜料的临界体积浓度。

① 影响有机颜料分散性能的因素　有机颜料的性质，如化学组成、晶型、颗粒粒径分布、颗粒形状、颗粒表面结构；连结料的化学及物理性质，包括极性、分子量或分子量分布、黏度等；添加剂的化学及物理特性，填充剂、白色颜料、润湿分散剂、增塑剂或体质颜料；有机颜料与连结料交界面的相互作用、润湿分散剂的性质和应用方式、有机颜料在分散过程前的预处理参数，包括时间、温度、润湿等；球磨料的配方以及有机颜料的体积浓度。

② 有机颜料在连结料中分散的目的

a. 解聚：通过外界的机械力将有机颜料聚集体打碎从而达到减小颗粒度的目的。

b. 润湿：有机颜料的颗粒表面被连结料所润湿。

c. 分散：润湿的有机颜料分散到整个连结料系统中。

d. 稳定：有效地防止颜料固体颗粒的再聚集或絮凝。

③ 颜料分散过程　颜料聚集体开始被液体连结料润湿：粉状颜料在空气中时，颜料聚集体的周围以及颜料粒子与粒子之间的毛细孔隙中都充满了空气和极少量的水分，颜料粒子依靠粒子间相互吸引的内聚力聚集在一起；当颜料放到连结料中时，连结料从不同方向进入颜料的所有缝隙和毛细孔隙中，开始对颜料润湿；当连结料渗入颜料的毛细孔隙中时，同时空气从系统中排出。颜料聚集体被粉碎成小颗粒：颜料进一步湿润和分散。研磨提供外部机械力，促使颜料被粉碎成单个颜料粒子，也是连结料继续润湿颜料粒子的过程。

颜料颗粒表面的空气被液态连结料置换，即在颜料颗粒表面附着能够润湿颜料的介质。随着颜料颗粒表面的空气不断地被液态连结料置换，最终颜料均匀地分散在连结料中，这时颜料颗粒表面都被连结料所包围，达到这种分散程度时，则油墨中的颜料不容易沉降，流动性较好。较大的颜料颗粒形成的沉淀物如图 4-3 所示。

图 4-3　较大颜料颗粒形成的沉淀物

3）分散性的检测方法

用刮板细度计测量颜料颗粒细度；采用电子显微镜观察；采用光谱分析分析颜料粒子表面发生的变化，及活性剂在颜料表面吸附的情况；利用着色力和色相来测定颜料分散情况；测定油墨的储存稳定性，可以采用旋转黏度计，变换剪切速率，利用不同剪切速率求出黏度差，来分析体系的流变性；测定墨膜的光泽，一般高光泽油墨可采用 20°的光泽仪来测定，低光泽的可以采用 60°或 85°的光泽仪来测定。

4）润湿剂和分散剂的分类及应用

润湿剂和分散剂分为阴离子型、阳离子型、电中性型、非离子型、高分子型和分散稳定剂等，品种繁多，其代表示例如下所述。

① 阴离子型润湿分散剂　JTY 新型分散防沉剂、928 炭黑专用润湿分散剂、低分子量不饱和多元羧酸聚合物溶液 BYK-P 104 和 BYK-P 104S、聚羧酸加成物 Efka-766 及表面活性剂复合物 SER-AD FA 601 等。上述品种中 BYK-P 104S 由于加入了有机硅氧烷，适用于溶剂型和无溶剂型油墨，对防止含有钛白的复色油墨的浮色有特效。

② 阳离子型润湿分散剂　季铵盐 DA-168 炭黑润湿分散剂、长链羧酸多元胺聚酰胺的酸性磷酸盐溶液 Anti-Terra-P、不饱和多元羧酸的多元胺聚酰胺溶液 Disperbyk-130、低分子量不饱和多元羧酸聚合物的部分酰胺和烷胺盐、高分子不饱和聚羧酸 Tego Disper 610 和 Tego Disper 610S 等。上述品种能增加颜填料和基料间的亲和力、提高润湿效果、缩短颜料研磨分散时间、增加稳定性及防止颜填料沉淀，同时兼有防浮色发花作用。其用量可为颜填料的 0.5%～2.5%。

③ 电中性型润湿分散剂　聚羧酸有机胺电中性盐 DA-50 分散防沉剂、有机酸与有机胺电中性盐分散剂 108、电中性聚羧酸胺盐 923 及 923S、长链多元胺聚酰胺盐与极性酸式酯的溶液 Disperbyk-101、聚羧酸与胺衍生物的电中性盐 TexapHor 963 等。上述产品中的 923 和 923S 对有机、无机颜填料有润湿分散作用，可缩短研磨时间，提高涂料储存稳定性，923S 还可以防止浮色发花。

④ 非离子型润湿分散剂　非离子型表面活性剂 PD-85、烷基化非离子型表面活性剂 Atsurf 3222、膦酸酯类 OP-8037B 和复杂胺衍生物 TENLO-70 等。其中 TENLO-70 为琥珀色液体，有效成分含量为 98%～100%，pH 值为 9～10.5，能促进颜填料润湿分散、降低黏度、增加固含量、减缓颜填料沉降速度，用量约为颜填料总量的 0.25%～0.5%，对钛白、铬系颜料、铁蓝、炭黑等具有较好的润湿分散效果。

⑤ 高分子型润湿分散剂　含有特殊活性基团的聚合物炭黑专用润湿分散剂 328、改性聚丙烯酸酯 EfkaPolymer 400、改性聚氨酯润湿分散剂 TexapHor 3241、含羧基官能团的聚合物

润湿分散剂 TexapHor 3250、亲颜填料基团的聚合物（Disperbyk 160、Disperbyk 161、Disperbyk 162）和含有酸性亲颜填料基团的嵌段共聚物等。

⑥ 分散稳定剂　单纯的聚合物小颗粒和水的混合物，由于密度不同及颗粒相互黏结，不能形成稳定的分散状态。而在加入少量分散稳定剂后，就会在固体颗粒表面吸附上一层稳定剂分子，在每个小颗粒上都带有一层同号电荷，使每个小颗粒都能稳定地分散并悬浮在介质中。所以分散稳定剂是分散聚合体系中主要组分之一。一般来说，它并不参与化学反应，但在分散聚合过程中却起着举足轻重的作用。如络合分散稳定剂 MJ 530，它是有机氟离子及纳米硅钛离子配位化合物，属于功能性环保型添加助剂，具有界面润湿功能性，分散稳定性能优异，具有耐氧化/腐蚀、耐油污等功效，可用于溶剂型及水溶性涂料、染料、油墨、工业清洗剂、皮革涂饰材料及其他溶剂型制剂等。MJ 530 用水、DMF、醇醚类、低级醇类溶剂作为稀释剂，稀释 10 倍后使用，建议添加量为 0.5%（碱性体系效果更好）。MJ 530 外观为棕色透明液体（目测），25℃时黏度为 160～170MPa·s，25℃时相对密度为 1.2～1.3，活性物含量为 100%，pH 值 6～8，可用于 250℃高温体系，有化学稳定性，也可用于强碱、强氧化介质体系。

5）润湿与分散的区别

由于润湿剂和分散剂都能降低液体的表面张力而使颜填料更易于分散在介质中，故人们习惯于把润湿剂和分散剂放在一起称为润湿分散剂，但二者的主要功能及作用机理是不同的。润湿剂自身的表面张力很低，能够显著降低分散介质的表面张力；润湿剂的分子与颜填料微细颗粒表面有很强的亲和力，能够迅速地吸附在微细颗粒表面，取代表面的吸附空气等，从而促进颜填料颗粒被润湿及其中附聚颗粒的解聚。分散剂除具有与润湿剂相同的润湿作用外，其活性基团一端能吸附在被粉碎成细小微粒的颜料表面，另一端通过溶剂化进入基料形成吸附层，靠电荷斥力（水性油墨）或熵斥力（溶剂型油墨）使颜料粒子在油墨体系中长时间地处于分散悬浮状态。

总之，润湿剂和分散剂具有较低的表面张力，与颜填料表面形成较小的接触角，利于其在颜填料表面展布；与基料树脂体系有良好的相容性，避免产生相分离和墨膜表面缺陷。

（2）消泡剂

油墨制造过程中需要使用各种高速转动的粉碎、分散、混合设备，如三辊机、砂磨机和球磨机等。高速转动过程中，物料中会混入空气，导致大量泡沫产生。泡沫在油墨生产过程中出现，不仅会造成视觉干扰，还会降低墨膜的保护功能，如图 4-4 所示。同时，表面活性剂、增稠剂等表面活性物质的使用，增加了油墨起泡概率且有助于稳定泡沫，给印刷过程带来很多故障。因此，消泡剂是大多数油墨体系配方中不可或缺的一部分。

图 4-4　油墨中的泡沫

在丝网印刷中，许多油墨在承印物上形成的墨膜表面会出现小气孔，如果油墨干燥速度快，墨膜表面凹凸不平的现象特别严重，造成印刷品质量下降。解决办法就是在油墨中加入少量消泡剂，如添加量为油墨质量的0.3%～0.5%，这时体系表面张力达到最小，当超出这个比例时，加入再多的消泡剂也无法增强消泡效果。加得太多还会影响墨膜的附着力或易引起缩孔等问题，用量最低且有消泡效果最佳，因此不要作为稀释剂来应用。

1) 消泡剂的作用机理

气泡就是成团的气体被液体的薄膜壁分隔包围而形成的，气泡壁本身能形成规则的几何形，三个气泡壁（薄膜）聚在一起时会形成120°角。至少有两种组分才能形成气泡（纯液体不能成泡），因为气泡形成时需要大量的表面积，而这些表面积的产生则与液体的表面张力相抗衡。故液体的表面张力比较低时，形成一定量的稳定气泡所需的能量亦比较低。当可溶于液体的表面活性剂的单分子薄膜出现在液体表面时，就会产生气泡，液体表面的弹性也会导致气泡产生。一般来说，气泡本身是不稳定的，它的破坏一般是由于液体从气泡壁排挤入壁的边缘，当膜壁排挤到一定厚度时，在膜壁内的分子运动就会破坏液体膜而毁灭气泡结构。

消泡剂通常是以微粒的形式渗入泡沫体系之中的。当泡沫体系要产生泡沫时，消泡剂微粒会立即破坏气泡的膜，抑制泡沫的产生。如泡沫已产生，则消泡剂会与泡沫表面的憎水链相互作用，且迅速铺展开，形成很薄的双膜层，取代原泡沫的膜壁使泡沫膜壁逐渐变薄，表面张力下降；这时泡沫膜周围不含消泡剂的区域表面张力还比较大，这样导致膜层的受力不均匀，受这种作用力不平衡的强力牵制，气泡破裂。

消泡剂的消泡原理一般有两种：一种是通过化学反应来达到消泡的目的（如酸或钙盐能破坏皂膜）；另一种被广泛采用的则是通过进一步降低体系表面张力，消泡剂易于在液体表面铺展和吸附，从而降低液体表面膜强度来达到消泡的目的。消泡剂应有性能：首先，与泡沫表面具有很强的亲和力；其次，能够在泡沫膜表面上迅速铺展，并取代泡沫膜壁；最后，不溶解于泡沫介质之中。

由于水性油墨的流动性远大于胶印油墨，在印刷油墨传递过程中很容易混入气体而产生气泡。因此在水性油墨的配方中，一般都需要添加消泡剂来消除水性油墨印刷时产生的气泡。消泡剂可以分为抑泡剂和破泡剂。工业油墨则要求抑泡性能好的消泡剂。消泡剂也视油墨性质而异，如水性油墨常采用正辛酯及丙三醇，非水性油墨则采用磷酸三丁酯，聚二甲基硅氧烷（分子量为1200～2700）对两类油墨都有效，是油墨中应用最广的消泡剂。消泡剂的用量要严格控制，尤其是硅油类消泡剂，一般为油墨的3%。油墨消泡剂包括硅系和非硅系两大类，前者用途广泛。硅系消泡剂虽然有较好的消泡效果，但过量使用会导致油墨黏着不良。

消泡剂的渗透系数 E 与铺展系数 S 可利用下式计算：

$$E=\gamma_F+\gamma_{DF}-\gamma_D>0$$
$$S=\gamma_F-\gamma_{DF}-\gamma_D>0$$

式中　　γ_F——泡沫介质的表面张力；

γ_D——消泡剂的表面张力；

γ_{DF}——泡沫介质和消泡剂之间的界面张力。

水和4种有机溶剂的表面张力和界面张力如表4-6所示。如果渗透系数为正，消泡剂可以穿透泡沫薄片。如果同时满足正铺展系数的条件，则消泡剂不溶于发泡介质中，其在渗透薄片后能够在界面处扩散。通过在泡沫薄片的界面中铺展，泡沫稳定表面活性剂被置换，并且具有抗干扰性的弹性薄片被具有较低内聚力的薄膜所取代。

表4-6 水和4种有机溶剂的表面张力和界面张力   单位：$10^{-5}N/cm$

液体	γ_F	γ_D	γ_{DF}	液体	γ_F	γ_D	γ_{DF}
水	72.8	—	—	正辛烷	—	21.8	50.8
苯	—	28.9	35.0	正十六烷	—	30.0	52.1
正辛醇	—	27.5	8.5				

2）消泡剂在印刷过程中的要求

首先，能够在泡沫体系中产生稳定的不平衡表面张力，且能够破坏发泡体系表面黏度和表面弹性。其次，自身表面张力低，不溶于发泡介质之中，但又很容易按一定的粒度大小均匀地分散于泡沫介质之中，产生持续和均衡的消泡能力。最后，当泡沫介质在高速搅拌下混入空气起泡时，能阻止泡沫的产生，且破坏气泡的弹性膜，使之破裂。

3）水性油墨的泡沫问题

乳液聚合时就必须使用一定数量的表面活性剂，这样才能制取稳定的水分散液。表面活性剂的使用会显著降低体系的表面张力，这是产生泡沫的主要原因。在水性油墨中分散颜料时，会采用润湿分散剂，而润湿分散剂也是降低体系表面张力的物质，有助于泡沫的产生及稳定。当水性油墨的黏度太低时，常常在油墨中加入增稠剂，加入增稠剂后泡沫的膜壁增厚，并且其弹性增加，泡沫稳定而不易消除。

4）溶剂型油墨消泡剂与水性油墨消泡剂

溶剂型油墨消泡剂包括二甲基硅油的二甲苯溶液、低级醇、高级脂肪酸金属皂、低级烷基磷酸酯、有机树脂、改性有机硅、二氧化硅混合物、有机高分子聚合物以及低聚物的衍生物。

水性油墨消泡剂包括磷酸三丁酯、正辛醇、乳化硅油和水性硅油等物质；矿物油、萜烯油、脂肪酸低级醇酯、高级醇、高级脂肪酸金属皂、高级脂肪酸甘油酯、高级脂肪酸胺、高级脂肪酸和多乙烯多胺的衍生物、聚乙二醇、丙二醇与环氧乙烷的加聚物、乙二醇、有机磷酸酯、有机硅、改性有机硅、二氧化硅与有机硅树脂络合物等。

（3）表面活性剂

表面活性剂是各种用途的各种化合物的总称，如乳化剂、发泡剂、润湿剂、洗涤剂等，都是表面活性剂。表面活性剂是加入少量即可改变溶液界面性质的物质。表面活性剂可润湿颜料的表面，缩短油墨制造时的研磨时间，有利于颜料的分散，有时还会降低颜料的吸油量。在制造高浓度油墨时，表面活性剂可以降低油墨的屈服值，并且对防止油墨中颜料颗粒凝集和沉淀有好处。表面活性剂在油墨中的应用研究十分有意义。简而言之，表面活性剂就是在液体-液体、液体-固体、液体-气体的表面或界面（一般来说，物体相界面之间的张力统称为界面张力，而特别把液体-气体相界面之间的张力称为表面张力）之间起作用的物质。将它以少量加于液体中后，能被吸附在液体表面，或水-油（或液-固）界面上，从而可降低液体的表面张力和界面张力，使生产工艺及产品质量得到大大改进和提高。

1）表面活性剂的作用机理

大多数有关表面活性剂的资料均涉及含水系统，一般是讲它们降低水的表面张力以及水溶物形成溶解性胶束的能力的。表面活性剂是一种有机化合物，从分子结构看，有两种基团：一种是在油中易溶解，在水中难溶的基团——亲油基团（憎水基团，非极性），以长链烷基为代表的原子团；另一种是在水中易溶解，在油中难溶的基团——亲水基团（憎油基团，极性），以羟基、羧基、氨基、硫酸酯基、磺酸酯基、醚基等为代表的原子团。表面活性剂的分子模型见图 4-5。根据表面活性剂亲水基团和亲油基团的平衡（即 HLB 值，hydrophile-lipophile balance）关系，表面活性剂制造者就可制出油溶性及水溶性各不相同的无数产品。

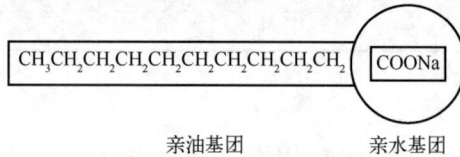

$$\boxed{CH_3CH_2CH_2CH_2CH_2CH_2CH_2CH_2CH_2CH_2}\ \ \bigcirc\!\!\!COONa$$

亲油基团　　　　　　　　　　亲水基团

图 4-5　表面活性剂的分子模型

一般地，表面活性剂虽在液体中能溶解，但其溶解度是不高的。它们具有平衡的极性-非极性结构，即有一部分分子是溶于极性液体中的，而另一部分分子则在非极性液体中。分子层定向集中在液体表面，故溶解部分的分子在液体中，不溶解部分则在空气中。油酸在水面上的单分子层就有此种情况。如果将油酸的苯溶液置于水面上，则苯蒸发后油酸形成单分子层，羧基基团在水中而油酸基团则在空气中。如果将油酸铺在油面上，则会发生相反的定向作用。比较一下油酸（$C_{17}H_{33}COOH$）和肥皂或油酸钠（$C_{17}H_{33}COONa$）就会发现有差别，它们之间非极性的油酸基团（$C_{17}H_{33}COO$—）是相同的，但钠比氢的极性更强，故皂溶于水而不溶于苯和油，油酸则溶于苯和油而不溶于水。而在很多情况下，表面活性剂层也不一定形成单层，只是分子的厚度不同而已，这取决于表面活性剂的用量及类型。当然，也不是它的所有分子都是在界面上的，它在溶液中与在界面之间的平衡也取决于它的用量。当表面活性剂的用量达到临界浓度时，就会形成胶束，或整个液体中都是它分子的定向基团。由于胶束能吸收难溶性分子，故对一般的难溶性分子来说，胶束是种"溶解剂"。这些胶束会增加水的稠度，并减少分散液滴的布朗运动，从而降低聚集倾向，使分散（乳化）更稳定。

表面活性剂的作用是相当多的，大致有乳化、破乳发泡、稳泡、消泡、润湿、分散、净洗、柔软、抗静电、杀菌、防锈、腐蚀、缓蚀、润滑、增溶、降凝、解絮凝等。

2）表面活性剂的分类

表面活性剂的分类方法有很多，但常用的是按离子类型来分类。表面活性剂溶于水中时，能电离生成离子的叫离子型表面活性剂；反之，就叫非离子型表面活性剂。在离子型表面活性剂中，还要按生成的离子种类来分类，例如：

① 阴离子型表面活性剂　其活性组分是阴离子（带负电荷），它能吸引其他大分子的正电荷而在表面留下负电荷，从而使水系统具有良好的润湿性。非极性部分是脂肪酸碳氢链，阴离子及与之相连的阳离子则是极性部分。这类表面活性剂溶于水时，与其憎水基相连的亲水基是阴离子，故当极性的颜料分散在非极性的连结料中时，极性部分就作为一个单分子层吸附在颜料表面上，使颜料带电；而非极性部分则向外伸入连结料中，形成相互吸引的状态。这个过程就是界面张力降低的过程。皂类、碱金属、铁盐、长链脂肪酸等都是属于阴离子型表面活性剂。

② 阳离子型表面活性剂　情况与阴离子型相反，正电荷吸引负电荷，这最适合于颜料分散在连结料中的情况。颜料如果带正电荷，则它可以很好地分散在非水系中。这类表面活性剂溶于水时，与其憎水基相连的亲水基是阳离子。脂肪酸季铵盐类或其硫酸盐类、醋酸盐类都属于阳离子型表面活性剂，其通式是：$R\text{-}N(CH_2)_3X^-$，R=烷基脂肪酸基团，X=卤素、HSO_4、COO。

③ 两性表面活性剂　所谓两性表面活性剂，广义地说即同时具有阴离子、阳离子，或同时具有非离子和阳离子，或同时具有非离子和阴离子的，有两种离子性质的表面活性剂的总称。但习惯上所说的两性表面活性剂是指第一类，即由阴、阳两种离子所组成的表面活性剂，它的结构中同时存在着两种性质相反的离子。

④ 非离子型表面活性剂　这一类属于在水中不电离的表面活性剂，它们没有剩余电荷，分子中一部分亲水，一部分憎水。

⑤ 其他高分子型表面活性剂　这一类表面活性剂具有比较高的分子量，其中阴离子和阳离子是彼此平衡的，或至少是近似的。

4.2.2　改善油墨储存运输性能的助剂

（1）防干剂

防干剂，也称抗氧剂、反氧化剂、反干燥剂、抗干燥剂，其作用与干燥剂相反。当油墨配方中采用一些催干性能强的颜料（如铁蓝、铬黄等）时，在轧制时会出现结膜现象，导致油墨难以扎细。存放时，由于油墨表面与空气接触而发生氧化并结皮，在印刷机上也会出现结皮干涸的倾向，有时甚至变干不能使用。在油墨中可以适当地加入抑制性的填充料，如 Al(OH)$_3$，或降低干性的材料，例如凡士林、蜡质等，以延缓干性油的氧化聚合。但是有时使用这些方法亦不能完全克服这些问题，所以在油墨中可以加入适量的防干剂，以延缓干性油的氧化聚合。

1）防干剂的构成

目前最常作为防干剂用的物质之一是 2,6-二叔丁基对甲酚，简称 BHT，其结构式如图 4-6 所示。BHT 为白色结晶性粉末，遇光颜色变黄，并逐渐变深。常用的防干剂配比是取 BHT 5 份与六号油 95 份，在不断搅拌下升温到 110～115℃ 溶解而制得。

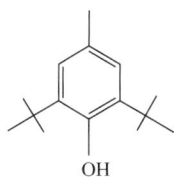

图 4-6　2,6-二叔丁基对甲酚

除防干剂外，在印刷工艺上还采用了一些能够防止油墨结皮的材料，属于挥发性的有丁香油、三氯化乙烯等，属于不挥发性的有邻苯二甲酸二丁酯和丁烯二酸等。这些材料加入油墨中后，在网版面上可防止油墨氧化结皮。丁香油及邻苯二甲酸二丁酯等材料加入油墨及干燥油中以 1%为准，加得过多则油墨干燥得过慢，反而会影响印刷的进行。

2）防干剂的作用机理

防干剂能延缓干性油的氧化聚合，因为它们是强还原剂，如对苯二酚、邻苯二酚和 β-萘酚等，它们能优先被氧化，从而延缓了干性油的氧化过程。这些防干剂常用作高分子物质聚合反应过程中的阻聚剂，因为它们易与游离基反应生成稳定的化合物，从而阻止了游离基的链增长。防干剂有众多优点，其中包括：为墨辊喷涂防干剂时，异味小甚至无异味；可使用油墨敞开达 48 小时，不影响油墨性能或颜色；大罐装，同等价位罐装量比大多数同类产品多 20%。干性油中的甾醇（sterol），生育酚（tocopherol）等都是一些天然的抗氧剂，它们的存在使干性油在吸氧干燥前有一个诱导期。

大多数高分子物质均可与氧反应，导致降解或交联，尤其是在热和光的作用下，氧化作用的速度更快。高聚物的氧化作用是游离基链式反应。而防干剂的功能是：①与游离基结合，以破坏氧化的链式反应（一般来讲，它们并不与碳氢化合物的游离基结合）；②把过氧化物分解为稳定的、不再参与链式反应的物质。也可以这样认为，抗氧剂是这样的一些物质：它可以捕获活性的游离基而生成非活性的游离基，从而使链式反应终止；或者能够分解非游离基产物，从而终止链式反应。

抗氧剂的种类很多，大致有胺、酚、酯、肼、肟、酸等，其中以胺、酚为主。按照作用机理，抗氧剂有游离基抑制剂和过氧化物分解剂两种类型。游离基抑制剂又称主抗氧剂，包括胺类和酚类两大系列。胺类抗氧剂几乎都是芳香族仲胺的衍生物，主要有二芳基仲胺、对苯二胺和酮胺、醛胺等，它们大多具有比较好的抗氧化性能，但污染比较严重。酚类抗氧剂主要是受阻酚类，抗氧化效能一般比胺类差，但污染比较轻。过氧化物分解剂又称辅助抗氧剂，主要是硫代二丙酸酯等硫代酯类和亚磷酸酯类。抗氧剂还包括铜抑制剂（又称重金属钝化剂）和抗臭氧剂，大多是肼的衍生物、肟类和醛胺缩合物。

（2）反胶化剂

油墨体系会由于以下几种因素发生胶化、变稠、结块：碱性颜料与酸值较高或含有游离脂肪酸的连结料反应生成皂；连结料本身凝聚胶化，油墨体系吸水，油墨体系中颜料含量过高；使用的连结料不恰当，连结料中树脂和油脂混溶不良；在高分子聚合物体系中，颜料吸收酸性物质也会促进油墨胶化等。

能使胶态油墨恢复流变性能的物质，可统称为反胶化剂。对反应成胶的胶化类型，可加入松脂酸（松香或松香酸钙溶于亚麻油中）、亚麻油脂肪酸、顺丁烯二酸或高酸值的顺丁烯二酸酯树脂（溶于亚麻油中）等高酸值物质来解胶。对由于太稠或连结料聚合度过高所形成的胶化，可加入适当的稀释、溶解性物质（脂肪烃、酯、酮等）来克服。反胶化剂的添加量以不超过5%为宜。已胶化的油墨在加入反胶化剂解胶后应及时使用，否则仍可能返胶。

（3）防结皮剂

防结皮剂是一种防止自动氧化聚合成膜油墨在储存过程中表层凝胶结皮的助剂，主要分为酚类防结皮剂和肟类防结皮剂（甲乙酮肟和环己酮肟等）。防结皮剂用量一般为油墨总量的0.1%～0.3%。其作用主要有：①抗氧化作用，捕获自由基，终止氧化聚合反应；②络合作用，含有肟基的防结皮剂与催干剂反应形成络合物，使催干剂暂时失去活性功能；③隔氧作用，防结皮剂具有较高的蒸气压，产生的蒸气可填充罐内空间，起到隔离及阻氧作用；④溶解作用，肟类化合物是强溶剂，能延迟凝胶的形成。

（4）铝皂

铝皂是脂肪酸钠盐或环烷酸铝盐的统称，通常是由油脂与氢氧化钠水溶液经过皂化反应除去甘油后制成的，也可以通过脂肪酸与氢氧化钠（或碳酸钠）水溶液直接中和制成。铝皂是一种阴离子表面活性剂，水溶液具有润湿、渗透、起泡、分散和去污等特性。铝皂的用途有：作为洗涤用品的主要原料之一，铝皂被广泛用于制造日用化妆品、洗涤剂、工业脂肪酸盐、涂料、橡胶、肥皂、污水处理剂、基本分析试剂、分析用标准碱液、少量二氧化碳和水分的吸收剂，以及酸的中和钠盐制造其他含氢氧根离子的试剂等。它在造纸、印染、废水处理、电镀、化工等方面均有重要用途。

铝皂作为连结料的凝胶剂，一般轻度凝胶化连结料，外表上呈现增稠状态，故又可称为增稠剂。增稠剂的作用是使连结料的黏度增加，有胶化结构和适当的触变性，防止颜料沉降，但却不增加油墨的黏性。印刷油墨中常用的增稠剂有季铵盐处理过的膨润土、烟雾硅和温石棉，加入1%就有增稠效果，并能改变油墨的流变性。

1）铝皂的成分

铝皂能和连结料中树脂的活性基团反应形成大分子基团或聚合型化合物，包围了连结料中的稀料部分，从而形成凝胶状态。铝皂在平版胶印油墨中发挥着重要作用，赋予油墨以良好的身骨，改善油墨流变性，同时改善油墨光泽、屈服值及颜料的润湿性、渗透性等。

油墨中常用铝皂的脂肪酸成分主要有硬脂酸、2-乙基己酸和 $C_{7\sim9}$ 酸三种。硬脂酸铝的铝含量较低，约 4.5%，故成胶性弱，不常用。二（2-乙基己酸）铝通称异辛酸铝或八碳酸铝，铝含量约 8.2%，故成胶性强，矿油溶解性好，是合适的品种。但合成步骤较长，价格较高。二（$C_{7\sim9}$ 酸）铝是八碳酸铝的代用品种，价格低廉，铝含量约 7.9%，成胶性好，缺点是矿油溶解性差，使用不便。

2）铝皂的作用机理

在平版印刷油墨使用的树脂型连结料中一般含有较多的胶质油，它是由八碳酸铝（或硬脂酸铝）与亚麻油、桐油、树脂配制而成的成胶剂。胶质油在平版印刷油墨中的作用就是改善它的身骨，使它具有一定的胶化结构和触变性，使油墨网点凸立，网点增大率小；同时使树脂和颜料留在纸张表面，油墨油浸入纸内，有助于印刷油墨的固着与干燥，墨膜光亮、平滑。由于油墨是按比例配制成的，各组分间存在着平衡，外来组分的加入势必会打破原有的平衡，使油墨品质下降。铝皂加入量过多，将导致油墨品质严重劣化。使用助剂时要特别注意相应的这些链式反应。例如，减黏剂的加入量若大于 5%，将使油墨内聚能降低，影响墨层和网点的光洁度、平整度，同时会使印刷密度降低。

4.2.3 改善油墨施工性能的助剂

（1）减黏剂

减黏剂又称撤黏剂或去黏剂，是一种膏状物质，可以降低油墨的黏性，而不影响油墨的身骨。较早时期所用的减黏剂是以调墨油为主体，加入一些蜡类，或以凡士林为主体，加入一些蜡类和油脂。这些减黏剂的使用效果都不够好，主要用于油脂型油墨。目前，减黏剂主要组成有铝盐、亚麻油、低黏度醇酸树脂、石蜡油。近几年来则多采用精漂亚麻油和高沸点煤油为主体，加入合成树脂、凝胶剂和蜡，做成半凝胶状态，这种减黏剂用于亮光油墨和树脂油墨，能保持油墨的固着速度、光泽和其他特性。使用减黏剂的目的在于降低油墨的黏性，而不改变其流动性。在平版和凸版印刷过程中，由于纸张性质的变化，例如纤维结合不良，纸的表面涂层欠佳、表面强度差，或纸的吸墨性差、耐水性差，以及油墨黏性过大、催干剂过多、印刷车间气温过低等，以致出现拉纸毛，进而导致堆版、糊版等问题。这种情况下可适当使用减黏剂，用量一般为油墨量的 3%～5%。

（2）稀释剂

稀释剂是一种用于改善油墨黏度和流动性的液体材料。它的主要作用是降低胶黏剂黏度，使胶黏剂有好的渗透力，并改善工艺性能。有些稀释剂还能够降低胶黏剂的活性，从而延长其使用期限。在印刷过程中，如果油墨的黏稠度过大，或者纸张质量较差，可能出现拉纸毛、掉版等问题，影响印刷正常进行。此时除了使用减黏剂降低油墨的黏性外，有时也需要添加少量的稀释剂来降低油墨的稠度。对于已经相对稀薄但黏性仍然较大的油墨，使用减黏剂效果更佳。

1）稀释剂的分类

稀释剂可分为非活性稀释剂和活性稀释剂两种：

① 非活性稀释剂　分子中不含活性基团，大都是惰性溶剂，如乙醇、丙酮、甲苯等。在稀释过程中它不参加反应，只是共混于树脂之中并起到降低黏度的作用。除了起到稀释作用之外，非活性稀释剂对机械性能、热变形温度、耐介质及老化破坏等都有影响。使用时应考虑到它的挥发速度，若挥发速度太快，胶层表面易结成膜，妨碍胶层内部溶剂的逸出，导致胶层中产生气泡。若挥发速度太慢，则在胶层内留有溶剂，从而会影响胶接强度。

② 活性稀释剂　是分子中含有活性基团的稀释剂，它在稀释胶黏剂的过程中要参加反应，同时还能起增韧作用（如在环氧型胶黏剂中加入甘油环氧树脂或环氧丙烷丁基醚等就能起增韧作用）。

2）稀释剂的作用机理

油墨中加入稀释剂有两个作用：一是降低油墨黏度；二是使油墨变稀，从而增强油墨流动性能。稀释剂在使用时要考虑挥发速度、安全性以及与连结料混溶性等因素，因此不同的油墨类型和印刷环境会使用不同的稀释剂。在印刷过程中，油脂型油墨一般采用低黏度的六号调墨油作稀释剂，树脂型油墨则采用低黏度的植物油、高沸点煤油和少量的松香改性酚醛树脂炼制成的树脂型调墨油作稀释剂，溶剂型照相凹版油墨可用甲苯、二甲苯作稀释剂，水性油墨可用乙醇、异丙醇等作稀释剂。

现以树脂型调墨油稀释剂的合成为例说明如下：将松香改性二酚基丙烷树脂 18 份、亚麻油 12.5 份、桐油 12 份装入锅内，快速升温熔化，待树脂完全熔化后，开动搅拌；继续升温至 280℃，立即加入六号调墨油 40 份，待温度降至 180℃，加入高沸点煤油 17 份，充分搅拌，出料过滤包装。黏度（20℃）为 $0\sim0.5Pa\cdot s$。

（3）增稠剂

增稠剂在涂料工业中应用比较广，因为涂料的性质通常偏向稀薄。油墨工业中也采用增稠剂，主要应用于稀薄产品中，例如照相凹版油墨和柔性凸版油墨等。在稀薄的体系中使用增稠剂的目的是增加体系的黏度，以便固体颗粒（如颜料）悬浮在其中，从而降低颗粒的沉降性。此外，增稠剂还可消除体系出现花纹浮色的问题。在涂料和油墨体系中，固体颗粒的密度、凝聚性和亲水性等特性各不相同。此外，溶剂的挥发、体系的温度变化等因素也会影响体系的性质。这些因素的变化可能导致体系表面出现花纹或颜色浮动的现象。因此，在这些体系中使用增稠剂可以有效地控制体系的流变特性，保持其稳定性。

增稠剂是一种流变控制剂，它的作用是提高油墨的黏度，但不能改变油墨流动曲线的形状，它在高剪切速率和低剪切速率下均能提高油墨的黏度。增稠剂在涂料工业中应用也比较广，因为涂料的性质大多是比较稀的。当然，增稠剂由于能改变体系的流变性，因而也可改善油墨的使用性能。

1）增稠剂的分类

增稠剂按其组成主要分为四类：无机增稠剂类、纤维素类、聚丙烯酸类、聚氨酯类。根据增稠剂与连结料中各种粒子的作用关系，可分为缔合型和非缔合型。增稠剂类型及品种如图 4-7 所示。

2）增稠剂的性能

增稠剂主要使用硅树脂粉末类化学稳定性微粒子材料，其吸油量非常高。如果在用溶剂稀释的油墨中加入 0.5%～3.0% 的增稠剂，使其充分搅匀，油墨黏度就会增高。在调整油墨时，要根据油墨的黏度等实际情况确定增稠剂和稀释剂的适当比例，以获得良好的印刷适性。常用增稠剂的性能主要有：抗飞溅性、流平性、高剪切黏度、高光泽潜力、抗压黏性、对配方中表面活性剂和共溶剂的敏感性、对 pH 值的敏感性、耐水性、耐碱性、耐擦洗性、抗腐蚀性、对电解质的敏感性、抗微生物降解性等。

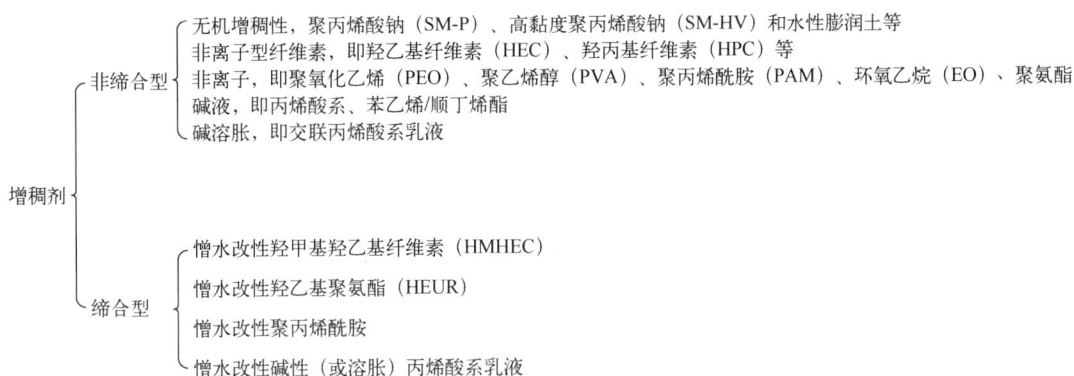

增稠剂
- 非缔合型
  - 无机增稠性，聚丙烯酸钠（SM-P）、高黏度聚丙烯酸钠（SM-HV）和水性膨润土等
  - 非离子型纤维素，即羟乙基纤维素（HEC）、羟丙基纤维素（HPC）等
  - 非离子，即聚氧化乙烯（PEO）、聚乙烯醇（PVA）、聚丙烯酰胺（PAM）、环氧乙烷（EO）、聚氨酯
  - 碱液，即丙烯酸系、苯乙烯/顺丁烯酯
  - 碱溶胀，即交联丙烯酸系乳液
- 缔合型
  - 憎水改性羟甲基羟乙基纤维素（HMHEC）
  - 憎水改性羟乙基聚氨酯（HEUR）
  - 憎水改性聚丙烯酰胺
  - 憎水改性碱性（或溶胀）丙烯酸系乳液

图 4-7 增稠剂类型及品种

3）颜料的沉降

黏稠度低的油墨存放在容器中，如不加搅拌，则颜料粒子等会渐渐向下沉积。如果没有一种力来对抗这种下降运动，则容器的底部会沉积成一层硬而干的沉结块，而再也无法分散。下面列举三种颜料分散体的沉降形式：①分散（解絮凝）颜料的沉降形式，这种沉积较为缓慢，形成坚实的沉积层，无法再次分散；②絮凝颜料的沉降形式，这种沉积速度较快，形成疏松的软体，易于再次分散；③胶体结构分散颜料的悬浮体，由于其触变胶体结构的存在，这种悬浮体保持着相对理想的状态，能够有效地防止沉降。

要想解决上述弊病，提高粒子的细度和增加体系的黏度是两种常用的方法。然而，从经济与技术角度出发，颜料粒子不可能分散到无限细的程度；从应用角度出发，似乎也无必要。此外黏度也不可能大到使体系无法使用的程度。所以这两种方法也是有限度的。同时，胶体的聚集作用与颜料的絮凝作用对改变或防止体系的沉降是更有效的。颜料的絮凝作用和胶体形成的疏松结构对降低颜料的硬度是有帮助的，但这种结构是比较脆弱的，稍加搅动即可破坏。若不加搅拌，这种体系能悬浮颜料粒子。尽管在存放初期会有一定的沉降现象，随着颜料粒子的向下运动，颜料的内连粒子网就会受到压缩，形成较大的絮凝颜料颗粒从而降低光泽度见图 4-8。但是由于支撑结构变得更坚实，故沉降作用到最后就停止了。任何沉降作用当其达到停止点时，体系中的沉降部分还是松软体，而且是易于分散的。

图 4-8 较大的絮凝颜料颗粒导致光泽度降低

由于颜料的絮凝作用有许多弊病，故一般还是采用胶体结构来解决沉降问题。胶体结构几乎没有什么缺点，且可通过加入触变剂或增稠剂来调整。

4.2.4　促进油墨固化成膜性能的助剂

（1）干燥剂

干性植物油因为本身混杂有微量有机抗氧物质，影响对氧的吸收，从而导致它的氧化聚合反应速率较慢，无法满足正常印刷的需求。为了加快油墨的干燥速度，需要添加干燥剂。

干燥剂又称催干剂，或简称干油、燥油，依靠氧化结膜干燥的连结料都需要加入干燥剂，它是干性植物油氧化聚合结膜的催化剂，是油墨中非常重要的一类助剂。不但以氧化结膜为主要干燥形式的油脂型油墨少不了它，而且以渗透胶凝和氧化结膜相结合为干燥形式的树脂型油墨的彻底干燥仍有赖于它。虽然树脂型油墨的植物油用量减少了，逐渐被树脂和矿物油所取代，但连结料中仍有一定量的植物油存在，作为树脂在矿物油中的助溶剂墨膜的增塑剂，而这部分植物油的氧化聚合仍需催干剂催化。

1）干燥剂的作用机理

干燥剂主要是钴、锰、铅等金属的有机酸皂类，它们的催干机理至今尚未完全弄清，而且彼此也不尽相同。一般认为有以下 3 个方面的作用：

① 缩短诱导期。干性油中含有的磷脂、蛋白质、维生素 E 等物质，很容易先被氧化而阻碍干性油的氧化聚合，所以它们常被称为天然抗氧化剂。虽经过精制，但尚有少量残留。这些残留的杂质对干性油氧化聚合的延缓时间，称为干性油的诱导期。如果干性油中加入干燥剂，则干燥剂中的金属被还原成低价，而干性油中的磷脂等杂质被氧化，或相互结合成沉淀析出，从而缩短了干性油的诱导期。

② 促进游离基形成。干燥剂本身能解离成游离基，此游离基能接受油分子中双键邻位碳原子上的氢，而使油分子形成游离基，并进一步氧化成过氧化物，同时产生新的游离基。

③ 促进聚合。干燥剂能促进干性油中的双键打开，形成游离基，并进一步聚合。在此聚合过程中，不吸收氧。

2）干燥剂的类型

干燥剂大都由金属和有机酸根两部分构成，故属于皂类，可用通式 R—COOM 表示。其中金属部分决定干燥剂的性能，而干燥剂的效果则和有机酸根部分有关。具有催干性能的金属，其强弱大致排列如下：钴>锰>铅>铈>铬>铁>锌>钙。其中以钴、锰、铅最为重要，可作为主干燥剂的金属，其他则作为助干燥剂的金属。

有机酸根来自有机酸，可用于干燥剂的有机酸主要有环烷酸、2-乙基酸、亚麻酸、松浆油酸和松香酸等。其性能以 2-乙基己酸为最优，环烷酸次之，亚麻酸又次之，松香酸最差。常用的环烷酸又称萘酸，是从石油中分离、酸化、精制而得的，酸值在 170～250 之间。环烷酸皂是目前使用最广的催干剂，有良好的溶解性和储藏稳定性，催干效果好，来源广，唯一的缺点是有些臭味。2-乙基己酸又称异辛酸，是从 2-乙基己醇氧化制得的，酸值在 265～385。2-乙基己酸皂是一种新型催干剂，黏度低、储藏稳定性好、催干效果高、色浅、气味小，但目前价格较高。

萘酸的主要组成为：饱和单环羧酸（$C_nH_{2n-1}COOH$）、饱和双环羧酸（$C_nH_{2n-3}COOH$）、脂肪族羧酸（$C_nH_{2n+1}COOH$）。饱和单环羧酸中的碳环为五元环，其结构式如图 4-9 所示。

3）干燥剂的特性

干燥剂的性能取决于金属部分，而催干作用又可分为氧化催干和聚合催干。故干燥剂有两种类型：一种是以氧化催干作用为主，例如钴催干剂、锰催干剂等；另一种是以聚合催干作用为主，例如铅催干剂、铁催干剂等。

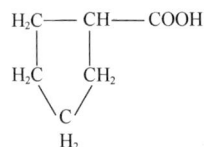

图 4-9　饱和单环羧酸结构式

钴催干剂是氧化型催干剂，其催干能力最强，特点是表面干燥快，故适宜与铅催干剂配合使用，使表里平衡干燥。最常见的钴催干剂是环烷酸钴，是一种紫色浆状体，含钴 7.3%。为了便于使用，常用 200 号汽油稀释成含钴 3%的溶液，其用量以金属钴计，常为干性油量的 0.05%～0.10%。

锰催干剂也是氧化型催干剂，但在促进膜的表面干燥方面不及钴催干剂迅速，因此有利于底层的干燥。它的缺点是颜色深，且有泛黄倾向，墨膜易脆。常见的品种为环烷酸锰，是一种暗红色的溶液，含锰 3%。如用锰催干剂代替钴催干剂时，其用量应比钴催干剂多些；如钴锰催干剂混合使用，则锰的用量一般少于钴。

铅催干剂是聚合型催干剂，能促进油膜底层干燥，形成坚韧的干膜，附着力好。但其氧化催干能力极差，若单独使用表面长期不干，故一般与钴、锰催干剂配合使用。常见的铅催干剂是环烷酸铅，用 200 号汽油稀释成含铅 15%的溶液，其用量以金属铅计，常为干性油量的 0.5%～1.0%。

一般的干燥剂也是强力乳化剂，能加速油墨的干燥，但加入过量会造成油墨严重乳化，不仅不能起到加快干燥的作用，甚至会导致油墨打滑、传墨困难。此种情况下，只能添加原装油墨以冲淡催干剂的浓度或直接换用新墨。催干剂过量，也会导致墨迹晶化。

4）常用的催干剂

常用的催干剂有膏状的白燥油和液状的红燥油（钴干燥油）。白燥油是以金属铝、锰、钴为原料制成的乳白色膏状流体物，它的特点是促使墨层上下、内外一起氧化聚合成固体皮膜，能使油墨从内到外均匀干燥，是胶印中常用的催干剂。白燥油应在开印前调入油墨，否则会由于加入时间过长而结膜或胶化。红燥油是一种表面催干剂，呈紫褐色液状流体。其特点是以表面氧化结膜为主，逐渐向内干燥，催干速度更快更强，用量过多时容易在印刷机墨辊上结皮。同时由于其本身的颜色，一般只在品红、黑色油墨中使用。

（2）光引发剂

光引发剂（photo initiator，PI）是一种能吸收辐射能，经激发后的化学变化能产生具有引发聚合能力的活性中间体（自由基或阳离子）的物质。它是光固化油墨的关键组分，对光固化油墨的光固化速度起决定性作用。在光固化油墨中，光引发剂含量比低聚物和活性稀释剂要低得多，一般在 3%～5%，不超过 7%～10%。在实际应用中，光引发剂本身或其光化学反应的产物均不会对固化后油墨层的化学和物理机械性能产生不良影响。

1）光引发剂的分类

光引发剂因吸收的辐射能不同，可分为紫外光引发剂（吸收紫外光区 250～420nm）和可见光引发剂（吸收可见光区 400～700nm）。光引发剂因产生的活性中间体不同，可分为自由基型光引发剂和阳离子型光引发剂两类。自由基型光引发剂又因产生自由基的作用机理不同，可分为裂解型光引发剂和夺氢型光引发剂两类。

目前，光固化技术主要为紫外光固化，所用的光引发剂为紫外光引发剂。UV 油墨常用的光引发剂如表 4-7 所示。可见光引发剂因对日光和普通照明光源敏感，在生产和使用上受到限制，仅在少数领域如牙科、印刷制版上应用。此外，光引发剂还包括一些特殊类别，如混杂型光引发剂、水基光引发剂、大分子光引发剂等。一般常用的光引发剂种类有芳香酮类，例如二苯甲酮，受到光能的作用后，分子特别容易受激，受激的分子处在高能级上，生成自由基等活化分子，引起双键的聚合反应或是引起架桥等光交联反应。

表 4-7　UV 油墨常用的光引发剂

光引发剂	商品名	吸收峰/nm	最大吸收波长/nm	优点	缺点
二苯甲酮	BP	260	370	价廉，与叔胺配合有较好表干作用	有气味，挥发性大
安息香双甲醛	651	330～340	390	价格较便宜，热稳定性好，光引发效率高	泛黄
α-羟基异丙基苯甲酮	1173	320～335	370	不泛黄，热稳定性好，光引发效率高	挥发性大
α-羟基环己基苯甲酮	184	325～330	370	不泛黄，热稳定性好，引发效率高	
异丙基硫杂蒽酮	ITX	375～385	430	分光感度范围宽，与叔胺配合光引发效率高	带浅黄色
2-甲基-1-（4-甲硫基苯基）-2-吗啉基-1-丙酮	907	320～325	385	分光感度范围宽，高UV吸收性	有臭味，泛淡米色，价高
1-（4-吗啉苯基）-2-（二甲氨基）-2-苄基-1-丁酮	369	325～335	440	分光感度范围宽，高UV吸收性	带淡黄色，价高

　2）其他助引发剂

　在光固化体系中，有时将光引发剂与其他辅助组分一起使用，可以促进自由基或阳离子等活性中间体的产生，提高光引发效率。这些辅助组分主要为光敏剂（photosensitizer）和增感剂（sensitizer）。光敏剂分子自身能吸收光能并跃迁至激发态，将能量转移给光引发剂，光引发剂接受能量后由基态跃迁至激发态，本身发生化学变化，产生活性中间体，从而引发聚合反应。而光敏剂将能量传递给光引发剂后，自身又回到初始非活性态，其化学性质并未发生变化。增感剂自身不吸收光能，也不会引发聚合，但在光引发过程中，协同光引发剂并参与光化学反应，从而提高了光引发剂的引发效率，故也称助引发剂（co-initiator）。配合夺氢型光引发剂的氢供体三级胺就属于增感剂。

　3）选择光引发剂时需要考虑的因素

　① 光引发剂的吸收光谱要与光源的发射光谱相匹配。目前，光固化的光源主要为中压汞灯（国内称高压汞灯），其发射光谱中365nm、313nm、302nm、254nm的谱线非常有用，许多光引发剂在上述波长处均有较大吸收。光引发剂分子对光的吸收可以用此波长处的摩尔消光系数表示（见表4-8、表4-9）。

表 4-8　部分光引发剂在高压汞灯各发射光波处的摩尔消光系数　　　单位：L/（mol·cm）

光引发剂	254nm	302nm	313nm	365nm	405nm	435nm
184	3.317×10^4	5.801×10^2	4.349×10^2	8.864×10^1		

续表

光引发剂	254nm	302nm	313nm	365nm	405nm	435nm
369	7.470×10^3	3.587×10^4	4.854×10^4	7.858×10^3	2.800×10^2	
500	6.230×10^4	1.155×10^3	5.657×10^2	1.756×10^2		
651	4.708×10^4	1.671×10^3	7.223×10^2	3.613×10^2		
784	7.488×10^5	1.940×10^4	1.424×10^4	2.612×10^3	1.197×10^5	1.124×10^3
819	1.953×10^4	1.823×10^4	1.509×10^4	2.309×10^3	8.990×10^2	3.000×10^1
907	3.936×10^3	6.053×10^4	5.641×10^4	4.665×10^2		
1300	3.850×10^4	1.240×10^4	1.560×10^4	2.750×10^3	9.300×10^1	9.000×10^1
1700	3.207×10^4	5.750×10^3	4.162×10^3	8.316×10^2	2.464×10^2	
1800	2.660×10^4	6.163×10^3	4.431×10^3	9.290×10^2	2.850×10^2	
1850	2.235×10^4	1.280×10^4	8.985×10^3	1.785×10^3	5.740×10^2	
2959	3.033×10^4	1.087×10^4	2.568×10^3	4.893×10^1		
1173	4.064×10^4	8.219×10^2	5.639×10^2	7.38×10^1		
4265	2.773×10^4	4.903×10^3	3.826×10^3	7.724×10^2	2.176×10^2	

表 4-9 部分光引发剂的摩尔消光系数　　单位：L/（mol·cm）

光引发剂	260nm	360nm	405nm
IPBE	11379	50	
BP	14922	51	
MK	8040	37500	1340
CTX	42000	3350	1780
DETX	42000	3300	1800
DEAP	5775	19	

注：IPBE—2-异丙基硫杂蒽酮；BP—二苯甲酮；MK—2-甲基-4'-（甲硫基）-2-吗啉基苯丙酮；CTX—2-氯硫杂蒽酮；DETX—2,4-二乙基硫杂蒽酮；DEAP—2,2-二甲氧基-2-苯基苯乙酮。

② 光引发效率高。即具有较高的产生活性中间体（自由基或阳离子）的量子产率，同时产生的活性中间体有高的反应活性。对有色体系，由于颜料的加入，在紫外光区都有不同的吸收，因此，必须选用受颜料紫外吸收影响最小的光引发剂。

③ 在活性稀释剂和低聚物中有良好的溶解性。部分光引发剂的溶解性见表 4-10、表 4-11。

表 4-10 部分光引发剂的溶解性（质量分数）（一）　　单位：%

光引发剂	丙酮	正丁酯	IBOA	IDA	PEA	HDDA	TPGDA	TMPTA	TMPEOTA	1173
184	>50	>50	>50	>50	>50	>50	>50	>50	>50	>50
500	>50	>50	>50	>50	>50	>50	>50	>50	>50	50
1173	>50	>50	>50	>50	>50	>50	>50	>50	>50	
2959	19	3	5	5	5	10	20	5	5	35
MBF	>50	>50	>50	>50	>50	>50	>50	>50	>50	

续表

光引发剂	丙酮	正丁酯	IBOA	IDA	PEA	HDDA	TPGDA	TMPTA	TMPEOTA	1173
651	>50	>50	40	30	>50	40	25	>50	45	>50
369	17	11	10	5	15	10	6	5	5	25
907	>50	35	35	25	45	35	22	25	20	>50
1300	>50	45	>50	35	>50	>50	35	25	25	>50
TPO	47	25	15	7	34	22	16	14	13	>50
4255	>50	>50	>50	>50	>50	>50	>50	>50	>50	>50
819	14	6	5	5	15	5	5	5	>5	30
2005	>50	>50	>50	>50	>50	>50	>50	>50	>50	>50
2010	>50	>50	>50	>50	>50	>50	>50	>50	>50	>50
2020	>50	>59	>50	>50	>50	>50	>50	>50	>50	>50
784	30	10	5		15	10	5	5		7

注：1.在将固态光引发剂溶入液态单体中时，应加热至50~60℃并混合均匀。溶解后的液体应在室温下储存24h，如无结晶出现则说明溶解成功。

2.IBOA—丙烯酸异冰片酯；IDA—丙烯酸异癸酯；PEA—丙烯酸异戊酯；HDDA—1,6-己二醇二丙烯酸酯；TPGDA—三丙二醇二丙烯酸酯；TMPTA—三羟甲基丙烷三丙烯酸酯；TMPEOTA—三（2-羟乙基）异氰脲酸酯三丙烯酸酯；1173—2-羟基-2-甲基苯丙酮。

表4-11　部分光引发剂的溶解性（质量分数）（二）　　　　　单位：%

光引发剂	MMA	HDDA	TPGDA	TMPTA	芳香族PUA	DMB
ITX	43	25	16	15	24	31
CTX	2	3.3		1.5		4.7
CPTX		6	4	3		9
DEAP	>50	>50	>50	>50	>50	
BMS	26	13.5		2.4		3.3
EDAB	50	45	40	30	40	

注：MMA—甲基丙烯酸甲酯；HDDA—1,6-己二醇二丙烯酸酯；TPGDA—三丙二醇二丙烯酸酯；TMPTA—三羟甲基丙烷三丙烯酸酯；DMB—2-二甲氨基-2-苄基-1-[4-(4-吗啉基)苯基]-1-丁酮；ITX—2-异丙基硫杂蒽酮；CTX—氯硫杂蒽酮；CPTX—氯苯基硫杂蒽酮；DEAP—二乙基氨基丙烯酸酯；BMS—苯甲酰基甲基硫醚；DEAB—4-二甲基氨基苯甲酸乙酯。

④ 气味小，毒性低，特别是光引发剂的光解产物要低气味和低毒，不易挥发和迁移。光引发剂与其光解产物损失量对比见表4-12。

表4-12　光引发剂与其光解产物损失量对比

光引发剂	结晶时损失/%	TMPEOTA含量为10%时损失/%	光引发剂	结晶时损失/%	TMPEOTA含量为10%时损失/%
184	17.4	2.6	500	25.9	2.8
359	0	0	651	7.0	2.8

光引发剂	结晶时损失/%	TMPEOTA 含量为 10%时损失/%	光引发剂	结晶时损失/%	TMPEOTA 含量为 10%时损失/%
819	0	0.9	1850	23.8	3.1
907	0.7	0	2959	0.8	0
1300	6.7	2.0	BP	26.6	2.8
1800	26.0	3.5	1173	98.6	8.6

⑤ 光固化后不能有黄变现象，这对白色、浅色及无色体系特别重要；也不能在老化时引起聚合物的降解，热稳定性和储存稳定性好。不同光引发剂的热稳定性和储存稳定性见表 4-13、表 4-14。

表 4-13 不同光引发剂的热稳定性

光引发剂	失重所需温度/℃		
	5%	10%	15%
184	155	170	179
369	248	264	274
500	142	156	165
651	170	184	194
784	213	217	220
819	241	254	261
907	198	214	224
1000	116	130	140
1300	157	174	185
1700	104	119	127
1800	153	169	179
1850	157	174	185
2959	204	218	228
BP	153	167	176
1173	101	115	123
4265	156	174	185

注：在 N_2 中，升温速度为 10℃/min。

表 4-14 不同光引发剂的储存稳定性   单位：天

光引发剂	环氧丙烯酸酯体系	不饱和聚酯-苯乙烯体系
无	>40	35
3%651	>40	35
3%184	>40	
3%IPBE	3	14

光引发剂	环氧丙烯酸酯体系	不饱和聚酯-苯乙烯体系
2%IBBE	1	25
3%BP+5%MDEA	1	

注：1.表中数据为60℃下储存的天数。

2. IPBE 为安息香异丙醚，IBBE 为安息香异丁醚，BP 为二苯甲酮，MDEA 为甲基二乙醇胺。合成容易，成本低，价格便宜。

4）裂解型自由基光引发剂

自由基光引发剂按产生活性自由基的作用机理不同，主要分为两大类：裂解型自由基光引发剂，也称 PI-1 型光引发剂；夺氢型自由基光引发剂，又称 PI-2 型光引发剂。所谓裂解型自由基光引发剂是指光引发剂分子吸收光能后跃迁至激发单线态，经系间跨越到激发三线态，在其激发单线态或激发三线态时，分子结构呈不稳定状态，其中的弱键会发生均裂，产生初级活性自由基，引发低聚物和活性稀释剂聚合交联。裂解型自由基光引发剂结构上多归属为芳基烷基酮类化合物，主要有苯偶姻及其衍生物、苯偶酰及其衍生物、苯乙酮及其衍生物、α-羟烷基苯乙酮、α-胺烷基苯乙酮、苯甲酰甲酸酯、酰基膦氧化物等。

5）UV 油墨固化过程

UV 油墨采用紫外光固化型干燥方式，在紫外光照射下，连结料成分会瞬间聚合。UV 油墨用丙烯酸系预聚体、单体、光引发剂取代了油性油墨用的树脂、干性油、溶剂。首先引发剂受 200～400nm 的紫外光照射被激发，形成自由基；其次自由基与树脂连结料的双键相互作用，形成长链自由基；最后不断增长的长链进一步反应，形成聚合物，从而固化。该油墨不含溶剂，所以也不发生蒸发和渗透，无论在纸上还是在非吸收性的承印物上都会瞬间固化，后加工作业效果也好，在金属印刷、塑料胶片印刷、薄膜印刷、卡通纸印刷、合成纸印刷方面优点较多。

4.2.5 其他提升油墨性能的助剂

（1）增塑剂

增塑剂是一类高沸点、低挥发性的物质或低熔点的固体，可以用来增加高分子物质的塑性。在油墨中添加增塑剂能使原先发脆的墨膜具有较好的柔软性，并使墨膜与承印物之间有较好的胶黏力。当增塑剂分子渗入树脂连结料的分子之间时，能够起到一种类似润滑的作用，使得连结料分子的长链热运动比较自由，墨膜变得柔软而富有塑性。增塑剂的唯一缺点是蒸发速度很慢，当增塑剂分子转移到墨膜表面时也可能造成墨膜表面发脆。但如果增塑剂从承印物表面向油墨层迁移，也可能使油墨墨膜软化。

对增塑剂的要求可概括如下：与油墨中的树脂和其他连结料相容性好；无色、无味、无臭、无害；在墨膜中的迁移性小；能够耐热、耐低温和耐光，化学性质好。增塑剂对挥发干燥型油墨有很好的效果，但添加得过量会使树脂软化，导致承印物粘连。增塑剂对反应型油墨没有效果。增塑剂的选用应注意它与油墨体系的相容性及耐久性，后者又与其挥发性、抗迁移性、耐光性、耐热性及耐寒性等性能有关。大多数增塑剂是黏稠的、高沸点液体。增塑剂主要用于依靠溶剂挥发干燥的油墨和上光油中，比如凹印油墨和橡皮凸印油墨。常用的增塑剂有邻苯二甲酸酯类、脂肪族二元酸酯类、磷酸酯类、环氧酯类等。

（2）冲淡剂

冲淡剂（reducer）又称撤淡剂，是用来降低油墨颜色和强度的添加剂。它的作用是在基本不改变油墨的黏性和其他流变性能、印刷性能等情况下，调节油墨的色彩深浅。一般分为油脂型冲淡剂（如透明油）和树脂型冲淡剂两种。油脂型油墨的冲淡剂一般为透明油。配方举例：4 号调墨油 16%，地蜡油 38%，氢氧化铝 29%，硫酸钡 15%，钛白粉 2%。该冲淡剂十分透明，印刷性能也好，不过有延缓干燥的弊病。树脂型油墨的冲淡剂则为树脂型冲淡剂，是用树脂、植物油、高沸点煤油、凝胶剂和蜡等炼制而成的，也有用树脂油、胶质油和胶质碳酸钙在三辊机上轧制而成。不论用何种方法生产的冲淡剂，都要求具有一定的身骨、干燥性和适印性。

（3）蜡

蜡按种类可分为天然蜡与合成蜡，其中天然蜡包括动物蜡（如蜂蜡）、植物蜡（如蔗蜡）、矿物蜡（如石蜡），合成蜡包括费托蜡、聚乙烯蜡、聚丙烯蜡、聚四氟乙烯蜡、脂肪酸酰胺蜡、共聚蜡等。

蜡按其来源可分为植物蜡、动物蜡、矿物蜡和合成蜡。

1）植物蜡

植物蜡中最著名的是卡拿巴蜡，又称巴西棕榈蜡，为黄绿色至棕色固体，质硬而脆，熔程 83～91℃，不溶于水，能够溶于热的乙醇、乙醚、氯仿和四氯化碳中。在油墨中加入植物蜡能使油墨增滑，但在胶印、铅印油墨中应用时常有晶化的倾向。植物蜡也可用于制清漆、鞋油、地板蜡、蜡纸、复写纸等。

2）动物蜡

动物蜡主要有蜂蜡，它是黄色至灰黄色固体，熔程 62～70℃，不溶于水，溶于热乙醇、乙醚、氯仿和四氯化碳等有机溶剂中。动物蜡用于制油墨能增强光滑度，改进套印性能，并可避免晶化现象。也可用于制蜡纸、鞋油、药膏等。

3）矿物蜡

矿物蜡主要有地蜡、石蜡等。地蜡是从地蜡矿中提取出来的，经活性炭脱色得到精制品，色白或者泛微黄，熔程 58～100℃；具有良好的耐磨性，主要用作润滑油、凡士林等的原料。石蜡是白色至微黄色固体，是从石油中提炼出来的，熔程 43～68℃，有较好的耐磨性和光滑性。它的精制品具有较细的晶体结构，称为微晶蜡，用于油墨中有较好的效果。

4）合成蜡

合成蜡是指人工合成的蜡。合成蜡种类较多，如聚乙烯、高级脂肪酰胺等。低分子量聚乙烯又称聚乙烯蜡，分子量一般为 1000～6000。聚乙烯蜡为白色粉末状或块状固体，熔程 90～130℃。它能在许多溶剂中溶解，和树脂的互溶性良好，并且具有良好的化学稳定性。聚乙烯蜡是目前油墨工业中最常用的蜡，能使印品表面耐磨性好，印迹清晰。蜡可改变油墨的流变性和亲水性、调节黏性，同时能加快油墨固着，使印品网点完整，减少蹭脏、拔毛、结块等弊病。改变油墨墨性的助剂，主要用于无光泽要求的胶版纸印刷油墨中。但该类助剂同时会使油墨的黏弹性降低，进而使油墨的塑性增大。具体表现为油墨的流动性、转印性等变差，光泽大幅度降低。

油墨和涂料用蜡主要以添加剂的形式加入。蜡类添加剂一般以水乳液形式存在，最初是用于改善涂膜的表面防扩性能的，主要包括提高涂膜的平滑性以及改善防水性。此外，它还可以影响涂料的流变性能，它的加入可以使金属闪光漆中铝粉这类固体颗粒的取向变得均匀。在无光涂料中它可以作为消光剂，根据其粒径和粒径分布，蜡类添加剂的消光效力也各不相同。因此，蜡类添加剂既有适用于有光涂料的，也有适用于无光涂料的。微晶化改性聚乙烯蜡可用于改善水性工业涂料的表面性质，如Ffka-906，加入后平滑性、抗粘连性、抗划伤性及消光作用都有加强，而且可以有效抑制颜料沉淀，添加量为0.25%～2.0%。

虽然蜡的使用方法颇多，但仍以微粉化蜡为最多。而市面上微粉化蜡的种类繁多，且各制造厂家的生产工艺也均有差异，使得各厂微粉化蜡的粒径分布、分子量、密度、熔点、硬度等性质均有差异。

（4）防针孔剂

印刷在塑料薄膜或防水玻璃纸上的墨膜，经常可以看到有极小的凹陷口，称为针孔，这是挥发型油墨常见的问题。柔性凸版油墨和照相凹版油墨印刷物是比较容易引起针孔的，一是因为这类油墨比较稀，二是因为印刷时给墨量比较多。尤其印在吸收性差的物体上时更为明显。例如以硝酸纤维与醇类制的油墨印在防水玻璃纸上时，经常发生针孔。造成针孔的原因很多，例如溶剂挥发不一致、干燥过快、流平性差、增塑剂从墨膜或被印刷体上迁移，而其中有一个主要原因是油墨不能完全润湿承印物体。除此以外，当然还有机械墨辊调节上的问题等。

针孔是不易克服的弊病，尽管知道了不少造成针孔的原因，但这些原因却又是比较难以协调解决的。有一种经过特殊改性的多羟基树脂，它可以像海绵一样吸收不同的溶剂或增塑剂，并可降低墨膜的表面张力，以更好地润湿承印物体。在制造照相凹版油墨与柔性凸版油墨时，适当加入多羟基树脂或聚硅氧烷油作为防针孔剂，对克服针孔是有帮助的。同时，加入一定规格的硅酮油类对克服针孔也是有利的。

（5）防腐剂和香料

在油墨中加入香料主要有两个目的：一是防伪及干扰。以嗅觉感官来粗略地鉴别油墨中的某些组成特性，是一些有经验的油墨制造者惯用的做法。此外香料加入油墨中后，气味发生了变化，使人无从辨别。二是遮掩油墨的原始气味。用干性油制的油墨在氧化干燥时有着较难闻的气味，有些油墨由于选料不当，有时也会产生一些难闻的气味，加入少量香料就可克服此弊病。丁香油和某些香料均有抗氧化作用，这是应加以注意的。香草油和某些香料应用于氧化型油墨中时，墨膜干燥后会失去香味。紫丁香则常用于新闻印报油墨中。香料用乙醇稀释后，可以喷雾法喷洒在印品上，也可掺入罩光油中应用。

防腐剂是为了延长水性油墨的储存时间而添加的助剂，常用的有苯酚、有机锡等。香料可用来改善油墨的气味，常用的有丁香油、香草油等。以水和糖类或蛋白质类物质配制的油墨（如钢模油墨），以水、饴糖等物质组成的银行证券油墨，某些水性油墨等均可发生酸败、菌化作用。平印药水中的酸、水、阿拉伯胶（有时使用低黏度的甲基纤维素）混合液，在长期存放中也可能发生酸败、菌化作用。加入低于1%量的酚类或其氯化衍生物，即可防止酸败发生。

水性油墨中加入可水解的挥发性缩酮（ketal）也可防止酸败，其通式如图4-10所示，R和R^1是有1～4个碳原子的烷基，R^2和R^3是有1～4个碳原子的烷基、烷氧基。例如2,2-二甲氧基丙（或丁）烷、2,2-二乙氧基丙（或丁）烷等。在酸存在下，缩酮是极易水解的，每摩尔缩酮水解

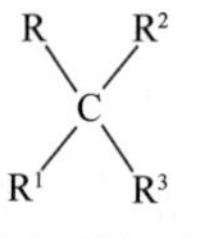

图 4-10　可水解的挥发性缩酮通式

后可产生 1mol 酮和 2mol 醇。

（6）发泡剂

发泡剂是发泡油墨的重要组成材料，发泡剂的选择是制造发泡油墨的关键。发泡剂的种类很多，现将常用的几种简单介绍如下。

1）对甲苯磺酰肼

为白色结晶粉末，无毒，易溶于碱性水溶液、乙醇、丁酮，微溶于水、醛类，不溶于苯类。加热至 105℃ 分解，放出氮气（发气量为 120mL/g），可用作多种塑料及橡胶的发泡剂。这种发泡剂发泡微细、产品收缩小、撕裂强度高、无毒、稳定性好，可用于各种类型连结料，应用最广泛。

2）苯磺酰肼（BSH）

为白色（或浅黄色）结晶粉末，无毒，溶于酸、碱性水溶液及部分有机溶剂，不溶于水。加热至 105℃ 分解，放出氮气（发气量为 130mL/g），可用作聚氯乙烯、聚酰胺、聚苯乙烯、环氧系树脂等的发泡剂，但储存不稳定。

3）偶氮二甲酰胺

为黄色粉末，无毒，无臭，溶于碱性水溶液，不溶于醇、苯、汽油、水。加热至 120℃ 以上分解，放出大量氮气（发气量 230～250mL/g），可用作聚氯乙烯、聚乙烯、聚丙烯、尼龙 1、橡胶类的发泡剂。由于偶氮二甲酰胺的分解温度较高，为适应不耐热承印材料，可加尿素、联二脲、乙醇胺等活化剂来降低分解温度。

（7）偶联剂

偶联剂因其分子结构中具有两种性能截然不同的基团，这两种基团分别和有机物、无机物结合，在界面间形成一种"桥梁"，使无机物、有机物二者能够通过"桥梁"紧密地结合在一起而得名。偶联剂的加入可以使材料更耐介质、耐水、耐老化，综合性能更佳。

偶联剂可以分为：①硅烷类偶联剂，包括乙烯基硅烷、环氧基硅烷、氨基硅烷、巯基硅烷、含氯硅烷和磺酰叠氮硅烷等；②钛酸酯类偶联剂，包括单烷氧基型钛酸酯、单烷氧基磷酸型钛酸酯、单烷氧基焦磷酸酯型钛酸酯、螯合型钛酸酯和配位体型钛酸酯等；③有机铬类偶联剂等。

① 硅烷类偶联剂。硅烷类偶联剂（SCA）是有机硅工业的重要分支。目前，世界上已经商业化的有机硅烷偶联剂有一百多个品种，基本可以满足各种不同用途的需要。硅烷类偶联剂除了用于非交联树脂使其交联而固化，或使材料表面改性——赋予材料防静电、防霉、防臭、抗凝血和生理惰性等性能外，其最大的应用领域主要是用于改善两种化学性质不同材料之间的黏结性能，使之在两界面之间形成硅烷"弹性桥"，从而极大地提高制品的机械性能、电绝缘性和抗老化性等性能。硅烷类偶联剂品种和适用的聚合物体系见表 4-15。

表 4-15 硅烷类偶联剂品种和适用的聚合物体系

偶联剂名称	适用的聚合物体系
乙烯基三（β-甲氧基-乙氧基）硅烷	乙丙橡胶、顺丁橡胶、聚酯、环氧树脂、聚丙烯
乙烯基三乙氧基硅烷、乙烯基三甲氧基硅烷	乙丙橡胶、硅橡胶、不饱和聚酯、聚烯烃、聚酰亚胺
乙烯基三氯硅烷	聚酯、玻璃纤维偶联剂
乙烯基间苯二酚二氯硅烷	聚酯、环氧树脂、酚醛树脂、聚邻苯二甲酸二烯丙酯、丁苯树脂、1,2-聚丁二烯

偶联剂名称	适用的聚合物体系
乙烯基三乙酰氧基硅烷	顺丁橡胶、乙丙橡胶
丙烯基三乙氧基硅烷	乙丙橡胶、顺丁橡胶、聚酯、环氧树脂、聚苯乙烯、聚甲基丙烯酸甲酯、聚烯烃
γ-甲基丙烯酸丙酯基三甲氧基硅烷	—
甲基丙烯酰氧甲基三乙氧基硅烷	不饱和聚酯、聚丙烯酸酯
γ-氨丙基三乙氧基硅烷	乙丙橡胶、氯丁橡胶、丁腈橡胶、聚氨酯、环氧树脂、酚醛树脂、尼龙、聚酯、聚烯烃
N-β-(氨乙基)-γ-氨丙基二甲氧基硅烷	环氧树脂、酚醛树脂
苯胺甲基三氧基硅烷	
苯胺甲基三甲氧基硅烷	热固性树脂-玻璃纤维、热塑性树脂-玻璃纤维
γ-乙二胺基三乙氧基硅烷	
乙二胺甲基三乙氧基硅烷	
含甲基丙烯基的阳离子硅烷	热固性树脂-玻璃纤维、热塑性树脂-玻璃纤维
盐酸 N-(-N'-3-乙烯氧基氨甲基)-γ-三甲氧基硅烷基丙基胺	
盐酸 N-(-N'-3-乙烯苄基氮乙基)-γ-三甲氧基硅烷基丙基胺	
乙烯基三叔丁基氧化硅烷	各种聚合物（橡胶与塑料）与金属或某些无机物的偶合黏结、聚合物-聚合物的偶合黏结
丙烯基三叔丁基过氧化硅烷	
甲基三叔丁基氧化硅烷	氟硅橡胶、乙丙橡胶与金属或织物的偶合黏结
双(3-三乙氧基甲硅烷基丙基)四硫化物	多功能硅烷偶联剂

② 钛酸酯类偶联剂。TTOP-12 钛酸酯偶联剂、TC-1 钛酸酯偶联剂（三异硬脂酰基钛酸异丙酯）、TC-3 钛酸酯偶联剂和 YB-401 钛酸酯偶联剂等是常用的品种。它们可以明显提升对铁红、中铬黄、钛白、酞菁蓝和炭黑等颜填料的润湿分散效果；增加涂膜的附着力和色彩鲜艳度，同时具有防沉降、阻燃、耐蚀和防水等功能。

③ 有机铬类偶联剂。是一种由不饱和有机酸与三价铬形成的配位型金属络合物，其偶联机理是利用不饱和部分与树脂反应，而另一部分与玻璃表面反应。代表品种：NV-脂肪酸氯化铬。

（8）纳米助剂

纳米助剂用于材料中，可以改善和提高材料的耐磨性、耐蚀性、抗菌性、耐污性、耐老化性等。如纳米三氧化二铝、二氧化硅、二氧化锆加入材料中可明显提高材料的耐磨性；纳米二氧化钛、二氧化硅、三氧化二铁加入环氧材料中可提高抗紫外线性和耐老化性；纳米二氧化钛能有效抑制细菌和霉菌生成，分解空气中的有机物和臭味，有效净化有害气体；纳米碳酸钙、二氧化硅对材料有明显增强作用，可提高材料硬度。通过添加纳米助剂来改性水性光固化材料，以改善和提高其性能，也是水性光固化材料开发应用的亮点。

纳米助剂用于油墨与涂料中不仅能改善提升其相关性能，而且会赋予材料新性能。部分纳米助剂的作用及参考用量见表4-16。

表4-16 纳米助剂的作用及参考用量

纳米助剂名称	规格/nm	主要作用	参考用量/%
纳米SiO_2、蒙脱石凝胶	纳米尺寸	作为无机抗菌剂，有抗菌的广泛性、特效性、光稳定性和化学稳定性；作为抗老化助剂，可制备耐候材料，提升材料的物理性能	1.0～3.0
纳米TiO_2	10～50	对紫外线起吸收和屏蔽作用，化学和热稳定性好，有珠光效应，与铝粉或珠光颜料配合有随角异色性；可制造光催化玻璃、瓷砖及抗菌自洁涂料等	0.5～3.0
纳米ZnO	10～50	吸收紫外线能力强，可制备UV屏蔽材料，与有机抗菌剂匹配后，抗霉菌功效明显提升	0.5～2.5
纳米透明氧化铁	7～15	无毒、无味、透明度高、耐温、耐候、耐碱、吸收紫外线等	适量
纳米稀土氧化物	纳米尺寸	是一类优异的紫外线吸收剂，可用于特种新材料和化妆品等领域	适量
纳米氧化铝（Al_2O_3）	20～40	提升硬度和耐磨性，用于水性、溶剂型和无溶剂材料及UV固化体系	2.0～3.0
碳纳米管	长径比250	有独特的结构及优异的物理化学性能，可用于导电、隐身吸波、吸附并杀死有害蛋白质（如癌细胞等）及杀灭细菌等功能涂料（或材料）制造	①

① 碳纳米管用量为0.5%～8.0%时，材料处于抗静电区域；用量大于8.0%时，材料处于导电区域；用量在8.0%～25%范围内时，碳纳米管用量越高，材料导电性越好。

思考题

1. 油墨助剂可以如何分类?
2. 胶质碳酸钙作为填料有什么特点?
3. 为什么油墨中需要添加助剂?
4. 请简要概述助剂有什么功能。
5. 颜料的分散要经历哪些过程?分别是什么?
6. 紫外线吸收剂的作用机理是什么?
7. 什么是纳米助剂?你还知道哪些纳米助剂?

参考文献

[1] 赵长存. 油墨生产配方优化设计与新材料的应用及质量检验实务全书. 第2卷 [M]. 合肥：安徽文化音像出版社，2004.
[2] 李荣兴. 油墨.上册 [M]. 北京：印刷工业出版社，1986.
[3] 陈蕴智. 印刷材料学 [M]. 北京：中国轻工业出版社，2011.
[4] 严美芳. 印刷包装材料 [M]. 北京：中国文化发展出版社，2017.

第5章

溶剂

5.1 溶剂溶解原理

5.1.1 溶解性参数

从实用角度看，溶解性参数是一个简单的数值，它是用来表示一个体系（溶剂、树脂）的溶解性特征的，它与氢键强度一起可对这个体系的溶解性作出定义。

从理论观点看，一个体系的溶解性参数（Δ）是这个体系黏附能密度的平方根。因为黏附能密度就是每立方厘米体系（物质）的蒸发能（$\Delta E/V$），Δ 与黏附能密度的关系如下。以这个公式计算的 Δ 值，对于表 5-1 的情况应加上校正值。

$$\Delta = \sqrt{\Delta E / V}$$

表 5-1 体系类别与校正系数

氢键	体系类别	校正系数
弱	碳氢化合物	—
中	酮类（沸点＞100℃）	—
	酮类（沸点＜100℃）	+0.5
	酯类	+0.6
强	醇类	+1.4

除了用上面这个公式测得 Δ 值以外，一般用物质的化学结构也可求得 Δ 值。

（1）从物理性能计算溶解性参数

每摩尔的蒸发能 ΔE 也可以表示为 $\Delta H - RT$。其中，ΔH 是在温度 $T = C + 273$ 时，每摩尔的蒸发热；R 是气体常数，其值为 1.986cal/（mol·K）。则写成 $\Delta E = \Delta H - RT$。在 25℃时，上式可写为：$\Delta E_{25} = \Delta H_{25} - 592$。如体系的蒸发热未知，则可用下式：$\Delta H_{25} = 23.7T_b + 0.020T_b^2 - 2950$。其中 ΔH 与体系正常沸点的关系是 $T_b = C_b + 273$。

例如，纯苯的分子量为 78，密度为 0.88g/cm³，在正常大气压下沸点为 80℃，计算其在 25℃时的溶解性参数。

先按下式计算每摩尔纯苯在 25℃时的蒸发能 ΔE：

$$\Delta E_{\text{纯苯},25} = 23.7T_b + 0.020T_b^2 - 3542$$

$=23.7×353+0.020×353^2-3542=8370+2490-3540=7318（cal/mol）$

纯苯的摩尔体积 V，是用它的密度 ρ 除分子量 M 而得的：

$$V=M/\rho=78/0.88=88.6（cm^3）$$

$$\Delta=\sqrt{7320/88.6}=9.1$$

从体系的其他物理性质也可计算 Δ 值。溶解性参数 Δ 与表面张力 σ 及摩尔体积 V 的关系如下：

$$\Delta=4.1(\Delta/V^{1/3})^{0.43}$$

如纯苯的表面张力为 28.5dyn/cm，摩尔体积为 88.6cm³，则

$$\Delta=4.1×(28.5/88.6^{1/3})^{0.43}≈4.1×(28.5/4.46)^{0.43}≈9.1$$

（2）从化学结构计算溶解性参数

根据摩尔引力常数表（见表 5-2），也可以按下式计算溶解性参数：

$$\Delta=(\rho\sum G)/M$$

G 是单个原子（基团）的摩尔引力常数，$\sum G$ 表示在单位分子中所有原子和基团的总数。对强氢键物质来说，除了分子中的氢键基团只占较少的部分以外，这种计算是不太靠谱的。对溶剂来说，用这种方法得到的 Δ 值是比较准确的。而用公式对聚合物进行 Δ 值的评价就比较困难了，因为聚合物的沸点是不易测得的。在用这种方法计算聚合物的溶解性参数时，以聚合物的重复单位（指聚合物中的一个代表性单位）作为计算工作的基础。

例如，计算环氧树脂（密度为 1.15g/cm³）的溶解性参数时，它的基本（重复）单位的结构式如图 5-1 所示。

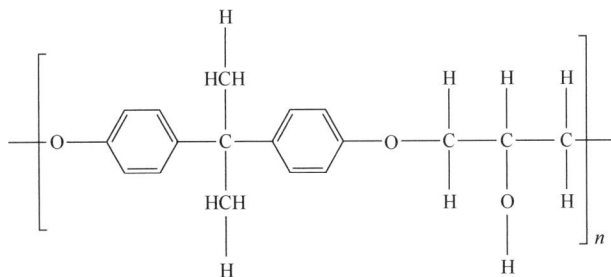

图 5-1　环氧树脂基本单位结构式

表 5-2　不同基团 G 值

基团	G 值	基团	G 值
单键碳		H	80～100
—CH₃	214	O（醚类）	70
—CH₂—	133	Cl（平均）	260
—CH—	28	Cl（单）	270
双键碳		Cl（三），—CCl₃	250
=CH₂	190	Br（单）	340
=CH—	111	I（单）	425
=C—	19	S（硫化物）	225

续表

基团	G 值	基团	G 值
三键碳		CO（酮类）	275
CH≡C—	285	COO（酯类）	310
—C≡C—	222	CN	410
共轭	20～30	CF₂（正一氟碳化合物）	150
环状结构		CF₃（正一氟碳化合物）	274
苯基	735	SH（巯类）	315
次苯基	658	ONO₂（硝酸盐类）	约440
萘基	1146	NO₂（脂肪族硝基化合物）	约440
五元环	110	PO₄（有机磷酸盐）	约500
六元环	100	OH（羟基）	约320

基本单位环氧树脂分子中所有原子和基团的总数如表 5-3 所示。

表 5-3　单位分子中所有原子和基团的总数

基团	G 值	基团数	$\frac{\sum G}{(+)\ (-)}$
—CH₃	214	2	428
—CH₂—	133	2	266
—CH—	28	1	28
—C—	−93	1	−93
次苯基	658	2	1316
—OH	320	1	320
—O—	70	2	140

根据化学式 $C_{18}H_{20}O_3$，其分子量为 M=（18×12）+（20×1）+（3×16）=284，用数值代入$\sum G$、M 和 ρ，并计算$\sum G$=2498−93=2405，则

$$\Delta=（1.15×2405）/284=9.74$$

温度每升高 1℃，溶解性参数约减小 0.014，故升高 7℃时，溶解性参数约可减小一个单位。

5.1.2　氢键及其分类

溶解性参数与氢键强度是表示物质溶解性能的两个重要参数，而氢键强度对大多数物质来说是未知的，也不易测得。表 5-4 是根据氢键强度对溶剂的分类。在对氢键定量时，0.3、1.0、1.7 是弱、中、强氢键分类的中心点，也就是说弱氢键的中心点是 0.3，中氢键的中心点是 1.0，强氢键的中心点是 1.7。在溶剂混合物中，氢键的破坏或形成将大大改变混合物的特性。聚合物组分破坏或形成氢键的能力，对溶解性有很大的影响。

据此，溶剂的下述分类将有助于对氢键的理解：①质子给予体（如氯仿和聚氯乙烯等）；②质子接受体（如酮、酯、醚、芳烃和聚醋酸乙烯等）；③给予体/接受体（溶剂可同时像质子给予体和质子接受体一样作用，如醇、羧酸、水、硝酸纤维等）；④非氢键（脂肪族烃和聚乙烯等）。

表 5-4　根据氢键强度对溶剂的分类

氢键强度	溶剂类型
弱氢键	碳氢化合物
	氯化碳氢化合物
	硝基碳氢化合物
中氢键	酯类
	醛类
	酮类
	醚类
强氢键	醇类
	乙二醇类
	胺类

溶解性发生的最好条件是：质子给予体化合物与质子接受体化合物的相互混合。如将氯仿与丙酮混合，其混合功能是负的，即自由能是负的，从而使拼混性得到了保证。最不好的条件是给予体/接受体化合物的情况。因为在一个化合物与另一个化合物（或分子）形成氢键之前，它的内氢键必须破坏，破坏这些氢键则需要能量，由于此能量是正的，故它反抗拼混性。

5.1.3　溶解性参数的实际应用

根据上述概念，当溶剂和聚合物的溶解性参数和氢键值近似时，其溶解性（或拼混性）是良好的。反之，当它们之间的溶解性参数和氢键值差距较大时，其溶解性（或拼混性）就差。第三种情况就是这介于二者之间的情况，即发生部分溶解或溶胀，既不是不溶解，也不是全溶解。为了解决实际应用中的问题，下面举一个混合溶剂的计算方法：

计算 60%二甲苯、40%甲乙酮混合物的溶解性参数和氢键值。由于它是混合溶剂，故实际上是测定它们的平均数。计算中，取相对氢键值为 0.3 和 1.0。

$$\Delta = 0.60 \times 8.8 + 0.40 \times 9.3 = 9.0$$

相对氢键=0.60×0.3+0.40×1.0=0.58。其中，8.8 是二甲苯的 Δ 值，9.3 是甲乙酮的 Δ 值。所以溶剂的溶剂力（溶剂强度）可概括为：①降低黏度的能力；②溶解较多类型树脂的能力；③容纳较多撒淡剂的能力。

从①的关系看，溶剂溶解聚合物后的黏度主要取决于溶剂的黏度，这是一个基本原理，故低黏度溶剂可认为是种"好溶剂"。从②的关系看，大部分成膜聚合物都表现出中等的氢键强度，溶解性参数在 8～10 之间，或再高一点。从③的关系看，容纳撒淡剂的比例也取决于聚合物及撒淡剂本身。

5.2 环保型溶剂

在水性连结料树脂的制造过程中，除了使用水为主溶剂外，还要添加一定量的助溶剂。助溶剂的选择至关重要，它必须具备溶解所使用的树脂、胺及盐的能力，可与水以任意比例混溶，且无毒、无刺激性气味、不易燃、不易爆，并且具有适当的沸程和潜热。事实上，水对树脂的溶解性并不理想，如果没有助溶剂，溶液的黏度高，有些树脂甚至在没有助溶剂的情况下无法溶解。因此，助溶剂的选择和使用至关重要。对于和水亲和力不好的助溶剂，一般不宜过量使用，例如丁醇过多会导致树脂溶液不透明，因丁醇与水的混溶性差。

常用的助溶剂有乙醇、丙醇（正、异）、乙二醇单醋酸酯及乙基溶纤剂和丁基溶纤剂等醚类助溶剂等，它们在油墨中的含量约为 11%。关于常见醇类溶剂的性质，可以查阅各种手册，这里主要介绍一类新的比较重要的甘醇醚助溶剂的性质。

5.2.1 甘醇醚助溶剂

（1）甘醇醚的性质

甘醇醚是有机溶剂中最常用的一类，一般由环氧乙烷与醇反应制得。一分子的甘醇醚中含有一个醚官能团和一个醇官能团，这使得它在各种不同的应用中有独特的溶解力。甘醇醚系列化合物是通过一分子的醇与一分子、两分子或三分子的环氧乙烷反应制得的，常见的甘醇醚的合成路线如表 5-5 所示。

表 5-5 一些典型甘醇醚的合成路线

环氧乙烷分子数	醇				
	甲醇	乙醇	丙醇	丁醇	己醇
1	甲基溶纤剂（乙烯单甘醇醚）CAS 109-86-4	乙基溶纤剂（乙烯单甘醇醚）CAS 110-80-5	丙基溶纤剂（乙烯单甘醇醚）CAS 2807-30-9	丁基溶纤剂（乙烯单甘醇醚）CAS 111-76-2	己基溶纤剂（乙烯单甘醇醚）CAS 112-25-4
2	甲基二甘醇醚（二乙烯二甘醇醚）CAS 111-77-3	乙基二甘醇醚（二乙烯二甘醇醚）CAS 111-90-0		丁基二甘醇醚（二乙烯二甘醇醚）CAS 112-34-5	己基二甘醇醚（二乙烯二甘醇醚）CAS 112-5 9-4
3	甲氧基三甘醇醚（三乙烯单甘醇醚）CAS 112-35-6	乙氧基三甘醇醚（三乙烯单甘醇醚）CAS 112-50-5		丁氧基三甘醇醚（三乙烯单甘醇醚）CAS 143-22-6	

带有更长烃基烷氧基的甘醇醚比相应烃的溶解度更大。这样由高分子的醇转化而来的甘醇醚只有很有限的水溶性，醚基引入氢键位置则可以提高亲水性。

甘醇醚有很好的溶解性、化学稳定性和与水相溶的性质。溶纤剂、烷基二甘醇醚和烷氧基三甘醇醚中含有的双重功能基，决定了其独一无二的溶解性能。这些甘醇醚的性质有：①在广泛范围内能与极性和非极性有机溶剂混溶；②对于许多树脂、油脂、蜂蜡、脂肪和染料有温和的溶解性；③是许多水/有机物体系的偶合剂；④在绝大多数情况下可以与水混溶。

这种强大的溶解力使乙二醇醚（溶纤剂）、烷基二甘醇醚和烷氧基三甘醇醚有很多用途：

①纺织、皮革和印刷工业中的染料溶剂；②工业清洗和特殊形式的油垢溶剂；③农业方面的杀虫剂和除草剂；④溶性油、重表面清洗剂和其他脂肪烃的偶合剂和互溶剂；⑤传统的溶剂型漆和木板涂料体系的溶剂和共溶剂；⑥工业水性涂料体系的共溶剂；⑦喷雾燃料助剂；⑧印刷线路板层压配方成分；⑨在乳状液中作耐寒剂；⑩化学反应溶剂。

乙二醇醚和二甘醇乙醚也可用在化学中间体上。这些甘醇醚可以发生许多类似醇的反应，因为它们含有羟基官能团。一些典型的例子是：①与羧酸、羧酸氯化物、酸酐和无机酸反应生成酯；②与有机氯化物反应制醚；③与烯烃、烷烃反应制醚；④与卤化物反应生成烷氧基卤代烃；⑤与环氧化合物反应制备聚醇醚；⑥与乙醛和烯酮反应制备缩醛和乙醛。

（2）丁基乙二醇醚（乙二醇-丁醚）

丁基乙二醇醚是一种很好的溶剂，广泛用于涂料和清洗方面，包括生活用品。它在清洗硬质物体的表面时显示了很好的性能，矿物油、脂肪酸盐等都可被丁基乙二醇醚溶剂溶解。在清洗颜料的皂类方面，该溶剂是一个有效的结合助剂。丁基乙二醇醚溶剂对水溶斑点的去除有辅助作用，对提升衣服颜色亮度有辅助作用，并且提高了含磷酸型洗涤液在锈表面的渗透和润湿作用。

丁基乙二醇醚溶剂对醇酸树脂、合成树脂、硝化纤维素和马来酸型树脂都有很强的溶解力。它是硝化纤维漆最好的防干剂之一，能增加耐光性，提高光滑度，促进流动和阻止橘皮的形成。热喷漆可含有10%（质量分数）的丁基乙二醇醚溶剂。它在涂料方面的相关应用是降低聚苯乙烯、环氧树脂等的黏度。因为其良好的性质，丁基乙二醇醚溶剂被广泛地应用于工业水性涂料方面。

（3）丁基二甘醇-乙醚（二甘醇单丁醚）

丁基二甘醇-乙醚溶剂在涂料、添加剂、打印墨、印刷油墨中有很好的应用，因为这些商品都需要一种挥发率极低的溶剂。在高温烘烤搪瓷漆中加入这种甘醇醚，能增加漆的流动性和光滑性。丁基二甘醇-乙醚是一种染料溶剂，广泛用于加速油墨在印刷盒板等类似材料中的渗透。它可以作为肥皂、油和水的一种共同溶剂，也可以作为一种能溶解油和纺织物油的液体清洁液的成分，原因就在于它对泥土和蜂蜡均具有良好的溶解力。因此它在清洁用品配方中的应用越来越广泛。丁基二甘醇-乙醚溶剂可用作乳胶漆的一个连结助剂，可作为有机溶液中使用的氯乙烯树脂的一个分散剂，也可作为一种水中的稀释剂和制造增塑剂的一种中间媒介。

5.2.2　引发剂

引发剂是引发单体聚合反应的助剂。在水性树脂的制造过程中，自由基型聚合反应占多数，通常需要加入引发剂加快聚合速度。引发剂是在光和热作用下易发生共价键断裂而生成两个自由基的化合物。目前应用研究最多的引发剂是过氧化合物和偶氮化合物。过氧化合物有过硫酸铵、过硫酸钾、过硫酸钠，过硫酸铵引发剂所得聚合物耐水性较好，过硫酸钾在水中溶解度较小，价格低。偶氮化合物主要为偶氮二异丁腈。在水性树脂的制备过程中加入引发剂的量要合适，过多会引起温度升高，反应无法控制；过少，反应速率会降低。一般为0.2%～0.7%。

5.2.3　乳化剂

在水分散树脂的制备过程中除了加入引发剂外，还要加入一定量的乳化剂。乳化剂是一种表面活性剂，根据它们是否存在解离，分为离子型乳化剂和非离子型乳化剂。使用较多的乳化剂是商品名为 OP-10 的化合物，其化学名是聚氧乙烯壬基酚醚，是一种非离子型乳化剂，其用量一般在 0.3%～1%。

5.2.4 中和剂

利用碱溶性树脂制作水性连结料时需加入中和剂，中和剂的作用是将含羧基的阴离子树脂变成可溶性的铵盐。比较常用的胺或碱有氨水、二乙胺、三乙胺、一乙醇胺、二乙醇胺、三乙醇胺、氢氧化钠、氢氧化钾等。氨水由于其低廉的价格和易蒸发性成为应用最普遍的中和剂，常用中和剂的性质见表 5-6。聚乙醇胺常被用在很多应用中，有时其他胺类也被利用，因为它们有助于改进可溶性。但胺类较贵，且需更多能量才能得以蒸发。挥发较少的胺将降低抗水性，这是由于形成了几乎是永久性的盐类。

表 5-6 常用中和剂的性质

中和剂	沸点/℃	相对密度（20℃）	闪点	pH 值
氨水	−33	0.8920	—	10
吗啉	128	1.0020	39	9.7
二乙氨基乙醇	163	0.8851	54	10.3
二甲基乙醇胺	170	0.8859	46	10.1
氨甲基丙醇	268	0.94	68	10.3
三乙醇胺	335	0.7920	−7	10.6

碱可溶水溶性树脂以水作为主要溶剂，使用时减少了对环境的污染；水的来源方便；使用安全，不易燃烧。但也存在某些缺点：用有机胺作为中和剂时，胺类对人体有一定毒性，还会腐蚀金属板，主要是铜材；用于对纸张的印刷时，印品质量较差。

5.3 其他有机溶剂

其他有机溶剂有脂肪烃类溶剂、芳香烃类溶剂、醇类溶剂、酮类溶剂、酯类溶剂等。脂肪烃溶剂可以溶解松香、松香酯、顺丁烯二酸树脂、松香改性酚醛树脂等，一般气味小、毒性小、溶解力比较弱、价格便宜，在油墨工业中用途广泛。常见的芳香烃类溶剂有苯、甲苯、二甲苯，主要用于凹印油墨。常见的醇类溶剂有乙醇、异丙醇、丁醇、松油醇等。醇类溶剂通常与苯类或酯类溶剂混合后配成混合溶剂应用，可以用来溶解多种树脂，用于制造凹印油墨和苯胺油墨。其中常用的丁醇是正丁醇和仲丁醇，与乙醇相比，它们的溶解力较弱，溶解聚合度较高的树脂，在冬季有时会发生分层现象。常见的酮类溶剂有丙酮、丁酮、环己酮等。酯类溶剂的挥发性较强，能和烃类溶剂、亚麻油、蓖麻油等相混溶，并能溶解多种树脂，通常将它与乙醇的混合溶剂用于塑料凹印油墨中。常见的酯类溶剂主要有乙酸乙酯、乙酸正丁酯、乳酸丁酯等。

常用有机溶剂的物理化学性质详见第 3 章 3.1.1 小节，性能参数如表 5-7 所示。

表 5-7　常用有机溶剂的性能参数

溶剂	相对密度（20℃）	沸点/℃	蒸发潜热/（cal/g）	相对蒸发速率	溶解度参数	闪点/℃
乙酸乙酯	0.90	76.7	88	615	9.1	23
乙酸正丁酯	0.88	126.0	74	110	8.2	74
甲醇	0.79	78.3	200	340	12.7	57
乙醇	0.79	61.5	262	610	14.5	42
异丙醇	0.79	82.3	159	230	11.5	53
苯	0.88	80.1	94	630	9.2	12
甲苯	0.87	110.8	87	240	8.9	40
二甲苯	0.87	144.0	95	63	8.8	63
丙酮	0.79	56.1	124	1160	10.0	−18
甲乙酮	0.81	79.6	116	572	9.3	19
环己酮	0.95	156.7	109	23	9.9	

注：1cal=4.1868J。

思考题

1. 溶解性发生的最好条件是什么？

2. 环保型溶剂有哪些？请简要概述一下。

3. 请简要叙述胺类中和剂的优缺点。

4. 中和剂的作用是什么？

5. 苯、甲苯、二甲苯的区别是什么？

6. 有机溶剂有哪几类？每一类简要举例。

参考文献

［1］李荣兴. 油墨（上册）［M］. 北京：印刷工业出版社，1986.

［2］李荣兴. 油墨（下册）［M］. 北京：印刷工业出版社，1986.

［3］陈蕴智. 印刷材料学［M］. 北京：中国轻工业出版社，2011.

［4］辛秀兰. 水性油墨［M］. 2 版. 北京：化学工业出版社，2012.

［5］周震. 油墨研发新技术［M］. 北京：化学工业出版社，2006.

［6］刘昕. 印刷原理［M］. 北京：科学出版社，2016.

［7］周震. 印刷油墨［M］. 北京：化学工业出版社，2006.

第6章

油墨的配方与生产

6.1 油墨的制造工艺

6.1.1 颜料在连结料中的润湿

一般地，一种印刷油墨的成功制造由很多因素决定，如生产量的大小、各种组分的性质和油墨产品的性能指标等。总体而言，油墨的制造过程是使颜料和其他固体颗粒均匀分散到连结料中，形成热力学稳定的胶体体系。

颜料（包括填充料）一般是粉状固体物质，它可以看作是许多单个的颜料粒子聚集在一起的颜料聚集体（也可以叫作颜料团）。在空气中，颜料聚集体粒子与粒子之间的毛细孔隙中充满了空气和极少量的水分。当颜料与连结料结合时，连结料进入颜料的间隙和毛细孔隙中，空气开始从系统中排出。搅拌可以加速该过程，在搅拌过程中可以看到有大量气泡浮出，即颜料被连结料润湿的过程。经过搅拌操作处理后的油墨料可进入研磨工艺阶段，这个阶段除了将颜料颗粒粉碎为颜料粒子外，还进一步将颜料与空气的接触转变为颜料与液态连结料的接触，如图6-1所示。研磨后的油墨料中，当颜料粒子表面都被连结料包围时，颜料粒子已均匀地分散在连结料中。达到这种分散程度后，如果油墨料中各物料分子之间的作用力保持不变，则油墨料中颜料不容易沉淀下来，并且流动性也好，形成稳定的胶体体系。

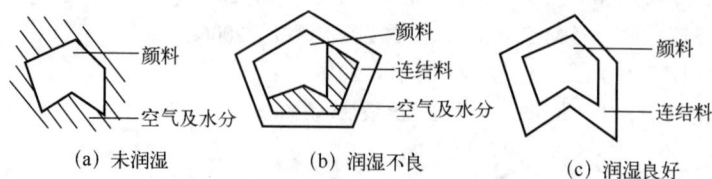

图6-1 颜料湿润过程

从上述分散过程可以看出，颜料在油墨连结料中需达到非常好的分散状态，除了要使用合适的分散设备外，还必须选用在连结料中容易被润湿的颜料和填充料。否则，在生产油墨过程中，颜料无法经过研磨形成细度满足要求的颗粒，且这种情况难以通过重复研磨实现较好的效果。通过沉淀法分析颜料经研磨几道之后大小粒子的分布情况，得到如表6-1所示的结果。可见经一道研磨以后，除大于 $60\mu m$ 的粒子外，其他粒子的比例没有什么变化。因此，研磨过程只是把颜料的聚集体打碎并润湿它们，而不能把颜料破碎到小于颜料的原始粒子。

表 6-1　研磨道数与颗粒分布的关系

研磨道数	颗粒分布率/%								
	>60μm	40~60μm	20~40μm	10~20μm	1~5μm	2~5μm	1~2μm	<1μm	总量
未经研磨	23.04	4.00	4.64	7.76	3.91	9.80	2.46	44.03	100
第1道	9.32	1.39	3.45	4.42	4.02	2.43	6.08	68.59	100
第3道	3.76	1.77	5.76	3.27	10.92	1.82	3.33	68.87	100
第5道	3.39	1.50	2.64	3.08	7.78	4.91	4.18	71.52	100
第10道	2.90	1.36	1.15	4.23	4.12	3.94	9.91	72.09	100

6.1.2　油墨的生产过程

生产印刷油墨使用的机械比较简单，可以连续性生产，也可以单个容器生产，但多数是单个容器生产的，只有像报纸印刷油墨这种用量极大的油墨才采用连续生产的方式。油墨的品种很多，不同的印刷方法、承印物材料，要有相应的配方和相应的生产工艺过程。

（1）油墨的制造工艺流程

1）浆状油墨的制造工艺流程

印刷中常用的胶印油墨、平台机凸版油墨、丝网油墨和印铁油墨都属于浆状油墨，它们由色料（包括颜料、染料）、填充料和连结料、溶剂辅助剂制成。在制造过程中需要将色料、填充料等固体成分尽可能均匀地分散在液体的连结料和溶剂中间，完成湿润、粉碎和分散三项加工。使用的设备并不复杂，主要有各种搅拌机、三辊轧墨机（研磨机）、捏合机和装桶机等，图6-2为浆状油墨的制造工艺流程。

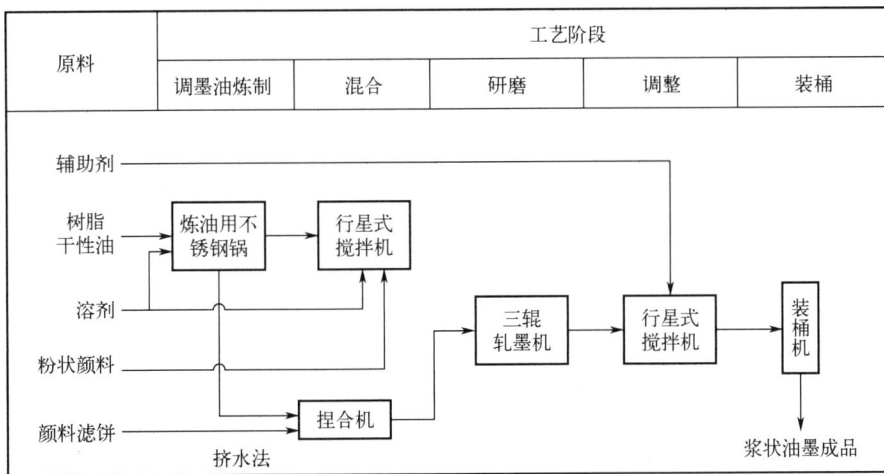

图 6-2　浆状油墨制造工艺流程

2）液状油墨的制造工艺流程

印刷中常用的照相凹版油墨、柔性版油墨和轮转新闻油墨等都是液状油墨，黏度很小，不必在搅拌机中预先混合，直接将颜料、填充料、调墨油和溶剂一起投入球磨机和砂磨机即可，其工艺流程见图6-3。

原料	工艺阶段				
	调墨油炼制	混合	研磨	调整	装桶

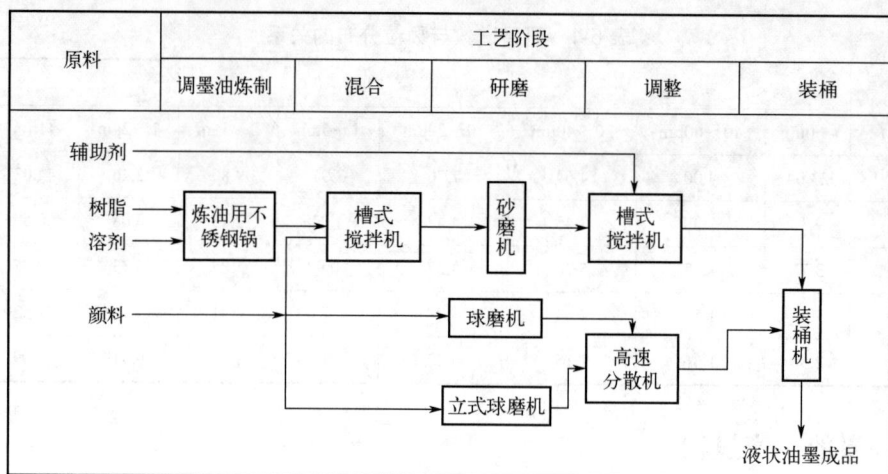

图 6-3　液状印刷油墨的制造工艺流程

（2）各制造工序简介

综上所述，印刷油墨的生产过程是使颜料颗粒均匀地分散到连结料中，并根据不同种类的油墨及性能要求适当加入辅助剂形成稳定悬浮胶黏体。印刷油墨的制造工艺包括准备、配料、搅拌、研磨、检验调整与包装等工序。

1）准备

准备阶段主要是连结料的炼制和颜料的制取。连结料的炼制是准备阶段极为重要的一个环节，它是从上百种连结料的原料中根据配方选取几种适合的原料，然后炼制成具有某种特性的连结料的生产工艺。连结料的炼制包括植物油的炼制、树脂型连结料和溶剂型连结料的制备。植物油的炼制，就是以去除干性植物油中的杂质和色素为目的的精制，和将其加温炼制成具有一定黏稠度的调墨油的过程。制备树脂型连结料和溶剂型连结料，是将固体或高黏度的树脂溶解于干性植物油和油墨油中或溶于有机溶剂中，形成溶胶状物质。

2）配料

配料是把配方中规定的颜料和连结料及辅助剂放入专用的容器中的过程。不同类型的印刷油墨，所用的原材料、生产工艺等往往完全不同，所以要生产某一种油墨，必须根据该油墨的配方配料。配料是决定油墨各项性能的关键因素，直接影响到油墨的质量及印刷适性，在油墨制造中这一环节比较重要，各种油墨的配料都必须按照规定的配方严格执行。

3）搅拌

搅拌是利用机械作用使颜料固体粉末与连结料混合，促进连结料从某一方向进入颜料的间隙和毛细孔间隙，润湿而排出颜料周围的空气和水分，达到粗分散的目的。搅拌是在搅拌机中完成的，一般有行星式搅拌机、蝶形桨搅拌机、高速叶轮搅拌机和双轴向搅拌机等。不管是何种搅拌机，开始搅拌时的速度应较低，以防止未润湿的颜料颗粒飞扬或逸出，搅拌一定时间后再进行高速搅拌，以加强对墨料的剪切力，将颜料团打开。当墨料呈糊状后可停机，取出墨料桶，待研磨。

另外，还会采用捏合机进行墨料的搅拌，它比较适合用于带水的颜料滤饼和连结料的混合。与搅拌机相比，捏合机不仅效率高，而且分散效果好。因为捏合机是由一个槽和两把可旋转的搅拌刀组成的，当捏合机运转时，由于搅拌刀的挤压作用，墨料被反复地压至槽鞍上而碾细、揉和、捏合直至均匀。

4）研磨

研磨，俗称轧墨，是利用机械的方法将颜料加工成原始粒子分散于连结料中，使油墨形成稳定悬浮分散体的一大关键。但研磨只能把颜料的聚集体打散并被连结料润湿，而不能把颜料粉碎到小于颜料的原始粒子。另外，研磨虽能使颜料充分分散，但一经存放颜料又可能重新出现聚集，影响油墨的细度和流动性。所以，要使颜料均匀而稳定地分散在连结料中，仅靠加强研磨还不行，必须注意改善颜料和连结料的润湿性能，加入表面活性剂可改善颜料和连结料的润湿性能。

不同性质的油墨采用不同类型的研磨机进行研磨，但它们的原理都是依靠剪切、挤压和摩擦作用来完成颗粒的分散的。通常生产较黏稠的浆状油墨采用三辊轧墨机，生产较稀薄的或挥发型油墨则采用球磨机和砂磨机研磨。为了保证油墨达到相应的质量标准，墨料一般都要反复进行多次研磨，普通油墨在3～5次，而特殊油墨要在8～10次。

5）检验调整与包装

墨料经研磨后还不能作为成品出厂，因为它在流变性、干燥性、颜色、细度以及其他特性上并未完全达到预定的印刷适性要求，还需要进行适性的调整和性能的检测工作。调整是根据适性要求在研磨料中加入一定量的溶剂或低黏度的调墨油、适量的辅助剂和基墨进行搅拌调和，使其流变性、黏性、干燥性、颜色和其他特性符合印刷要求。油墨的质量检验是用一定的仪器或检测工具，在一定的条件下对油墨的流动度、细度、黏性、干燥性、着色力等指标进行检验和鉴定。

经过调整和检验，符合质量标准的油墨即可装桶并包装出厂。在装桶时要注意不要有空隙和气泡，以减少氧化结皮而造成的损失，新式的自动装桶机可保证质量精确，包装时表面常盖有涂油的纸盖，也是为防止表面结皮。

6.2　油墨的绿色生产

传统油墨中的溶剂是矿物油，这些矿物油中芳香烃含量较高，所挥发出来的挥发性有机化合物（VOCs）可以造成比二氧化碳更严重的温室效应，而且在阳光的照射下会形成氧化物质及光化学烟雾，严重污染大气。长期处于高浓度的VOCs中将会对人体特别是神经系统造成极大的危害。另外油墨中使用的有机颜料中含有铅、汞、砷、钡等有害金属元素，对人体危害极大。

随着可持续发展理念深入人心，资源、环境、健康等问题逐步成为社会经济发展的主要关注点。印刷产品在日常生活中随处可见，其产生的污染也不容小觑，绿色环保已成为印刷行业发展的主要目标。对于占据印刷品品控环节重要地位的油墨而言，"绿色环保油墨"成了油墨产品发展的趋势。目前环保油墨主要有植物油墨、水性油墨及紫外光固化油墨。植物油墨是用植物油代替了传统油墨连结料中的矿物油成分，植物油包括大豆油、蓖麻油等。水性油墨以其低污染、低挥发性以及具有不可燃、无毒或低毒性、无味或低异味等特点，越来越受到人们的重视，被称为新型"绿色"印刷材料。在美国，印刷机用溶剂型油墨换成了水性油墨，VOCs的含量从10%～20%降低到0.71%。此外，主要在柔印中发挥作用的醇性油墨也是一种污染很小的油墨，不含有矿物油成分，有机溶剂中的有害金属含量很少，因此对环境污染也小。

我国于 2021 年 4 月 1 日开始实施强制标准《油墨中可挥发性有机化合物（VOCs）含量的限值》（GB 38507—2020）。该标准除了对油墨产品中的 VOCs 含量进行了限定，还规定了油墨生产中不得添加乙苯、环氧丙烷、苯乙烯、苯、亚硝基异丙酯、亚硝酸丁酯、乙二醇单乙醚、N-甲基-2-吡咯烷酮、三甘醇二甲醚、卤代烃等物质。在此背景下，油墨行业发生了技术革新，油墨产品除了逐步向去除重金属、芳香烃，符合新的环保安全法规的油墨发展以外，油墨产品的 VOCs 排放值也相对前代产品减小许多，环保性越来越高。在未来，油墨产品 VOCs 含量和 VOCs 减排工作将会得到油墨生产企业的重点关注，油墨行业将充分利用智能自动化设备装置进行规模化生产，以确保油墨生产环境无异味、无泄漏、无排放，大幅改善作业环境，降低人力成本，提升生产效率和产品质量。

6.3　平版印刷油墨

6.3.1　平版印刷油墨概述

胶版印刷（简称胶印）属于平版印刷，与之相对应的胶印油墨占据着印刷油墨总量的 40% 左右，且其品种日趋增加，制造技术水平不断提高，产量日趋扩大。胶印油墨是一种具有一定稠度和黏性的油墨，大部分胶印油墨都是通过氧化结膜干燥的。由于胶印的工艺以及印刷过程中有润版液存在，要求胶印油墨具有一些特殊的性能。胶印油墨可以分为单张纸油墨和卷筒纸油墨。单张纸油墨大多是快干型氧化结膜油墨，油墨先渗透进承印物内，而后通过氧化结膜干燥。有些单张纸油墨也用红外加热干燥。卷筒纸印刷机的印刷速度很快，油墨的流变性能应该适应高速印刷的要求，即流动性要很好，能够用泵输送。卷筒纸油墨的干燥方式是以渗透干燥为主，部分也采用热固型干燥方式，在印刷装置的后半部增加了加热干燥装置，在加热过程中油墨中的溶剂很快挥发，使得墨膜迅速干燥。平版印刷油墨还有辐射固化型，这是一种精细的交联固化系统，由紫外线、红外线或电子束对墨膜迅速固化干燥。近年来，又出现了很多环保胶印油墨。

本节首先介绍胶印油墨的性能，然后介绍生产胶印油墨的原材料的选择与性能之间的关系，最后对单张纸胶印油墨、卷筒纸胶印油墨和其他环保胶印油墨的配方设计进行阐述。

6.3.2　生产胶印油墨的原材料

（1）颜料

由于胶印过程中使用了润版液，即在印刷过程中有水的存在，因此对颜料必须要求耐水性比较好。总的来讲胶印油墨用的颜料有以下几方面的要求。

1）耐水性的要求

① 要求颜料不具有水溶性，这是因为颜料的水溶性会直接造成润版液染色，进而出现印版空白部分全部带色的严重故障。

② 要求颜料亲油性（或者更确切地称为亲连结料性）比亲水性好。如颜料对水的亲和力大于对连结料的亲和力，油墨中原来被连结料所包住的颜料表面有可能在一定条件下被润版液所吸附，使润版液中也产生类似颜料溶于水的带色现象，引起印刷故障。

③ 颜料中不能含有水溶性物质，这种水溶性物质可能进入润版液中，有可能破坏 PS 版图文部分的亲墨性和非图文部分的亲水性，也会造成印版受损，引起印刷故障。

2）颜色的要求

胶印油墨所用颜料的色彩总是要求越鲜明越好，特别对于印制较高级的彩色印刷品来说，颜料的鲜艳度是起决定性作用的。由于胶印是典型的间接印刷，印在纸上的墨膜层很薄，只有凸印油墨墨膜的一半，因此对颜料的另一个重要要求是应该具有尽可能高的色深度。颜料的色深度高可以在一定程度上改善由墨层较薄所引起的印件色浅的缺点。

对颜料应特别注意选择的是胶印四色墨中的红、黄、蓝三种主要颜色。在选择这三种主色时，除了要求颜料制成油墨后的色调误差、灰度及效率要理想外，还要求颜料有尽可能大的透明度，特别是黄颜料的透明度。目前由于四色机的大量使用，印刷过程已普遍把黄色作为最后印刷的色序，故最后色序的黄色颜料的透明度应尽可能高。

3）分散性的要求

所谓分散性就是颜料颗粒是否容易研磨，颜料能够研磨得细一些，则它在连结料中能分散得好一些。在大多数印刷品中，胶印总是带有比较细的网点，因而要求油墨细度好，而分散性好的颜料可以满足这方面的要求。颜料分散性好坏同颜料的吸油流动度以及色浓度有密切的关系。分散性好的颜料吸油流动度就大些，亦即油墨做到选定的流动度时所允许加入的颜料量就可多一些，因而油墨成品的浓度就可以做得高一些。对于同一种类的颜料来说，在油墨中使用相同量的颜料，颜料分散性好的要比分散性差的浓度要高一些。

目前的颜料生产厂家常常在颜料生产中加入表面活性剂来改善颜料的分散性。但是对表面活性剂的选择很重要，如果选择不当，或者用量过多，则油墨在胶印过程中容易产生与润版液乳化的问题，并因此造成一系列印刷故障，这也是要加以注意的。

4）耐抗性的要求

对于胶印用颜料耐抗性方面的要求，由于胶印印件上的墨层较薄，因而对各种耐抗性能如耐光性、耐酸性等也相对地要求更高一些。如果颜料耐光性差，则印件上的油墨颜色受光褪色后，印件就无法区别和保存了。胶印油墨中应避免使用如含硫或碱性大的颜料，这样的颜料会使油墨变质。因为油脂的羧基会与碱性物质发生皂化作用而导致油墨变质。碱性颜料对印刷版基也会起破坏作用。在某些场合油墨的耐溶剂性也要考虑，如有的印件要经过涂料罩光，要采用丙烯酸类树脂和酯酮类强溶剂，像耐醇性差的盐基色淀颜料和射光蓝（黑墨中）就不适用了，否则印刷点子要发生迁移"溶扩"现象。

（2）连结料

胶印油墨连结料的主要成分是由合成树脂制成的树脂油及少量溶剂。在油墨生产过程中，连结料占油墨比重较大，一般用量在 60%～70%。树脂型胶印油墨用连结料一般是由合成树脂制成的树脂油和一些呈胶状型的胶质油组成的。

轮转胶印印刷油墨的合成树脂主要以松香改性酚醛树脂、石油树脂及石油改性酚醛树脂为代表。一般松香改性酚醛树脂有助于提供稳定的乳化油墨，但抗水性差；石油树脂所提供的乳化油墨稳定性差，但抗水性好；石油改性酚醛树脂提供的乳化油墨稳定且抗水性好。油墨工作者可根据印刷客户的要求选用不同类型的树脂。

胶印油墨用合成固体树脂的基本要求主要有3点：①高软化点，高软化点的树脂制成的胶印油墨其固着速度和光泽度相对地比低软化点的树脂要好，制成后油墨黏性也低；②较高的溶解黏度，溶解黏度较高的树脂在胶印油墨中表现出高速印刷的传递性好、油墨的内聚力增加、身骨较好、印刷网点好、固着速度快、做成的胶质油成胶性好、胶体稳定等特点，然而溶解黏度较高的树脂相应地还要有较好的溶解性（较高的正庚烷值），否则使用价值不大；③足够的溶解性和良好的溶剂释放性，溶解性好的树脂做成的胶印油墨的流动性、稳定性、亮光和印刷传递性都较好。溶剂的释放性是指溶剂从树脂中释放速度的快慢，这与树脂有关，与溶剂的挥发性能好坏有关，也与树脂与溶剂混合的制备工艺等因素有关。溶剂释放过慢，会影响墨膜的干燥速度。

（3）填充料

胶印油墨中填充料的主要成分是氢氧化铝。油墨中添加该材料，一方面降低了生产成本，另一方面调整了油墨的性能，又可调节油墨的性质，如稀稠、流动性等。该材料的添加量一般根据油墨中颜料的添加量及性能需要确定，添加量一般在0%～20%。

（4）辅助剂

胶印油墨中的辅助剂一般为514干燥剂（混合干燥剂）、LC-7（主要成分锰）、LC-8（主要成分钴）、TOP-100（蜡）、THQ（防干剂，延长油墨结皮时间）、蜡、矿物油等，一般添加量都控制在1%～5%。

6.3.3 平版胶印油墨配方

（1）单张纸胶印油墨

1）单张纸商标印刷油墨

罐头、坛子和瓶子工业的商标通常是在大幅面的单张纸上印刷的，每张纸上印刷有多个单个商标，纸张上油墨遮盖率很高，可能会产生严重的纸张卷曲问题，故必须采用特殊配方的低黏性油墨。典型的单张纸商标印刷油墨配方如表6-2所示。

表6-2　单张纸商标印刷油墨配方

组分名称	组分占比	组分名称	组分占比
汉沙黄	20%	防脏剂	3%
凝胶	5%	钴/锰催干剂	2%
连结料（液体树脂型）	39%	油墨油（馏程250～290℃）	1.9%
联苯胺中黄（G）	12%	萘酸钴（含Co 6%）	0.1%

快干型连结料由低溶解度改性松香酯树脂加入亚麻油中炼制而成，并保温在280～320℃。凝胶由可溶性松香酯与铝螯合制成。该油墨干燥速度快，在多色胶印机上印刷时，能防止套色时串色；能减少印品蹭脏现象的发生，提高印品质量。

2）小胶印黑墨

小胶印工艺是为简易操作设计的，它们常常由没有经过充分训练的人员操作。由于结构简单，故能够为印刷物提供低成本的设备。它的上墨和润湿系统与那些大型的、单张纸印刷机的上墨和润湿系统不同，可以使用各种各样的印版，因此成本可以降到很低。

小胶印黑墨的物理和化学特性有自身的特点：油墨应该具有良好的传递性，能控制与水的乳化，具有高黏性以防油墨转移到非图文区域，通常要求油墨在很长时期内保持不结皮。两种适用的配方分别如表6-3及表6-4所示。

表6-3 小胶印黑墨配方一

组分名称	组分占比	组分名称	组分占比
碳素黑	20.0%	抗氧化剂	2.0%
射光蓝	2.0%	亚麻油	6.0%
氧化干燥连结料	70.0%		

配方一中氧化干燥连结料是将松香酯树脂加入亚麻油中炼制而成的。

表6-4 小胶印黑墨配方二

组分名称	组分占比	组分名称	组分占比
碳素黑	20.0%	滑石粉	10.0%
射光蓝	2.0%	煤油（馏程为280～320℃）	3.0%
环氧化橡胶连结料	65.0%		

配方二中加入滑石粉是为了控制环氧化橡胶连结料的飞墨趋向。环氧化橡胶连结料是将环氧化橡胶溶于芳香族溶剂制得的。

3）纸盒用纸板印刷油墨

虽然用于纸张印刷的油墨都能用于纸板材料，但要达到折叠纸盒包装工业严格的要求，通常要用特殊配方来取得最佳效果。代表性的纸盒用纸板印刷油墨配方如表6-5所示。主要要求如下：①干燥后墨膜要具有尽可能大的耐磨性，以避免在运输或零售的新产品上出现划痕；②要求油墨能够快速凝结；③用于食品和糖果包装时，尽量减少异味；④适合随后的上光工艺。

表6-5 纸盒用纸板印刷油墨配方

组分名称	组分占比	组分名称	组分占比
永久红	20.0%	聚四氟乙烯（PTFE）微晶蜡	1.0%
快干型连结料（1）	50.0%	煤油（馏程为280～320℃）	5.0%
快干型连结料（2）	20.0%	钴/锰催干剂	2.0%
聚乙烯（PE）微晶蜡	2.0%		

该油墨干燥相对稍慢，通常需要喷粉来防止印品粘脏。

4）单张非渗透片基印刷用油墨

单张非渗透片基印刷用油墨胶印主要用于有比较大吸收率的纸张和纸板的印刷。渗透和油墨凝结在大多数单张纸印刷的干燥中起主要作用，但塑料和金属箔的平印则是氧化结膜干燥。

在这些材料上用氧化结膜干燥的油墨印刷，印刷稳定性和快干性是一对矛盾。油墨在墨斗和墨辊、印版和橡皮布上不能结皮，不能粘脏，但是必须能够有效地粘在片基上。实际上，为了快速干燥，其稳定时间只能减到尽可能短。另外，防粘剂的喷粉和堆码高度减小也是避免严重粘脏的关键。更麻烦的是水墨平衡，因为片基是非渗透性的，它不能像纸张和纸板那样可以将润版液转移走，这就增加了油墨过分乳化的可能性。尽管有这些麻烦，但还是可以准确配制出能在塑料片等不渗透性片基上印出满意效果的氧化干燥油墨。典型单张非渗透片基印刷用油墨配方如表 6-6 所示。

表 6-6　典型单张非渗透片基印刷用油墨配方

组分名称	组分占比	组分名称	组分占比
酞菁绿	20.0%	钴催干剂	3.0%
氧化干燥连结料	70.0%	锰催干剂	1.0%
PE 微晶蜡	3.0%	精炼亚麻油	2.0%
PTFE 微晶蜡	1.0%		

5）自净型胶印油墨

该类油墨含有版面清净液，在铜版上印刷时，用自来水作润版水，高速印刷 2 万份以上也不会出现油墨刷痕。两种代表性的油墨配方如表 6-7 和表 6-8 所示。

表 6-7　自净型胶印油墨配方一

组分名称	组分数量/份	组分名称	组分数量/份
炭黑	80	碱性蓝	44
十三烷醇	4	松香改性酚醛树脂（凡立水）	230
环烷酸钴（含 Co 6%）	2	油包水型乳液 A	40

表 6-8　自净型胶印油墨配方二

组分名称	组分数量/份	组分名称	组分数量/份
炭黑	80	碱性蓝	40
热聚合亚麻油	40	羟油（羟基类油）	10
环烷酸钴（含 Co 6%）	2	松香改性酚醛树脂（凡立水）	180
油包水型乳液 B	48		

配制胶印油墨时，先将版面清净液与醇酸树脂混合乳化，得到油包水型乳液。另将炭黑、碱性蓝通那、松香改性酚醛树脂（凡立水）和羟油炼制成颜料分散体，然后加入油包水型乳液，在强力搅拌机内快速搅拌混合，制得自净型胶印油墨，其配方如表 6-9 所示。

表 6-9　自净型胶印油墨配方三

组分名称	组分数量/份	组分名称	组分数量/份
羟油（羟基类油）	24	炭黑	24
碱性蓝	72	松香改性酚醛树脂（凡立水）	336
醇酸树脂	18	版面清净液	42

6）环保型单张纸胶印油墨

随着人们环保意识的增强，印刷行业对印刷油墨的环保性能提出了更高的要求。原有的传统矿物油体系单张纸胶印油墨含有很高的矿物油含量，导致很高的 VOCs 排放，不仅造成了对环境、大气、生态的污染，而且其含有的多环芳香烃化合物（PAHs）是一种致癌性很强的物质，会对人的身心健康造成较大的危害。根据我国现行环境标准《环境标志产品技术要求　胶印油墨》（HJ 2542—2016）的要求，单张纸胶印油墨中，VOCs 排放≤3%的才符合环保油墨的要求，才是环保型的单张纸胶印油墨。

① 植物油基单张纸胶印油墨　目前，环保型单张纸胶印油墨产品还是以大豆油胶印油墨为主。美国大豆协会（ASA）对油墨中大豆油含量也作了具体的规定：单张纸胶印油墨中大豆油含量≥20%（质量分数）就表明该产品已符合环保要求，就被称作环保大豆油单张纸胶印油墨。虽然大豆油墨中大豆油的质量分数≥20%，但还含有质量分数在 10%～15%的矿物油，有较多的 VOCs 排放，仍然会对环境造成一定的污染。

大豆油墨有以下 3 个优点：

a. 环保性。大豆油墨中连结料的主要成分为改性后的大豆油，易于分解，不会对环境造成负担。而且使用大豆油墨可以避免传统矿物油基胶印油墨排放的 VOCs，没有刺鼻的气味，不污染环境，对于印刷作业者没有身体危害。大豆油墨不含有害金属元素，对印刷品的消费者也没有危害。

b. 无异味。大豆油墨属于植物油，不仅没有刺激异味，而且还具有大豆油的香味，甚至印在成品上这个香味仍然保留。

c. 废纸脱墨容易。现在国家也开始提倡书刊印刷选择再生纸，而且再生纸没有加荧光增白剂，是纸浆本身的颜色，所以对于人的视力保护有帮助。而再生纸在回收时，对油墨的脱墨性有很高的要求。在废纸回收时，美国密歇根大学的研究表明，大豆油墨比普通油墨更容易脱墨，且对纸纤维的损伤少，废墨易降解，利于污水处理，降低了印刷的综合成本。带香味大豆油单张纸胶印油墨配方如表 6-10 所示，该油墨绿色环保，纯植物，带香味，深得儿童的喜欢，对儿童无伤害。

表6-10　带香味大豆油单张纸胶印油墨配方

组分名称	组分数量/份	组分名称	组分数量/份
水	30～65	高黏度胶质连结料	10～15
低黏度流质连结料	10～15	大豆油甲酯	5～6
着色颜料	4～6	辅助材料	1～5
环保香精	1～5	大豆油	5～7
松香	2～10	柠檬酸钠	2～6

② 其他环保型单张纸胶印油墨　早期推出的大豆油型油墨是用大豆油替代部分石油系矿物油（含有烷烃、芳烃的有机溶剂），溶剂中仍含有石油系矿物油。随后推出全植物油基胶印油墨，溶剂全为植物油，不含 VOCs，但是由于植物油的分子量和黏度都比矿物油大，对纸张的渗透性差，大大降低了油墨的固着速度和干燥速度，并且植物油对很多树脂的溶解性不佳，影响墨性平衡，使得印刷适性和印刷质量不大理想。

脂肪酸酯型油墨是用脂肪酸酯替代油墨中的矿物油，真正做到无矿物油的油墨。脂肪酸酯分子量较低，黏度与矿物油接近，具有良好的渗透性，对树脂溶解力很好。但是脂肪酸酯沸点比矿物油高，对树脂溶解性过好以致溶剂释放性稍差，干燥速度缓慢。代表性的脂肪酸甲酯型胶印油墨配方及其连结料配方如表 6-11 和表 6-12 所示。

表6-11　脂肪酸甲酯型胶印油墨配方

组分名称	组分占比	组分名称	组分占比
立索尔大红	22.3%	连结料	66.4%
脂肪酸甲酯	8.7%	对苯二酚	0.3%
异辛酸锰	1.2%	PE蜡	1.1%

表6-12　对应的连结料配方

组分名称	组分占比	组分名称	组分占比
大豆油	25.4%	桐油	16.7%
脂肪酸甲酯	16.2%	松香改性酚醛树脂	35.6%
醇酸树脂	5.0%	异辛酸铝	0.8%
2,6-二叔丁基对甲酚（BHT）抗氧剂	0.3%		

（2）卷筒纸胶印油墨

由于卷筒纸胶印机印刷速度很快，因此对油墨的最大要求就是干燥性。为适应这么快的印刷速度，采用以渗透干燥方式为主的油墨，油墨的组成大多数都与单张纸胶印油墨相同，但树脂添加量略少一些，溶剂略多一些。通常不使用干燥剂，其他辅助剂应不加或少加。由于卷筒纸印刷速度快、印量大，就油墨的流变性能而言，在高速印刷时为了防止纸张起毛，应该降低油墨的黏度，以改善油墨转移的性能。采用熔点不太高的树脂，也可能减少对流变性能的影响。黑墨中常加入沥青连结料，用于调整油墨的流动性。

1）渗透干燥型

由于轮转胶印机的印刷速度很快，印刷过程中对油墨的首要要求就是干燥速度要快，渗透干燥型轮转胶印油墨正是为了适应这种要求而设计的，典型的渗透干燥型油墨配方如表6-13所示。这种油墨的固着方式以渗透干燥为主，虽然其组分与单张纸胶印油墨相似，但组分中树脂含量较低，脂肪烃溶剂含量较高。其流变性能也应适应高速印刷的要求，流动性很好，能够用泵输送。由于印刷用的纸张质量较差，为防止纸张起毛，油墨黏性应该比较低。树脂的熔点不能太高，以减少其对油墨流变性能的影响。在黑墨中可以采用沥青作为连结料，既降低成本，又能改善流变性能。

2）热固型

对于热固型轮转胶印油墨，使用时在轮转胶印机印刷装置的后半部增加了加热干燥装置，在干燥装置中油墨中的溶剂很快挥发，使得墨膜迅速干燥。这种油墨常用于印刷吸收性比较差的高档纸张（如涂布纸等），以使其干得快。这类油墨的组分类似于快干型油墨，只是干性油的含量更少，石油系溶剂的含量更多，并且应该选择沸点比较低的溶剂，溶剂馏程范围更窄。代表性的热固型轮转胶印油墨配方及环保热固型胶印油墨配方如表 6-14 和表 6-15 所示。

3）辐射固化型

连结料有精细的交联固化系统，由紫外线、红外线或电子束进行固化。轮转新闻油墨用得更多的是非热固型油墨，它是将炭黑分散在矿物油中，再加入合适的助剂使之满足印刷适性，典型配方如表 6-16 所示。

表6-13 渗透干燥型油墨配方

组分名称	组分占比	组分名称	组分占比
酞菁蓝	15.0%	胶质油	20.0%
石油树脂连结料	10.0%	煤油（馏程为280～320℃）	5.0%
矿物油	50.0%		

表6-14 热固型轮转胶印油墨配方

组分名称	组分占比	组分名称	组分占比
联苯胺黄	5.0%	PE微晶蜡	2.0%
快干热固着连结料	70.0%	PTFE微晶蜡	0.5%
快干热固着凝胶连结料	适量	煤油（馏程为280～320℃）	7.5%

表6-15 环保热固型胶印油墨配方

组分名称	组分数量/份	组分名称	组分数量/份
聚氨酯树脂	55	氯醋树脂	13
蜡粉	8	植物油	4
植物油衍生物	12	分散剂	2
防老剂	2	增塑剂	3
有机颜料	2	止干剂	0.8
抗氧剂	1.2		

表6-16 环保冷固型胶印油墨配方

组分名称	组分数量/kg	组分名称	组分数量/kg
松香改性酚醛树脂	10	醇酸树脂	5
干性植物油	15	矿物油	10
颜料	10	助剂	10
水	500mL	石粉	10
炭黑	20		

（3）无水胶印油墨

无水胶印使用斥墨的硅酮树脂涂布的印版，在图文部分除去涂层就可以吸收油墨，实现图文的转印。这样就省去了润版液的使用，可以说为环境保护作出了极大贡献。但是无水胶印油墨在实际印刷过程中受环境温度影响很大，容易起脏，油墨的转移性以及油墨的墨性不及普通胶印油墨，而且还需要专门的无水胶印设备，应用和推广受到一定的限制。但是在环保的压力下，美国和日本已经开始积极尝试无水胶印，这值得人们关注。一般来说，无水胶印需要更高要求的印机保养以及操作技巧，哪怕在工序上细微的失误，印刷质量也可能变化很大。

无水胶印油墨的组成与一般胶印油墨相似，都由颜料、树脂连结料、溶剂和稀释剂、填料和助剂等构成，在这里就不过多地阐述。代表性的无水胶印油墨的配方如表6-17所示。

表 6-17　无水胶印油墨配方

组分名称	组分数量/份	组分名称	组分数量/份
环氧丙烯酸酯树脂	23	有机颜料	14
十六酸甲酯	4.5	丙二醇	10
异链烷烃	8	纳米碳酸钙	26
稀释剂	58	亚麻油	12.7
吸水剂	1.82	黏结剂	10.34

　　该油墨中的稀释剂用于降低无水胶印油墨的黏度，以便油墨能够很好地在印刷品的印刷面上流动，使得印刷图案清晰，提高合格印刷品的成品率，减少环境污染；亚麻油用于增加印刷品表面的光泽，使得图案颜色更加亮且不需要使用润版液，减少环境污染，达到绿色环保的要求。

　　（4）UV 胶印油墨

　　1）胶印紫外光固化（UV）油墨的特点

　　与普通油墨相比，紫外光固化油墨具有良好的印刷适性、颜色稳定性、叠印效果和光亮度。

　　① 固化速度快，在紫外光照射下，几秒钟即可固化。尤其是在包装印刷中，经常需要印刷大面积实地，要求有较高的密度，因此不得不加大上墨量，这时干燥问题就变得非常重要，油墨不易干燥往往影响印刷生产效率，而采用紫外光固化油墨，这个问题便迎刃而解了。

　　② 紫外光固化油墨可以防止油墨结皮，解决了胶印机停机时的后顾之忧。

　　③ 其结膜性好，对各类承印物材料都具有良好的附着力。由于紫外光固化油墨不含溶剂，固化后的墨层厚度与印刷墨层厚度基本相同，单位质量的紫外光固化油墨与普通油墨相比，印刷面积大 30%～50%。固化时无渗透，可以在非吸收性的承印材料上印刷，如证卡的印刷等，这是普通的胶印油墨不能涉足的领域。

　　④ 紫外光固化油墨在印刷时不需要喷粉，从而使印刷环境得到了良好的改善，避免了由于喷粉而给印后加工所带来的麻烦，如对上光、覆膜效果的影响，并可进行连线加工。

　　⑤ 紫外光固化油墨色彩鲜艳，其耐划伤性、耐磨性、耐酸碱性等性能都比普通油墨好。因此，尽管其价格比普通油墨贵得多，但还是被广泛应用。

　　2）胶印紫外光固化油墨的配方

　　紫外光固化油墨由连结料、颜料、交联剂、光敏剂、辅助剂等组成。交联剂作为一种稀释剂，能降低油墨的黏度，提高印刷适性，在光聚合反应中起到交联固化的作用。因为连结料中有部分物质不能直接吸收光子的能量，这就需要在油墨中加入光敏剂，即光引发剂。在一定波长光的作用下，光敏剂分子分解成两个自由基，其分子中的电子从低能级跃迁到高能级，并产生振动，使光固化树脂和光敏剂中的不饱和双键分裂，产生链式聚合，进一步交联固化。

　　胶印 UV 油墨适用范围广泛，不仅可以用于各类纸张印刷，还可以应用在铝箔纸、塑料等非吸收性基材上，在塑料等非吸收性基材上印刷 UV 油墨日趋流行。代表性的 LED-UV 光固化胶印红墨配方如表 6-18 所示，该油墨适合单张纸胶版印刷机，克服了 LED-UV 光固化油墨在高温下胶化的产生，增加了油墨色彩饱和度，色域空间广，印刷性能完全超越同类产品。该油墨中的滤饼红颜料预分散浆料配方及自制松香改性丙烯酸酯预聚物配方分别如表 6-19 和表 6-20 所示。

表6-18　LED-UV光固化胶印红墨配方

组分名称	组分占比	组分名称	组分占比
滤饼红颜料预分散浆料	78%	1-羟基环己基苯基甲酮	2%
2,4,6-三甲基苯甲酰基苯基膦酸乙酯	3%	4-（二甲氨基）-苯甲酸-（2-乙基）己酯	2%
聚丁二醇250-(2-羧甲氧基噻唑酮）酯	3%	聚四氟乙烯蜡	2%
乙二醇二甲基丙烯酸酯	10%		

表6-19　滤饼红颜料预分散浆料配方

组分名称	组分占比	组分名称	组分占比
自制松香改性丙烯酸酯预聚物	59%	滤饼红颜料	40%
2-叔丁基对苯二酚	1%		

表6-20　自制松香改性丙烯酸酯预聚物配方

组分名称	组分占比	组分名称	组分占比
聚合松香140	45%	三甘醇	20%
己二酸	20%	丙烯酸酯改性甘油	13%
对甲氧基酚	2%		

（5）其他胶印油墨

除以上4种常见的胶印油墨外，还有其他胶印油墨，比如可降解胶印油墨配方如表6-21所示。该油墨干燥速度快、冲击强度好、降解率高，可用于书籍、箱包、报纸、板材等的印刷。其中所使用的助剂配方如表6-22所示。

表6-21　可降解胶印油墨配方

组分名称	组分数量/份	组分名称	组分数量/份
U-6011水性聚氨酯	52	聚乳酸	22
胭脂红	16	亚麻油	10
松香	9	聚碳酸丙撑酯	5
4010润湿分散剂	2	RQT-P-1增塑剂	3
助剂	13	改性淀粉	6
乙酸乙酯	32		

表6-22　助剂配方

组分名称	组分数量/份	组分名称	组分数量/份
有机硅流平剂	13	抗刮耐磨剂DC-51	6
3045消泡剂	3	阻聚剂ST-1	1.3
催干剂	1		

6.4 柔性版印刷油墨

6.4.1 柔性版印刷油墨概述

柔性版印刷油墨的应用范围极其广泛,其承印材料也多种多样,因此,与之相匹配的油墨也有多种类型。目前国内外普遍使用的柔性版印刷油墨主要有三种类型:溶剂型油墨、水性油墨和紫外光固化油墨(UV 油墨)。溶剂型油墨主要用于塑料印刷;水性油墨(或称水基型油墨)主要适用于具有吸收性的瓦楞纸、包装纸、报纸印刷;而 UV 油墨为通用型油墨,纸张和塑料薄膜印刷均可使用。这几类柔性版油墨详见表 6-23。柔性版印刷油墨具有两个显著特性,即低黏度和快速干燥。正是由于其低黏度的特性,柔性版印刷机才能成功地采用非常简单的网纹传墨输墨系统,使传墨性能良好。由于柔性版印刷油墨具有快干性,干燥非常迅速,即使是相邻两色,也可以实现干叠印。这不仅可以避免因干燥不良引起的叠印故障,而且意味着较高的印刷速度,并使柔印工艺非常适合于非吸收性材料的印刷。

表 6-23　柔性版印刷油墨的分类及用途

油墨品种	使用材料			
	溶剂	连结料	助剂	用途
溶剂型	醇系 酯系 脂肪烃系	聚酰胺树脂等	润湿剂、消泡剂、防沉剂	表面已处理的聚乙烯塑料薄膜及铝箔
水基型	水 醇系 溶纤剂	碱溶性、水溶性或水分散性树脂和乳液	乙醇、消泡剂、表面活性剂	瓦楞纸、包装纸、纸袋等
UV 型	无溶剂型,部分可能含有少量稀释剂	丙烯酸酯类树脂等	光引发剂、流平剂、消泡剂、增塑剂、稳定剂	纸张、塑料、金属、电子产品等

6.4.2 溶剂型柔性版印刷油墨的性质

柔性版印刷油墨有两个显著特点:一是黏度低,流动性良好;二是能快速干燥。所以,溶剂型柔性版印刷油墨具有良好的流动性,干燥快,光泽好,色彩鲜艳,储存稳定,沉降后经搅拌易于再分散等特性。溶剂型柔性版印刷油墨的质量控制指标主要包括:油墨的颜色和着色力、光泽、细度、黏度、干燥性、附着牢度、耐热性和耐冷冻性等。这些指标对塑料包装印刷尤为重要。

溶剂型柔性版印刷油墨的黏度和干燥性对塑料印刷的印刷适性及防止糊版和印品粘连均有较大影响,应注意控制。目前各油墨厂均有相应的助剂(例如稀释剂、慢干剂、促干剂)供应,可以合理地调节使用。调节油墨黏度的溶剂,一般不应使用单一的溶剂,应两种或多种配合使用。因为单一溶剂过多会破坏油墨组分中的平衡而引起印刷故障,通常可用无水乙醇(0～20%)、异丙醇(60%～80%)和丁醇(5%～15%)三种溶剂组合,根据印刷速度快慢和气温高低调节三者比例,混合使用。

国内已有多年生产溶剂型柔性版印刷油墨的历史,生产厂家也比较多,但目前高档产品仍大多数使用进口油墨。由于柔性版印刷版材的限制，含有苯类、酯类溶剂的凹印塑料油墨不宜在柔性版印刷中使用。

6.4.3 生产溶剂型柔性版印刷油墨的原材料

与其他类型的油墨相似，溶剂型柔性版印刷油墨的基本成分也是由三部分组成：溶剂、树脂连结料和色料。

（1）树脂的选择

用于溶剂型柔性版印刷油墨的树脂种类较多，主要是根据承印物的性质来选用的。溶剂型柔性版印刷油墨采用的树脂通常有聚酰胺树脂、马来树脂、硝化纤维素、虫胶、聚氯乙烯树脂、聚酮类树脂、改性苹果酸树脂、丙烯酸树脂、环氧树脂、醇酸树脂及乙基纤维素等。

（2）溶剂的选择

醇类溶剂是毒性最小的一类溶剂，以醇类为主要溶剂加工制作的油墨又称为醇溶性油墨。包装用的各种塑料薄膜的柔性版印刷绝大部分都是采用的醇溶性油墨，醇溶性油墨对柔性印版没有溶蚀和损害，但对环境和安全仍有一定的危害性。一般常用的醇类溶剂为乙醇、正丙醇、异丙醇、正丁醇、异丁醇等。除了醇类溶剂外，还有酮类、酯类、烃类、醚类和水等。油墨中一般不采用单一溶剂，而是以几种溶剂相配合，以改善溶解性能和干燥性。而溶剂根据干燥速度的不同可分为三类：快速干燥型（如醋酸乙酯等）、中等速度干燥型（如无水乙醇等）、慢速干燥型（如乙二醇等）。

（3）色料的选择

印刷油墨中常用的色料包括颜料和染料两大类，染料能溶解于印刷油墨的连结料中，而颜料则是一种有机或无机的化学粒子，这些粒子不能溶解于油墨的连结料中，一般也不受连结料的物理或化学性质的影响。用于溶剂型柔性版印刷油墨中的颜料主要有耐晒黄、耐晒橘黄、酞菁蓝、酞菁绿、立索尔红、钡红和钙红等。

（4）助剂的选择

溶剂型柔性版印刷油墨的助剂包括增塑剂、防针孔剂、润滑剂、消泡剂、防结块剂等。

6.4.4 溶剂型柔性版印刷油墨配方

柔性版印刷是业界公认的绿色印刷方式之一。常见的柔性版油墨配方（颜料型）、柔性版油墨配方（染料型）、醇溶型柔性版油墨配方及天蓝色溶剂型柔性版油墨配方如表6-24～表6-27所示。其中溶剂型油墨主要用于塑料印刷。

表6-24 柔性版油墨配方（颜料型）

组分名称	组分占比	组分名称	组分占比
钙2B颜料	14%	防针孔连结料	12%
增塑剂	3%	丙醇	22%
聚酰胺连结料（40%固体）	40%	虫胶	9%

表6-25　柔性版油墨配方（染料型）

组分名称	组分占比	组分名称	组分占比
基本黄37染料	12%	连结料（60%可溶于酒精的马来树脂）	5%
维多利亚蓝染料	4%	乙二醇醚	63%
鞣酸	16%		

这两种油墨的生产效率高，印刷成本低，耐磨性好，印膜的柔软度好。

表6-26　醇溶型柔性版油墨配方

组分名称	组分数量/份	组分名称	组分数量/份
聚酰胺树脂	22	异丙醇	34
正丁醇	4.5	醋酸乙酯	8
90#溶剂油	6	2,6-二叔丁基对甲酚（BHT）抗氧剂	0.75
乙醇	2.5	6#溶剂油	7
金红石型钛白粉	25	荧光增白剂	0.2
气相二氧化硅	0.35		

该油墨颜色鲜艳，符合国家食品卫生标准，能在柔性版上印刷，且制备时间短。

表6-27　天蓝色溶剂型柔性版油墨配方

组分名称	组分数量/份	组分名称	组分数量/份
硝化棉	20	植物油抽提溶剂	9
工业乙醇	18.5	醋酸丁酯	18
聚乙烯蜡膏	3.2	硝化棉液	7
酞菁蓝BGS	7	有机膨润土	0.12
异丙醇	8	耐晒孔雀蓝色淀	4.3

该油墨颜色纯正，流平性好，能够达到良好的印刷效果，满足包装材料的安全性、环保性要求。

6.4.5　水性柔性版印刷油墨概述

水性油墨具有不含挥发性有机溶剂、不易燃、不会损害印刷工人的健康、对大气环境无污染等特性。水性油墨作为一种环保型印刷油墨，消除了溶剂型油墨中某些有毒、有害物质对人体的危害和对包装商品的污染，特别适用于食品、饮料、药品等卫生条件要求严格的包装印刷产品，改善了印刷作业的环境。随着人类环保意识的增强，水性油墨已在国内外的包装印刷和商业印刷中得到广泛应用，并取得了良好的效果。

6.4.6　水性柔性版印刷油墨的性质

（1）黏度

油墨的黏度是水墨应用中最主要的控制指标。水墨的黏度过低，会造成色彩变浅、网点扩大量大、高光网点变形及传墨不匀等印刷故障；水墨黏度过高，不仅会影响网纹辊的传墨性能，造成墨色不匀，颜色变浅，而且还易造成脏版、糊版、起泡、干燥不良等弊病。因此对水性油墨的黏度值一定要严格控制。

水性油墨的出厂黏度根据不同厂家或品种而不同，一般控制在30~60s（25℃）范围内（用4#涂料杯），使用时黏度调整到40~50s之间较好。

（2）pH值

水性油墨应用中另一个需要控制的指标是pH值。水性油墨一般呈弱碱性，其正常pH值范围为8.5~9.5，这时水性油墨的印刷性能最好，印品质量最稳定。若pH值过大或过小，会影响到油墨的黏度和干燥性，因此要控制好水性油墨的pH值。当pH值高于9.5时，碱性太强，水性油墨的黏度降低，干燥速度变慢，耐水性能变差；而当pH值低于8.5，即碱性太弱时，水性油墨的黏度会升高，干燥速度加快，印版和网纹辊会形成干固的油墨，引起脏版。

水性油墨的pH值主要靠氨类化合物来维持，而氨在印刷过程中会不断挥发，操作人员还会不时地向油墨中加入新墨和各种添加剂，所以水性油墨的pH值随时可能发生变化。为了保持pH值的稳定，应避免氨类物质外泄，盖好油墨槽的上盖，同时要定时定量地向墨槽中添加水性油墨稳定剂。经验表明，在实际生产中油墨的pH值控制在7.8~9.3之间即可，并根据承印物和温度的不同而改变。pH值对水性油墨印刷适性的影响主要表现在油墨的黏度和干燥性方面。

6.4.7　水性柔性版印刷油墨的原材料

水性油墨与溶剂型油墨的主要区别在于水性油墨中使用的溶剂不是有机溶剂而是水。水性油墨一般由色料、连结料、溶剂和助剂等组成，通常可参考如下比例配制：色料12%~40%，树脂20%~28%，水+醇33%~50%，碱4%~6%，添加剂3%~4%。

（1）色料的选择

水性油墨的色料应满足一定的要求：多选用色谱齐全、色浓度高、遮盖力强、耐水耐晒性能好、环保性好的颜料，通常使用耐碱性颜料，包括有机颜料、无机颜料和混合颜料。有机颜料有较强的着色力，密度较小，但抗水性较差；而无机颜料着色力低，密度大，但其耐晒性、抗水性和色泽较稳定。但总体来说无机颜料比有机颜料要差，所以很少单独使用。而黑墨和白墨则一般单独使用，如白墨多用钛白粉，黑墨则用炭黑。不管使用何种颜料，最好都先经过阴离子、非离子表面活性剂处理后再进行使用。原因是水性油墨中水的表面张力和极性都比较大，使色料的分散比较困难，如未经处理，色料分布会不均匀，不利于印刷。

（2）连结料的选择

水性油墨连结料主要是水溶性或水分散性树脂，所以水性油墨的连结料主要由树脂和水组成，并有少量助剂。水性油墨连结料是影响水性油墨质量的重要因素，水墨的黏度、附着力、光泽、干燥性等印刷适性主要取决于水性树脂连结料。水性油墨连结料种类很多，可根据不同的场合和用途进行选择。国内油墨公司对水性油墨的研制与开发多集中在连结料的研究上，通常有如下几类。

① 水溶性连结料。这类连结料包括聚乙烯醇、羟乙基纤维素和聚乙烯吡咯烷酮等。这类

连结料可以永久地被水溶解，因而用它调配的油墨使用范围会受到一定的限制，只适用于不接触水的场合。

② 碱溶性连结料。这类连结料在印刷时可以被水溶解，而在印刷干燥后变成不溶于水的物质。此类连结料通常是在一种酸性树脂的碱溶液中加入适量的氢氧化铵，两者经化学作用后形成可溶性树脂盐。在油墨干燥过程中，氨挥发后使油墨变成不溶于水的物质。这类油墨的性能主要取决于所采用的酸性树脂的种类。现在国内外普遍采用丙烯酸树脂作为连结料，由于水溶性丙烯酸共聚树脂在光泽度、耐候性、耐热性、耐水性、耐化学性和耐污染性等方面具有显著的优势，它无论在直接分散溶解或合成高分子乳液时都具有优良的性能。目前，丙烯酸树脂在国内外被广泛应用于水性油墨和水性涂料中。常用的碱溶性树脂有 4 种，丙烯酸树脂、蛋白、虫胶和马来酸树脂。

③ 扩散连结料。这种连结料是悬浮在水中的细小树脂粒子，通常也称为乳胶连结料。乳胶是由树脂单体在水中相互作用形成的，这类连结料中一般含有丙烯、乙烯或丁苯聚合物。国外普遍采用丙烯酸树脂作为连结料，其在光泽度、耐候性、耐水性、耐化学性等方面有显著优势。

（3）溶剂的选择

水性油墨的溶剂主要是水，再加入少量的醇。水的作用是提高树脂的溶解性和颜料分散的均匀性，还可改善油墨的干燥性。醇类通常使用乙醇、异丙醇或多元丙醇等，加入醇类有助于提高油墨的稳定性，加快干燥速度，降低表面张力，异丙醇还能起到消泡的作用。

（4）助剂的选择

助剂主要是对油墨的墨性、稳定性、印刷适性、印迹表面性能等起到提高和改进作用。水性油墨助剂的选用对整个油墨体系是很关键的。水性油墨的助剂品种有很多，如 pH 值调节剂、消泡剂、表面张力调节剂、缓干剂、增滑剂、防静电剂等。一般视油墨的要求和对印刷承印物材料的要求而适量加入。

6.4.8　水性柔性版印刷油墨配方

（1）纸用水性柔性版油墨

当前，纸制品的用量在不断增加，如书本、餐巾纸、食品纸袋、衣服包装纸袋等，这些纸制品与人们的生活密切相关，同时，这些纸制品上一般都会印刷有文字和图案。因此，对这些纸制品使用的印刷油墨的要求比普通油墨要高，要保证其无毒无害。代表性的纸用水性柔性版油墨配方如表 6-28 所示。该油墨环保、安全，能够有效地吸附在纸上，还特别适用于有环保要求的印刷制品，能够有效地抑菌，并且制备方法简单。

表 6-28　纸用水性柔性版油墨配方

组分名称	组分数量/份	组分名称	组分数量/份
颜料	12	醇酸树脂	43
松脂酸钙调墨油	20	尿素	2.5
山梨酸钾	0.35	去离子水	15
聚氧丙烯甘油醚	0.5	轻质碳酸钙	1.7
聚二甲基硅氧烷	0.48	青木香挥发油	3

（2）纸箱用水性柔性版油墨

随着人们对产品外包装安全性要求的日益提高以及对环境保护的逐渐重视，纸箱类包装所用的水性柔性版油墨在包装油墨中占据着重要地位。

配方如下：

① 胺化预处理：按质量份称取 8 份助剂、8 份助溶剂、3 份中和试剂，助剂为混合质量比 2∶5 的消泡剂硅油和分散剂乙炔乙二醇的混合物，所述助溶剂为混合体积比 5∶3∶7 的水、乙醇和异丙醇混合物，中和试剂为混合体积比 5∶3 的氨水和 2-氨基-2-甲基-1-丙醇混合物；将助剂与助溶剂混合，加入 2 份中和试剂混合均匀。

② 树脂胺化处理：按质量份称取 19 份固体丙烯酸树脂，15 份环氧树脂加入上述步骤中制得的混合液中，升温至 50～80℃，加入剩余的 1 份中和试剂，并在 600～900r/min 的搅拌速度下搅拌混合 1～2h，制得透明树脂溶液。

③ 其他组分混合均匀：向上述步骤中的树脂溶液中加入质量份为 18 份的颜料，然后依次加入 60 份乳液和 8 份蜡，充分搅拌混合均匀至无固体颗粒为止。

④ 油墨制备：将上述步骤中得到的原料置于三辊机中，在温度为 70℃，转速为 1000r/min 的条件下研磨时间 3h，得到可用于纸箱印刷的水性柔性版油墨。

（3）塑料薄膜用水性柔性版油墨

油墨印在塑料表面上后即成为印刷成品，油墨膜将表露在外，不会再涂布上光油和覆膜，故要求油墨必须有非常好的附着性、比较好的干燥性和抗水性等。在使用前必须对油墨的品牌和结构、印刷材料表面处理情况有充分的认识和了解，并打样实验测其抗水性、耐磨耐划伤牢度、耐胶带剥离牢度是否符合要求，测试合格后方可上机使用。代表性的塑料薄膜用水性柔性版油墨配方如表 6-29 所示。

表6-29　塑料薄膜用水性柔性版油墨配方

组分名称	组分占比/%	组分名称	组分占比/%
颜料	10～20	水性丙烯酸树脂	10～20
水性丙烯酸共聚物	15～25	水性聚氨酯分散体	10～20
去离子水	5～20	高分子型分散剂	0.5～1
有机硅消泡剂	0.01～0.1	PE 平光蜡	1～2
成膜助剂	2～4		

该油墨可高速印刷于聚酯（PET）、定向聚丙烯（OPP）、流延聚丙烯（CPP）等非极性低表面能的塑料薄膜表面，提高色浓度及遮蔽性，印刷后具有高附着、表面抗指刮及耐磨损等特性，迭墨重涂、抑泡效果佳，且有稳定的酸碱值。

（4）食品包装用水性柔性版油墨

该类油墨主要用于印刷直接或间接接触食品、药品等的包装材料。对该类油墨的要求首先必须无毒，符合国家强制性标准，必须有卫生部门鉴定报告。代表性的食品包装用水性柔性版油墨配方如表 6-30 所示。该油墨对油墨使用原材料要求较高，其重金属含量等指标必须符合美国食品药品监督管理局（FDA）卫生要求。其使用方法与普通水性油墨相同。

表6-30　食品包装用水性柔性版油墨配方

组分名称	组分占比	组分名称	组分占比
高浓亮蓝色淀	8.3%	丙烯酸树脂AZ-3100A	16.7%
丙烯酸树脂AZ-3101	33.3%	聚丙烯酸乳液QZ5720	4.2%
聚丙烯酸乳液QZ2372	4.2%	去离子水	31.3%
BASF蜡乳液	1%	吐温60	1%

该油墨具有比一般水性油墨更安全的特性，适用的承印材料是与食品直接接触的纸或薄膜（如PET）；而且该油墨具有良好的印刷适性，无论应用于印刷食品外包装或与食品直接接触的表面，都基本不存在传统油墨可能带来的危害。

（5）耐温水性柔性版油墨

聚乙烯透气膜及非透气膜在包装时需要高温封口，而封口的高温有可能会让包装上的油墨化开，破坏包装的美观性，故需要防止油墨在受到高温后化开。代表性的耐温水性柔性版油墨配方如表6-31所示。该油墨能够耐受高温，而且成分中不含乙醇，无VOCs排放。

表6-31　耐温水性柔性版油墨配方

组分名称	组分占比	组分名称	组分占比
S-70型水性树脂	51%	3021型水性树脂	18%
消泡剂	0.5%	流平剂	1%
硅油	1%	一乙醇胺	4%
颜料	17%	去离子水	7.5%

（6）水性柔性版UV油墨

随着人类对环境保护的重视，水性柔性版UV油墨的研究近年来获得了较多的关注。水性柔性版UV油墨结合了柔版印刷水性油墨和柔版印刷UV油墨的优点，解决了目前柔版印刷油墨干燥速度慢、耐溶剂性差、稳定性差和有毒的问题。典型的水性柔性版UV油墨配方如表6-32所示。该油墨相容性优异，光固化速度更高，干燥时间短，提高了印刷效率；而且该油墨稳定性好，耐溶剂性（即耐水性）、耐碱性、耐乙醇性均显著提高，所使用的稀释剂由水和乙醇组成，安全无毒。

表6-32　水性柔性版UV油墨配方

组分名称	组分占比	组分名称	组分占比
聚四氢呋喃二元醇（PTMG）	31%	异佛尔酮二异氰酸酯（IPDI）	12%
二月桂酸二丁基锡（DBTDL）	0.3%	二羟甲基丙酸（DMPA）	4.7%
聚乙二醇（PEG600）	9.7%	三羟甲基丙烷（TMP）	11%
季戊四醇三丙烯酸酯（PETA）	19.5%	三乙胺（TEA）	1%
去离子水	10.8%		

6.5　凹版印刷油墨

6.5.1　凹版印刷油墨概述

生产凹版印刷油墨应该满足以下条件：①具有鲜明的色调，高的饱和度，好的透明性或不透明性；②要有好的流平性、转移性、黏附性以及适当的黏稠度；③要有合适的干燥速度，以适应套印、堆积等作业的需要；④要有好的柔韧性、耐摩擦、耐热、耐溶剂、耐加工等性能。除了以上条件外，还需要满足不同印品对油墨的不同需求：如有的要求附着力好；有的要求耐加工；有的要求耐油、耐蜡；有的要求低毒、微毒或无毒，或互兼诸因素等。由于油墨中含有大量有机溶剂，而大部分有机溶剂易燃，其蒸气对人体有害，因此印刷车间应该注意通风和火灾预防。

凹版印刷油墨的黏度很低，并且含有大量挥发性的有机溶剂，故生产凹版印刷油墨一般用球磨机或砂磨机研磨以减少溶剂挥发。随着国家环保法律和法规的不断健全，挥发性溶剂的大量使用将受到越来越严格的控制。现在的趋势是选择几种能溶于水的有机溶剂来生产凹版印刷油墨或干脆采用水性油墨。凹版印刷承印物的品种随着越来越多行业的使用而增加了很多，各种纸张（包括纸张、卡纸、纸板）、金属箔（铝箔）、塑料（聚乙烯、聚丙烯、聚酯、尼龙、聚苯乙烯等）和玻璃纸、建筑装饰板都可以用凹版进行印刷。

（1）溶剂型凹版印刷油墨和水性凹版印刷油墨的优缺点

使用水性油墨进行凹版印刷时，可以用浅版滚筒，其凹孔深度在 $12\sim15\mu m$ 即可；而使用溶剂型油墨时，滚筒的凹孔深度为 $30\mu m$ 左右。因此采用水性油墨印刷降低了油墨的使用量。经过试验对比发现，与溶剂型油墨相比，水性油墨可以减少约10%的油墨使用量。另外，水性油墨用的印版，因为版浅而使用深色的墨，墨色的再现性比溶剂型油墨的要好，浅淡的阶调也印得清晰可见，所以互配的色呈现出微妙的色再现。由于近年来其用量呈增加趋势，故水性油墨的价格也有所下降。

水性油墨因为溶剂本身的干燥速度慢，需要延长干燥时间，而延长干燥时间就等于减慢印刷速度。另外，当使用水性油墨时需要对原有的设备进行改良。此外，使用水性油墨进行凹版印刷时，刮墨板和滚筒表面的磨损成为最大的关注点，为此电镀是关键。目前不管进口水性油墨，还是国产水性油墨，都存在不抗碱、也不抗乙醇和水、光泽度差、易造成纸张收缩等弊端。除此之外的问题还包括：高表面自由能使得水性油墨在聚乙烯等基材上难以很好地润湿和印刷；为了解决干燥慢的问题，要在印刷机上配有足够的干燥设备，否则印刷速度将受影响；水性油墨的光泽低于溶剂型油墨，大大限制了水性油墨在要求光泽度高的场合使用。

（2）凹版印刷油墨的分类

如果将凹版印刷油墨按照其用途进行分类，可以归纳为如图6-4所示的类别。

6.5.2　凹版印刷油墨的性质和原材料的选择

凹版印刷油墨做成挥发干燥型的原因有以下两方面：一是凹印机速度快，一般都在5000r/h（平台）或 $5000\sim6000$ r/h（轮转）；二是凹版印刷的墨膜厚，胶版印刷墨膜厚度一般为 $4\mu m$，而凹版印刷墨膜厚度一般为 $9\sim20\mu m$。这样厚的墨膜，单靠氧化结膜肯定是无法达到快干的，因此凹版印刷油墨必须做成挥发干燥型的油墨。

```
                      ┌─ 木纹纸印刷油墨
            装饰印刷油墨 ─┼─ 地板革印刷油墨
                      └─ 墙纸印刷油墨

                      ┌─ 铝箔印刷油墨
                      │                    ┌─ PE、PP印刷油墨
            包装印刷油墨 ─┼─ 塑料印刷油墨 ─────┼─ PVC印刷油墨
凹版印刷油墨 ─┤             │                    ├─ 复合印刷油墨
            │             │                    └─ 耐蒸煮印刷油墨
            │             │                    ┌─ 包装纸、纸箱印刷油墨
            │             └─ 印纸印刷油墨 ──────┼─ 餐巾纸印刷油墨
            │                                  └─ 合成印刷油墨
            │             ┌─ 亮光印刷油墨
            └─ 出版印刷油墨 ┴─ 快干印刷油墨
```

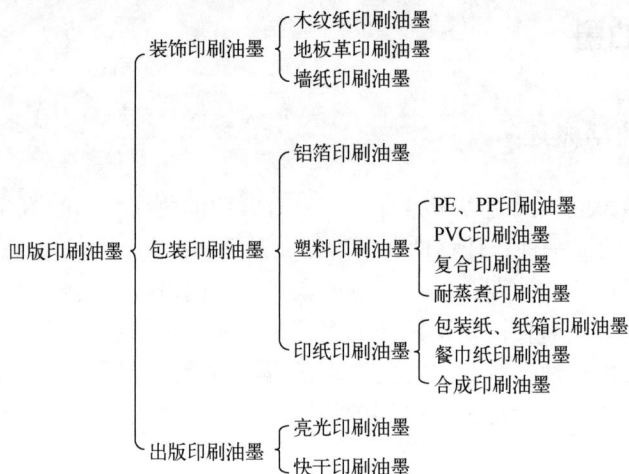

图 6-4　凹版印刷油墨的分类

（1）设计凹版印刷油墨的原则

在设计凹版印刷油墨时，通常要考虑以下因素：①印刷机的速度。②承印物是纸类，还是非吸收性的塑料类。③油墨是墨斗、墨槽循环，还是泵打、喷嘴循环。④气候条件。正常干燥温度为 20～30℃，相对湿度为 65%～75%。在 20℃ 以下印刷，油墨自然干性要减慢，在 30℃ 以上印刷，油墨自然干性有加快趋势。空气相对湿度低，有助于墨中溶剂的挥发；反之，则有碍于溶剂的挥发。为了适应高速印刷机和保证印刷作业顺利进行，一般装置 2000～4000W 的电热或远红外线加热器，对墨膜进行烘干作业。⑤纸张表面疏松、塑料表面光滑等因素也要考虑。

（2）凹版印刷油墨的原材料选择

由于凹版印刷承印物的材料丰富多样，印品的用途也各不相同，故对凹版油墨的要求不同，油墨的配方也各不相同。印品中，有的要求耐摩擦性，以保证书刊装订的需要；有的要求能耐溶剂和黏结剂，以保证塑料覆膜的需要；有的要求能耐热、耐光等。因此，凹版印刷油墨的配方不尽相同，但是其组成大体如下：颜料（染料）10%～15%，有机溶剂 40%～60%，填充料 0～15%，助剂 0.5%～4%，固体树脂 25%～35%。

1）树脂的选择

凹版印刷油墨中，连结料由树脂溶于溶剂中组成。树脂的选择条件通常有以下几条：①在承印物表面有较强附着力，成膜后表面硬度高，有较好的耐酸碱性、耐化学药品和耐光性能；②软化点较高（一般在 140℃ 以上）；③能形成有合适的光泽和柔软性的墨膜；④能在选定的溶剂中形成高浓度。低黏度的体系；⑤有良好的溶剂释放性，以利于快干燥；⑥与颜料（染料）有良好的亲和力和好的湿润性；⑦色浅、无气味、透明，并在干后可复溶；⑧不变色、不损坏版面、储存中稳定且与颜料不发生反应。

可选择的树脂有：①改性树脂。如松香钙、松香脂、二聚松香、松香改性酚醛树脂、松香改性醇酸树脂、顺丁烯二酸树脂等。这些树脂价格较低，印品光泽好，墨性好，但是彻干性不好，有时会出现粘脏的问题。②天然树脂。如松香、虫胶、沥青、干酪素等。这些树脂性质不太稳定和一致，常常与其他树脂混用，或改性后使用。③合成树脂。这类树脂品种较多，可根据油墨要求的特性加以选择。有纤维素类：乙基纤维素、硝化棉等的醇溶性好，成膜性能良好，释放溶剂性也好，与松香及松香改性树脂混溶性也好。橡胶类：如环化橡胶、

丁腈橡胶、丁苯橡胶或其胶乳、氯化橡胶等，这些橡胶绝大多数溶胀体积很大，溶液浓度不高，但成膜性和稳定性好。聚酰胺树脂：对聚烯烃附着力好，光泽好。

此外，还有丙烯酸类树脂、聚苯乙烯、聚氯乙烯、聚乙烯醇、聚乙烯醇缩醛、聚醋酸乙烯、环氧树脂、乙烯-醋酸乙烯共聚树脂、氯化聚丙烯树脂、氯化聚乙烯树脂、石油树脂以及石油沥青等，大都需要根据用途来选择。如水性墨中可选用某些丙烯类树脂以提高光泽，塑料用墨中可选用某些烯类树脂、乙烯类树脂、共聚树脂和氯化树脂以提高附着力。

固体树脂可以单独使用，也可以几种树脂混合使用。几种树脂混合使用以及与增塑剂和蜡混合使用均能使树脂的性质大大改善。这些非挥发性树脂的共同特点是能迅速释放溶剂，在承印物上形成没有黏性的印膜，印膜的柔软性很好，能被任意地弯曲。

2）溶剂的选择

树脂在溶剂中溶解的过程：首先是溶剂分子渗透到树脂分子之中，引起树脂膨胀；其次是树脂的分子链与分子链完全分开，溶解成溶液。有极性基团的树脂较易溶于极性溶剂中，相似结构的相互溶解，分子量较小的比分子量较大的易于溶解。

溶剂需要有一定的溶解力，指在一定温度下能完全溶解至达到饱和量的能力。溶剂以能较多地溶解树脂，而所制得连结料的黏度要相对较低为好。选择溶剂的原则为：①对成膜树脂能够完全溶解或分散；②干燥速度快；③成本低；④不会对承印物原有印膜有影响；⑤尽量无毒或微毒，无异常刺激味，符合环保要求；⑥沸点80~150℃；⑦不腐蚀辊筒和刮刀等。

在凹版印刷油墨中使用的溶剂大致可分为如下几类：①脂肪族，溶解力不太好、气味小、价格便宜，如石油醚、汽油、煤油、正己烷、正庚烷等；②芳香族，溶解力比脂肪族好、气味不好、毒性较大，如苯、甲苯、二甲苯、轻溶剂油、萘溶剂（十氢萘、四氢萘）；③酯系，溶解力强，具有强烈的水果气味，但是价格高，如醋酸乙酯、醋酸丁酯等；④醇系，对某些树脂溶解力好、气味亦好、价格稍高且对染料溶解性能尤佳，如乙醇、异丙醇、丁醇、乙二醇等；⑤酮系，有非常强的溶解力，气味不佳，如丙酮、环己酮；⑥醚系，对某些树脂溶解力强、气味温和、有防冻性，但价高，如乙二醇乙醚、乙二醇丁醚等；⑦水，无毒、无气味、无燃烧性、便宜，但是溶解力异常差，干燥缓慢，要配以助溶剂。

3）着色剂的选择

凹版印刷油墨对颜料和染料的选择取决于印品对颜色及耐抗性的要求，如耐水性、耐溶剂性和耐光性等。

① 颜料的选择。颜料应该满足以下条件：质地柔软且有鲜明的颜色，不会磨损印版辊筒；与连结料有良好的亲和性，与树脂连结料不起化学反应，易于分散在连结料中，印刷后不会在印品表面析出；分散性好，并在储存过程中不会发生凝结及沉淀现象；分散在连结料中能呈现良好的流动性，储存过程中流动性不会转劣；在相应的溶剂体系中，不会发生变色、褪色现象，且在体系干燥时有良好的溶剂释放性；颜料中游离酸不会腐蚀辊筒；着色力强，吸油量低，颜料应不发生升华现象。

② 染料的选择。染料应该满足以下条件：颜色鲜艳和耐晒；柔软、质轻、不磨损印版辊筒；透明或半透明的，不影响主体颜色和光泽；不会在连结料中发生沉淀或出现反应性凝结。

4）助剂的选择

加入助剂主要是为了对油墨的墨性、稳定性、印刷性能、印迹表面性能等起到提高和改进作用。它包括润滑剂、乳化剂、分散剂、消泡剂、防冻剂、流平剂、增塑剂、增滑剂等。

6.5.3 凹版印刷油墨配方

（1）塑料凹版油墨

由于塑料包装快速增长，凹版印刷油墨市场也获得了大幅度攀升，食品包装的高档化进一步刺激了凹印油墨市场。醇溶性塑料凹印油墨具有低气味、不含苯等特点，能有效减少残留溶剂对塑料包装食品质量的影响。现在正逐步推广，但与凹印机的配合性能及印品质量尚需完善。典型醇溶凹印耐高温油墨配方如表6-33所示。

表6-33 醇溶凹印耐高温油墨配方

组分名称	组分占比	组分名称	组分占比
醋酸丁酸纤维素	15%	无水乙醇	82%
聚乙烯蜡	0.4%	抗粘连助剂	0.5%
丙二醇甲醚	2.1%		

该油墨能显著提升印刷品的耐高温性能，墨层可耐130℃以上高温；印刷产品在高温环境中保持表面滑爽不粘连；由于溶剂以乙醇为主，较使用一般酯类或其他溶剂的油墨而言，环保性能更为突出。

依据《凹版塑料薄膜表印油墨》（QB/T 1046—2012）标准，通过试验证明，表6-34中的醇溶聚酰胺凹版塑料表印白墨具有以下优点：颜料的展色性、润湿性、分散性良好；油墨体系的相容性良好，经放置一个月后观察，没有树脂析出及分层现象发生。表6-34中的醇溶聚酰胺凹版塑料表印白墨代替了目前使用的苯类溶剂体系，符合国家发展绿色油墨的要求，有利于国民经济的持续发展。

表6-34 醇溶聚酰胺凹版塑料表印白墨配方

组分名称	组分占比	组分名称	组分占比
醇溶聚酰胺树脂液	15%	醇溶松香改性马来酸树脂液	15%
醇溶聚酮树脂液	4%	醇酯溶硝化棉树脂液	5%
3620蜡粉	0.5%	钛白粉	30%
无水乙醇	30%	气相二氧化硅	0.5%

（2）铝箔凹版油墨

啤酒包装上多数采用铝箔印刷标签来封瓶口、瓶颈等。随着经济水平的提高，印刷行业不断向高档包装印刷及绿色环保的综合印刷方向发展，各油墨制造企业均在研究启动"绿色工程"，以设法减少污染，故醇溶环保凹版铝箔油墨是当今油墨行业发展的一个新方向，其配方如表6-35所示。

表6-35 醇溶环保凹版铝箔油墨配方（透明黄金）

组分名称	组分占比	组分名称	组分占比
全醇溶硝化棉液	60%	醇溶聚酰胺树脂液	15%
失水苹果酸树脂液	6%	染料Y-20黄	5%

续表

组分名称	组分占比	组分名称	组分占比
有机混合溶剂	11%	芥酸酰胺	1%
蜡粉	2%		

6.5.4 水性凹版油墨概述

水性凹版油墨是一种低毒或达到实际无毒、无刺激味、不燃、不爆的新型油墨，最适用于食品包装凹版印刷用。但一般水性凹版油墨存在着没有亮光、掉灰和浓度不高等缺点。如果用里印油墨，印刷效果可能达到文字清晰、网点完整、发色性强、层次分明的印品。《油墨中可挥发性有机化合物（VOCs）含量的限值》（GB 38507—2020）给出了明确规定，水性凹印油墨（非吸收性承印物）挥发性有机化合物（VOCs）≤30%（含氨及其化合物）。

根据经验，设计出来的水性凹版油墨在黏度、干性方面最好控制在下述范围内：油墨黏度 $50 \times 10^{-3} \sim 105 \times 10^{-3}$ Pa·s（25℃，旋转黏度计），初干性 10mm/15s～20mm/15s（25℃），彻干性不大于 160s/100m（25℃）。水性油墨的干燥形式不能忽视。由于水的蒸发潜热较大，减缓了干燥速度，同时，由于铵盐遇热不稳定易产生分解，所以水性油墨以挥发干燥为主，兼反应性凝固干燥，一经干燥，墨膜表现出水不复溶。

6.5.5 水性凹版油墨原材料的选择

水性凹印油墨的组成是：水溶性树脂、颜料、各种助剂和水。其中以水与醇为溶剂。

（1）树脂的选择

研制和生产水性凹版油墨的技术关键是水溶性树脂。其水溶的原理是：高分子树脂含有的—COOH、—OH、—NH$_2$、—C=O—NH$_2$ 和—C=O 这些基因是亲水的。

经过一定的工艺，把它们制成有机铵盐类，就可以成为完全溶解于水的物质了。因此，现在可以利用羧基和氨基的反应形成能溶于水的黏滞状液体。目前，国内生产的水性凹版油墨以使用失干改性半酯树脂较为普遍。

（2）溶剂的选择

由于水的溶解能力和湿润能力不大，故需选用相应的助溶剂。所需的助溶剂必须具备以下条件：①能溶解所选定的树脂、胺及其盐，并能与水以任何比例混溶；②要无毒、无刺激味、不燃、不爆；③要有一定稀释能力，其沸程、潜热要适当；④在墨中含一定量，否则在配方中水量减少。这样的助溶剂如醇类有乙醇、丙醇（正、异），均属尚可；酯类有乙二醇单醋酸酯可以用；醚类有乙基溶纤剂、丁基溶纤剂，是最佳的例子之一，在墨中含量 11% 左右。

（3）中和剂的选择

树脂是靠中和剂而溶于水的，若中和剂选择不当，会导致印刷适应性完全失败。因此中和剂必须具备以下条件：能溶于水，而无特殊气味；能与选定的树脂残余羧基成盐；具有一定的挥发性和释放性。氢氧化氨可以作中和剂，但味道太大，胺类如乙醇胺比较好，其用量随 pH 值而定，一般都超过理论用量。为防止使用中起泡沫，可在配方中加入磷酸三丁酯、磷酸二丁酯、硅油等消泡剂，用量在 0.5% 左右。为了防止储藏运输中聚结、发霉，可用稳定剂、分散剂，如硅胶、六聚偏磷酸钠等。防腐可用苯酰基钾、苯酰基钠等，用量在 0.5%～1.1%。

（4）颜料的选择

选择颜料时，色相是首要考虑的因素，其次是易分散性、耐醇耐碱性及和其他成分的相容性等因素。绿色水性凹版油墨一般选用与水性树脂相容性好的水性颜料，可以保证有良好的分散体系。制备绿色水性凹版油墨常选用如双偶氮系或者偶氮系颜料，高级水性油墨中会选用酞菁系颜料。在印刷过程中，水性油墨最好选择色泽艳亮、黏度低、体系稳定的国产高级颜料。随着绿色水性凹版油墨的不断发展，开发适合水墨用性能良好的颜料仍是今后研究的热点。

6.5.6 水性凹版油墨配方

（1）水性塑料凹版油墨

水性油墨的性质主要取决于水性树脂。如水墨的黏度、附着力、光泽、干燥性及适印性等主要取决于水性树脂。水墨中的连结料采用水性丙烯酸共聚树脂，由于其在光泽度、耐候性、耐热性、耐水性、耐化学性和耐污染性等方面均具有显著优势，无论在直接分散或合成高分子乳液时，均能表现出优良的性能。水性油墨树脂最重要的性能是对颜料的分散性及润湿性。选择碱可溶的聚合物，树脂中有亲水官能团。使用胺中和侧链上的羧基成盐而提供水溶性能。胺的用量和种类对高分子的水化及水化后涂膜的性能有较大影响。可选择氨水、单乙醇胺、三乙醇胺、N,N-二甲基乙醇胺和2-氨基-甲基丙醇等。中和程度愈高，油墨的黏度将会愈大，一般控制 pH 值在 7.5～8.5 为佳。常见水性塑料凹版油墨配方如表 6-36～表 6-38 所示。

表 6-36 水性塑料凹版油墨配方

组分名称	组分数量/份	组分名称	组分数量/份
丙烯酸树脂液	10	丙烯酸乳液	15
聚氨酯分散体	15	分散剂	3
颜料	10	碳酸钙	1
聚乙烯蜡	0.5	水	20
酒精	5		

表 6-37 蓝色水性塑料凹版 UV 油墨配方

组分名称	组分占比	组分名称	组分占比
水性UV树脂连结料	42%	去离子水	20%
无水乙醇	10%	酞青蓝	8%
光引发剂	3%	润湿分散剂	2%
流平剂	3%	成膜助剂	5%
表面活性剂	1.5%	调节剂	3%
水性消泡剂	1.5%	抗紫外剂	1%

表 6-38 PE 塑料薄膜凹印用水性油墨配方

组分名称	组分占比	组分名称	组分占比
去离子水	2.17%	醇类溶剂	5.07%

组分名称	组分占比	组分名称	组分占比
丙烯酸乳液	57.5%	水性色浆	32.2%
氨水	0.8%	消泡剂	0.22%
润湿剂	0.44%	流平剂	0.85%
爽滑剂	0.28%	增稠剂	0.47%

（2）水性铝箔凹版油墨

水性铝箔凹版油墨无毒、无味，适合在各种型号的凹版轮转印刷机上使用，印刷时印刷速度为 10～80m/min。对软质铝箔，固化温度为 100～120℃，固化时间为 3～5s；对硬质铝箔，固化温度为 140～160℃，固化时间为 5～7s。该油墨转移性能和附着牢度极佳，使用方便，稀释剂为水和酒精的混合液，溶剂释放性优异，高光泽，有良好的透明性、耐水性、耐候性。其配方如表 6-39 所示。

表 6-39　水性铝箔凹版油墨配方

组分名称	组分占比	组分名称	组分占比
水性有机颜料	20.6%	水性丙烯酸树脂	19.5%
水性丙烯酸乳液	25.3%	流平剂	0.5%
矿物油消泡剂	0.1%	乙醇	15%
水	20%		

其中，水性有机颜料由黄 Y-12、红 R-57.1、蓝 B-15.3、黑 K-25、金光红 R-48.1、绿 G-7 组成；水性丙烯酸树脂采用成膜性优良、耐化学性强、对铝箔材料有良好吸附性能的水性丙烯酸树脂（分子量为 14000，固含量为 35%～45% ，pH 值为 8.0～9.5）；水性丙烯酸乳液采用高光泽性、高硬度、耐热性能良好、转移性能良好的水性丙烯酸乳液（分子量为 180000，固含量在 35%～45%，pH 值在 8.0～9.5）；流平剂为氟改性丙烯酸酯类；矿物油消泡剂为改性聚硅氧烷。

该油墨性能优异，安全环保，没有 VOCs 排放，能够减少对使用者的毒害，有利于节能减排。另外，该油墨制备方法简单，在印刷作业过程中油墨黏度更容易控制，成本低廉，易于实现工业化生产，具有较大的经济价值。

6.6　丝网印刷油墨

丝网印刷油墨是用于丝网版印刷的着色材料，其印刷方式是把丝网印刷油墨放置在印版上，以刮板对油墨施加挤压力，使油墨透过印版图纹的网孔而附着在承印物的表面上。

随着丝网印刷技术的飞速发展，丝网印刷油墨生产技术得到不断提升，包括不同功能、不同应用的丝网印刷油墨。尤其值得注意的是，随着近年来人工智能穿戴、柔性印刷电子等新兴产业的兴起，功能性丝网印刷油墨的技术及市场份额均有较大提升。

6.6.1　丝网印刷油墨分类

由于丝网印刷油墨的种类、花色、用途繁杂，没有一个确切的办法将它们系统地分类。根据干燥方式可以分为以下几种：①溶剂挥发型，这类油墨的连结料以合成橡胶、聚酰胺树脂和溶剂及增塑剂为原料，干燥方法采取溶剂自然挥发干燥或加热挥发干燥；②氧化聚合型，这类油墨以干性植物油、醇酸树脂等加入石油溶剂作为连结料，通过氧化聚合作用使墨膜固化，干燥时间较长，加热可缩短干燥时间，但是附着力、耐溶剂性、墨膜强度等性质变差；③双组分反应型，这类油墨采用环氧树脂、尿素等作为连结料，通过添加硬化剂和加热所产生的缩聚作用使墨膜固化，其中环氧树脂类油墨的硬化温度高，硬化时间长，但墨膜硬度和各种耐抗性能较好；④光固化型，这类油墨采用丙烯酸树脂加入光固化剂作为连结料，通过定量的紫外光照射使墨膜固化。

根据用途可以分为以下几种：①纸用丝网印刷油墨，包括半亮光型、高光型、蒸发干燥型、自然干燥型、涂料纸型、塑料合成纸型、纸板纸箱型等；②布（织物）用丝网印刷油墨，包括印染型、升华性染料转印型、帆布专用型、运动衫专用型等；③塑料用丝网印刷油墨，包括氧化聚合型聚乙烯和聚丙烯用油墨、蒸发干燥型聚乙烯和聚丙烯用油墨、两液反应型聚乙烯和聚丙烯用油墨、聚氧乙烯用油墨、丙烯酸树脂用油墨、聚碳酸酯用油墨、丙烯腈-丁二烯-苯乙烯三元共聚物用油墨、聚苯乙烯用油墨等；④金属用丝网印刷油墨，包括蒸发干燥型、氧化聚合型、两液反应型等；⑤玻璃用丝网印刷油墨，包括玻璃仪器、玻璃工艺品及陶瓷工艺品用油墨等。

6.6.2　丝网印刷油墨的配方设计原则

丝网印刷油墨配方设计原则：①油墨在印版上不能干燥结膜，当印刷到承印物表面时，无论属于哪一种干燥类型都能迅速固着干燥，油墨在承印物表面形成的图纹、干燥后的印迹要有较好的附着牢度；②油墨应具有松、短、软、薄、滑的特性，保证油墨在印版上容易涂布均匀，在受力小的条件下易于过网，要求印品图案清晰，没有粘脏现象；③油墨在印版上进行涂布时要有一定的稳定性，即油墨的黏性、黏度、稠度不能受涂布时间长短的影响而发生变化，保证印品质量的一致性和印刷的顺利进行；④根据印刷的对象添加组分，要保证一定的色调浓度；⑤印刷结束后，印版上的油墨应便于清洗干净，保证印版的有效使用。

6.6.3　丝网印刷油墨配方

（1）纸用丝网印刷油墨

几乎所有丝印油墨都可以用来进行纸张印刷，故纸张专用油墨品种不多。纸用油墨大部分是挥发干燥型油墨，虽然有一些水基型油墨，但数量不多，大部分是油基型油墨。在纸与纸板上进行丝网印刷，其油墨的选择面相比其他印刷方法和承印物，无论从类型或品种上都要宽得多。

在挥发（蒸发）干燥型丝网印刷油墨中，因含有一定的溶剂，在印到承印物表面之后，它便缓缓散发到外界，而油墨中的连结料同颜料等一起形成固体膜层黏附在印品上。纸用丝网印刷油墨的连结料树脂通常是石油类、纤维素类、氯乙烯、聚酰胺、丙烯酸、环氧树脂等。对耐光性有要求的油墨采用纤维素类和松香酯树脂为连结料。现在的纸张种类很多，有一些纸张是涂覆有塑料的油墨纸等，这些纸张可看成与塑料相当的承印物材料，其表面是非吸收性材料。纸用丝网印刷油墨的干燥方式有自然干燥和加热干燥两类。

还有一类氧化干燥型丝网印刷油墨，其干燥机理是当油墨转移到印品表面后，油墨连结料中的树脂便会与空气中的氧气结合，发生聚合作用，使原墨层的直链状结构聚合成网状结构，从而形成聚合的油墨皮膜，牢固地附着在纸张上。部分纸用丝网印刷油墨配方如表6-40和表6-41所示。

表6-40 纸张用丝网印刷油墨配方

组分名称	组分数量/份	组分名称	组分数量/份
炭黑	15	射光蓝浆	5
醇酸树脂	18	石油溶剂	5
萘酸锰	0.2	低碳酸铝	0.3
酞菁蓝	1.5	树脂油	40
聚乙烯蜡	0.8	萘酸钴	0.1
萘酸钙	0.8		

表6-41 纸箱包装用丝网印刷大红油墨配方

组分名称	组分数量/份	组分名称	组分数量/份
颜料	10	连结料	30
溶剂	20	碳酸钙	1
消泡剂	1	流平剂	1
5A分子筛	3	气相二氧化硅	1
分散剂	3	附着力促进剂	1
胶质油	2	增滑剂	1
减黏剂	2	水滑石1	1

（2）塑料用丝网印刷油墨

塑料丝网印刷主要选择溶剂型油墨（属挥发干燥型油墨），印刷过程中油墨中的溶剂挥发后，连结料、颜料等在其表面上形成美观、牢固的墨膜。塑料丝网印刷油墨必须具备以下条件：①油墨在印版上不应干燥结膜，具有良好的流动性、抗结网性，当印到承印物表面后，要求迅速固着干燥，并要有较好的附着牢度；②油墨应有一定的稳定性、一定的色调浓度，印版上的油墨易于清洗；③油墨干燥速度要快，并具有相应的色泽和耐磨强度，色彩再现力好；④油墨根据不同的承印材料，满足其一定的印刷适性和理化特性要求，室外广告、路标等承印材料，其油墨还须有较好的耐药性和耐候性；⑤溶剂体系对承印塑料有适度溶解力，以使承印物表面有轻微的溶胀，这将有助于油墨中连结料树脂的分子部分渗入基材塑料表面分子结构中，即通过"锚着作用"使油墨在承印塑料表面获得良好的附着力。

在塑料丝网印刷油墨中用得较多的是一些混合溶剂，如酮类溶剂，它对多数聚合物（树脂）来说是一种强溶剂，酯类、芳烃类溶剂亦有较强的溶解力。估计在丝网印刷过程中油墨在网版上停留的时间，优选出蒸发速度适中的溶剂及其用量，以保证油墨的良好适性。塑料用丝网印刷油墨配方举例如表6-42和表6-43所示。

表 6-42　塑料薄膜用丝网印刷蓝色油墨配方

组分名称	组分占比	组分名称	组分占比
酞菁蓝	7.5%	胶质钙	5.5%
醋酸丁酯	2.5%	丁醇	6.5%
聚酰胺树脂	29%	异丙醇	23.5%
乙二醇醚	6.5%	二甲苯	23%

表 6-43　水性 UV 塑料丝网印刷油墨配方

组分名称	组分数量/份	组分名称	组分数量/份
脂肪族聚氨酯丙烯酸酯	35	UV固化丙烯酸乳液	25
聚乙二醇（400）二丙烯酸酯	15	乙氧化三羟甲基丙烷三丙烯酸酯	17
黄色颜料粉	17	改性聚硅氧烷共聚体溶液	0.5
有机硅流平剂	2	无水乙醇	10
2-甲基-1-[4-(甲基硫代)苯基]-2-(4-吗啉基)-1-丙酮	1	有机氟改性丙烯酸酯聚合物	0.5
水	5		

（3）织物用丝网印刷油墨

织物用丝网印刷油墨与其他油墨基本相同，只在配料成分上略有调整。总体上油墨有两大类，即染料型和颜料型。

1）染料型织物印花油墨

染料型织物印花油墨是一类有色的有机化合物，能将纺织品染成各种颜色。染料型织物印花油墨必须是能溶解或分散于水，或者能用化学方法使之溶解，对纤维具有染着力，并具有使用要求的各项坚牢度。由于各种纺织品纤维性能的不同，所以某一类染料型油墨只适用于某些纺织品。

2）颜料型织物印花油墨

颜料型织物印花油墨俗称直接印花油墨，它在织物上着色的原理与染料型织物印花油墨有所不同，它的最大特点是不受纺织品纤维性能的影响，油墨同纺织纤维没有亲和力，它借助黏结剂结成坚固的薄膜牢牢吸附在纤维上。该类油墨工艺简单、操作方便、使用面较广。

颜料型织物印花油墨根据连结料性质不同可分为下列四类：①水分散型油墨，凭借水溶性连结料的作用，颜料在水中呈均匀分散状态，所使用的黏结剂为水溶性或水扩散性良好的胶乳聚合体，例如常用的 F 型阿克拉明黏结剂就属于这一类型；②溶剂分散型油墨，依赖于能溶于有机溶剂的连结料树脂，颜料在溶剂中均匀分散，如聚氯乙烯、聚丙烯酸酯以及能溶于醚或碳化氢的加氯橡胶等；③油/水相型（O/W 型）油墨，水为外相，而溶剂和油溶性合成树脂为内相，油墨能分布于任何相中，加水能使油墨变薄，而加油能使油墨变稠厚；④水/油相型（W/O 型）油墨，水为内相而油为外相，色浆和水在内相，黏结剂和有机溶剂在外相，这类溶剂多为沸点较高的碳化氢类，要使这种油墨变稠厚，只要添加水就行，相反如要求高一些，需加添溶剂。牛仔服丝网印刷油墨配方如表 6-44 所示。通过丝网印刷的方式印制在牛仔服上，再加热固化，最后印制的图案耐磨性能高，经过浮石磨测试，图案的色泽和厚度均优于传统配方，增加了牛仔服的穿着时间，并且这种油墨对环境友好。

表 6-44 牛仔服丝网印刷油墨配方

组分名称	组分占比
水性环保胶浆	88.0%
助剂	7.0%
树脂	5.0%

（4）金属用丝网印刷油墨

金属用丝网印刷油墨的承印材料有不锈钢、铁、铝等。除不锈钢外，大多数金属都先涂布有丙烯酸或三聚氰胺等物质，或经表面电镀后再进行印刷。因此，金属印刷也就分为两种形式：一种在涂布面上印刷，另一种在金属上直接印刷。金属用丝网印刷油墨与其他丝网印刷油墨有着较大差异，要求具有优良的耐热性、耐化学药品性、耐酸性、耐碱性、耐溶剂性、耐水性，要有较强的绝缘性，要有非常好的附着性、墨膜硬度、耐冲击性、耐洗涤性等。

金属用丝网印刷油墨有氧化聚合型、挥发干燥型和热反应型几种干燥形式。它们的连结料各不相同，氧化聚合型使用醇酸树脂为连结料；挥发干燥型用硝酸纤维素树脂、聚酯树脂、环化橡胶、苯酚树脂、丙烯酸树脂等作为连结料。金属用丝网印刷油墨配方如表 6-45 和表 6-46 所示。

表 6-45 金属标志用丝网印刷大红油墨配方

组分名称	组分占比	组分名称	组分占比
永久红 F5R	6.0%	胶质碳酸钙	24.0%
长油度亚麻油醇酸树脂	50.0%	催干剂	4.0%
白节油（馏程 160~220℃）	16.0%		

表 6-46 金属容器用丝网印刷黑油墨配方

组分名称	组分占比	组分名称	组分占比
炭黑	6.0%	白瓷土	30.0%
中、长油度亚麻油醇酸树脂	45.0%	催干剂	3.0%
抗氧化剂	0.1%	减黏剂	3.0%
松油精	12.9%		

（5）玻璃/陶瓷用丝网印刷油墨

丝网印刷在玻璃、陶瓷表面的印刷分为直接印刷和间接印刷，直接在制品表面印刷用树脂（单液或双液）热固型油墨，间接印刷用专用瓷墨，但是需要经过高温（700~800℃）烧结。典型陶瓷丝网印刷油墨配方如表 6-47 所示。

表 6-47 陶瓷丝网印刷油墨配方

组分名称	组分占比	组分名称	组分占比
醇酸树脂	15%	铬锡红	60%
聚二甲基硅氧烷	9%	羟丙基甲基纤维素	10%
钴环烷酸盐干燥剂	4%	1%质量浓度的酰胺酸	2%

6.7 喷墨印刷油墨

喷墨印刷油墨是一种在受到喷墨印刷机的喷头与承印物间的电场作用后，能按要求喷射到承印物上产生图像文字的液体油墨。它是一种要求很高的专用墨水，必须稳定、无毒，不堵塞喷嘴，保湿性和喷射性要好，对喷头等金属物件无腐蚀作用，也不为细菌所吞噬，不易燃烧和褪色等。油墨的表面张力、黏度、干燥性和色密度是喷墨印刷的关键，油墨要能在吸收性和非吸收性的材料上干燥，而不在喷管上干燥。

目前主要有四种类型的喷墨印刷油墨：溶剂型、水性、相变型、紫外光固化型，也存在其他类型。本节主要对溶剂型油墨、水性油墨、紫外光固化油墨进行介绍。

6.7.1 溶剂型喷墨印刷油墨

溶剂型喷墨印刷油墨被广泛应用于巨幅和宽幅打印油墨配方中，其中成本较低是它被广为使用的原因之一。该油墨能够黏附在各种基底上，并且干燥时间短（经常通过加热来加速干燥）。溶剂型喷墨印刷油墨可以由颜料或染料配制（极少数两者一起使用），其缺点包括环境问题及高昂的维护费用，因为快速干燥液有可能堵塞打印头喷嘴。

油墨的媒介在室温下有非常低的蒸气压，这些油墨或基于乙二醇，或基于油，能应用于像纸张等具有吸收性的基底。这类油墨通常是指那些载体溶剂在打印后蒸发或被去除的溶剂型油墨。油墨中溶剂的作用一般是将功能材料运输到基底表面，而这种溶剂可以通过被动变干或主动干燥机制去除。

（1）连续喷墨型打印机使用的溶剂型油墨

连续喷墨型（CIJ，主要为水性或溶剂型）溶剂型油墨配方有许多技术上和应用上的要求，要深入地了解喷墨印刷油墨配方中的组分，以及选择确定这些组分。首先应考虑 CIJ 油墨的常规规格，如今市场上有许多 CIJ 打印机，每种都有其自身的一套对油墨的要求。

溶剂型喷墨印刷油墨通常要具备以下基本性质：①黏度，喷头温度下为 2～10cP；②表面张力，20～35dyn/cm；③导电性，700～2000mS。从这些参数中可以看出，这些油墨黏度较低，表面张力范围较广，在某溶剂中的导电性较高。

下面是一个油墨配方实例，使用了一般物质以显示典型的组分和数量：着色剂约 5%，聚合物约 8%，导电盐（若着色剂不具有导电性）约 1%，表面活性剂约 0.5%，载体溶剂约 85.5%。

（2）压电式按需喷墨型打印喷头的溶剂型油墨

压电式按需喷墨型打印喷头的操作原则与 CIJ 相比较为简单。喷射的流体在油墨系统的轻微负压和小喷嘴的毛细管作用间保持平衡，每个喷嘴与一个小室连接，当施加电压时压电晶体偶联小室电线，油墨因此按需喷射。操作原理简单，但使用的喷头却不简单。

6.7.2 水性喷墨印刷油墨

自从 1984 年制造商引进 HP 公司的 Thinkjet 打印机以来，多个品牌的喷墨打印机进入家庭和商业应用。几乎所有这类打印机都使用水性油墨，其组成如表 6-48 所示。

表 6-48　典型水性喷墨印刷油墨的组成

成分	作用
水	主要溶剂，载流体
着色剂（0.5%～10%）	产生生动、持久的图像
色素	—
共溶剂（5%～50%）	防止喷嘴干涸，保持打印后纸张的平整度，促进油墨成膜
表面活性剂（0～2%）	改善介质上油墨的润湿性，减少打印喷头积墨，减少电阻器上的沉积
聚合物黏结剂（0～10%）	提高打印物持久性，改善打印物光泽
其他灭菌添加剂	防止微生物的生长
螯合剂	与游离金属反应
抗腐蚀添加剂	防止腐蚀

　　表 6-48 概述了常见水性喷墨印刷油墨的组成，虽然其主要成分是水，但"其他原料"——共溶剂、表面活性剂、着色剂以及其他添加剂，给油墨增添了许多实用性质。众多制造商出售数以百计不同配方的油墨，为不同应用进行配方调整。尽管这些配方早已被公之于众，然而，尝试将配方中每一种添加剂与油墨的特性进行关联是不现实的，这是因为各组分相互之间的关系十分复杂，使得不同油墨性质迥异。

　　实现高质量打印效果的关键就是使油墨在纸上表现出合适的行为。然而在许多情况下，有效喷出的墨滴所需的性质（低黏度、良好的稳定性/物质溶解性、打印喷头外部的低润湿性）与在纸张上性能优越所需的油墨性质是完全相反的。

　　在墨滴与纸张碰撞的最初约 10μs 中，原来的球状墨滴铺展，在边缘膨胀，然后反弹。在 20～80μs 时，墨滴达到一种静态结构，与最终的墨点直径大约相同，然后随着液体渗入纸张而开始收缩，并且蒸发。这些步骤进行的时间很大程度上取决于媒介的类型以及加热条件。而在室温条件下，一个约 25ng 的墨滴需要 10～50ms 的时间以完全渗入多孔性纸张，相比较，这样一个墨滴蒸发可能需要 100～1000ms 的时间。因此在多孔纸张上，多数油墨在蒸发前已经渗入纸张。最终墨点直径与原始墨滴直径之比是一个很重要的参数，因为它量化了一滴油墨的遮盖力或"网点扩大"能力。实验表明"网点扩大"现象随着雷诺数的增加、韦伯数的增加、接触角的减小而增加，网点扩大 1.5～3 倍对墨滴来说十分常见。

　　以下是一个水性喷墨印刷油墨的配方：首先，将一定比例的双酚 A 环氧树脂（E51）和聚乙二醇二缩水甘油醚（ED）与丙烯酸进行开环酯化反应，当体系的酸值降低到一定值时停止反应，得到环氧丙烯酸树脂（EB）；然后，加入偏苯三酸酐和马来酸酐进一步酯化；最后，引入甲基丙烯酸二甲氨基乙酯和三乙胺中和反应体系，并加入一些去离子水调节固含量。双酚 A 环氧树脂中的环氧基团与聚乙二醇二缩水甘油醚的摩尔比约为 1∶1，马来酸酐中的酸酐与生成的环氧丙烯酸树脂中的羟基反应的摩尔比约为 0.9∶1 时，制备的水性喷墨印刷油墨综合性能较好。其黏度适合喷墨打印，平均粒径小于 0.2μm，墨层薄膜的热稳定性、附着力和耐摩擦性也很好。同时，涂布量为 3.60g/m 时，包装原纸在耐气性、耐氧性、耐油性和色彩再现性等性能方面有很大的提高。该油墨总体上可以通过喷墨印刷涂布在基材上，可以满足纸张涂布的性能要求。

6.7.3　紫外光固化喷墨印刷油墨

当前，应用于压电式按需喷墨（DOD）打印头的紫外光固化喷墨印刷油墨正在呈双倍数增长，这是由于应用紫外光固化印刷油墨会给打印过程以及最终产品带来许多优点。例如：①环境友好，几乎没有挥发性有机化合物（VOCs）或有害的空气污染物（hazardous air pollutants，HAPs）；②暴露在紫外光辐射下时立即固化；③固化灯相比传统的干燥设备需要更小的设备安放位置；④固化灯比传统的干燥设备消耗更少的能量；⑤较长的开放时间（印刷间隙不需要油墨清洗或重新启动的时间）减少了油墨的浪费；⑥没有溶剂挥发，使得油墨质量一致性好（同样减少了油墨的浪费）；⑦由于膜的交联特性，印刷的成品持久、耐磨损。

然而，由于紫外光固化喷墨印刷油墨的物理特性，其应用于压电式DOD打印头时存在一些局限性。打印时油墨需要在喷射温度下保持相当低的黏度，在8~12cP（很多打印喷头都内置加热器，在多数情况下能够达到70℃）。大多紫外光固化喷墨印刷油墨的配方都包含以下组分：单体/低聚物、着色剂（分散或溶解在反应载体中的颜料或染料）、光引发剂、添加剂。反应的单体和低聚物是喷墨配方的基本组成，决定了油墨的主要性质。

（1）单体的选择

紫外光固化喷墨印刷油墨配方中所使用的大多数单体和低聚物是各种具有不同功能的丙烯酸酯，偶尔也有其他材料，如不饱和聚酯树脂。丙烯酸酯是皮肤增敏剂，使用时需小心。提高丙烯酸酯的功能性可以增加聚合物膜的交联密度，使得到的聚合物膜更为坚硬，柔韧度降低，也因此对溶剂更具抵抗力、耐刮划、耐磨损。并且更高的交联密度可以使薄膜在固化过程中收缩，降低附着力。此外，只含单、双官能团的单体弹性更好，但持久性能较差，并且收缩幅度小。因此，打印时必须综合考虑，选择最合适的单体/低聚物混合。几乎每种油墨都必须具备的一个特性就是附着力，这样才能印刷在任意介质上。无论在图形艺术，还是工业印刷市场的需求列表中，塑料黏附性的要求都排在前列。

极性塑料诸如聚甲基丙烯酸甲酯（PMMA）、聚氯乙烯（PVC）、尼龙和聚碳酸酯一般黏附性都比较好。在很多油墨配方中都可以看到一些单体，如2-苯氧基乙酯、烷氧基化的苯酚丙烯酸酯和乙氧基化的四氢丙烯酸，因为它们都是增加极性塑料黏附性的最佳选择。

与极性塑料相比，非极性塑料如聚四氟乙烯（PTFE）、聚乙烯（PE）、聚丙烯（PP）和聚苯乙烯（PS）黏附性较差。1,3-丁二醇二丙烯酸酯在一定程度上能促进这类材料的黏附。其他性质，包括薄膜的固化速度（一般来说更多功能化的单体固化更迅速）、黏度和持久性，对单体的选择也具有很大的影响。

（2）着色剂的选择

在喷墨印刷油墨中，另一重要的组成成分是着色剂，即颜料或染料（由于有机颜料具有优良的耐光性，因此最常用）。因为多种原因，通常颜料必须研磨成非常小的颗粒（尺寸<1μm），这样才能通过仅有30~50μm宽的打印头喷嘴。为了维持最佳的喷射性能和延长打印头的寿命，这些喷嘴仅能容许亚微米级的颗粒通过。然而，在亚微米级尺寸下，颗粒更容易产生凝聚和絮凝，从而引起沉淀和不稳定的现象。此外，较小的颗粒尺寸会对颜料的耐候性产生不利的影响，并且颜料的色泽饱和度、光泽度以及不透明度都会受到颗粒尺寸的影响。同时，为了确保喷射出的流体更为均匀一致，颗粒的粒径分布要窄，这和小的颗粒尺寸一样，也非常重要。

合适的分散技术和添加剂有助于缓解不稳定现象的产生。因此在制备稳定的、完全浸润的有机颜料时，建议使用较好的低黏度活性稀释剂和分散剂。

（3）光引发剂的选择

紫外光固化制剂还必须包含光引发剂，以促进聚合反应。光引发剂一般包括类型Ⅰ和Ⅱ两种结构，如图6-5和图6-6所示。类型Ⅰ光引发剂在紫外光辐射下，单分子键断裂得到自由基。类型Ⅰ属于通用型的光引发剂，因此使用最广泛。由于此种光引发剂产生自由基只需经过一个单分子过程，并且只需要吸收光来产生自由基，因此通常具有更高的效率。类型Ⅱ光引发剂进行的是双分子反应，其中光引发剂（作为光敏剂）的激发态与另一个分子（共引发剂）相互作用，产生自由基，如图6-6所示。

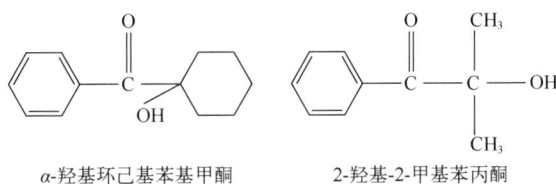

α-羟基环己基苯基甲酮   2-羟基-2-甲基苯丙酮

图6-5 类型Ⅰ光引发剂的两个示例

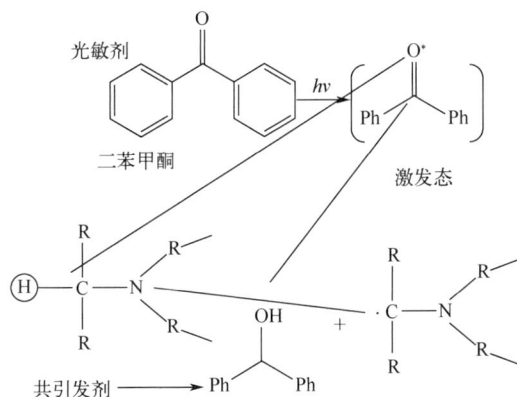

图6-6 类型Ⅱ光引发剂与共引发剂的反应过程

由于氨基增效共引发剂的存在，需特别注意可能会发生酸/碱相互作用。通常颜料会进行表面处理或用酸性/碱性材料进行分散，以防止絮凝。但是，如果油墨与助引发剂发生反应，保质期就会缩短。当选择光引发剂时，需确保其最大吸收波长在紫外灯发射的波长范围内，且此最大吸收波长不与配方中其他组分，特别是颜料的最大吸收波长重叠。通常，大多数油墨都含有几种不同的光引发剂，以确保最佳固化效果。

（4）添加剂的选择

在很多油墨配方中都使用添加剂，以改善诸如保质期、流动性、黏合性、耐候性等性质。喷墨印刷油墨常需控制表面张力，可通过加入表面活性剂来调节。一般打印喷头要求静态的表面张力在$20\sim30$dyn/cm范围内。具有过低静态表面张力的流体，可能会使过多的喷嘴面板润湿，会影响喷射的稳定性。然而，具有过高表面张力的流体不能完全浸湿打印头内部，会导致流体流出不均匀，喷射后弯月面不能及时恢复，喷嘴中的流体量无法满足下一次喷射的要求，因此会造成喷射的缺失。此外，过高的表面张力也会影响油墨润湿低表面能基材，包括许多塑料的能力。

在喷墨印刷油墨配方中，另一种常见的添加剂是罐内稳定剂，用来延长产品的保质期。通常要求油墨的保质期至少为9个月，当然12个月更好。自由基清除剂经常用来防止油墨在容器中发生聚合反应。此外,在瓶中必须留出足够的空间,因为氧气对于自由基引发的聚合反应是一种有效的抑制剂。其他添加剂,例如受阻胺类光稳定剂(HALS)和紫外光吸收剂(UVAS)等可用来保护着色剂不受环境因素破坏,消泡剂、润湿剂或流平剂则用来改善介质上油墨的铺设和流出。一些添加剂,如稳定剂、HALS 和 UVAS 的加入量必须少,因为它们可能会阻碍固化。典型 UV 喷墨印刷油墨配方如表 6-49 所示。

表 6-49　UV 喷墨印刷油墨配方

组分名称	组分占比	组分名称	组分占比
二丙二醇二丙烯酸酯	23.5%	新戊二醇丙氧基化二丙烯酸酯	18%
丙烯酸月桂酯	17%	双季戊四醇六丙烯酸酯	3%
1-羟基环己基苯基酮	4%	三甲基丙烷乙氧基化三丙烯酸酯	6%
稳定剂	0.5%	液态光引发剂混合物	4%
品红分散剂	20%	2-甲基-1-(4-甲硫基苯基)-2-吗啉基丙烷-1-酮	4%

6.8　特种印刷油墨

6.8.1　导电油墨

导电油墨是指印刷于承印物上,使之具有传导电流和排除积累静电荷能力的油墨。它是导电浆料的一种,由导电填料、连结料、溶剂和助剂组成。其中导电填料是油墨中起导电作用的主要成分,也称导电功能相,常用的导电填料有银、铜、石墨烯、碳纳米管等;连结料起连结作用,是油墨中成膜的主要物质,主要为合成树脂、光敏树脂等各类高分子树脂;溶剂主要用于溶解树脂,使其发挥连结作用,增加与承印物的附着力;助剂用于改善油墨的印刷适性,主要有分散剂、调节剂、表面活性剂、消泡剂、黏结剂等。导电油墨配方如表 6-50 所示。

表 6-50　导电油墨配方

组分名称	组分数量/份	组分名称	组分数量/份
黏度调节剂	1～20	黏结剂	1～10
水	30～100	流动调节剂	20～50
导电填料	100		

6.8.2　防伪油墨

防伪油墨是利用特殊功能的色料和连结料来防伪的。目前常用的防伪油墨有磁性油墨、荧光油墨、光变油墨、温变油墨、DNA 防伪油墨等。

(1)磁性油墨

磁性油墨作为一种比较流行的防伪油墨,主要应用于防伪印刷领域,具有优越的防伪效能。磁性油墨印刷是指利用掺入氧化铁粉的磁性油墨进行印刷的方法,简称磁性印刷。而磁性印刷品是将磁记录技术和印刷技术结合而产生的独特的记录媒体,其特点是数据能在磁性卡片上写入、读出,而且视觉上亦能看到文字、图案和照片。目前,磁性印刷在很多领域都得到了应用，例如车票、印花、银行存折、身份证等均可采用磁卡形式；价目表卡上采用了磁性膜；许多国家的纸币也都采用了磁性油墨印刷；还有资料登记表、支票上也可用磁性油墨印刷金额等项目。可见，磁性印刷的用途十分广泛。

磁性油墨的基本构成与一般油墨相同，即由颜料、连结料、填充料和助剂组成。但是，磁性油墨的颜料不是色素，而是强磁性材料。磁性油墨之所以有磁性，是由于油墨配方中所用的颜料在经过磁场处理后具有保留磁性的能力。所以，在没有磁化前油墨本身是没有磁性的，但是在印刷完成后，要保证油墨被磁化后有足够的剩磁。这就对印刷工艺的磁性材料提出了要求。

其中对于磁性油墨颜料，在金属元素中，铁（Fe）、钴（Co）、镍（Ni）等金属元素具有磁性，统称为强磁性元素。还有一些含有强磁性元素的 Fe-Mo 和 Fe-W 合金，以及具有 Ni-As 型结晶结构的 Mn-Al 和 Mn-Bi 等合金也具有磁性。而用作磁性油墨颜料的大多数是铁素体。铁素体一般是指如 $XO \cdot Fe_2O_3$ 的无机化合物，其中 X 为二价的金属离子，根据 X 的种类不同，有锰-铁素体、铜-铁素体等。现在比较常用的磁性颜料有氧化铁黑（Fe_3O_4）、氧化铁棕（γ-Fe_2O_3）、含钴的 Fe_2O_3 和氧化铬（CrO_2）等。磁性油墨配方如表 6-51 所示。

表6-51　磁性油墨配方

组分名称	组分数量/份	组分名称	组分数量/份
醇酸树脂	10	改性酚醛树脂	3
乙醇	15	平均粒径为60nm的Al粉	1.5
聚烷基乙二醇	0.2	凹凸棒土	6
环氧树脂活性稀释剂	2	丙烯酸单体	10
2-乙基蒽醌	1	三羟甲基丙烷三丙烯酸酯	6
二苯甲酮	3	三元氯醋树脂	10
醋酸正丙酯	7	气相二氧化硅	2
干燥剂	2	润滑剂	1
分散剂	2	氧化铁黑	15

（2）荧光油墨

荧光油墨中的主要成分是荧光颜料，荧光颜料属于功能性发光颜料，这类颜料在受到外来光（含紫外光）的照射时，能够吸收能量，这种能量再以可见光的形式释放出来，产生不同色相的荧光现象。随着外来光线停止照射，这种荧光现象即消失。荧光颜料与高分子树脂连结料、溶剂和助剂复配，经研磨可制得荧光油墨，并可用网版、凹版或胶版等印刷方式实施印刷作业。

受到外界的能源激发，将所吸收的能量转变为可见光的发光现象称为荧光。将这种刺激隔离后仍然发出间断的光的现象称为狭义的荧光，而停止刺激后仍然持续发光的现象称为磷光。所谓荧光颜料，一般是指使用上述狭义荧光体的某种有机荧光物。而使用磷光体中残余发光时间较长的物质所制得的颜料称为荧光涂料。日光荧光颜料，主要是将荧光染料与树脂混合，溶于溶剂中，制成荧光油墨。这种荧光油墨中采用的树脂有聚甲基丙烯酸酯、聚氯乙烯、醇酸树脂、苯乙烯树脂及它们的共聚物等，作为荧光染料的有硫代亮黄色素 FF、氟代金光绿、亮黄 6G、若丹明 B 等。常见环保荧光油墨配方如表 6-52 所示。

表6-52 环保荧光油墨配方

组分名称	组分占比	组分名称	组分占比
荧光基墨	77.0%	快干胶质连结料	10.0%
快干高光连结料	5.0%	矿物油	1.0%
锰干剂	0.5%	锆干剂	1.0%
蜡膏	0.5%	醇酸树脂	2.0%
抗氧化剂	1.0%	水墨平衡助剂	2.0%

（3）光变油墨

光变油墨（OVI油墨）具有珠光和金属光泽的效应，彩色复印机难以复制。用光变油墨印制的印刷品，会出现成对的颜色，例如：品红-蓝、绿-蓝、青-绿等。正面观察墨膜呈现一种颜色，如果倾斜45°角左右观察，则墨膜的颜色会由一个色相向另一个色相转变。这种颜色转变的特点是其他油墨和印刷方式无法效仿。

该油墨的销售控制非常严格，一般只提供给政府部门，这为防伪印刷技术从源头上加以控制提供了一个范例。该墨膜呈现颜色的原因是：①光线照射在墨膜表面，墨膜选择性地吸收部分可见光波使物体呈现出颜色；②光线入射到透明墨膜内部，经反射和折射，光波产生干涉从而呈色。光变油墨所采用的干涉薄膜滤波器就是根据后者原理设计出来的。光波入射到透明薄膜或薄板上表面，部分光线被薄膜上表面反射，部分光波折射进入薄膜，在其下表面又产生反射和折射，如图6-7所示。

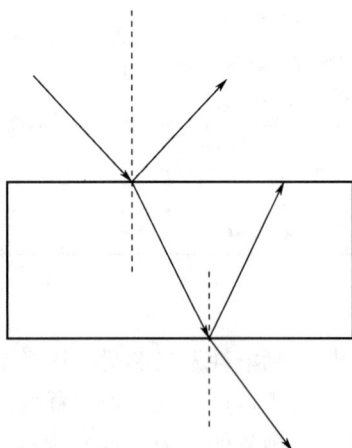

图 6-7 干涉成像原理

图 6-8 多层复合膜

这些反射光和折射光都来自同一光波，它们满足相干光条件，故可以产生光的干涉现象。通过自然光的干涉现象，某一些波长的光线加强，呈现颜色；另外一些波长的光线被削弱，不能呈现颜色。当观察的角度变化时，由于光程差发生变化，不同波长的光线被加强或者削弱，因此颜色会随观察角度的变化而变化。

在技术上，是采用多层高折射介质膜来实现上述现象的。在基底上先镀一层高折射率膜，称为H膜；然后再镀一层低折射率膜，称为L膜。如此间隔地多镀几层膜，就得到多层复合膜，如图6-8所示。同样的原理，L膜与H膜排列顺序相反就可以产生与增透膜效果不一样的多层增反膜。这两种复合膜都可以随着视角变化产生奇妙的效果。如果事先在基底上覆盖一层高分子物质，例如丙烯酸树脂（可溶于丙酮），在这种材料上通过真空镀膜，在严格控制下得到符合要求的多层复合膜。然后将镀了膜的多层复合膜放入预先选择好的溶剂中，多层薄膜分别被粉碎为细小的碎片，这种碎片的上下表面积与其侧面积的比例至少为3∶1。最后经过真空干燥，即制成光变色料。这种多层薄膜碎片可以产生干涉现象而呈现特定颜色。将这些多层薄膜碎片加入专门设计的连结料中，再加入透明染料及其他的填充料，就可以制造出光致变色油墨。光变油墨的制造难度主要在于多层薄膜干涉滤光器的各层厚度难以控制，薄膜的转移剥离技术也比较困难。另外，该油墨采用的连结料和溶剂都很特殊，因为它必须使印在承印物上的油墨中的每个薄片平行排列，并浮在连结料表面。典型环保型光变油墨的配方如表6-53所示。

表6-53　环保型光变油墨配方

组分名称	组分占比	组分名称	组分占比
UV聚酯丙烯酸树脂	25%	三缩甲基丙烷三丙烯酸酯	30%
高耐磨UV聚氨酯改性树脂	25%	消泡剂	2%
BYK流平剂	3%	片装光变颜料	10%
醋酸丁酸纤维酯	3%	耐磨助剂	2%

（4）温变油墨

温致变色油墨简称温变油墨，其颜料能根据一定温度而变色，变色机理有多种，如遇热分解（某些金属盐、感热染料和酚醛化合物）、不同分子间电子转移等。温度复原不能回到原来颜色的是不可逆型温致变色油墨，如经过蒸汽高温灭菌后显示变色的蒸汽灭菌指示墨。在可逆型温致变色油墨中，金属铬盐系的耐光性较强，液晶油墨变色精度好，染料类的油墨色彩鲜艳。

① 变色颜料。是温致变色油墨的基本组成部分，该颜料受热颜色发生变化，所以这是配制温致变色油墨的核心或基础。作为温致变色油墨的颜料必须具备下列条件：在常温下颜色鲜明、不变，但是当温度达到预定值时变色迅速，即对外界热作用要很敏感；产生变色的温度区间要窄，变色前后色差要大；不受外界环境影响，在光照、潮湿气候条件下性能稳定、不分解、不褪色。常用的不可逆变色颜料有铅、镍、钴、铁、镉、锶、锌、锰、钼、钡、镁等的硫酸盐、硝酸盐、磷酸盐、铬酸盐、硫化物、氧化物以及偶氮颜料、酞菁颜料、芳基甲烷染料等。这些颜料或染料变色都是由其本身发生热分解或氧化所引起的，由于是化学变化，因而是不可逆的。当然，一些物理变化也有不可逆的。常用的可逆变色颜料有银、汞等的碘化物等。

② 填料。在温致变色油墨中加入合适的填料可使墨膜发色鲜艳稳定，色调均匀，调节变色颜料的变色温度，并能改善墨层的附着力。常用的填料如ZnO、CaO、Al_2O_3、TiO_2、SiO_2、$CaCO_3$等。填料的品种及用量对变色油墨的变色温度有影响，其原因是填料在温度作用下，某些活化元素对变色颜料能起一种催化或抑制作用。因此当加入不同填料时，变色温度会发生变化，在制备变色油墨时应重视此问题。

6.8.3　微胶囊油墨

微胶囊是一种具有聚合物壁壳的微型容器或包装物，它能够包封和保护其囊心内的物质微粒（滴），囊壁通常由无缝的、坚固的薄膜所构成。微胶囊不但可以包封固体粉末，也可以包封液体材料。如若采用特殊的制备方法，甚至可以包封气体。微胶囊的大小一般在 $5\sim200\mu m$ 范围内，囊壁的厚度一般在 $0.2\mu m$ 至几微米范围内，但通常不超过 $10\mu m$。

微胶囊可呈现各种形状，如球形、粒形、肾形、谷粒形、絮状和块状，囊壁可以是单层结构或多层结构的。微胶囊还可以包含一种或多种的芯材。微胶囊的功能较多，在印刷方面应用的主要有降低挥发性、控制释放隔离活性成分、良好的分离状态等功能。微胶囊技术在印刷行业中主要应用在液晶油墨、芳香油墨、发泡油墨等油墨中。

（1）液晶油墨

从制备工艺角度来讲液晶油墨属于微胶囊结构油墨类型，但是从特点来讲主要是利用液晶感温发色的性质。液晶油墨应用了液晶所具有的特性，外观既是流动性的浑浊液体，同时又有光学各向异性晶体所特有的双折射性。液晶油墨是将封闭在微胶囊中的液晶及助剂等分散在连结料中配制而成的，其配方如表 6-54 所示。其主要组成为以下几类：水溶性树脂（丙烯酸酯共聚物乳液等）、微胶囊液晶（胆甾醇苯甲酸酯等）、消泡剂（丙三醇、辛醇-2 等）。

液晶油墨不使用颜料，触变性小，流平性好，黏度为 $4\sim6Pa\cdot s$。在液晶油墨制作过程中，液晶易与其他物质反应而被污染，所以要先用天然聚合物明胶或阿拉伯树胶等将液晶进行封闭，制成直径 $5\sim30\mu m$ 的微胶囊，以防止液晶被污染，使其保持透明，并具有良好的发色效果。连结料大都采用水性树脂，因为溶剂型连结料容易破坏胶囊壁，使液晶污损，影响发色效果。

表 6-54　液晶油墨配方

组分名称	组分数量/份	组分名称	组分数量/份
胆甾醇壬醇盐	70	胆甾醇氯化物	25
胆甾醇肉桂酸	5	阿拉伯树胶	1
蒸馏水	95.6	戊二醇水溶液	25
聚乙烯醇水溶液	10		

（2）芳香油墨

芳香油墨是一种能长时间保持芳香味的油墨，利用微胶囊包裹技术，将香料封入胶囊内，香味能保持半年以上。油墨可做成水性和油性两种，水性的效果比油性的好。利用这种芳香油墨印制的香味贺卡、摩擦生香贴纸、珍藏版 PVC 卡，都非常受欢迎。油墨中香料胶囊占0.2%。同时，胶囊壁的材料要具有疏油性，防止其与油墨接触，壁材溶解在油墨中，香味便释放出来。同时，壁材要具有一定的抗氧化能力，保证在长时间储存时不会过分氧化使香味消失。香料微胶囊壁材易溶于水，在印刷过程中要避免与水接触，墨膜要厚。

芳香油墨的配方设计以微胶囊化香料为核心，将天然或合成香料包覆于明胶、壳聚糖或聚氨酯等高分子壁材中（粒径 $10\sim50\mu m$），结合占比为 $90\%\sim95\%$ 的水性或 UV 固化连结料体系实现可控释放；以溶剂体系调节流变特性，并辅以分散剂（BYK 系列）、流平剂（聚醚改性硅氧烷）、抗氧化剂（2,6-二叔丁基对甲酚）及气相二氧化硅（触变剂）等助剂优化分散稳定性与印刷适性。制备工艺需经高速剪切预分散、三辊研磨（$D_{90}\leqslant50\mu m$）及 UV/热固化，最终实现耐候性 >6 个月、附着力（ASTM D3359）$\geqslant4B$ 的功能性芳香印刷层。

油墨的干燥温度不能过高，否则会使微胶囊破裂，香味散失，因此不能用红外线干燥。

比较理想的干燥方式一般为挥发干燥,加大空气的流速、降低周围空气中溶剂的浓度、破坏饱和溶剂的挥发气体层也能促使墨层干燥。由于油墨溶剂的挥发气体密度大于空气密度,所以在向干燥台送风时,从下部送风效果为好。印刷干燥后,用硬质物摩擦印刷部分,微胶囊被破坏,便散发出香味,故这种印刷品能持久飘香。这种胶囊壁厚 1μm 或 1μm 以下,直径为 10~30μm 的白明胶微粒,可分散于印墨中或涂于纸上。

（3）发泡油墨

发泡油墨是一种能在承印物上形成立体图案的功能性油墨,印刷图案富有立体感,可以增强装饰效果,并赋予产品一些特殊功能,其主要应用于棉织品、盲文及壁纸印刷。发泡油墨主要由含有发泡剂的微胶囊、颜料、连结料和助剂组成。所用发泡剂的种类很多,常用的有对甲苯磺酰胺（TSH）,白色结晶粉末,无毒,易溶于碱性水溶液、乙醇、丁酮,微溶于水、醛类,不溶于苯类,加热至 105℃ 分解并放出氮气（发气量 130mL/g）。这种发泡剂发泡微细、产品收缩小、撕裂强度高、稳定性好。

油墨中的微胶囊发泡体含量一般为 5%~50%。微胶囊发泡体含量低,发泡效果不好;如果含量太高,则油墨流动性降低,使用后墨膜不均匀。发泡油墨在印刷后要进行充分干燥,干燥分自然干燥和强制干燥。为使油墨在发泡后获得精美的印刷效果,发泡前如采用自然干燥的方法,干燥的时间应在 24h 以上。强制干燥比自然干燥时间短,速度快。强制干燥时,要注意根据不同的印刷品以及不同的干燥热源,选择相应的干燥温度和时间。如果干燥时间和温度选择不当,就容易造成发泡不均匀,强制干燥温度在 30~70℃ 之间。干燥后即可发泡,发泡温度控制在 120℃ 左右,并考虑与之相应的发泡时间。发泡设备可采用烘烤箱也可采用烘烤机,发泡倍率可达 8~15 倍。

6.8.4 纳米油墨

将纳米材料运用到油墨体系中,会对油墨产业产生巨大的推动作用。作为印刷领域中的重要物质,油墨中加入纳米粒子会使油墨具有特殊的功能和性能。有些物质在纳米级时,粒径不同则颜色也不同,或不同物质有不同颜色,例如,TiO_2 和 SiO_2 的纳米粒子是白色的,Cr_2O_3 是绿色的,Fe_2O_3 是褐色的。以这些纳米粒子作为油墨的颜料,使油墨不再依赖于有机颜料,而是由适当体积的纳米粒子来呈现不同的颜色,这在颜料上给油墨制造业带来一个巨大的变革。

与普通油墨相似,纳米油墨主要由连结料、颜料、填料、助剂等组分构成。纳米技术与印刷油墨结合,创造出了粒径小、细度高的油墨。而油墨的颗粒越细,颜料颗粒与连结料的接触面就越大,印刷的性能也就越好、越稳定,其网点也越显得清晰饱满。纳米油墨的色彩较为饱和、艳丽,此外,纳米油墨还具有耐水、耐磨、穿透性佳等优点,因此不仅保留了传统油墨的优点,还结合了纳米技术的优势。纳米油墨有如下特点:

① 细度高。作为衡量油墨质量的一个重要指标,油墨细度对印刷产品的质量有较大的影响。细度高的油墨着色能力也较好,印刷出来的产品高光部分不会出现缺失现象,并且光泽度高,印刷图文清晰饱满。与普通油墨相比,纳米油墨中所加入的纳米颗粒远小于普通油墨的颗粒,并且能够均匀地分散悬浮,增加了油墨的润湿性及流动性。纳米颗粒的加入使纳米油墨具有较高的油墨细度,有效地避免了因油墨颗粒大而造成的毁版、糊版、油墨沉淀以及堆墨等不良现象的发生。

② 着色力、覆盖力好。油墨的着色力可以反映油墨的分散度以及油墨中颜料的含量，颜料自身性质和颜料颗粒大小对着色力有直接影响。纳米油墨的油墨颗粒可以达到纳米级，使得颜料对于光的折射表现出小尺寸效应，因此与普通油墨相比纳米油墨具有更好的着色力和覆盖力。

③ 抗老化性和耐光性较好。纳米油墨中纳米颗粒的光学性能与普通油墨颗粒的光化学性能不同，如有些加入纳米颗粒的油墨能够反射、散射、吸收紫外光，同时允许可见光透过，具有较好的抗老化作用，可以用作紫外光防护剂。而普通的颜料虽然也具有鲜亮的色彩和较好的着色力，但是抗老化性能有待于提高。因此纳米油墨具有更好的耐光性和抗老化性能。

④ 再现色域变大。不同的纳米颗粒具有不同的特点，有些可以吸收反射光，而这些纳米颗粒自身具有发光基团。此类纳米颗粒的加入能够增大油墨的再现色域，使得印刷出来的图文具有更加丰富的层次、更加鲜明的阶调，同时极大地增强了表现图像细节的能力。

⑤ 多样化的特性。纳米油墨中所添加的纳米颗粒具有多样化，可以是金属、非金属，也可以是有机、无机纳米颗粒。不同纳米颗粒的加入使得油墨具有多样化的特性，如静电屏蔽、防伪、安全监测、导电等。

⑥ 亲油性好。普通油墨在制作时需要添加表面活性剂，以降低连结料的表面张力，提高油墨的亲油性。纳米油墨则不需要添加表面活性剂，因为添加了纳米颗粒的纳米油墨本身就具有较好的表面润湿性以及亲油性，并使得油墨的固液结构达到稳定，在一定程度上提高了油墨的印刷适性。

（1）填料型纳米油墨

从原理上来说，纳米材料都可以用于油墨中，从而赋予油墨特殊的功能或提高油墨的某方面性能。本节主要介绍纳米油墨中常用的、用于改善油墨本身性能的几种纳米材料。对于这类油墨，纳米材料主要是作为填充料加入油墨中，改善油墨本身的特性，如流变性、耐候性、白度等。这类油墨称为填料型纳米油墨。

1）填料型纳米油墨配方

填料型纳米油墨的配方设计以功能性纳米填料为核心，通常包含纳米级无机/有机填料（如 SiO_2、TiO_2、碳纳米管或石墨烯，占比 10%～30%），通过表面改性剂（如硅烷偶联剂 KH-550）提升其与基体的界面相容性；以高分子连结料（如环氧树脂、聚氨酯或水性丙烯酸乳液，占比 40%～60%）作为成膜基质，调节油墨的附着力与机械性能；以溶剂体系（如去离子水、乙醇或 N-甲基吡咯烷酮，占比 20%～35%）调节流变特性（黏度范围 50～500mPa·s）；分散剂（如 BYK-2155 或聚羧酸盐类，占比 2%～5%）通过空间位阻或静电稳定机制实现纳米颗粒的单分散（$D_{90} \leq 100nm$）；以功能助剂（如流平剂、消泡剂及 UV 稳定剂，占比 1%～3%）优化印刷适性与耐久性。

2）纳米 TiO_2 在油墨中的应用

纳米 TiO_2 除了具有常规 TiO_2 的理化特性外，由于其粒径远小于可见光波长的一半，因此是透明的，几乎没有遮盖力，且吸收和屏蔽紫外线的能力非常高。其化学稳定性和热稳定性好，无毒，无迁移性。以纳米 TiO_2 为填充剂，将其与树脂共同制成油墨，墨膜能显示出赏心悦目的珠光和逼真的陶瓷质感，具有云母珠光颜料所具有的光学特性，如珠光效应、随角异色效应、色彩转移效应和附加色彩效应等。

随角异色效应即从不同角度观察墨膜，可以看到不同颜色的墨层，该效应又叫视角闪色效应。将纳米 TiO_2、Al 粉等与油墨混合，可制备具有随角异色效应的油墨。透射光在 Al 粒

子表面反射纳米 TiO_2 粒子表面反射的光，自然光的连续反射产生了不同的视觉效果。将这种油墨印刷到金属、塑料等基材的表面，由于随角异色效应会产生丰富的颜色变化，显得现代、气派，极富装饰效果，在商标、印刷油墨、高档汽车涂料、特种建筑涂料等行业具有很大的应用市场。

3）纳米 SiO_2 在油墨中的应用

纳米 SiO_2 为无定形白色粉末，是一种无毒、无味、无污染的无机非金属材料。纳米 SiO_2 可提供防结块、乳化、流化性、消光性、支持性、悬浮、增稠、触变性等功能，且具有导电性，对静电具有很好的屏蔽作用，可以防止电信号受到外部静电的干扰。纳米 SiO_2 在喷墨和特种油墨（如微胶囊油墨）中都有应用，主要作体系的隔离剂。

4）纳米 $CaCO_3$ 在油墨中的应用

油墨工业中长期采用的传统填料为微米级 $CaCO_3$、$Al(OH)_3$、$BaSO_4$、铝钡白及高岭土等。随着合成树脂连结料在油墨工业中的推广应用，这些传统的油墨填料已逐渐被纳米 $CaCO_3$ 替代。纳米 $CaCO_3$ 是 20 世纪 80 年代发展起来的一种新型超细固体材料，指的是特征维度尺寸在 $1\sim100nm$ 的 $CaCO_3$ 颗粒。纳米 $CaCO_3$ 是一种新型高档功能性填充材料，由于粒子的超细化，其晶体结构和表面电子结构发生变化，产生了普通 $CaCO_3$ 所不具备的一些性质。它在磁性、催化性、光热阻和熔点等方面与常规材料相比显示出优越性能。将它用于塑料、橡胶和纸张中，具有补强作用。粒径小于 20nm 的 $CaCO_3$ 产品，补强作用可与白炭黑相比。纳米 $CaCO_3$ 用于油墨制造中，可使油墨具备良好的光泽性、透明性、稳定性和快干性等特性。

纳米 $CaCO_3$ 根据其颗粒大小分为透明纳米 $CaCO_3$ 和半透明纳米 $CaCO_3$，其性质如表 6-55 所示。粒径为 $80\sim100nm$ 的纳米 $CaCO_3$ 用于普通油墨，粒径为 $15\sim30nm$ 的纳米 $CaCO_3$ 用于高档油墨。用于油墨中的纳米 $CaCO_3$ 最早是氢氧化钙与 $CaCO_3$ 沉淀并经表面改性制取的，所制得的纳米 $CaCO_3$ 具有良好透明性和光泽性。将该纳米 $CaCO_3$ 添入油墨中，能够使所制备油墨具有合适的流动性、光泽性、透明度及良好的印刷适性，且不带灰色。在油墨制备中，纳米 $CaCO_3$ 在不同油墨中的添加量不同，一般胶印油墨用量为 17%，凹印塑料油墨为 6%，凹印纸张油墨为 12%，网印硬塑板油墨为 6.5%～7%。

表 6-55 透明纳米碳酸钙与半透明纳米碳酸钙性能

类别	透明纳米碳酸钙	半透明纳米碳酸钙
平均粒径/nm	$20\sim50$	$60\sim80$
吸油值/（g Dop/100g $CaCO_3$）	40 ± 2	36 ± 2
$CaCO_3$ 含量/%	>95	>95
盐酸不溶物/%	<0.1	<0.1
酸碱度（pH值）	7.5～8.5	7.5～8.5
水分/%	<0.1	<0.1
光泽度	优良	优良
透明度	透明	透明
流动度	优	优
处理剂	树脂酸	树脂酸
形貌	立方	立方

注：Dop—邻苯二甲酸二丁酯。

（2）纳米磁性油墨

纳米磁性油墨是在油墨连结料中加入磁性纳米粒子制备的具有特殊磁响应特性的油墨。用这种油墨印刷的图文必须借助专用检测器才可检出磁信号，因而这类油墨广泛应用于防伪领域，如用纳米磁性防伪油墨印制的密码等信息图，可用解码器读出。

众所周知，Fe_3O_4具有磁性。因此，一般纳米磁性油墨主要是用Fe_3O_4纳米粒子，配合其他功能性纳米粒子配制而成的。Papirer 等人以铁颜料为基材，采用湿化学方法使铁颜料表面形成一层针状 α-FeOOH，经脱水、还原及钝化等反应过程，最终得到了以铁颜料为核，以 1.3nm厚的 γ-Fe_2O_3 和 Fe_3O_4 混合物为壳层的磁性纳米材料。并以所制备的磁性氧化铁纳米材料作为颜料，以氧化铝、聚脲等作为助剂配制了纳米磁性油墨，其配方如表 6-56 所示。

表 6-56　纳米磁性油墨配方

组分名称	组分占比	组分名称	组分占比
磁性颜料	25.6%	氧化铝	1.8%
聚脲	3.6%	连结料	1.2%
三异氰酸酯	1.3%	分散剂	1.3%
润滑剂	0.06%	溶剂	65.14

（3）纳米导电油墨

纳米导电油墨以纳米金属油墨为代表，制备纳米金属油墨的主要材料是金、银、铜、钯、铂、镍等任意一种纯金属微粒及其氧化物或合金。其中，银具有最高的电导率（6.3×10^7S/m）和热导率［450W/（m·K）］，而且化学稳定性好，不易被氧化，即使其表面因制备过程或环境因素而部分氧化，生成的氧化物也可导电，因此纳米银油墨成为最受关注的纳米金属油墨。纳米金、纳米镍等因为价格过于昂贵，在印刷电子领域应用很少。

纳米金属油墨在电子领域的线路印刷和安装技术两个方面已经初露锋芒，展现出了诱人的魅力和无可比拟的优越性。金属纳米粒子的金属性决定了印刷图形的导电性。研究表明，金和银的化学性质稳定，银的价格和性能较金更令人满意。纳米银具有较低的烧结温度，能够快速沉积在成本低廉且玻璃化转变温度较低的塑料、挠性板上。由于纳米银的氧化物也具有导电性，因此不用担心纳米银的氧化问题。用纳米银喷印而成的导线具有较高的分辨率、较好的导电性、更密集的结构和更光亮的表面。

由于金和银都是贵金属，以金或银纳米颗粒配制的导电油墨虽然具有很好的打印性及广泛的应用，但是油墨的成本较高，不利于商业化拓展。铜的成本低，导电性好（仅比银的导电性低 6%），并为镜面外观，也广泛应用于电子元器件。基于成本与商业化推广的考虑，铜纳米粒子可以用来代替由贵金属银和金制备的纳米粒子用于喷墨打印导电图案。铜导电油墨是以超细铜粉和树脂为主体，添加其他助剂等而制成的油墨，其填料铜粉是制备油墨的关键成分。

将 $Cu(OH)_2$ 和聚乙烯吡咯烷酮（PVP）溶解在乙二醇溶液中，用磁力搅拌器搅拌溶液30min，以确保 $Cu(OH)_2$ 和 PVP 完全溶解。然后，在相同条件下溶解制得抗坏血酸多元醇溶液，将后一种溶液倒入前一种溶液中，溶液的颜色在 5～10min 内从蓝色变为棕色，表明铜纳米颗粒的形成。最后，通过离心将所得分散液以 5000r/min 用乙醇洗涤 5min。将铜纳米颗粒、无水乙醇（溶剂）和叔丁醇（糊剂）混合以形成混合溶液。然后，在混合溶液中加入微量羧酸，用超声波振荡混合溶液即可形成抗氧化导电铜油墨。铜纳米颗粒的质量分数与混合溶剂的质量分数之比为 1∶2，溶剂比例为 1∶2（无水乙醇/叔丁醇），无水乙醇纯度高于 99.5%。

（4）纳米碳材料油墨

1）纳米石墨油墨

纳米石墨油墨中的碳元素具有多样的杂化轨道（sp、sp^1、sp^2 杂化），再加上 sp^2 的异向性导致碳晶体的各向异性和排列的各向异性，因此以碳元素为唯一构成元素的材料就具有各式各样的性质，并且新碳素相和新型碳材料还不断被人类发现和人工制得。由于纳米石墨具有表面效应、小尺寸效应、量子效应和宏观量子隧道效应，故纳米石墨与常规块状石墨相比具有更优异的物理化学及表界面性质。人们将石墨制成超细纳米颗粒，并对其应用研究产生了浓厚的兴趣。纳米级石墨具有导电性，对静电具有很好的屏蔽作用，能够防止电信号受到外部静电的干扰。将它加入油墨中就可以制成导电油墨，应用于大容量集成电路、现代接触式面板开关的电路层印刷中。

此外，在普通打印机和彩色激光打印机中也开始应用纳米材料来制造碳粉，纳米碳粉大大提高了打印机的输出质量。目前在彩色喷墨打印中，由于油墨的问题常常发生喷嘴堵塞，如果开发出纳米材料的喷墨油墨，一切问题都可以迎刃而解。伴随环保呼声的日益高涨，开发纳米 UV 油墨也是未来的一个发展方向。

2）碳纳米管油墨

碳纳米管（carbon nanotube，CNT）作为一维纳米材料，其质量轻，六边形结构连接完美，具有许多独特的力学、电学和化学性能。近些年随着碳纳米管及纳米材料研究的深入，其广阔的应用前景也不断地展现出来。碳纳米管作为一种新型的纳米材料，在印刷电子领域也有较大的潜在利用价值，可以作为油墨的导电材料应用于印刷电子领域。

碳纳米管是一种新型的碳结构，它是由碳原子形成的石墨烯片层卷成的无缝、中空的管体，根据石墨烯片的层数一般可分为单壁碳纳米管和多壁碳纳米管。1991 年日本 NEC 公司的电镜专家饭岛在制备 C_{60} 的阴极沉积物中首次意外发现了多层碳纳米管。1993 年，饭岛和 IBM 公司的 Bethune 又分别将 Co 和 Fe 混合在石墨电极中，各自独立地合成了单层碳纳米管，从此开辟了研究和应用碳纳米管的新领域。碳纳米管是继石墨、金刚石、富勒烯之后发现的又一种单质形态的碳。碳纳米管的电子能带结构特殊，量子效应明显，具有超导性能；发射阈值低、发射电流密度大、稳定性高、场发射性能优异，这些特点使其正逐步地应用于微电子与半导体组件、纳米电极与能源转换组件（如燃料电池与一般电池）、场发射显示器（FED）、传感器等电子器件与电气设备中。

以碳纳米管为导电填料，辅以其他分散剂、稳定剂配成导电油墨是近些年的研究热点之一。周星等人将多壁碳纳米管作为纳米填料，蛋白酶作为表面活性剂，制备纳米杂化材料。相对于化学计量关系，纳米填料以 2∶1 过量添加至 10 mL 3～10mol/L 蛋白酶超纯水溶液中。将溶液置于离心管中，放入超声浴（200 W、50Hz，50%功率）15 min 后，将复合材料置于冰浴中，超声处理 60min，收集均匀稳定的上清液。再以水性聚氨酯（WPU）分散体为黏结剂，对纳米级复合材料进行分散。将纳米级复合材料加入 WPU 中后，将混合物搅拌 30min 以得到均匀的乳液，然后自组装 30h，制备功能性油墨。所制备的油墨具有很高的稳定性和导电性，并且可以直接用笔书写，这在柔性印刷制造、电子工程和生物学领域具有重大的潜在应用。

3）石墨烯油墨

石墨烯（graphene）是一种由碳原子构成的单层片状结构的新材料，是一种由碳原子以 sp^2

杂化轨道组成的六角形呈蜂巢晶格的平面薄膜，是只有一个碳原子厚度的二维材料。石墨烯一直被认为是假设性的结构，无法单独稳定存在，直至 2004 年，英国曼彻斯特大学物理学家安德烈海姆和康斯坦丁诺沃肖洛夫，成功地在实验室从石墨中分离出石墨烯，才证实了它可以单独存在，两人也因"有关二维石墨烯材料的开创性实验"共同获得 2010 年诺贝尔物理学奖。

石墨烯也是目前世界上电阻率最小的材料。因为它的电阻率极低，电子迁移的速度极快，因此有望用来发展出更薄、导电速度更快的新一代电子元件或晶体管。由于石墨烯实质上是一种透明、良好的导体，在印刷电子领域具有巨大的潜在价值。石墨烯油墨是以石墨烯为主要成分，辅以其他分散剂、稳定剂等配制而成。因此，石墨烯油墨的应用必须解决两个关键问题：一是高质量石墨烯的批量制备；二是石墨烯在油墨中的分散稳定性。

Lingyun Xu 等人利用微流态化一步制备出石墨烯油墨。首先，将 20mg/mL 的乙基纤维素（EC）与 300mL 乙醇混合制备 EC/乙醇溶液，并通过超声法溶解溶液。其次，称量 9g 膨胀石墨（EG）分散在上述 EC/乙醇溶液中，使用均质乳化剂以 10000r/min 的速度剪切并混合 EG 粗悬浮液 1h。然后，尖端超声 30min，将 EG 分散液添加到微流控均质器的入口，循环喷压后制备得到石墨烯油墨。该石墨烯薄膜加热器在低驱动电压下具有较高的饱和温度和较短的热响应时间。机械灵活性和可靠性也得到了验证。在分别进行 5000 次弯曲前和弯曲后，其电阻基本保持不变。这些结果表明，该技术可以用于生产性能优异的石墨烯油墨，并用于加热元件和可穿戴设备。

（5）其他功能油墨

由高介电常数材料制成的油墨在动态随机访问存储电容、光伏器件、多层陶瓷电路、微随动系统、高效脉冲功率电容、电解质开关二极管及固态制冷设备等方面的应用越来越广泛。目前商品化的介电油墨印刷后都需要进行高温烧结（>120℃），这限制了介电油墨在柔性基底上的应用。因此，研发能在室温条件下自固化，不需要高温烧结的介电油墨对发展新型太阳能电池和射频识别器件具有非常重要的意义。

Al_2O_3 具有优异的介电特性、高的热稳定性和电阻率以及成本低、来源广等优点。Hwang 等人以粒径约 200nm 的 Al_2O_3 粉和低介电损耗的氰酸酯树脂（1MHz 时介电损耗约为 0.005）为主要成分，以 N,N-二甲基甲酰胺为溶剂，配制得到了 Al_2O_3 含量为 8% 的混合液，经行星球磨机研磨 24h，过滤后得到 Al_2O_3-氰酸酯树脂油墨。采用喷墨打印技术制备的复合介电膜的相对介电常数随着膜内微孔被树脂填充程度的增加而增大，复合膜中连续相是紧密堆积的 Al_2O_3 粉末网络。这种复合膜的 Q 值（介电损耗的倒数）大于 390，与商品化的低温共熔陶瓷片相当，可以用作封装基板。

纳米油墨相对于传统油墨具有更好的品质，能呈现更好的印刷效果。目前纳米油墨的应用还比较少，离广泛应用于油墨制造和印刷工业中还有一段距离，主要原因是其研制技术还不是十分成熟，一些关键技术还有待突破和改进，并且纳米油墨开发投入较大，制造成本高。尽管在纳米油墨开发过程中有很多困难，但随着科技的进步及原材料成本的下降，纳米油墨必将以其不可替代的优点成为未来油墨行业的主流。

6.8.5　生物墨水

生物墨水于 2003 年首次用于器官印刷，这个概念是通过生物打印插入活细胞或组织球体作为"生物墨水"，因此，术语生物墨水最初是指在水凝胶上或水凝胶内以三维（3D）形式定位的细胞成分。在该领域的许多开创性研究中，细胞和细胞聚集体被用作生物墨水。然而即使在这个阶段，人们也认为实用的生物墨水配方应该"在结构和功能上更加复杂"。

这种打印技术将生物材料和兼容性的非生物材料进行组合。其中，生物材料包含细胞、细胞组织、胶原等活性成分，目的在于促成打印物表现出与生物组织相同的性质和生物学行为。兼容性非生物材料包括明胶、海藻酸盐水凝胶、卡波姆胶等，主要用于提高结构的机械强度、保持打印物形状、保障细胞的黏附性和存活率等。基于打印工艺和实际使用的需求，生物墨水需要具有良好的流动性，易于固化，固化后具有较高的机械强度，且材料在整个过程中不会损伤细胞，并能满足细胞的生理性能，在某些情况下还需要实现降解。然而，完全匹配上述条件的打印材料很难找到，因此，研究人员偏向于在满足生物安全性的前提下，将生物 3D 打印的实验指标划分为可打印性、机械性能和生物兼容性进行评价。

随着科技水平的提升与再生医学的发展，体外构建组织器官模型以替代或修复病变组织的功能成为研究热点。由于三维组织结构复杂、微环境控制难度大的因素限制，通过传统加工方式难以实现各种不规则生物组织或器官的有效构建，生物 3D 打印技术的出现为克服这些难题带来了希望。生物 3D 打印技术可以分为广义与狭义 2 个概念。从广义概念出发，直接为生物医疗领域服务的 3D 打印均属于生物 3D 打印技术，如钛合金关节、惰性金属骨骼、硅胶假体等。从狭义概念出发，将用含细胞的软材料（生物墨水）打印出具有生物活性结构的过程称为生物 3D 打印，如类器官制造、脂肪组织重构、血管构建等。根据成型原理与打印材料的不同，生物 3D 打印技术可以分为挤出式、喷墨式等。

理想的生物墨水应具有良好的可打印性、生物相容性、力学特性等性能。水凝胶作为使用最多的生物墨水，能够模拟天然细胞外基质环境，具有可调的理化性能。常见的水凝胶包括细胞外基质（基质胶）、多糖（海藻酸盐、透明质酸等）、蛋白质（明胶、胶原等）与合成高分子材料（聚己内酯、聚乳酸等）等。科研人员使用这些单一或复合材料，在血管构建、类器官制造、皮肤损伤修复等方面取得了突破性进展。

（1）挤出式生物墨水

与其他生物打印技术相比，挤出生物打印因材料适用范围广泛、价格低廉、可打印复杂结构等独特优势，引起科研人员极大的研究兴趣。挤出生物打印又称为墨水直写，它通过连续挤出力将生物墨水从容器中挤出到平台上，堆叠成三维结构。接下来阐述几个挤出式生物墨水。

Song 等人制备了一种含有神经干细胞（NSCs）的 3D 生物打印导电水凝胶（ECH）支架，由改性的聚（3,4-亚乙二氧基噻吩）（PEDOT）、明胶甲基丙烯酸酯/聚乙二醇二丙烯酸酯水凝胶基质和 NSCs 组成，以促进电子在支架中的传播，以增强神经再生。在该墨水中，PEDOT 通过掺杂硫酸软骨素和鞣酸（TA）来改性，以提高其水溶性和电性能，使其有一定的机械强度和良好的导电性。3D ECH 支架为封装的 NSCs 的黏附、生长和增殖提供了良性的导电微环境。在 3D ECH 支架中，NSCs 不仅在生物打印后能保持高细胞活力（>90%），而且还倾向于分化成具有延伸神经突起的神经元。

（2）喷墨式生物墨水

随着生物材料制备技术从传统手动冲压向计算机控制的喷墨打印演进，现有的先进材料沉积技术已能在常温常压条件下实现功能性活性材料的定向构建。这类技术通过精准的空间定位和分层沉积策略，为有特殊用途的材料提供了非破坏性固定方法。

Giovanny 等人设计了适用于疏水性活性药物成分，并在可见光照射后具有快速胶凝特性的光固化生物墨水。所得的生物墨水由聚乙二醇二丙烯酸酯（250Da）作为可交联单体，曙红Y 作为光引发剂和甲氧基聚乙二醇胺作为共引发剂组成。另外，添加聚乙二醇（200Da）作为增塑剂以调节药物释放曲线。由于其高疏水性，萘普生被用作模型药物。使用压电喷嘴，通过直接压制将各种生物墨水制剂分配到空白预成型片剂的下半部分中，进行光聚合，并盖上预成型片剂的上半部分，以制成药物剂型。他们所制备的生物墨水可以通过调节制剂中聚乙二醇二丙烯酸酯的含量和用于固化生物墨水的曝光时间来调控药物的释放。

Zhao 等人对这项技术进行了改进，完成了在金基底上脂质管的印制。在这项工作中，制备的聚二甲基硅氧烷（PDMS）压模具有许多平行的嵌壁式通道（间隔 4~7μm，高 0.8μm，宽 1.0μm）。将压模直接放置在玻璃基底表面，然后用含脂质管 1,2-双（10,12-三甲苯二酰基）-sn-甘油-3-磷酸胆碱溶液沿压模的开放边缘滴涂，溶液嵌入 PDMS 压模的微流体通道中形成高度有序的二维（2D）阵列。随后通过一个二次压制过程（同金包覆的云母基板接触 2h），脂质管被印制，形成高约 360nm 的稳定三维（3D）脂质图形。可以认为这种将 2D 有序结构集成为 3D 连接的方式是对新型生物材料微型设备的重新定义。

6.8.6 其他特种油墨

特种油墨的概念宽泛，种类繁多，除了前面描述的比较具体的部分以外，还有许多特种油墨，简单介绍如下。

（1）蓄光油墨

蓄光油墨是在透明油墨的原材料中加入一定比例的蓄光材料经过加工制作而成。油墨中的蓄光材料采用长余辉发光材料，它是一类吸收太阳光或人工光源后发出可见光，而且在激发停止后仍可继续发光的物质。

蓄光油墨是由发光颜料（蓄光材料）、有机树脂、有机溶剂、助剂按一定比例通过特殊加工工艺制成的。所选用的树脂应该有较好的透光性，树脂的颜色对其发光亮度有影响，所以选择树脂的原则是无色或浅色、透明度好。又因为蓄光材料为弱碱性物质，选择树脂为中性或弱酸性为好。选择树脂的品种大体如下：环氧树脂（E440）、聚氨酯树脂、聚酯树脂、丙烯酸树脂、羟基丙烯酸树脂、色泽浅的氟树脂等。如选用中性透明的有机树脂，蓄光材料的粒径应控制在 45~65μm 范围内。常用蓄光油墨配方如表 6-57 所示。通常依据不同承印物来选择不同类型的透明调墨油，如承印物为金属物质应选用金属调墨油，承印物为 PVC 材质可选用 PVC 调墨油。

表 6-57　蓄光油墨配方

组分名称	组分数量/份	组分名称	组分数量/份
树脂基体	100	改性蓄光颜料	50
有机膨润土	2.0	聚酰胺蜡	2.0
稀释剂	30	固化剂	5

（2）珠光油墨

珠光油墨是由珠光颜料、合成树脂、有机溶剂和助剂调制而成的，是具有一定流动度的浆状胶黏体，经搅拌混合均匀，在承印物上干燥后能够显现柔和的珠光效果。利用珠光颜料可调配成凹印、网印、胶印、柔印珠光油墨，印刷效果独特，广泛应用于挂历、名片、壁纸、贺卡、艺术品、纺织品及高档包装的印刷。

珠光颜料主要有：银白色系颜料、彩虹色系列颜料和着色系列颜料等。针对不同的印刷方式，应选择不同粒径的珠光颜料；珠光颜料可以单独使用，也可以与其他透明颜料或染料配合使用，以满足不同的印刷效果要求。珠光颜料具有较广的光学变化效果，从鲜艳到柔和，每一系列的珠光颜料都有不同的亮度。当珠光颜料与透明介质混合时，能最大限度地体现颜料色彩。但当与透明性差的介质混合时，珠光效果会受到很大影响。珠光颜料在不同印刷方法中的添加量有明显差异，也与承印物有关。一般来说，珠光颜料的添加量为：平版印刷15%～25%，柔版印刷10%～20%，丝网印刷5%～20%，凹版印刷10%～20%。典型珠光油墨配方如表6-58所示。

为了充分发挥珠光油墨的光泽效应，所选用的树脂以颜色浅、黏度适中为宜。天然树脂和合成树脂如改性醇酸树脂、丙烯酸树脂、环氧树脂、聚酰胺树脂等均可作为连结料。同时要考虑油墨的酸碱性和耐溶剂性。珠光颜料对油墨中的助剂如冲淡剂、增稠剂、催干剂等有严格要求，要避免用不透明或会产生散射光的添加剂。

此外珠光印刷还具有以下一些优点：①对于承印物材料没有严格要求，可以在各种不同的材料上实施印刷；②具有多姿多彩的光、色以及珍珠效果的表现力；③珠光水墨的自身安全性使其特别适合于食品、药品、烟酒的包装装潢印刷；④珠光水墨本身利于环保，而且可以再生重复使用；⑤可选择多种印刷、印后加工方式，增强独特的防伪功能。

表6-58　珠光油墨配方

组分名称	组分数量/份	组分名称	组分数量/份
珠光颜料	40	聚氨酯丙烯酸酯	60
有机硅树脂	25	苯乙烯化丙烯酸分散剂	24
微晶蜡乳液	7	碳酸钙	12
丙烯酸	5	薰衣草香精	2～3

（3）药用油墨

药用油墨是特种油墨的一种，具有印刷油墨的一般共性，还具有可供人食用的安全性。这种药用油墨作为一种药用辅料级别的特种油墨，配方全部采用药用或者食用级别的原料。色料选用医用或者药用级别的氧化铁、二氧化钛、炭黑、色素中的一种或多种；连结料选用虫胶、阿拉伯树胶、黄蓍树胶和聚丙烯酸树脂中的一种或多种的混合物；溶剂选用无水乙醇、95%乙醇、丙二醇、丙三醇、异丙醇、乙二醇、乙酸乙酯和纯水中的一种或多种的混合物。药用油墨在符合药用辅料生产质量管理规范的洁净车间里，通过物理混合砂磨的工艺制备而成，因此具有安全无药理作用、可作为药用辅料使用的性能；制备工艺成熟，产品质量好，且生产工艺简单、成本低。具体配方如表6-59和表6-60所示。

表6-59　红色药用油墨配方

组分名称	组分占比	组分名称	组分占比
红氧化铁	25.0%	漂白紫胶	30.0%

续表

组分名称	组分占比	组分名称	组分占比
95%乙醇	42.5%	丙二醇	2.0%
乙酸乙酯	0.5%		

表 6-60　黄色药用油墨配方

组分名称	组分占比	组分名称	组分占比
黄氧化铁	22.0%	漂白紫胶	33.0%
无水乙醇	40.0%	异丙醇	3.0%
纯水	2.0%		

（4）可食用油墨

可食用油墨的应用可以大幅减少传统油墨对食用产品的污染，降低儿童包装印刷品中因油墨迁移导致的潜在风险，也可以提高食品的外观形象，为客户提供更加丰富的产品。可食用油墨的众多优势引起了行业大量的关注，随着科技的发展，可食用油墨的品种虽然逐渐丰富，但并未改变可食用油墨颜色种类稀少且价格昂贵的现状，市售可食用油墨的颜色主要是黑、黄、红、青等 4 种颜色。

可食用油墨在食品、保健品和药品上用途广泛，主要应用于胶囊、片剂、糖果、水果、禽蛋等表面打印相关文字、图案等标记。这就要求可食用油墨不仅要具有一般印刷油墨的特点，如图文清晰、颜色饱满且均匀、耐磨性能优良等；更为重要的是其可食用性，其安全性要有绝对的保证。典型可食用油墨配方如表 6-61 所示。

表 6-61　可食用油墨配方

组分名称	组分数量/份	组分名称	组分数量/份
山梨糖醇	25	蔗糖酯S-1670	1
焦糖色素	15	栀子色素	10
大豆卵磷脂	0.5	色拉油	20
阿拉伯树胶	1	食用乙醇	1
纯净水	15		

思考题

1. 请简述在制造油墨的过程中为什么要把颜料在连结料中润湿，润湿的过程大致是什么？
2. 你认为油墨未来将向什么方向发展？
3. 影响胶印油墨触变性的因素有哪些？
4. 溶剂型凹版油墨和水性凹版油墨的优缺点有哪些？请进行比较。
5. 紫外光固化喷墨油墨有哪些优点？
6. 你还知道有哪些喷墨油墨？请简要说明一下。
7. 芳香油墨的干燥方式是什么？
8. 纳米油墨相较于普通油墨有什么优点？
9. 生物墨水多用于什么样的应用中？

10. 你还知道有哪些特种油墨？请简要说明。

参考文献

［1］赵长存. 油墨生产配方优化设计与新材料的应用及质量检验实务全书. 第2卷［M］. 合肥：安徽文化音像出版社，2004.

［2］李路海. 印刷油墨着色剂［M］. 北京：印刷工业出版社，2008.

［3］周震，武兵. 印刷油墨的配方设计与生产工艺［M］. 北京：化学工业出版社，2004.

［4］王宏洋. 印刷生产向"绿色"发展［J］. 广东印刷，2017（01）：17-19.

［5］金本印. 环保油墨、环保用墨［J］. 广东印刷，2011（05）：60-62.

［6］陈文革. 柔印基础知识［M］. 北京：印刷工业出版社，2008.

［7］黄世军. 浅谈凹印油墨及其应用［J］. 广东印刷，2020（01）：46-49.

［8］陆刚. 丝网印刷油墨概论［J］. 网印工业，2016（09）：27-32.

［9］Shlomo Magdassi. 喷墨打印油墨化学［M］.赵红莉，蓝闽波，译.上海：华东理工大学出版社，2015.

［10］于振坤，张玉红. 导电油墨的研究进展［J］. 胶体与聚合物，2021，39（02）：80-84.

［11］施彤，邓巧云，王海莹，等.导电油墨及其印刷技术的研究进展［J］.包装工程，2022，43（09）：11-21.

［12］王所杰，王灿才. 磁性油墨的应用及印刷工艺［J］. 丝网印刷，2009（11）：26-28.

［13］王红伟. 荧光油墨的应用现状与发展前景［J］. 印刷杂志，2014（01）：47-50.

［14］齐成.DNA防伪油墨在防伪印刷中的应用［J］. 印刷杂志，2011，298（01）：55-56.

［15］宋延林. 纳米材料与绿色印刷［M］. 北京：科学出版社，2018.

［16］孟庆华，汪国庆，姜的宏，等. 喷墨打印技术在3D快速成型制造中的应用［J］. 信息记录材料，2013，14（05）：41-51.

［17］林泽宁，蒋涛，尚建忠，等. 生物墨水挤出打印成型精度评价方法概述［J］. 浙江大学学报（工学版），2023，57（04）：643-656.

［18］刘永庆. 蓄光型油墨及其应用［J］. 中国印刷物资商情，2004（06）：33-35.

［19］Elgammal M，Schneider R，Gradzielski M. Development of self-curable hybrid pigment inks by miniemulsion polymerization for inkjet printing of cotton fabrics［J］. Dyes and Pigments，2016，133：467-478.

［20］Li J，Fan J，Cao R，et al. Encapsulated dye/polymer nanoparticles prepared via miniemulsion polymerization for inkjet printing［J］. ACS omega，2018，3（7）：7380-7387.

［21］Bacalzo Jr N P，Go L P，Querebillo C J，et al. Controlled microwave-hydrolyzed starch as a stabilizer for green formulation of aqueous gold nanoparticle ink for flexible printed electronics［J］. ACS Applied Nano Materials，2018，1（3）：1247-1256.

［22］Shen W，Zhang X，Huang Q，et al. Preparation of solid silver nanoparticles for inkjet printed flexible electronics with high conductivity［J］. Nanoscale. 2014，6（3）：1622-1628.

［23］Kanzaki M，Kawaguchi Y，Kawasaki H. Fabrication of conductive copper films on flexible polymer substrates by low-temperature sintering of composite Cu ink in air［J］. ACS Applied Materials & Interfaces，2017，9（24）：20852-20858.

［24］Zhou X，Fang C，Li Y，et al. Preparation and characterization of Fe_3O_4-CNTs magnetic nanocomposites for potential application in functional magnetic printing ink［J］. Composites Part B，2016，89：295-302.

［25］Xu L，Wang H，Wu Y，et al. A one-step approach to green and scalable production of graphene inks for printed flexible film heaters［J］. Materials Chemistry Frontiers，2021，5（4）：1895-1905.

［26］Lee J H，Kim J H，Hwang K T，et al. Digital inkjet printing in three dimensions with multiple ceramic compositions［J］. Journal of the European Ceramic Society，2021，41（2）：1490-1497.

［27］Liu W，Heinrich M A，Zhou Y，et al. Extrusion bioprinting of shear-thinning gelatin methacryloyl bioinks ［J］. Advanced Healthcare Materials，2017，6（12）：1601451.

［28］ Song S，Liu X，Huang J，et al. Neural stem cell-laden 3D bioprinting of polyphenol-doped electroconductive hydrogel scaffolds for enhanced neuronal differentiation［J］. Biomaterials Advances，2022，133：112639.

［29］ Acosta-Vélez G F，Zhu T Z，Linsley C S，et al. Photocurable poly（ethylene glycol）as a bioink for the inkjet 3D pharming of hydrophobic drugs［J］. International Journal of Pharmaceutics，2018，546（1-2）：145-153.

［30］ Chao J，Shi R，Guo Y，et al. Preparation and properties of inkjet waterborne coatings［J］. Coatings，2022，12（3）：357.

［31］朱红艳，朱小利，曾强，等. 一种低 VOC 含量的单张纸胶印油墨的制备方法及应用：CN 107793834B［P］. 2021-05-04.

［32］吴佩金，潘琳. 一种环保型冷固黑色油墨及其生产工艺：CN 108624128A［P］. 2018-10-09.

［33］徐晓花，吕伟. 环保型热固油墨：CN 106118224A［P］. 2016-11-16.

［34］徐明克，裴大伟. 一种环保高速印刷用胶印油墨及其制备方法：CN 104877442A［P］. 2015-09-02.

［35］彭召美，彭元. 一种绿色环保的改良型无水胶印油墨：CN 108795150A［P］. 2018-11-13.

［36］刘晓鹏，沈剑彬，韩海祥，等. 一种紫外发光二极管光固化胶印油墨及其制备方法：CN 108659610B［P］. 2021-07-30.

［37］侯正云，徐乐高. 一种可降解的胶印油墨：CN 107793832A［P］. 2018-03-13.

［38］安新生. 一种柔性版油墨：CN 106752336A［P］. 2017-05-31.

［39］安新生. 一种柔性版油墨：CN 106675183A［P］. 2017-05-17.

［40］沈届秋. 环保醇溶型柔性版油墨及其制备方法：CN 103275554A［P］. 2013-09-04.

［41］沈届秋. 天蓝色溶剂型柔性版油墨及其制备方法：CN 103265839A［P］. 2013-08-28.

［42］沈届秋. 纸用水性柔性版油墨及其制备方法：CN 103333546A［P］. 2013-10-02.

［43］徐晓花. 一种用于纸箱印刷的水基柔版油墨：CN 105331191A［P］. 2016-02-17.

［44］周伟. 一种新型柔版印刷水性油墨：CN 108059877A［P］. 2018-05-22.

［45］刘式刚，李广杰，李路海. 食品包装柔版印刷水性油墨：CN 102382510B［P］ 2013-12-25.

［46］赛巴斯的安·赛齐米兹. 一种耐温水性柔版油墨：CN 111410867A［P］. 2020-07-14.

［47］刘昕，任烨. 一种柔版印刷水性 UV 油墨及其制备方法：CN 103275551B［P］. 2014-11-26.

［48］陈鹏，秦浩文. 一种醇溶凹印耐高温油墨：CN 114672194A［P］. 2022-06-28.

［49］杨德成，徐小贵，崔新瑞，等. 一种醇溶聚酰胺凹版塑料表印油墨：CN 102585601B［P］. 2014-01-01.

［50］陈明. 一种醇溶型凹版表面油墨：CN 103666091A［P］. 2014-03-26.

［51］杨德成，徐小贵，崔新瑞，等. 醇溶聚氨酯凹版塑料油墨及其制备方法：CN 102061113A［P］. 2011-05-18.

［52］李厚军. 一种用于玻璃卡纸凹版印刷醇酯溶油墨及其制备方法：CN 103073952B［P］. 2014-06-18.

［53］李清华. 一种醇溶环保凹版铝箔油墨及其制备方法：CN 101768388B［P］. 2013-04-03.

［54］杨玉林，吴军. 一种水性塑料凹印油墨及其制备方法：CN 110760221A［P］. 2020-02-07.

［55］谭佑华，麦基民，谭明. 一种新型环保抗静电水性塑料凹版印刷油墨：CN 108912824A［P］. 2018-11-30.

［56］张正健，徐重庆，万超宇，等. 通用型塑料凹版印刷用水性 UV 油墨及制备方法：CN 108299945A［P］. 2018-07-20.

［57］史险峰，何静. 水性凹版塑料薄膜表印油墨及其制备方法：CN 106590162A［P］. 2017-04-26.

［58］刘云发，原素萍，王瑞宏. 一种 PE 塑料薄膜凹印用水性油墨及其制备方法：CN 103756410B［P］. 2015-09-23.

［59］董耀辉. 一种铝箔凹版印刷用水性油墨及其制备方法：CN 105504981A ［P］. 2016-04-20.

［60］霍应怀. 一种平台丝网机单张纸印刷用油墨：CN 105602339A ［P］. 2016-05-25.

［61］张伟华. 一种纸箱包装丝网印刷大红油墨：CN 110903693A ［P］. 2020-03-24.

［62］张发民. 一种塑料薄膜用丝网印刷蓝色油墨：CN 104927481A ［P］. 2015-09-23.

［63］尹文科. 一种水性 UV 塑料丝印油墨及其制备方法：CN 102964918A ［P］. 2013-03-13.

［64］陈建坡. 一种牛仔服丝网印刷油墨及其制备方法：CN 104130623A ［P］. 2014-11-05.

［65］沈届秋. 一种陶瓷丝网印刷油墨：CN 103351712A ［P］. 2013-10-16.

［66］吴永发. 一种镜片玻璃丝印用 UV 固化油墨：CN 105017855B ［P］. 2016-10-19.

［67］前田耕一郎，德田健一. 导电性油墨：CN 107004870A ［P］. 2017-08-01.

［68］李栋军. 一种磁性油墨：CN 105368144A ［P］. 2016-03-02.

［69］梁勇军，苏小燕. 一种荧光印刷油墨的制作配方及干燥方法：CN 113429834A ［P］. 2021-09-24.

［70］董洪荣. 丝印环保光学变色油墨：CN 108329757B ［P］. 2021-03-16.

［71］詹单捷. 一种变色油墨配方：CN 113122071A ［P］. 2021-07-16.

［72］邹林香. 一种液晶显示油墨：CN 102675958A ［P］. 2012-09-19.

［73］李晓青，刘家刚. 微胶囊香味油墨：CN 1749332 ［P］. 2006-03-22.

［74］沈届秋. 一种发泡油墨：CN 103436086A ［P］. 2013-12-11.

［75］刘若鹏，赵治亚，肖成伟. 一种蓄光油墨、其制备方法及应用：CN 113004743A ［P］. 2021-06-22.

［76］何勇，钱建平. 一种珠光油墨：CN 103602140A ［P］. 2014-02-26.

［77］王朝廷，黄凯，傅俊. 药用油墨及其制备方法：CN 102485812A ［P］. 2012-06-06.

［78］沈届秋. 一种可食用油墨：CN 103436076A ［P］. 2013-12-11.

［79］于振勇. 一种带香味纯植物油基单张纸胶印油墨：CN 107502036A ［P］. 2017-12-22.

第 7 章

油墨的生产、性能检测和质量控制

7.1 油墨的性能

7.1.1 物理性能

（1）附着力

附着力是油墨浓淡的一种反映，主要由颜料的分散度决定，伴随着颜料分散度的提高而增大，随着油墨中颜料含量的增加而加大。油墨的附着力还与颜料对光线波长的选择性反射有关。检验附着力时，可用一种色墨与标准白墨以 1∶10 的比例冲淡，刮样后与标准样对照，颜色深的表明附着力高；反之，附着力就低。

（2）颜色

颜色是指油墨对入射的白光反射（透射）和吸收的能力。因油墨对入射的白光中的红、绿、蓝三原色进行了不同比例的选择性反射和吸收，便产生了不同的颜色。油墨的颜色是油墨涂布在承印材料表面上的颜色，涂布是在承印物上进行的，因此油墨颜色受承印物材料本身颜色的影响，也受油墨吸收多少的影响；油墨颜色显现结果也因墨膜厚度不同而各异，墨膜厚则颜色深。此外，油墨的干燥程度对光的反射、透射与吸收都有影响，从而影响测试结果。因此标准印刷条件的建立是测试结果具有复现性和可比性的保证。

（3）透明度

透明度是指油墨对入射光线产生折射的程度。印刷透明度指油墨均匀涂布成薄膜状时，能使承印物的底色显现的程度，也称为遮盖力。透明度取决于颜料、连结料折射率的差值，与颜料分散度有关，颜料与连结料折射率差值越小，颜料在连结料中的分散度越好，则油墨的透明度越高。油墨的透明度对于多色印刷色序的设计和印刷后色彩效果具有重要意义。在多色印刷中，油墨透明度是实现减色效果的关键。当油墨透明度或遮盖力不符合要求时，可用有关辅助剂进行调整。如当油墨透明度不足时，用冲淡剂、透明油等调配；当油墨遮盖力不足时，应用遮盖力强的油墨或通过调整油墨颜色来弥补遮盖力差的欠缺，使印品的色相达到标准要求。油墨透明度一般分为透明（无遮盖力）、半透明（半遮盖力）和不透明（有遮盖力）三种。

（4）光泽度

光泽度是指印刷品表面油墨干燥后，在光线照射下向同一方向集中反射的能力。油墨的光泽度大小取决于连结料的种类和性质，颜料的粒径大小、形状、分散度，纸张的平滑度、吸墨性等。光泽度高的油墨印刷品表现为亮度大。油墨光泽度用镜面光泽度表示，单位为百分率。光泽度的百分率越高，表明镜面效应越好，光亮度也越大。

（5）耐光性

油墨在光线的作用下，其色光相对变动的性能称为油墨的耐光性。实际上，绝对不改变颜色的油墨是不存在的，在光线的作用下，任何油墨的颜色或多或少都将产生变化。耐光性好的油墨，印出的产品色泽鲜艳，版面上的网点饱满结实，富有立体感，并可长期保存。而耐光性差的油墨，印出的墨色容易产生褪色和变色现象。

（6）密度

油墨的密度是指温度为20℃时油墨的质量与体积比（g/cm³）。从油墨的密度概念可以看出，密度大的油墨印刷耗用量必然大。调配彩印产品时，同一种色相的油墨，密度大的比原密度小的油墨用量要多，这样才能调出色相相同的油墨。此外，由密度不同的几种油墨混合调配而成的彩印油墨，很容易因沉积而产生分层现象，造成印刷中色彩变异或呈色不均匀，这是密度大的油墨沉积，而密度小的油墨浮在上面的缘故。所以调配后的油墨在使用之前，应搅动均匀后再倒入墨斗，并在印刷中经常搅拌，以确保印刷前后产品的色相能保持一致。

（7）细度

油墨的细度是指油墨中颜料（包括填充料）颗粒的大小与分布在连结料中的颜料颗粒的均匀度。细度不良的油墨在印刷过程中容易产生油墨不均、糊版和呈色效果不好等质量问题。油墨细度好，其浓度相对较大，印刷较清晰；油墨细度差，印品网点版面易发毛、起糊，印版的耐印率较低。在印刷网线较细的产品时，对油墨细度的要求更高。网线点子与油墨颗粒的面积比例如表7-1所示。

表7-1　网线点子与油墨颗粒的面积比例

点子成数	网线点子面积/μm²	与油墨颗粒的比例	点子成数	网线点子面积/μm²	与油墨颗粒的比例
133线4成点	14000	1:44	175线1成点	1960	1:6
133线1成点	3610	1:11	200线4成点	6250	1:20
133线4成点	7840	1:24	200线1成点	1560	1:5

（8）黏性

黏性是指油墨在传递、转移与分布过程中，其墨层分离、断裂时所产生的阻力。它是用来表征油墨的黏附和内聚力性质的，通常又被称为黏着性。黏性越大，墨层抗分离的力越大。油墨在印刷机上转移、传递时涉及的主要性能除黏度外，黏性也是一个重要的性能。黏性用油墨膜被分离时所产生的阻力的相应数字表示，无单位。

（9）黏度

黏度是指油墨流动时的黏滞程度，它是表征油墨流体流动阻力（或内摩擦力）大小的指标。单位用帕·秒、毫帕·秒表示，其符号分别为 Pa·s、mPa·s。单位帕是指当流体受到 $10^{-5}N/cm^2$ 的剪切应力，而能产生 1m/s 的速度梯度时，该油墨具有 1P 的黏度。单位换算，1P=100cP，1Pa·s=10P，1Pa·s=1000mPa·s，1mPa·s=1cP。

（10）黏弹性

黏弹性是指油墨随流动而产生的黏性和弹性现象，它是表征墨层在分离过程中墨丝断裂后所呈现的黏弹性质。油墨本身具有内聚力，其拉伸时会延伸成丝，当分离断裂后，墨丝会迅速回缩，这种回缩与变形速度和力的作用时间有关。在迅速变形的条件下，作用时间短，看上去很像固体的弹性现象。而在缓慢变形的条件下，作用时间长，则差不多变为像液体一样的黏性流动。墨丝的长短主要取决于印刷速度的快慢，印刷速度愈快，墨丝长度愈短。

在印刷过程中，油墨丝短，则其印迹墨层均匀厚实，图文也较清晰；如墨丝过短，油墨的印刷性能会变差，分布性降低；而墨丝过长，则分离的细丝会产生"飞墨"现象。目前，对于油墨黏弹性的评价，是通过油墨特性线的斜率和截距来表示的。斜率大，丝头长，流平性好；斜率小，丝头短，流平性差。一般地说，截距越大，油墨稀软；反之，则油墨会变得稠硬。如胶印油墨的截距一般在 18～25mm 之间，而以 19～22mm 较为理想，快干亮光胶印油墨截距在 20～28mm 之间。

（11）流动性和流动度

油墨的流动性是指油墨流体自身所具有的流动性能，它是油墨黏度、屈服值、触变性等的综合表现。流动度是指油墨在压力作用下产生流动时直径扩展的能力，它是表征油墨稀稠程度和油墨结构松紧程度的一项指标。

（12）触变性

油墨的触变性是指油墨一经搅动、摩擦后即变得稀薄，流动性增大，而静置一段时间后，油墨又会恢复到原来较稠的状态。油墨在印刷传递过程中，经过墨斗和胶辊的转动摩擦，其温度升高，于是流动性、延展性也随之增大，直至将油墨转移到印张后，由于外力消失，其流动性、延展性减小，随之由稀变稠，从而保证印刷墨色的清晰度。若油墨触变性过大，容易引起堵墨、糊版的弊病。而随着印刷过程的进行，油墨越来越稀，印品墨色越印越淡，导致图文不清，印刷时应注意这个问题。油墨的触变性过大过小都会对印刷产生不良的影响，印刷时要求油墨具有适当的触变性。

（13）干燥性

油墨应具有良好的干燥性能，油墨干燥过快或过慢都会对印刷过程的控制及印刷质量造成影响。若油墨干燥过慢，印刷品在堆积过程中容易造成背面粘脏，严重时会出现粘连现象，印迹无光泽甚至粉化；若油墨干燥过快，在印刷过程中油墨的流动性就难以控制，从而导致墨辊堆墨、传墨困难、墨色前后不一致、纸张脱粉掉毛、墨膜晶化等故障，还会破坏墨辊的表面性能。

（14）印刷适性

印刷适性是指承印物、印刷油墨以及其他材料与印刷条件相匹配，适合于印刷作业的总性能。对于印刷条码来说，印刷适性是指制版、印刷机械、印刷压力、复合载体、油墨等印刷条件对于印刷预定质量印刷品的适应能力。根据印刷适性的概念可以比较容易地理解其研究的重要性。印刷复制是一个非常复杂的过程，涉及的因素很多，尤其是对于精细印刷品的生产，要控制的因素更多，其要求也就更高。

因此要想得到较高质量的印刷品，本身是较困难的。印刷适性的研究就是将可能影响印刷品质量的各个要素逐一优化、控制并相互协调起来，以达到最终的印刷质量标准。由此可见，印刷适性的研究实际上就是探讨各种影响要素之间相互作用的内在规律，最终上升到完全的理论研究，而深入系统的完全理论研究出来的成果反过来又会指导生产实践，将科学方法及有效经验相结合去解决实际印刷品质量问题。因此，研究印刷适性是保证印刷品质量的根本方法。按照印刷适性的含义，其研究主要包括以下两个方面：构成要素中的各种材料（如纸张和油墨等）的内在性质（物理、化学性质）对运行适性和质量适性的影响；这些材料的性质之间的相互影响及适应关系（吸收性能、吸附性能等）对运行适性和质量适性的影响。

7.1.2　化学性能

油墨的化学性能，主要是指油墨在印刷过程中或印刷成膜后的印迹墨层抗化学物质的性能，一般包括下述主要性能。

（1）耐水性

油墨抵抗水浸润的能力称为耐水性。耐水性大小主要取决于油墨体结构的稳定性，即颜料和连结料的结合状态。在胶印过程中，由于润版液与油墨处于同一版面上，若油墨耐水性弱，则油墨流动性差、传递性差，印版着墨量少，甚至会出现水化现象，润版液及印版上会染上一层有色液层。另外，耐水性差的油墨在印刷时易产生水化现象，使印品光泽下降，影响干燥速度。

（2）耐酸碱及耐醇性

耐酸、耐碱、耐胶性较强的油墨，所印出的产品墨色鲜艳，版面层次分明，网点清晰；反之，印出的产品墨色灰暗乏力，版面层次欠分明，网点不光洁。印刷油墨具有耐酸、耐碱和耐醇性，是对包装产品质量的基本要求，如用于包装香皂、苏打等的包装印刷品，采用的油墨必须具有较好的耐酸、耐碱性。此外，因上光油中含有醇类溶剂，所以上光的印刷产品就必须使用具有耐醇性的油墨，以免产生不良现象。对于油墨耐酸、耐碱、耐醇性能的测定，一般采用一定厚度的墨层试样，将一端浸入酸、碱或醇溶液中，经过大约 1 天时间的浸泡，观察其墨层测试样的颜色变化。如试样出现严重变色为一级，明显变色为二级，轻微变色为三级，基本不变色为四级，都不变色为五级，五级油墨的耐酸、耐碱、耐醇性能最好。

（3）耐溶剂性

油墨对有机溶剂（如醇、酯、酮、苯等）的抗溶解能力称为油墨的耐溶剂性。油墨耐溶剂性主要取决于颜料的耐溶剂性，如一些主要色淀颜料一般不耐醇类溶剂。在包装印刷业中，多数印品需用醇基、硝基或丙烯酸树脂和酯、酮、醇、苯类溶剂等上光液制成胶黏剂，进行涂料压光或贴膜，以提高其光泽和耐久性，故要求油墨应具有耐溶剂性能。油墨耐溶剂性的测定方法：将油墨样品置于规定的溶剂中浸泡一定时间，然后依据溶剂的染色情况和样品的颜色浓淡评估油墨的耐溶剂性。

（4）耐蜡性

油墨对蜡溶液的耐抗能力称为油墨的耐蜡性。在包装印刷业中，面包、糖果、冰棍和雪糕等食品包装印刷品，其外包装要经过 80 个以上的蜡溶液涂布加工，以保护食品质量。当油墨的耐蜡性弱时，会有变色或透色现象，影响包装印刷品质量。

（5）耐热性

油墨的耐热性主要由颜料的性质决定，有的颜料不耐热，在高温的作用下结构发生变化，以致产生变色现象。比如射光蓝浆耐热性差，用其制成印刷薄膜后，结膜就会产生变色现象。油墨耐热性的检验一般是把油墨在印张上涂成薄的膜层，然后放入恒温烘箱里，分别用 100℃、130℃ 和 150℃ 的温度进行一定时间的测试，将已烘干的样张与未烘干的墨层样张做对比。掌握油墨的耐热性，正确选用油墨进行印刷，对确保印刷产品质量具有重要意义。

纸张和油墨的性能多种多样，它们都在一定程度上影响着印刷产品的质量。了解和认识纸张及油墨的性质，有助于避免印刷工艺操作的盲目性，防止印刷过程中故障的发生，使印刷效率和质量得到同步提高。

7.2 油墨生产设备

7.2.1 搅拌机

搅拌机是将油墨等黏稠物质用带有叶片的轴在圆筒或槽中带动旋转从而搅拌混合均匀的设备。制造油墨的第一步是在配方确定后，将定量的颜料、连结料及助剂等放入搅拌机中进行搅拌，完成湿润与初步分散加工。操作时，一般先将转速开到较慢的一挡，防止固体成分过分地飞扬，搅拌一段时间后，固体成分被连结料初步润湿，这时可换成较快的转速，使墨料搅拌得更加均匀。在油墨工业中使用的搅拌设备种类很多，除常用的行星式搅拌机外，还有蝶形浆搅拌机、高速叶轮搅拌机和双轴搅拌机。

7.2.2 研磨机

从搅拌机中取出的墨料，仅仅是固体表面被连结料润湿，在分散度和颗粒细度等方面并没有达到要求，而进一步的加工是依靠三辊研磨机来完成的。三辊研磨机也叫三混磨，是生产油墨，特别是生产比较黏稠的浆状油墨的主要分散设备之一。一般的浆状印刷油墨要经过 $3\sim5$ 次的反复碾研，才能将大颗粒的颜料聚集体破碎成直径为 $10\sim15\mu m$ 的小颗粒，并且用连结料和树脂替换掉颜料颗粒并且吸附表面的水分或空气，使颜料小颗粒均匀地分散在连结料中。

研磨机的结构特点如下：三辊研磨机有 3 个空心钢质辊，便于用冷却水带走研磨机生成的热量；辊表面经过淬火处理，以增加其硬度。3 个辊转速不同，研磨机出墨处的前辊速度最快，后辊最慢，三个辊的转速比一般为 $1:3:9$，最快的前辊转速在 $400r/min$ 左右。3 个辊一般是水平排列的，但比较新式的设备辊改为斜列，前辊位置较高，便于操作，研磨机辊间距离可以调整。在进行研磨操作时，将调墨桶中已初步润湿的墨料放在后辊与中辊之间左右两块挡板处，两个辊的速度不同，墨料背带形成夹缝，较粗的颗粒通过狭窄的夹缝从中间回到墨料顶部，流向两边，再次进入夹缝区域。这种周而复始的循环产生了较强的混合与剪切作用，最强烈的剪切在通过夹缝时发生，一部分较细的油墨移到前辊，被刮刀刮下，流入收集器。一次研磨不可能达到要求的细度和分散度，所以一般胶印油墨要反复研磨 $13\sim15$ 次，才能达到小于 $15\mu m$ 的细度要求。

7.2.3 捏合机

捏合机主要由一个料槽和两把可旋转的搅刀构成。捏合机也是油墨行业比较常用的分散设备之一，主要用途有干粉捏合和捏合挤水制墨。过去颜料在混合前要先烘干粉碎，缺点是耗费能量多，颜料飞扬四溅。现在亲油性较好的有机颜料常采用比较先进的挤水法，操作方法是：将未烘干的颜料滤饼与含油的连结料一起放入捏合机，将外壳密闭，连接在真空泵上，分批捏合挤水，水汽被抽出后冷凝除去。

挤水法不仅能节省能源、改善操作条件，而且制成的油墨透明度、细度与附着力都高。对于亲油性不好的无机颜料，常常在捏合时加入少量表面活性剂以加快挤水过程。另外，颜料滤饼的 pH 值会影响颜料挤水的难易程度。大部分的胶印油墨都可以采用挤水法这种工艺来加工。捏合机除了用于挤水法外，胶印油墨中使用的胶质油也可以在捏合机中生产，但外面的夹层要通入热油，以提高捏合机温度。白色颜料和炭黑如果采用捏合机代替行星式搅拌机，能够达到较好的分散效果，称为干粉捏合。

7.2.4　球磨机

球磨机主要用于新闻印报油墨、凹版印刷油墨、柔性版印刷油墨和丝网印刷油墨等液体状态油墨的生产，适用于分散黏度较低的墨料。其优点是既可以作为预混合设备，又可以作为研磨设备。同时它在加入墨料进行正常工作时，几乎无须照料。球磨机是物料被破碎之后再进行粉碎的关键设备，是工业生产中广泛使用的高细磨机械之一，其种类有很多，如管式球磨机、棒式球磨机、水泥球磨机、超细层压自磨机和卧式球磨机等。球磨机适用于粉碎各种矿石及其物料，被广泛用于选矿、建材及化工等行业。球磨机分为干式与湿式两种，也可分为格子型和溢流型。根据筒体形状又可分为短筒球磨机、长筒球磨机、管形球磨机和圆锥形球磨机四种。采用球磨机可以生产多种油墨，这些油墨的组分、黏度、颜色、挥发性和其他性能皆不同。相关的球磨机参数有：①球磨机的转动速度；②研磨球的体积和质量；③球的大小和形状；④原材料的装载量和各组分的比例；⑤制得的成品油墨的性质。

7.2.5　反应釜

反应釜的广义理解即可以进行物理或化学反应的容器。随着反应过程中的压力要求不同，对容器的设计要求也不尽相同。从开始的进料、反应、出料，反应釜均能够以较高的自动化程度完成预先设定好的反应步骤，也能够对反应过程中的温度、压力、力学控制（搅拌、鼓风等）、反应物/产物浓度等重要参数进行严格的调控。

反应釜一般由釜体、传动装置、搅拌装置、加热装置、冷却装置、密封装置组成。相应配套的辅助设备有：分馏柱、冷凝器、分水器、收集罐、过滤器等。反应釜材质一般有碳锰钢、不锈钢、锆基合金、镍基合金及其他复合材料。反应釜可采用 SUS304、SUS316L 等不锈钢材料制造。搅拌器有锚式、框式、桨式、涡轮式、刮板式、组合式，转动机构可采用摆线针轮减速机、无级变速减速机或变频调速等，可满足各种物料的特殊反应要求。密封装置可采用机械密封、填料密封等密封结构。加热、冷却可采用夹套、半管、盘管、米勒板等结构，加热方式有蒸汽、电、导热油，以满足耐酸、耐高温、耐磨损、抗腐蚀等不同工作环境的工艺需要。而且可根据用户工艺要求进行设计、制造。

7.3　油墨的生产与储存

7.3.1　油墨制造工艺

油墨的制造是一个复杂的化工过程，它的材料制备涉及有机高分子合成和氧化还原反应、重氮化反应、置换反应和络合反应等化学变化。同时，涉及力学、光学、色彩学、表面化学等学科。油墨的制造包括三个过程：一是各种颜料和填充料的制造；二是各种合成树脂和各种类型连结料的制造（将固体树脂溶解在植物油、矿油、溶剂介质中）；三是油墨的制造。这三个过程是相互关联、相互影响的。颜料、树脂、连结料的生产过程很复杂。油墨制造工艺总结如下：配方设计（含生产中的换料打样）→配料（预分散）→研磨分散→检验（班组一级、车间一级、厂部一级）→装听、桶→包装（装箱、贴商标、标记）→成品出厂。

7.3.2　油墨配方

油墨的主要成分是色料、连结料、助剂、溶剂等，其配方是由工程技术人员根据印刷版型、印刷机类型、印刷对象和印刷工艺等方面的要求，试验设计出的。设计出油墨配方后，需验证各种条件，确认无误后建立标准，制定控制指标，选择设备，规定工艺，提交生产。各种油墨的配方详见第 6 章。

换料打样，根据原材料稍许变化进行颜色配制和墨性调配，总的原则是按标准执行，一般称为寻找色和寻找墨性。配料过程，将油墨配方规定的各组分准确称量，按顺序加入容器中进行调和。采用高速搅拌、可变速行星式搅拌进行搅拌，在此过程中，促使连结料润湿颜料表面，并将大的颜料聚集体加以破碎，把颜料粒子表面吸附的空气、水分等排出。研磨分散过程，将经搅拌予以分散而比较均匀湿润的墨料，再经过研磨设备，进一步混合、湿润、分散，直至达到所要求的分散度。也就是把颜料聚集体逐渐再破碎，使颜料粒子被连结料湿润、包裹，直至单个粒子均匀地分散到连结料之间。

7.3.3　油墨结皮

油墨结皮就是指因常温氧化、渗透、挥发、蒸发等干燥，包装油墨与印刷油墨在储存或印刷过程中其表面层与空气接触，植物油的氧化或有机溶剂的挥发，导致油墨体系发生聚合等作用形成凝胶。当印刷油墨的浓度增加到一定值时，其表面就会被一层分子所覆盖，即使通过补加溶剂或油脂以减小油墨的浓度，但已经结皮（凝胶）的表面也不可能再容纳更多的分子。油墨储存和印刷过程中出现结皮，会影响印刷成本和印刷产品的质量。

当油墨结皮现象严重的时候，首先会对印刷成本产生很大的影响，据推算，轻者浪费 1% 油墨，重者达到 4%，造成浪费与成本上升。其次影响印刷产品质量，在印刷过程中当油墨结皮后，油墨的墨皮会在滚压的作用下向传输油墨的各个环节分布，影响正常输墨。同时，当墨皮黏附到印版的墨辊上时，会使印版上的图文出现密度突变；当墨皮传输到印版和橡皮布上的时候，印品上会出现环状斑痕；当墨皮黏附到水辊上的时候，会造成输水不正常，出现粘脏现象；墨皮还有可能直接附着到纸张表面。油墨结皮现象就是一种油墨中连结料的氧化结膜现象，结膜的机理和油墨干燥的机理一样，同样受到温度、湿度、空气中的氧气、油墨中的干燥剂含量等因素的影响。

能够导致油墨结皮的因素有很多，归结起来主要有以下两类：①干燥剂含量，添加干燥剂时一定要结合印刷条件和环境温度适量添加，否则油墨会出现干燥现象，一般在制造油墨的过程中或印刷过程中都有可能出现这样的失误；②温度，由温度造成的油墨结皮主要是因为温度过高，当温度过高的时候油墨中的不饱和分子活性增强，尤其是表面接触空气的部分更容易在氧气的作用下结膜氧化。温度高有以下两方面：一是环境温度过高，夏天油墨的结皮现象比冬天明显得多，车间没有空调时就表现得更为明显，因此恒定的温度是必要的，车间较理想的温度控制在 20℃ 左右，既能够保证油墨的良好流动性和转移性，又能控制油墨结皮的程度；二是机器（如墨辊）温度过高，机器温度过高同样会使油墨在印刷过程中出现结皮现象。当墨辊间的接触压力过大的时候，温度升高比较明显，这时候油墨很容易在墨斗和墨辊上出现结皮。

7.3.4　油墨存储条件

安全第一，储存油墨时应尽量远离火源、热源，以防发生意外事故。油墨库房内最好能够保持恒温，且与印刷车间的温度差不能太悬殊。如果两者的温差比较大，应提前把油墨放到印刷车间内，不仅有利于油墨性能的稳定，还能保证生产效率。油墨的黏度随温度上升而降低，温度下降油墨黏度增大，有些油墨放置在 3℃ 或 0℃ 以下的环境中会凝固成胶冻状态，发生所谓的胶凝现象。若油墨出现了"胶凝"，通常需要升温到超出胶凝点 5～10℃ 才能恢复原状。因此，在寒冷地区冬季储存油墨需要特别加以注意。即使是新的油墨，若长期存放不动，油墨配方中的各种成分有时会发生分离和沉淀现象，有时会使容器内部生锈，造成印刷中的故障。为了避免这些问题的发生，必须按照入仓的编号和顺序先后来使用。油墨长期存放，配方中均匀混合成分会出现分层现象，或产生沉淀。

如前所述，油墨长期存放会使配方中均匀混合的成分出现分层，或产生沉淀。即使是新油墨，使用时也必须把油墨桶倒置、摇匀，或搅拌后再使用。由于凹版塑料印刷油墨使用的是低沸点溶剂，因此，印刷过程中的挥发会使溶剂的混合比失调，溶剂挥发时降温会使油墨表面或辊筒表面极速冷却，以致空气中的水分渗入油墨中。另外，在印刷过程中，薄膜的碎片及被静电吸入的灰尘混入油墨会使油墨黏度发生变化，若印刷图案面积小，用量少的油墨其黏度变化更加明显。剩余油墨一般黏度较低，分离沉淀较快。因此，剩余油墨再使用时必须充分搅拌，或者用 100 目以上的金属网过滤后，与新油墨混合起来进行消化处理。在印刷当中，纸张和油墨是必不可少的两样东西，纸张和油墨的好坏决定着印刷品质量的好坏。油墨黏度和干燥性对环境温度变化特别敏感，温度升高，油墨黏度降低，干燥速度相对变快；反之，则油墨黏度升高，干燥速度变慢。另外，环境湿度对油墨的干燥性也有影响。一般来说，印刷车间内温度控制在 18～25℃，湿度控制在 55%～65% 最为适合。

7.3.5　油墨稳定性

油墨是一个多相分散体系，其中有固-固平衡、固-液平衡、液-液平衡。其中，固-固、固-液的平衡决定了油墨分散体系的稳定，液-液平衡决定了油墨连结料的品质。油墨体系就是一个多相分散、悬浮平衡的稳定状态。

（1）固-液状态

油墨中颜料粒子是一个分子聚集体，由于粒子细，比表面积大，表面又有极性，所以表面自由能较高，热力学上是不稳定体系，易自凝聚形成固体表面。颜料粒子表面存在不饱和剩余力，有很好的吸附力（表面力），使颜料与连结料在浸润过程中得到很好的亲和。颜料的浸润过程是气-固界面被固-液界面取代的过程，自由能的变化幅度与固-液亲和程度有关。浸湿公式：$-\Delta G = \gamma_{GS} - \gamma_{SL} = W_i$。其中，$W_i$ 为浸湿功，反映了液体在固体表面取代气体的能力；ΔG

为自由能变化；γ_{GS} 为气-固界面张力；γ_{SL} 为固-液界面张力。

高表面能（γ_{GS} 大）的固体颗粒有利于它在介质中的分散。在已确定的分散系统中，要改善分散状态，必须设法降低固-液界面的界面能。亲水颜料表面极性很强，亲水连结料也是如此，所以两者间有很强的相互作用，使颜料粒子被包围于连结料之中，使颜料粒子的表面能下降，界面能也下降。两者很好的亲和体系处于低能稳定、分散状态。亲油性颜料与亲油性连结料分子极性差，无强烈作用，但接触后表面、界面处于较低的能量状态，两者处于亲和状态，体系分散稳定。若亲水颜料与亲油连结料相互之间不作用，无法释放能量，则两者界面有较大过剩的极性力，界面能量高，体系不稳，这时可借表面活性剂来提高两者的亲和力，增加润湿，使体系稳定。

（2）表面活性剂的助稳定作用

表面活性剂分子的结构，一端为亲油憎水的长链烷基，另一端为亲水憎油的极性基（羧基、醚基、磺酸酯基）。表面活性剂有四种：阴离子型、阳离子型、非离子型、两性离子型。表面活性剂的作用机理：①降低界面张力；②固定分子膜；③增加固体粒子间的排斥，保持分散体系的稳定。在水基墨中加入离子型表面活性剂，表面活性剂分解成正负离子后吸附在颜料颗粒表面，相对应的蜡扩散于介质中，形成了颜料粒子的包围圈，构成对同样电荷颜料粒子的排斥，在颜料粒子的外围构成双电子层，有效地防止团体粒子凝聚沉降，如图 7-1 所示。

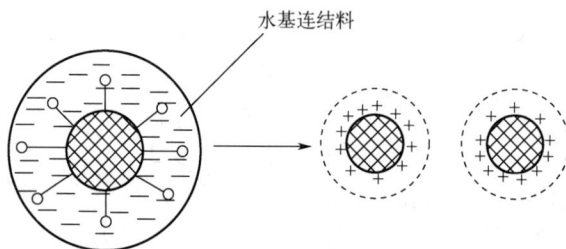

图 7-1　水基连结料中颜料粒子的分散保护层

7.4　油墨性能检测

油墨管理主要是控制油墨的颜色、质量参数，即对油墨的色相、着色力、耐晒性能进行检测。油墨质量的好坏直接影响到印刷产品颜色的正确性和稳定性。油墨性能的检测指标主要有以下几方面。

7.4.1　细度检测

油墨细度是由刮板细度仪（见图 7-2）测试的。按检验方法将油墨稀释后，以刮板细度仪测定其颗粒研细程度及分散状况，称为油墨细度，以微米表示。细度仪中部有一槽，其深度是从 $0 \sim 50\mu m$ 呈线性变化的。测试时，在槽内最深处放上经稀释的油墨试样［由《油墨细度检验方法》（GB/T 13217.3—2022）规定］，将刮刀的刀刃垂直于细度板沿凹槽移动，刮刀将油墨试样刮成薄层，从薄层中因油墨颗粒不能通过刮刀而划出的线条起始处，对照细度仪槽边的刻度来判断油墨中颗粒的大小。

标准中对细度仪的使用有更明确的规定，如刮刀从 $25\mu m$ 深处向 0 刻度方向刮动，刮刀的速度应均匀一致，时间为 4s 以上；读取试样层出现 3 条线的刻度值和出现 10 条线的刻度值，用来描述细度的大小。在标准 GB/T 13217.3—2022 中规定，以一个分度范围内（2.5μm）超过 15 个颗粒的刻度数值作为油墨的细度值。这种方法仅限于非溶剂型浆状油墨的细度测定。检验细度的另一方法是用显微镜观察。具体油墨细度测试过程详见 GB/T 13217.3—2022。

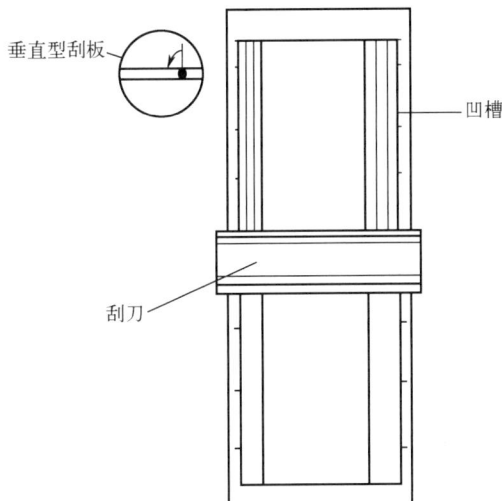

图 7-2 刮板细度仪

注意事项：①油墨稀释时，必须调匀，不能用力研磨，防止灰尘飞入；②双手横执刮刀时，用力不宜过猛，勿使一边偏重，细度板槽外两边油墨必须刮净；③油墨细度检验需要重复 2~3 次，取平均值，如果相差 1 刻度应重新测试；④吸墨管与细度仪用后必须用软布或棉纱擦净，并涂油脂防止腐蚀。

7.4.2 黏度检测

检测黏度较低、流动性较好的液体油墨黏度的方法较简单，只需一个黏度杯和一个秒表即可完成。具体的操作方法是：先将油墨搅拌均匀，再将黏度杯浸入油墨中，然后将黏度杯匀速提出；在黏度杯刚匀出油墨表面时按下秒表计时，观察油墨的流出情况；当油墨刚有断流点时立刻按停秒表，此时秒表上的时间数值即代表油墨的黏度。黏度高，秒数大；黏度低，秒数小。由于温度不同，油墨的黏度也会随之发生变化。因此，一般的检测温度固定在 25℃。值得一提的是，温度的高低同油墨的颜色之间并无明显的相关性，只是会对油墨上机印刷时的使用性能有一些影响。黏度是流体的重要特性之一。当一种液体被搅动时，其流动的速度与使用的力成正比，即 $\tau=MD$。使用的力即剪切应力（τ），等于常数（M）乘以速度梯度（又称剪切速率，D）。公式如下：

$$M = \frac{\tau}{D}$$

常数 M 就是液体的黏度，单位是（N·s）/m［一般常用泊（P）来表示液体的黏度，其换算关系为 1（N·s）/m=10P］。此值越大，黏度就越大。如在室温下，水的黏度是 0.001（N·s）/m，高速凹版油墨的黏度是 0.01~0.03（N·s）/m，甘油的黏度为 1.5（N·s）/m。

牛顿流体指以任意小的力就能使其产生流动，且其流动的剪切速率和所加的剪切应力成正比的液体。水、甘油及一些低黏度的油墨都属于这类液体。印刷工业上所使用的大多数油墨中的连结料、溶剂的黏度差别很大。除了照相凹版油墨和橡皮凸版油墨可算作牛顿流体外，其他油墨都不能在较小的力作用下流动。这可以解释为将颜料加入牛顿流体中时，随着固体颗粒数量的增加，阻碍流体流动的力和黏度也会增加。大多数凸版油墨和平版油墨中都含有大量颜料，其所受的力必须大于一定的值才能流动，这个值就称为屈服值。油墨黏度检测步骤详见国家标准《油墨黏度检验方法》（GB/T 13217.4—2020）。

7.4.3　黏性检测

油墨黏性测定可以靠操作者的经验，简单地用手指测试来进行粗略的估计，即把油墨人工涂擦在一块玻璃板上，在测试的同时可以与已知黏性的标样进行比较。油墨标样经过长时间的储存之后，其黏性很容易发生变化，为克服这个缺陷，可特别配制一些黏稠的糊状物，以使其在较长的时期内保持稳定。

介于手指涂抹实验与昂贵的黏性计测定之间的，是一种较简单的测定仪，在仪器顶部有一小储油圆盘，在其上涂上油墨试样，操作者把手指放在油墨里，然后尽可能迅速抬起，读出指针盘上的读数。重复进行这种实验，选取指定的次数里记录下的测量值中的最大值作为试样的黏性数值。在此采用一种比较昂贵的油墨黏性测定仪器，该仪器测量旋转的情况下油墨薄层分离或扯破的阻力，这个力表示相对大小，没有单位，仅以数字表示。测量器材有棉纱、擦洗溶剂 NY-200 溶剂油，符合国家标准《油墨黏度检验方法》（GB/T 13217.4—2020）。

值得注意的是，在实际生产中需要同时测定油墨黏性增值，它是油墨在高速辊的剪切作用下黏性的大小，是表征印刷油墨稳定性的参数。测定油墨黏性增值是利用测黏性的时间不同，观察油墨黏性值的变化。详见国家标准《印刷技术　用落棒式粘度计测定浆状油墨和连接料的流变性》（GB/T 22770—2008）。

7.4.4　颜色检测

（1）颜色检测分析方法

油墨的颜色是指油墨涂布在承印材料表面上的颜色。油墨的颜色是在白纸上印刷而成的试样上进行测试的，因此油墨颜色受纸张本身颜色的影响，也受纸张对油墨吸收性大小的影响；测得结果因墨膜厚度而不同，墨膜厚则颜色深；油墨干燥与否对光的散射、透射与吸收都有影响，从而影响测试结果，因此标准印刷条件的建立能保证测试结果具有复现性和可比性。测试油墨颜色一般用不同波长的色光分别照射油墨色样，测出油墨色样相应的反射率，以波长为横坐标、反射率为纵坐标描绘出曲线，其图形可说明油墨的颜色。将试样与标样以并列的方法对比，检视试样颜色是否符合标样。详见《油墨颜色和着色力检验方法》（GB/T 13217.1—2020）。

平版油墨、凸版油墨重点检视试样的面色和底色是否与标样近似、相符，网孔版油墨、纸张用四版油墨重点检视试样的面色是与标样近似、相符。检验结果应以刮样后的 5min 内观察到的面色和底色为准，墨色供参考。

（2）颜色控制

调色是一项基本功。讲到调色，首先需要了解什么是颜色，以及光与色彩的关系。

1）什么是颜色

物体本身并无任何颜色，所谓的颜色只是选择性地吸收或反射光波，物体反射的光线到达人的眼睛，人才识别出一定的颜色。颜色是信息的载体，是人对客观世界的主观感觉。只有在光的照射下，借助正常的视觉神经，才能感知物体的颜色。一切色彩都离不开光，无"光"便无"色"。伸手不见五指的夜晚，我们看不清任何颜色。

光是一种电磁波，光谱中一定波长的红光、绿光、蓝光三种可见光波不是其他色光所能混合出来的。而由这三种可见光波以不同比例能量相混合，将产生自然界中的各种色彩，故把红（R）、绿（C）、蓝（B）三种色光称为光的三原色，如彩插图 7-3 所示。这里所说的"光的三原色"，与印刷调色中的"色彩的三原色"是两个不同的概念，许多人都会将这两者混为一谈，所以在此有必要将它们区别开来。

2）光与色彩的关系

一定波长的红（R）、绿（G）、蓝（B）三种光波不能再分解成其他色光。（人眼所能感受到的光波，波长 380～780nm 能引起视觉反应，390～760nm 肉眼可见）不同强度的 R、G、B光可以复合成各种光谱色。色光加法原则：两种以上的光混合在一起，光亮度会提高，光越多，亮度越高。混合色光的总亮度等于各混色光的亮度之和。

3）色彩的三原色与减法原理

颜料（油墨）和染料（化工）中的黄（Y）、品红（M）、青（C）三种颜色无法由其他颜色的颜料混合而成，称为色料三原色（即色彩的三原色），如彩插图 7-4 所示。色料三原色按照不同比例混合后，可以合成各种不同的颜色。色料减法原则：两种以上的色料混合在一起，光亮度会降低，色料种类越多，颜色越暗。印刷工业常说的"色彩三原色"中的品红（M）与"光的三原色"中的红（R）色相略有不同，前者略带蓝紫色相，后者是大红色相。而"色彩三原色"中的青（C）色即印刷中常说的原色蓝，俗称天蓝。

4）颜色的三属性

颜色具有色相、明（亮）度、饱和度（彩度）三个属性。每种颜色固有的色相相貌叫色相，它表示能反射一定波长的光波。反射光的波长决定了颜色的色相，它由物体反射到人眼的光波所决定。明度（又称亮度）指颜色的明暗程度，明度从白色到灰色直至纯墨黑，一般把亮度分为 11 个级别：0 为黑，10 为白，1～3 为暗调，4～6 为中调，7～9 为明调。在印刷照相制版工艺上，颜色的亮度在照相底片上以密度来表示，密度愈大，底片愈不透明，图文色彩就愈明亮。

饱和度（又称彩度）指的是颜色色相的纯正程度。当一种颜色的色相在极饱和时，这种色彩的面貌就接近光谱颜色的纯净度，在视觉上该色特别鲜亮。饱和度高的颜色没有中性灰的成分，目视不会带有淡薄和粉白感觉。颜色的三个属性（色相、亮度、彩度）各有区别且相互独立，但并不是单独存在的，它们之间的变化是相互联系相互影响的。如：在某一颜色中加入一定数量的白色，则它的亮度就增加，而加入黑色则会降低亮度；在亮度变化的同时，颜色的饱和度也会同时发生变化，无论是加入白色还是黑色，颜色的饱和度都会降低，加入的量越多，饱和度越差，而色相不变。

5）十种基本浓色

要准确地调配出某一种颜色，需要知道目标色由哪些基础色组成、每种基础色的量是多少。这时需要熟知调色中的十种基本浓色，所谓基本浓色就是用饱和的三原色，以最简单的比例调出来的最常见的颜色。彩插图 7-5 是十种基本浓色，该图由大中小三层三角形组成，三角形的每个顶点表示一个颜色。最里层的小三角形叫作原色层，表示三个原色，是不能由其他的颜色混合出来的；中层倒立的三色形叫作间色层，每个顶点上表示的颜色都是由相邻的两个原色等量混合而成的间色；最外层的大三角形叫作复色层，其颜色由三种原色混合而成，同时每个复色也是由相邻的两个饱和间色等混合而成的。在原色层的核心近似黑色，可由任意一层的三种颜色等量混合得到。实际上只有当三层中任意层三种颜色的着色力均相同时，才能成为完全的黑色。

6）色变

两种相同的物体在同一条件下（相同光源+相同观察者）呈相同颜色，但改变光源或改变观察者颜色却不尽相同，此为色变。色变在印刷配色过程及现实生活中经常出现。前面在"什么是颜色"中提到"颜色是信息的载体，是人对客观世界的主观感觉。只有在光的照射下，借助正常的视觉神经，才能感知物体的颜色。"注意关键词"光、视觉神经、物体"，这就是识别颜色的三要素：物体、光源、接收器（人眼或测量工具）。三者中任意一项发生变化，都会出现不同程度的色变，也可以说是"色差"。只不过有些是真色差，有些是假色差。

例如，生产出货检验时产品颜色是好的，而到客户验收时却出现了色差，这是什么原因？这涉及三个场景的变化：①物体，看到的产品虽是同一批，但不是同一个；②光源，客户的光源不是标准光源，或生产车间的标准光源已失效，同一配方油墨在不同光源（不同观察环境）下，显示出的光谱范围不同；③接收器，看颜色的人变了，视觉神经与辨色力也会有所差异。识别颜色的三要素，并有效运用到调色过程中，才能降低色差发生的概率，更好地服务于客户。

（3）油墨使用与调配注意事项

1）油墨的使用

尽可能使用同一厂家的基本色调配；不同厂家的油墨尽可能不要混用，以免影响其光泽度、纯度及干燥速度；尽量减少油墨种类，油墨种类越多，消色比例越高，彩度越差，亮度越差；不同属性的油墨禁止混用（不同属性的油墨亲和性不同，不同属性墨相混合会造成印刷适性不良，同属性油墨可以混合）；调墨时，要先分析印刷数量，使调出的墨略多于所需量即可，以免浪费。

2）油墨的调配

先加主色，再加辅色（调配颜色前先估算比例，判断目标色中哪个原色为用量第一的主色，哪个原色为次色。根据颜色的三属性得知，一种颜色的色相主要由色量大的一种或两种原色所支配，色量小的原色只能改变颜色的明度和彩度，基本不会改变颜色的整体色相。调配浅色墨先加较浅的墨，再少量加入较深的原色油墨，深色油墨尽可能少加，否则颜色极易"矫枉过正"调过量。浅色系先添加白墨）；尽量采用与专色相近颜色的基本色调配；塑料薄膜是非吸收性材料，不能用稀释剂（溶剂）来冲淡色墨，而应该加入白墨或冲淡剂来冲淡；调配完成的油墨必须充分搅拌均匀，避免分层造成印品前后不一致。

调色后观察色样，应在D65标准光源下进行。白天可在室内自然光下进行，避免被阳光直射。晚上或在封闭的印刷车间观样时，须在D65标准光源下进行（太阳光色温6500K，D65光源6504K，近似太阳光）。部分品项不印底白，颜色受后工序材质影响极大。例如：方便面的碗盖，印刷半成品在后工序贴合的是白纸，白纸的白度直接影响产品颜色。印刷时，先取当前干复所用白纸，裁切成与碗盖图案大小相仿，用双面胶将其平整粘贴在印刷面，再与成品样（非印刷样）比对、确认与调整。

3）互补色的利用

调配间色或冲淡原色墨时，尽量避免混入互补色墨；蓝墨偏红时，要改成偏黄色，可以加少量绿墨；蓝墨偏黄时，要改成偏红色，可加少量紫蓝墨；黄墨偏蓝时，要改成偏红色，可加少量橙色或橘色油墨来达到要求。

7.4.5 附着力检测

附着力表示油墨强度、颜料分散度、颜料含量，附着力值是加过标准白油墨的油墨与标准样进行对比得到的分析数值。标样的数值为100%，试样油墨的附着力指标一般在90%～110%之间。附着力高的油墨中颜料含量大，印刷同一产品时比附着力弱的油墨用量少，印刷性能更好，因此附着力关系到印刷的成本和质量。平版油墨印刷时的印迹比较薄，需用颜料含量高的油墨，凸版油墨印刷线条时也需要有较高的附着力。附着力的高低只能说明颜料含量的高低，并不能完全说明印迹墨色程度，因为油墨的转印性能、干燥性能、纸张的吸收性能等都影响着印品墨色的浓度。油墨附着力即油墨试样的浓度与标准墨样的浓度之差。测试原理是将一定量的标准白油墨加入所要测试的油墨试样和标准油墨中后进行对比，往色调深的油墨中加白油墨，直至色调基本一致时为止，最后按其比例计算附着力值。检测步骤详见《油墨附着力检验方法》（GB/T 13217.7—2023）。

7.4.6 干性检测

油墨的干性受到多种因素的影响，其中环境温度和湿度是两大关键因素。温度升高会加速油墨的氧化聚合反应，从而加快油墨的干燥速度；而湿度增高则会阻碍油墨的干燥过程，使干燥速度减慢。为了判断油墨的干性，可以使用光色差仪、湿度计和黏度计等仪器进行检测，或者通过触摸和摩擦等手动测试方法来判断油墨的干燥程度。在实际印刷过程中，可以根据需要调节油墨的干性。例如，可以通过加入慢干剂来降低油墨的干燥速度，或者在需要时提高油墨的 pH 值以减缓干燥过程。此外，利用导纸辊发热进行干燥处理，或增强烘箱空气的对流速度，也是常用的加快油墨干燥速度的方法。具体的检测方法与步骤见国家标准《油墨干燥检验方法》（GB/T 13217.5—2023）。

7.4.7 光泽度检测

油墨的光泽度检测可以通过多种方法进行，主要有光泽度计法、表面张力法、摩擦法、软度法、视觉法。

① 光泽度计法 这是最常用的方法之一，直接使用光泽度计对油墨表面进行光学测试，得出油墨表面光泽度值。光泽度计一般有三个主要部件，即光泽测定头、检流计（大多采用浮镜光点式）和标准黑板。在测量时，光源通过光泽测定头以一定的入射角射向被测样品，被测样品表面反射的正反射光再通过另一个透镜和光阑而投在光电管上，从而使光电管产生与反射光量成正比的光电流。光源入射角的大小随仪器而异，但目前我国测定油墨光泽的测定头大多为45°。

② 表面张力法 通过测量油墨表面的张力值，来间接评估油墨的光泽度。张力越高，油

墨表面则越光滑，光泽度也相应越高。

③ 摩擦法　使用特定的摩擦纸片对油墨表面进行摩擦，通过摩擦前后光泽度的变化来判断油墨的光泽度。

④ 软度法　利用软度仪对油墨的软度进行测试，软度和光泽度存在相关性，因此可以通过软度值来评估油墨的光泽度。

⑤ 视觉法　这是一种较为简单但主观性较强的方法，利用经验和视觉感受进行检测，通过比较不同样品间的光泽度来评估油墨的光泽度。

具体的检测方法与步骤见国家标准《油墨光泽检验方法》（GB/T 13217.2—2024）。

注意事项：测定同一类型的各种油墨时，要注意使用同一种纸张规定的标准纸张，否则会影响测定数据。印片的干燥程度对测量有影响，印片要干燥24h。

7.4.8　色相与着色力检测

色相、着色力是油墨检测的基本项目，它们对油墨的颜色影响很大。色相是油墨颜色的具体特征，在光学上对应于一定波长、频率的光，如红、黄、蓝指的就是油墨的色相。着色力是指一种油墨影响另一种油墨颜色变化的程度。调配专色墨时，当其中一种原墨的色相发生变化，调出的专色墨颜色就会改变。例如，当原墨的色相较以前偏黄时，所调配出的专色墨就会有增加黄色的效果；如果红色原墨的着色力偏强，就会有增加红色的效果。当这种颜色偏差超过一定范围时，目测即可发现，从而导致顾客的投诉。因此，保证印刷油墨色相的正确性、着色力的稳定性，对控制印刷品颜色非常重要。油墨着色力检验方法详见国家标准《油墨颜色和着色力检验方法》（GB/T 13217.1—2020）。

7.4.9　印刷适性检测

（1）检测方法与器材

油墨的印刷适性检测主要采用不同印刷工艺的印刷适性仪，通过印出样张，进而对样张的油墨图样进行其他性能的检测。例如，常用YQ-M-4型油墨印刷适性仪检测油墨的印刷适应性，它是在选定的印刷速度、印刷压力下，打印出油墨的印样，然后对油墨的光泽、密度、转移性及固着速度、干性、抗乳化性进行检测。YQ-M-4型油墨印刷适性仪如图7-6所示。不同印刷工艺的印刷适性仪不同，此处仅举例工业上常用的印刷适性仪。

印试样，可用满版的胶辊，同压印的方法一样印出一张满版的试样来，裁成10mm宽的试条数张。首先把胶辊清洗干净，按照压印的方法使胶辊处于待印的位置。贴试条，每隔一定的时间间隔，用透明胶纸把试样有墨的一面按顺序贴在一张（200×25）mm²的白铜版纸上。压印，把贴好的铜版纸夹在压印辊筒上，按照前面讲的压印方法进行一次压印。固着时间，压印之后看试样压在铜版纸上的印迹，随着压印次数增加，印迹将逐次减轻直至看不见为止，查印迹的条数乘以时间间隔即为此油墨的固着时间。注意：测固着时间时，一切操作方法都同压印方法一样。

（2）抗乳化性能的测量

匀墨，抗乳化性能试验只能在下辊进行，在下辊上按照印试样的方法把墨上好。使水辊与胶辊接触，顺时针方向转动水辊手轮，使水辊和胶辊接触，此时使已涂上墨的胶辊带上水。让水和墨在接触的情况下，匀墨一定时间，然后印成试样。鉴定结果，从印出的试样中可以看到，如果油墨抗乳化性能好则试样无影响，如果抗乳化性能不好则试样质量差。

（3）注意事项

每次使用后要认真清洗墨辊上的残墨，保持胶辊的清洁及光洁度。试验完成后，胶辊和匀墨要分离开，不要长期挤压胶辊，以防变形。长时间不做抗乳化试验，要把水辊系统拆下，以防空磨水辊支臂。在日常工作中，要经常在胶辊轴颈处油孔及上下的匀墨辊、水辊支臂处的油孔及轴向移动导轨处施加润滑油。

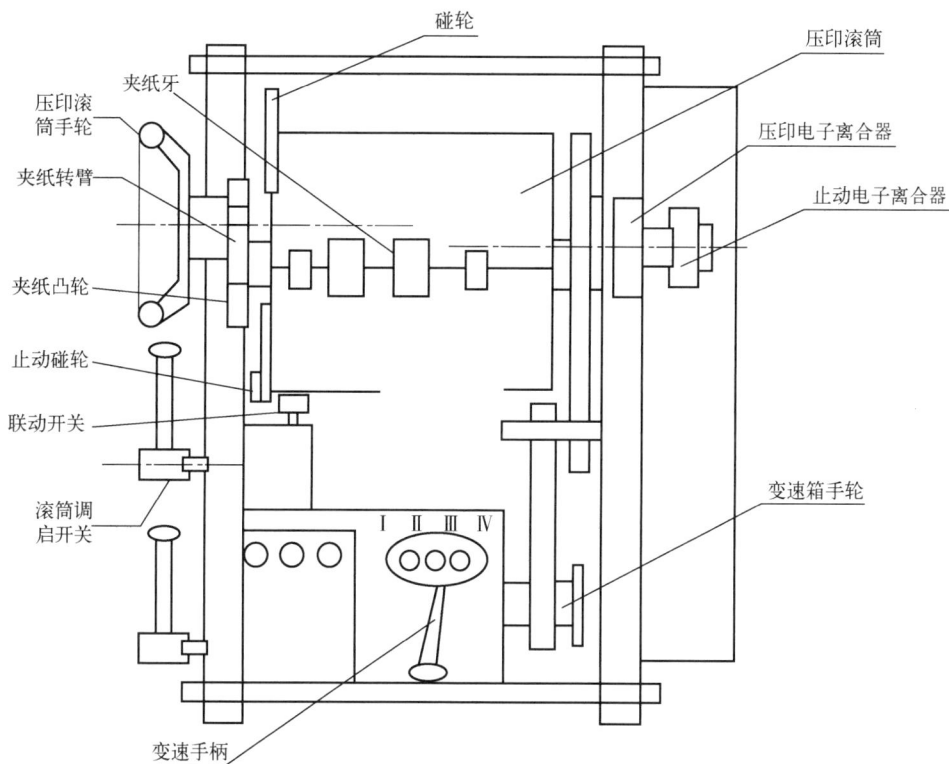

图 7-6 YQ-M-4 型油墨印刷适性仪

7.5 油墨印刷质量控制

7.5.1 胶印油墨常见问题及解决方案

（1）套印不良

套印时，后面印刷的油墨不能顺利地附着在先印刷的油墨上。原因：与先印的油墨相比后印的油墨黏性过高，先印的油墨固着慢且墨量大，四色油墨的颜色强度平衡不适当。处理方法：采用黏性高的油墨先印刷，黏性低的油墨后印刷，比较理想的黏性要求是应当按套印颜色的顺序陆续降低。采用固着快的油墨印刷，浓度高，需要印得薄一些，图案面积小先印，以利于后面套印。任何一套多色套印油墨，它们的颜色强度是平衡的，套印时可以采用等量给墨，如果不是采用同一套油墨印刷时，使用时就要妥善处理。

（2）晶化

在经过干燥的底墨上进行套印时，后印的油墨有可能叠印不上去，即使勉强印上，也能轻易被擦去。这是由于先印的油墨含干燥剂过多，油墨干燥过快，印后间隔时间过长，墨膜表面形成光滑硬膜，使下色油墨着墨困难。处理方法：合理掌握套印的时间间隔，在先印刷的油墨未彻底干燥之前就印下一色油墨；减少油墨中干燥剂用量，减慢油墨干燥速度。如果已发生晶化现象，可采用加印一次树脂连结料的办法加以补救。

（3）粘脏

刚印出来的印刷品堆叠时正面的油墨粘脏并且重叠在印刷品背面的现象称为粘脏。原因：油墨的固着和干燥慢，墨量过大；纸张表面比较紧密和光滑，吸收性差；油墨不能在纸面迅速渗透和固着。处理方法：换用快速固着类型油墨，换用高浓度油墨采取薄层印刷、表面喷粉办法，油墨中加入 59 防粘脏剂或六谷粉。

（4）堆墨

油墨堆积在橡皮布、印版和墨辊上，油墨传递转移性不良，使印件墨色模糊。原因：油墨太短、缺乏流动性；颜料含量高、颗粒粗、密度大、研磨不足、润湿不足；油墨和连结料黏度低，与润版液发生乳化；料粉将剥落混入油墨中，使油墨变短。处理方法：加入能使油墨变长的抗水性好的树脂连结料；换用高浓度颜料，适当降低颜料及固体分用量，重新研制油墨；尽量减少润版液用量，若无效可换用抗水性好的油墨，适当加些去黏剂降黏；更换纸张皮无效时，要更换油墨。

（5）起脏

一般是指非图文区产生污脏，其中包括印迹的辅、糊及网点并连等现象。起脏分为浮脏与油脏。浮脏现象是在非图文区产生淡色污脏，因为不是从印版染上的，所以容易擦掉。原因：主要是油墨比较软，受润版液作用后有部分油墨因乳化而进入润版液中，形成水中油型乳液。纸张中的化学物质和润湿剂助长了油墨乳化，润版液中含有皂类或洗涤剂类引起油墨乳化。油脏现象是在印版的非图文区变成感脂性图文区，油墨附着在它的上面。原因：油墨过于软稀，给墨量过大；油墨中存在游离性脂肪酸、树脂酸及表面活性剂等物质；受颜料中处理剂的影响，着墨辊、润版辊以及橡皮布的压力过大，损坏了印版表面结构；纸张涂料中溶出感脂物质。处理方法：更换油墨或在原墨中加入高黏度树脂油（或 0 号油）及胶质油，使油墨具有黏性和弹性；调整供墨量，调整润版液用量，使用表面张力较高的润版液，将压力调适当。

7.5.2 康师傅胶印油墨印刷异常解析

（1）粘脏及背面蹭脏

油墨干燥太慢，油墨太软、太稀及给墨量太大，都会造成印好的印刷品面上油墨污脏。这种现象大多发生在印刷品上油墨量较大的实地。粘页、粘成块是粘背最严重的现象，指印好的一堆印刷品粘连在一起。第二面压印粘脏是指第一面印好后立即印刷第二面，造成印刷中出现粘脏。

印刷表面粗糙的纸张时，需要比较厚的油墨层才能印得实。双面光滑的纸和一些特殊的承印物，例如玻璃纸、塑料薄膜，在堆放中极易互相吸附接近。在实地和密度较大的网点处，给墨量比较大，在不吸收纸张上以氧化干燥型油墨印刷时，极易粘脏。油墨中干燥剂的用量过多时容易在纸堆中氧化生热，导致油墨发黏而使纸张粘连在一起。油墨粉化也会导致粘脏。

纸堆中的静电会导致纸张互相黏附，促使粘脏。油墨在干得不太理想时进行裁切，就会导致拔起许多油墨小污点，纸张从边角处的挪动不当也会粘脏。

解决方法：在满足印刷的要求下，版上的给墨量越少越好；粗糙的纸应当采用比较大的压力，以使之能印上比较多的油墨，但是也不要太多，以免造成凸起而摩擦使另一张纸的背面粘脏；应当使用稠一点的油墨，但也不可太稠，以免引起拔纸毛；如果采用一种新的油墨，则可先少印一些并研究它的粘脏情况后，再做出相应决定；检查墨斗的调节是否恰当，如果是套色印刷，则后一个油墨应当添加比前印的一个油墨多的干燥剂，以缩短干燥时间；采用快干油墨替代一般油墨，例如采用湿固型油墨；采用高浓度的油墨以减少油墨用量，尤其是在纸质光滑而吸收性差的情况下，可在油墨中加入些蜡或其他防粘脏剂。

（2）飞墨

所谓飞墨（也称油墨飞色）就是指非常细小的油墨颗粒从运转着的印刷机上"飞"出来的现象。这些颗粒都带有电性，气候干燥的时候它们飞得近一点，飞出来的油墨颗粒是飘移不定的。如果将油墨放在一根高速旋转的辊子上，则油墨绝不会因为离心力而被掷甩出去，但当这根辊子与另一根辊子接触后，飞墨就会马上发生。这是由于油墨转移时在两个辊子间拉出了细丝，当细丝断开时形成了多头（相）断裂，除了一部分缩回到辊子上外，其余部分则由于表面张力的作用就形成了小滴而被运转着的印刷机所逐出。飞出的油墨滴能带正电，也能带负电。由于在油墨中出现电双层的分裂，故形成的小颗粒可带单个电荷。断开的油墨丝头缩（抽）回部分（即缩回至辊子上和印到纸上的部分）也带电荷。此时，带电的油墨滴就会排斥带相同电荷的有油墨的辊子而移动离开辊子。用显微镜对带电的油墨滴进行研究后发现炭墨是有迁移作用的：一种是向油墨滴的外围迁移，另一种则是向油墨滴的中心迁移。由于炭墨颗粒是一直带电的，若油墨滴带有过量的表面电荷时，炭墨就会发生电泳，逐出的油墨滴就极易互相排斥而飞散。两根辊子夹缝间有空穴，气泡等均可促使飞墨；印刷速度、给墨量、车间的相对湿度和温度、油墨的介电常数、空气流的影响等均可造成飞墨。

解决方法：在印刷机的匀墨辊和传墨辊外面尽可能加一个罩子；提高车间的湿度；降低印刷机的速度；减少给墨量，使辊子上的油墨尽可能地少，也可采用浓度高的油墨；或者采用表面光滑吸收性差的纸（目的也是减少给墨量），降低车间的温度或印刷机上装有冷却装置，排除一切空气流动的可能性；采用水乳化油墨，因它具有电导性，这也可增加油墨的介电常数，一般地说，油墨中含有5%的水时，其导电性还是很低的；用防粘脏助剂使油墨变短或在油墨中加入比较黏的连结料，对新闻油墨来说，可以采用润湿性好的炭黑和矿物油，并可应用长链的胺类作为油墨的流动剂；油墨中采用0.5%的单硬脂酸甘油酯或单蓖麻油酸甘油酯或加入少量去泡剂；在机器的辊子上装一个机械装置，例如采用低压空气将飞出来的油墨颗粒吹回去等。

（3）不下墨及墨脱辊

原因：油墨中颜料含量太高；油墨太稠，屈服值太大；油墨太短而呈乳酪状时；油墨不随墨斗辊转动，印刷品色调较浅而且深浅不一；胶印油墨太易被润版液乳化，使得油墨失去连结作用；水太大；药水酸性太大，润湿了金属辊。

解决方法：加入稀的或中等黏度的连结料使油墨变长；加入少量润湿剂，例如萘酸锌、萘酸钙等；对胶印过程，要减少润版液用量，降低润版液药水的浓度，在胶印油墨中加入黏度比较大而长，即流动性好的连结料或撤淡剂等。

（4）拉纸毛

一般地说，在纸张-油墨-印版这一个体系中的分离作用是发生在接近印版的油墨膜中的。

如果分离作用发生在纸上，则纸张表面就会因受到拉（拔）力而破裂。由于油墨太黏，纸张和油墨间的黏结力大于纸张表面涂层和纤维的黏附力会造成拉毛，或者机器的速度太快造成拉毛。

解决方法：提高印刷车间的温度，或先使印刷机空转一定时间以使辊子预热；降低油墨的黏性并加入适当撤淡剂，但不可过量，以免失去浓度和遮盖力；降低印刷速度，因为减少拉毛的程度与降低油墨膜的分离比例是成正比的；采用优质的涂料纸，纸张不应变质发"绿"；油墨应干净、无皮、无粒；检查油墨的黏度、干性和流动性。

（5）糊版

现象：印刷品的非图文区出现许多油墨污点，印刷的文字如"口""品""晶"等被油墨填满成实地状或网点连成一片。原因：油墨的黏性太大，造成纸张上的涂层小点或纸屑、纸毛集中在印版或网点上；墨斗中的油墨有皮或干的颗粒，油墨干得快；油墨太稀，在压力下油墨被压力所挤出；纸张吸收连结料太多，导致油墨中颜料含量过多；辊子有弊病或其调节欠妥；胶印过程中印刷机的压印力可能破坏印版上起隔离作用的感应膜，从而露出金属，露出的地方被润版液中微量的表面活性剂、极性物质、游离脂肪酸等作用后，变得亲油脂，会吸收油墨，从而造成非图文区的污点，破坏印品的质量；油墨的屈服值太高；水的酸性太低；印版上的水量不足；着水辊吸墨都会造成糊版。

解决方法：采用干性合理而比较长的油墨，如油墨太稠，则可加入些比较稀的调墨油以增加油墨的分配性能；如果在高调处糊版，则可减少压力；根据纸张来选用合适的油墨，油墨的细度要好，一般应为20～25pm；在胶印油墨中加入一些稠的连结料，增加润版液的酸性，增大给水量，减少油墨配方中的油和脂含量，用浓度大的油墨，使印迹薄一些，用表面张力比较高的药水，换用快干的树脂型油墨等。

（6）透影

由于油墨渗入纸张太深，在纸张的背面看得见正面所印的图案或文字。

解决方法：使用快干型的油墨，而且油墨要稠而渗透性小，油墨中采用的连结料也应是渗透性小的；可以在油墨中加入一些稠的调墨油和一些干燥剂。

（7）晶化、玻璃化、镜面化

现象：后印上去的油墨印得不平或完全印不上；叠印上去的油墨在下面一个颜色上呈珠子状或颜色很弱的印刷品，墨膜连结得很差，有的甚至可以擦掉。原因：底下一色油墨干得太硬，降低了表面自由能；前一色印好后存放时间太长；油墨中干燥剂太多等。

解决方法：用含有较多溶剂的快干型油墨罩印，使用的溶剂应能浸入和软化下面一层的油墨膜；掌握好套印时间，在前一色印好后应当尽快印第二色；在前一色油墨中加入延缓干燥的助剂，例如凡士林、羊毛脂、蜡助剂等；可采用干燥快的合成树脂型连结料，以降低油墨中干燥剂的用量。

（8）粉化

现象：印品上的油墨干燥后可以像干粉一样被擦去。原因：油墨中的连结料大量渗入纸张，使油墨失去黏结作用；油墨中采用的连结料太稀或采用了过多的非挥发性、非混溶性溶剂；纸张的吸收性太快，使连结料渗入太深；油墨的干性太慢，促进了连结料的渗透作用；黏结剂的连结料质量太次都会引起这个问题。

解决方法：改进连结料的结构及稠度；采用非反应型的树脂与亚麻油、熟油或中等黏度的调墨油所组成的连结料；油墨中加入少量罩光油或亮光油；设计油墨配方时以密度小、吸油量大的颜料替代密度大、吸油量小的颜料，例如以汉沙黄、联苯胺黄等替代铬黄。

（9）透印

原因：油墨太稀，油性太大；渗透性的矿物油太多或者干性太慢，造成印品上的油墨从纸面渗至纸底，印迹外围经常有棕色的油状。

解决方法：加快油墨的干性；油墨中采用一些干性油或质量比较好的矿物油；将油墨调稠一些；油墨中加入少量硅酮类助剂。

（10）堆墨

原因：油墨在印刷机上堆积，颜料呈分离状态的粉状，网点糊死，看起来颜色不一致，这是油墨分散不良；油墨中采用了密度较大的粗颗粒无机颜料；油墨膜太厚；油墨冲淡过度，连结料太稀；油墨的流变性有胀流性能，因此分配不良，印刷压力不实，辊子功能不良等。

解决方法：检查压力、辊子功能和垫衬；给墨量要适宜，如果油墨太软，可采用稠一点的油墨；如果都没有问题，则可在油墨中加入一些中黏度或稀的调墨油，或换用新的油墨。

（11）气泡

墨斗中的油墨表面被一层气泡所覆盖，油墨黏度越黏则气泡越稳定。原因：油墨太黏；机器速度太快。因为水基型油墨的组成中带有皂的成分，故比较容易发生这种情况。

解决方法：往油墨表面加入少量溶剂（不可搅拌）；将油墨稀释一些；加入消泡剂等。

（12）印品不鲜艳

原因：油墨稀释过度，树脂析出而失去连结作用；油墨变质，造成印刷品暗淡无光而不鲜艳。

解决方法：加入新的油墨；或者在油墨中加入亮光连结料；或在印品上印一层罩光油；换用高光泽的油墨等。

（13）印品不耐摩擦

印品经摩擦后墨膜容易脱落。原因：油墨太稀；墨膜附着牢度差；油墨中的连结料失去黏结作用。

解决方法：避免将油墨调得太稀；加入蜡类增滑剂；换用附着力好的油墨；或者在印品表面罩印一层保护性的罩光油。

（14）擦脏

印品被工艺过程中的一些动作所擦脏。原因：油墨干性太慢；油墨太稠；给墨量太多。

解决方法：将油墨冲稀一些；减少给墨量；增加热风；加入快干性的溶剂。

（15）颜色发飘或不一致

在同一张纸的不同位置上或在不同纸张的同一位置上，印刷品的颜色表现出有区别。原因：使用的油墨在颜色、颜料含量、稠度、亮度等方面不一致；在同一批油墨中，在存放过程中发生了化学反应或部分颜料的絮凝作用；印刷车间中调配颜色时光线条件不一致；印刷工人所给的油墨量不一致；在印刷和干燥过程中温度和湿度发生了变化，这会引起油墨渗透比例的变化，导致印品之间光泽、色彩方面的差异；油墨干性不一致；稀释剂加得太多；网点印版的质量不一致，造成颜色的加减不平衡。

解决方法：核对客户的颜色标准和印刷品的上墨量；油墨应当保存在良好的条件下；印刷机必须在相对一致或理想的条件下运转；纸张的质量、表面性能和色调等应严加核对；比较颜色时应在良好的日光条件下进行，切勿在暗角处或在不同的人造光线下进行，而且最好由一个人进行判断；核对油墨的干燥速度是否与标准一致；絮凝了的油墨应当重新分散，并核对其流动度；如果油墨已经变质，则应换用新的油墨。

（16）光泽差

油墨中的连结料太稀、油墨的干性太慢或者纸张的吸收性太强会造成油墨渗入纸张而使印刷品不平而暗淡无光。

解决方法：检查油墨的干燥时间，如果是油墨干燥太慢引起的，则可加入一些燥油；加入少量亮光连结料、罩光油或树脂型连结料；或者采用吸收性差的纸张。

（17）干燥太快

油墨在墨斗中和机器上干得太快，在橡皮布、机器上油墨有变稠现象，并且出现拉毛和堆墨现象，这是因为油墨中干燥剂含量太多；油墨中含有挥发太快的溶剂；印刷车间的温度太高、太干燥或空气流通太好。

解决方法：油墨中掺入少量凡士林、蓖麻油或石蜡油以降低干燥速度；加入少量反结皮剂或反氧化剂。

（18）褪色

在印刷过程中油墨的颜色褪掉，或印刷品在堆放中（在干燥过程中）油墨的颜色褪掉。原因：在纸堆中油墨因氧化作用而产生热，这个热量将有的颜色褪掉；油墨中钴干燥剂的含量太多；颜料不耐热或油墨中颜料含量太少；配浅色油墨时白色油墨中的颜料具有反应性等。

解决方法：减少干燥剂的用量，采用快干（或快固）型的油墨；油墨中采用耐热、耐光的稳定型颜料；换用白颜料或填料。

（19）颜色弱

由于油墨中连结料太稀，印刷后油墨连结料渗入纸张，使得印刷品缺乏光泽。这种油墨在检验时虽然着色力合格，符合标准，但是印品的颜色仍然不足。

解决方法：在油墨中应该采用稠一些的连结料；用快干型的合成树脂连结料，增加颜色强度；采用不同的颜料制造油墨；罩一层亮光油，使得颜色鲜艳。

（20）罩光渗化

采用醇溶性罩光油后，印品的网点模糊不清，印迹周围有渗色现象，有时渗开的颜色与原印品的颜色不同。原因：油墨没有彻底干燥；油墨不耐醇类溶剂以及油墨中的颜料不耐醇类溶剂。

解决方法：换用油型罩光油；在印好的印品上先罩印一层撤淡剂，然后再罩光。

（21）粘页

印品粘贴成一整块，尤其是在受热以后更易粘连。原因：油墨干燥太慢；墨膜中残留溶剂；或者墨膜中有增塑剂；油墨中所用的黏结剂软化点太低等。

解决方法：在油墨中加入挥发比较快的溶剂；换用新油墨；减少油墨中增塑剂的用量；换用软化点比较高的黏结剂。

（22）幻影

出现幻影时有一种情况是在大面积的实地区看到另一部分的图案，也就是图案在别的位置上重复出现，这种情况也叫正幻影；或者在实地上出现空白的凸字形式，称为负幻影。引起幻影的原因是：匀墨不良。

解决方法：增加给墨量；更换传墨辊的匀墨辊，使其直径大小不一。

（23）污物堆积

由于油墨太黏；或者油墨中的干油不适当，促使油墨变稠并在机器上干固。

解决办法：检查油墨中是否结皮，粗细是否合适；油墨在机器上和纸张上的干性是否合适；如果油墨太稠而且干性太快，则可用稀调墨油、蜡助剂或浆状撤淡剂混合稀释。

（24）细线条断裂

油墨黏稠度不当，太黏或者太稀，会造成印品的细线条部分不连续或断开。

解决方法：若油墨太黏太稠，可以用稀的调墨油或高沸点溶剂等将油墨适当稀释；如果是油墨太稀则可加入些稠的油墨。

（25）擦脏

由于油墨太黏、太稠或油墨太长在印版的非图文部分出现油墨痕迹，而转印到纸张的空白区上。

解决方法：用稀的调墨油或高沸点溶剂等将油墨撤淡；在油墨中加入些填料（碳酸镁），用三辊机轧细混合。

（26）浮脏

油墨中的颜料颗粒较细，颜色较强，而当版面的缺陷大于颜料的颗粒时，印品上会出现一片暗淡无光的颜色。

解决方法：采用几种不同的颜料和不同的填料来调配油墨（不要只用一种颜料或填料）。

（27）柔软性差

油墨膜干后发脆，油墨中的连结料不黏附在承印物表面；墨膜可以用手指划、抹（或粘）下来，或轻轻擦拭颜色即掉下来。在不吸收性承印物（例如聚烯烃类薄膜）上时，其指划强度及揉搓强度极低，用胶带进行剥离试验时，印迹极易剥落，有时揉搓即呈片状脱落，附着牢度极差。

原因：油墨中连结料（黏结剂）组分太少或连结料不适宜；纸张吸收性太强；或者是承印物塑料薄膜的质量有问题或处理不当；油墨中使用的溶剂不合适。

解决方法：油墨中加入增塑剂；换用黏结剂较多的油墨；换用吸收性较差的纸张；选择符合要求的聚烯烃薄膜，并且对其进行处理；换用黏附性良好的油墨；更换稀释用溶剂等。

7.5.3 凹印油墨常见问题及解决方案

印刷厂经常会遇到凹印油墨出现水波纹、色粘连，俗称反粘、文上起尾等系列问题，在此对软包厂反映比较常见的油墨问题做了总结。

（1）水波纹与咬色

水波纹出现的原因是环境制版太深，油墨黏度低或添加了过量稀释剂。解决方法：制版时控制好环境版的深度，控制油墨黏度，调整刮刀角度。

咬色出现的原因是油墨慢干，第二色的压力太大，黏度过高。解决方法：在第一色中加入快干溶剂，加大热风量；在第二色中，减小压力，降低第二色油墨黏度及减慢环境速度。

（2）粘连

溶剂慢干（特别是甲苯，含有难挥发物、气味臭）会产生粘连现象；印刷过程中收卷压力太大造成印刷后叠放压力过大（特别在高温天气）；印刷中烘干的热风温度过高（一般为40～50℃，如有特殊要求在收卷前也应加冷风，以降低薄膜温度），潮湿（相对湿度大于90%以上）不能彻底使油墨干燥；电子处理过大（标准38℃已符合印刷要求），单面印刷但薄膜进行了双面电子处理，或局部处理效果太强。

解决方法：更换快干及纯度高的溶剂；调整收卷张力使收卷与牵卷同步，印刷品叠放不能过高或面上堆放重物；印刷场所及成品仓库的环境温度不能过高，不能有热源和避免太阳直接照射；单面印刷的不作双面电子处理。

（3）图文上起尾与堵版

起尾原因：刮刀压力小，刮刀太软，印版四面太深形成的墨层较厚；油墨黏度较大，有杂质；印速过快而产生静电。解决方法：增加刮刀压力，调换硬型刀片；降低油墨黏度，将油墨过滤；安装静电消除器。

在水性油墨使用过程中，堵塞印版是最容易出现的问题，主要是因为凹印水性油墨的复溶性差，一旦操作不当，就极易产生堵版。堵版又会引发一系列印品质量问题，如印品表面出现针孔、小文字、缺笔断画、墨色不均、漏底等现象。堵版的产生原因及解决办法如下。间断性停机停版，油墨因稀释剂挥发而固定在网穴中。此时，需采用专用工具和清洗剂清洗印版，必要时需拆除印版，采用有机溶剂（醋酸乙酯）来清洗。在间断性停机时，建议采用停机不停版的方式，以免油墨因干燥过快而瞬间固结在网穴中。对此，首先在油墨中加入少量慢干剂，慢干剂能够抑制及减缓油墨干燥，防止油墨表面结皮，用量一般控制在 3%～5%；其次考虑稀释配比是否合适，必要时需要调整稀释剂配比，通常水性油墨稀释剂中酒精和水的配比在（1∶1）～（4∶1）。

加大水的比例时需要考虑水的量，如果水的加入量过多，一方面会产生过多气泡；另一方面会导致油墨干燥不彻底，使得印品产生粘脏或油墨反拉现象，油墨黏度过高。此时，应适当降低油墨黏度，且兼顾印刷速度和流平性。油墨黏度过低，会产生过多气泡，导致印品表面出现白点，且出现印刷图文颜色过浅或细线条和小文字变粗等问题。印版网穴太浅，应适当加深印版网穴深度，同时避免印版网穴过深时出现的质量问题，如字迹变粗、细小文字模糊、图像不清晰等现象。

（4）干燥不良

干燥性能是水性油墨最主要的指标之一，水性油墨的干燥速度比溶剂型油墨慢，一旦干燥不充分，就会产生粘辊现象。解决方法：在使用水性油墨时必须提高干燥温度，通常要比溶剂型油墨的干燥温度高 10～20℃，同时还需加大排风量；有条件的可以加长印后过纸路径通道。当然，水性油墨干燥性能的改善和提升也需要油墨厂商对水性油墨配方进行调整。

7.5.4 康师傅软包装油墨常见印刷异常解析

（1）刀线

印刷过程中，原本没有线条的地方，出现随刮刀左右摆动而左右移动的线条，有粗有细，有时也会很多细线条并排出现，如彩插图 7-7 所示。另外还有一种特殊情况：印版被刮刀架或卡在刮刀口的异物划伤，导致整圈刀线，此不良并不会左右移动，位置相对固定。产生异常的可能原因：刀刃有破损、杂物（比如切纸后的胶带）卡在刮刀口、油墨中含有硬质杂物、切纸后胶带粘到印版上、印版或刮刀研磨不彻底以及印版被异物划伤等。

（2）间断性刀线

印刷物上有不规则的、间断性的纵向条状污染（位置不固定、长短不定、粗细不定、间隔时间长短不一）。产生异常的可能原因：刮刀经印版网点磨损后而产生，刮刀压力过大，油墨有杂质（太脏），印版表面光滑性欠缺，油墨本身不良（耐疲劳性欠缺）。

（3）刀谷（又称刀骨）

印刷物转印油墨处，有随着刮刀的左右摆动而左右移动的、条状未附着油墨的中间空白线条。刀骨所处的线条处只是出现某一种颜色的缺失，不可能同时有多种油墨缺失。如果多种颜色同时缺失，则是由走纸的错误引起的刮墨，而不是刀谷。产生异常的可能原因：刀刃上附着油墨颗粒、杂物；油墨不良，太脏、杂质多、颗粒粗。

（4）塞版

印版的网点有异物（比如固化剂或干涸的油墨堵塞），印刷时网点内油墨转移不良，使原本应该均匀、清晰的印刷物画面或线条，出现浓淡不均、深浅不一、残缺不全的现象。产生异常的可能原因：停机过久，印版表面油墨干涸硬化；油墨中有杂质异物（纸粉、墨皮、墨块）介入，将印版网点塞住（最常见的是：前批次在生产结束时，印版没有冲洗干净，导致固化剂或干涸的残留油墨将印版网点塞住），如彩插图 7-8 所示；印刷网点深度不够；溶剂使用错误；油墨使用错误；印刷机周边有较大风量（比如罗德迈克印刷机的排风门盖板被意外打开），导致网点里的油墨提前干涸；印刷工艺所限（某些特殊订单的某些颜色因油墨特性及印刷效果所需，要求黏度必须很高，印刷时极易塞版）。

（5）附着力不良

油墨与原膜之间的附着力不好，油墨能轻易刮除或脱落。印刷时，检验附着力是否正常一般可以用透明胶带作简易判定。用透明胶带平整粘住印刷面上的油墨，以 1m/s 的速度撕除胶带，一般油墨不脱落即视为合格。产生异常的可能原因：原膜的电晕处理强度不足；原膜已过有效期；原膜电晕面搞反；印墨使用错误或混入了不同墨种的油墨；溶剂使用错误，干燥不良（油墨没有彻底干燥）；油墨本身不良，附着性欠缺等。

（6）水纹

印刷物表面出现不规则性水纹，纵向印墨浓淡不均（尤以大面积底色最明显），无论该单元色是什么颜色，水纹出现处均发白，如彩插图 7-9（a）所示。产生异常的可能原因：匀墨棒欠佳（长度不足以达到印版两侧图文或匀墨棒有较严重的磨损现象）；墨槽太高，使得印版最低点距离墨槽太近，导致印墨流动不畅；刮刀后侧的挡纸太长，有卷曲，导致油墨流动不畅；油墨不良（有较多气泡或流动性欠缺）；墨泵不良或有空气进入，导致打墨时吹出很多气泡汇聚在印版网点附近；导墨辊不良或平行度欠缺；上墨方式不当等。

（7）色差

印刷半成品颜色与客户提供的标准样品不一致，存在或深或浅的差异；或印刷半成品的一个版面所有图案中，有几个图案与其他几个图案有差异，如彩插图 7-9（b）所示。产生异常的可能原因：开机前试刷颜色调整不当；人员配色技术经验不足，印刷过程中原有油墨用完再进行二次配色时出现差异色，浓度变异或与封样时相比使用了不同属性的油墨；黏度管理控制不当；印刷过程中刮刀角度变化偏大；印刷速度变化；多次印刷后印版部分网点有塞版，且塞版程度轻重不一；多次印刷后印版网点磨损（版浅）；后工序材质（例如桶盖、碗盖后面的纸张）颜色差异导致成品颜色有差异等。

（8）油污

印版的非图文部位出现印墨附着、出现雾状污化的现象，一般表现为：空白处或浅色图文处出现深色污化，如彩插图 7-10 所示。

现实生产中，并不是每次油污都会像彩插图 7-10 那么严重。如果等到下卷时才发现油污异常，不良品已经产生，为时已晚。可以通过观察卷的端面颜色来提前预知并预防。产生异常的可能原因：刮墨刀磨损或研磨不良、压力偏低、角度不当导致印版油墨刮除效率低下；印墨黏度偏高、印墨异常（含有粗粒子、不纯物及印墨配方缺陷）；印版的电镀不良。

（9）底色不均

底色不均是指大面积专色出现浓淡不一的不规则斑点或麻点（一般有层次过渡的底色往往易出现刮墨不均，而麻点则往往出现在无层次过渡的底色上），如彩插图 7-11（a）所示。产生异常的可能原因：油墨黏度偏高、油墨流动性差、刮刀架后侧的挡纸太长，导致油墨流动性降低；剩余油墨过多，刮刀未装平整，与衬刀之间有波浪起伏形间隙，印刷网点有轻微塞版。

（10）静电毛刺

图案的边缘出现不规则毛刺，类似胡须状不良，如彩插图 7-11（b）所示。轻度时印刷物图文边缘开花成胡须状及斑纹状，有损图文形象；严重时会产生火花易引发火灾。产生异常的可能原因：静电毛刷位置不当或损坏；已进行防静电处理的原膜印刷时，若有静电多为气象性原因，即车间湿度偏低；印刷所用原膜电阻偏高，与运转的导辊和版面接触摩擦时产生静电；油墨不良。

（11）互溶

前色的油墨在后色油墨中溶解，造成所相交之处前色图文边缘出现轻微露空现象。产生异常的可能原因：后色印墨溶解性太好，印刷速度偏慢，印刷压力过大，两油墨有排斥现象。

（12）异味（溶剂残留）

油墨中的有机溶剂在干燥机内会瞬间大半干燥，但微量溶剂会固化转入原膜内残留。印刷品中高浓度有机溶剂残留量的多少直接决定最终制品臭气的大小，可用鼻子闻来判定是否异常。当然，随着科学技术的进步，靠鼻子来闻已经明显落后。对于溶剂残留要求较高的品项，可借助于专业的仪器来测量。产生异常的可能原因：印刷速度太快；油墨中树脂、添加剂、黏结剂的固有性质；干燥效率太低或干燥方法欠缺；风道有堵塞；原膜的固有性质等。

（13）重影

重影又叫双影，指先印刷的文字叠印底色或白色后，在每个文字的后部出现模糊影子。产生异常的可能原因：刮刀角度太小，印版网点太浅，油墨黏度太低，印刷速度太慢，压筒轴承有磨损导致的跳动。

7.5.5　凸印油墨常见问题及解决方案

凸版通常用作橡皮手工雕刻、柔版激光雕刻和感光树脂凸版等。一般中低档凸印油墨用于纸箱、纸板、纸盒印刷，中高档凸印油墨用于塑料编织袋、铜版纸如烟包、酒标、药包等承印物材料。

（1）凝胶或拉毛

原因：油墨储存不当，储存过期或剩墨，用错助溶剂，与其他油墨混合等。解决方法：密封储存，适量加入真溶剂，调换油墨，使用溶解性好的稀释剂。调节前注意油墨品种。

（2）黏度、黏性难以确定

原因：温度过低、起泡、油墨体系有机溶剂易挥发使其油墨有触变性；黏度过低、油墨体系连结料选择不当，缺乏黏结性都会造成油墨质量下降。解决方法：用墨前应搅动 5～10min，保持油墨温度在 25℃为宜；添加适量的消泡剂，加入增强溶助剂；加入适量的氨水，添加增黏树脂或交联剂等。

（3）其他问题

油墨起泡或流动性差；消泡剂过少或消泡剂不良；油墨的循环量不足；管子漏气；油墨太稀；防沉增稠剂过量；油墨颜色不稳定；黏度和 pH 值有变化；印刷操作程序有偏差等。解决方法：重新调节黏度或控制 pH 值，检查配墨的过程和操作过程。颜色太浅、黏度太低、网纹辊的网线太细、网纹辊磨损或未清洗干净、上墨量太少。解决方法：提高黏度、调换粗网线的网纹辊、换新的网纹辊或彻底清洗网纹辊，加快印制速度或降低输墨辊的压力。颜色太深、油墨的黏度太高或发色力太强、网纹辊过于粗糙、墨量太大或油墨助剂与填料过多。解决方法：加入稀释剂，降低该油墨的黏度；加冲淡剂，降低墨色深度；提高输墨辊的压力或减少油墨体系里的油墨助剂。墨色不匀是印版不平整，承印物厚度不均匀；网纹辊网线数太低，网纹辊网穴有干结或残留的油墨。解决方法：研磨印版背面或贴纸校正，换厚度均匀的承印物，更换网线数高的网纹辊，清洗网纹辊上网穴残留的墨渣等。墨膜附着力差是因为油墨质量差，承印物未达到处理的要求，用错稀释剂，印刷压力过小或墨层过厚，油墨的着色力太低。解决方法：一是调换适应的水墨；二是控制承印物的处理；三是换用相对应的稀释剂；四是提高印压或选择着色力较好的油墨或降低供墨量。

7.5.6　溶剂型油墨使用注意事项

溶剂型油墨属于危险品，储存时要远离火源。印刷厂多将其储存在地下室或温度较低的危险品仓库中，这种情况下油墨的黏度偏高，而且当储存温度低于 0℃时，油墨还会发生胶凝现象。当油墨从低温的仓库中取出后，不能即刻倒入墨槽中使用，否则油墨的性能不能正常发挥，影响印刷品质量。此时，应先将油墨回温后再使用，同时注意回温不宜过快，防止溶剂挥发比例失调而影响油墨性能。

溶剂型油墨需在与印刷车间温度相同的条件下存放一昼夜，在使用前充分搅拌均匀，避免因为长时间存放后部分颜料沉淀，致使油墨上下部分颜料含量不一致，影响印刷品前后色相的一致性。油墨厂生产的溶剂型油墨的初始黏度一般都比较高，多在 30~40s，最高可达 60s。在上机印刷前应先用相应的稀释剂降低油墨的黏度，并将黏度控制在 25s 左右。控制黏度以不干版、不虚边、不粗糙为优良黏度的上限，以印刷品不出水纹、色泽不淡薄为黏度下限。

同时，还要注意选用与所用油墨同类型的稀释剂。各种类型的溶剂型油墨都配有专用稀释剂，组成成分不同一定不能随意调加，以免影响墨性，导致印刷异常。另外，选择稀释剂时还应结合印刷速度、干燥器温度、季节等因素。以溶剂型塑料薄膜印刷油墨为例，一般情况下可使用正常的稀释剂，可加入适量正丁醇降低干燥速度，冬季可用快速稀释剂。在印刷中，溶剂型油墨中的色料、连结料、溶剂向承印物上的转移性能不同，使用一段时间后，需要加入定量好的稀释剂进行调整，防止油墨中树脂含量减少，溶剂挥发，油墨变黏稠。如果印刷机上没有安装油墨循环系统，在调加稀释剂时不宜一次调加过多，要采用少量勤加、边加边搅拌的方法，以使油墨保持均匀、一致，防止油墨结构发生改变。且在添加几次稀释剂之后，要适当调加一部分原墨，以保证印刷品颜色、光泽等的一致性。在印刷过程中，承印物表面涂层脱落（尤其是纸张材料），容易落入油墨中，造成油墨颗粒变大。经测试发现，油墨细度会由原来的 20μm 增加 50μm 以上。这些杂质容易引起刀线、白点等印刷故障，因此应加强印刷机油墨循环系统对油墨的过滤，除掉杂质。不同类型的油墨不能相互混合、调配，以免引发油墨变质。要防止误将凹印油墨与柔性版印刷油墨混合使用，以免影响印刷质量。印刷完成后剩余的油墨，在经过滤后装入密封容器中保存，下次印刷时可与同品种、同色系的搅混使用。溶剂型油墨是靠挥发而干燥的，而溶剂的挥发速度受环境温湿度的影响较大，相对湿度过低还会产生静电现象。印刷环境最好保持恒温、恒湿条件，一般温度控制在 25℃±1℃，相对湿度 65%±5%，以减少印刷故障。大部分溶剂易燃易爆，而且都有一定的毒性，污染环境，危害人身健康，生产使用和存放时应注意防火、防爆，同时尽可能选用无毒或低毒溶剂，采用溶剂回收装置处理，以减少环境污染。

7.5.7 水性油墨使用注意事项

水性油墨因其成分的特点流动性会比较大，在印刷过程中应该掌握以下几个要点。黏度直接影响油墨的转移性和印刷品的质量，黏度控制对水性油墨相当重要。在印刷过程中，黏度过低会造成色浅，黏度过高会造成脏版、糊版等现象，在难以控制时可加入转移剂，提高转移效果，增加色彩鲜艳和立体感。水性油墨在生产色浆过程中最好加入分散剂和润湿剂。一般水性油墨细度要求在 10～25μm 为佳，过细或过粗都会对水性油墨的流动性和流变性产生影响。水性油墨黏度是指水墨的稠性，是表现水墨流动的一种指标。黏度过高会造成流动性差、干燥慢；黏度低水性油墨的流动性好、干燥快、墨层薄、用墨量少。如水性油墨黏度低，则色粉含量要求要高；反之，色粉含量则低。

水性油墨因为无污染而备受欢迎。水性油墨的配方、环保性能及干燥性和溶剂型油墨有很大区别。水性油墨中水的沸点高、蒸发热大，印刷品干燥偏慢，对印刷设备要求更高。可以通过增加现有的材料长度，使用特定的水性油墨灯管提高印刷速度。除了烘箱改造，也可以通过减少印版的深度来解决。正常溶剂型油墨的版深在 40～50μm，水性油墨正常 30μm 就可以达到溶剂型油墨的印刷效果，这样既能保证水性油墨的干燥性，又节约 20%的水性油墨。在实际应用中，水性油墨的干燥性和印刷水墨的黏度与 pH 值是相关的。

为了保证水性油墨印刷时的效果，印刷时应该注意以下几方面：印刷速度越快所需调配的稀释剂的挥发性就要越快，加入溶剂的次数就越多，这就等于在不断地增加印刷成本。以油墨行业的标准来看，油墨的色墨浓度高、黏度低才是好油墨。

（1）温度对水性油墨黏度的影响

车间温度对印刷质量有影响，相对湿度在 60%～85%比较好。在冬、夏季温差比较大的时候，黏度的表现最为敏感。温度高，水分蒸发快，干燥迅速，在操作时要注意延长干燥时间或者提高机器速度。温度比较低时，水分蒸发慢，水墨干燥速度降低，在操作时可提高水墨干燥速度或加开烘干装置。冬季使用的时候，水墨在 0℃以下比较容易结冰，水墨结冰之后，可放置在温度高的房间内让其自然溶解，搅拌均匀之后便可以继续使用。在实际生产中，使用带有刮墨刀的印刷机时，温度过低时油墨的传墨量不如温度稍高的时候稳定。油墨温度升高会使黏度下降，使印刷品密度降低，墨层变薄。要保持印刷质量的一致性，就必须保持油墨黏度一致。印刷者必须高度重视油墨温度所带来的影响，在印刷之前应该把油墨的温度稳定在印刷车间的温度范围内。这一措施非常重要，否则印刷过程中的油墨密度将会有比较明显的变化。

（2）触变性对水性油墨黏度的影响

触变性是指油墨在外力搅拌作用下流动性增大，停止搅拌后流动性逐渐减小恢复原状的性能。水墨放置时间久了后，有些稳定性差的油墨比较容易沉淀、分层，还有的会出现假稠现象。这个时候，可以充分地搅拌，经一定时间的搅拌后，以上问题自然消失。在使用新鲜水墨的时候，一定要提前搅拌均匀后再作稀释调整。一定量的油墨上机后，黏度下降，机中含水、墨的触变性可以改善油墨的流动性。印刷正常的时候，也要定时搅拌墨斗，尤其是白浆含量高的油墨。

（3）pH 值对水性油墨黏度的影响

水墨应用中另一个需要控制的指标是 pH 值，其正常范围为 8.5～9.5，这个时候水性油墨的印刷性能最好，印刷品质量最稳定。化学物质氨在印刷的过程中不断挥发，操作人员会不时地向油墨中加入新墨和各种添加剂，油墨的 pH 值随时都可能发生变化。使用标准的 pH 值计量仪可以方便地测出油墨的 pH 值。当 pH 值高于 9.5 的时候，碱性太强，水性油墨的黏度降低，干燥速度变慢，耐水性变差，比较容易发生糊版；而当 pH 值低于 8.5 即碱性太弱时，水性油墨的黏度会升高，墨比较容易干燥，堵塞到印版及网纹辊上，引起版面上升，且产生气泡。pH 值对水性油墨印刷适性的影响主要表现在油墨的黏度稳定性和干燥性以及网点清晰度方面。随着 pH 值的升高，水墨黏度下降，干燥速度也变慢。

思考题

1. 油墨有哪些化学和物理性能？

2. 油墨有哪些性能检测指标？

3. 油墨的生产设备有哪些？

4. 影响胶印油墨质量的因素有哪些？

5. 除了文中提到的油墨质量控制事项，你知道的还有哪些？

6. 油墨稳定性指的是什么？

7. 胶印油墨有哪些常见问题？

8. 凹印油墨的常见问题有哪些？

9. 水性油墨有哪些使用注意事项？

10. 干性检测的步骤是什么？

参考文献

[1] 陈新. 印刷油墨的配方与生产设计工艺 [M]. 北京：化学工业出版社，2004.

[2] 钱军浩. 油墨配方设计与印刷手册中国 [M]. 北京：中国轻工业出版社，2004.

[3] 张春秀. 印刷生产手册 [M]. 北京：印刷工业出版社，2006.

[4] 田全慧. 印刷色彩管理 [M]. 北京：印刷工业出版社，2003.

[5] 陈永常. 纸张、油墨的性能与印刷适性 [M]. 北京：化学工业出版社，2004.

[6] 凌云星，薛生连. 油墨组成与配方 [M]. 北京：印刷工业出版社，2010.

[7] 钱军浩. 新型油墨印刷技术 [M]. 北京：中国轻工业出版社，2002.

[8] 阎素斋. 丝网印刷油墨 [M]. 北京：印刷工业出版社，1995.

[9] 董明达. 纸张油墨的印刷适性 [M]. 北京：印刷工业出版社，1988.

[10] 王少军. 印刷油墨生产技术 [M]. 北京：化学工业出版社，2004.

[11] Yao W Z，Ma X T，Chen A P，et al. Development and lubricity characterization of erasable blue gel ink [J]. Journal of East China University of Science and Technology，2014，40（5）：592-596.

[12] Qiao J W，Jiao Y Z. Performance analysis of typical inking system [J]. Packaging Engineering，2013，34（23）：97-101.

[13] Zhang Y C，Li F. Study on performance of offset conductive polymer ink [J]. Packaging Engineering，2010，31（23）：25-27.

[14] Zhang X Y，Liu S J，Huo X W，et al. Study on the correlation of lubrication performance of black gel ink [J]. Journal of Functional Materials，2019，50（1）：1149-1154.

第8章

油墨与包装印刷

　　装潢印刷（包装印刷）是印刷的重要分支，是艺术和技术的结合，所有商品都需要装潢加工。市场经济中商品有两种价值：一种是商品本身的物质价值，即商品被消费者接受的使用价值；另一种是商品经过装潢加工后产生的附加价值，也就是被消费者接受的观赏价值，这也是包装的基本功能之一。包装自身也是商品，包装印刷对内装物不仅起保护产品、传达信息的作用，更重要的是能够自我营销。世界上的商品琳琅满目，尤其是商场货架上的日用品，都可见到装潢印刷，比如包装类，用于装潢包装外盒和标贴；标牌类，用于装潢各种标志标牌、纪念牌等；食品类，用于装潢各种商用、民用艺术饰品。装潢印刷涉及广泛且工艺复杂，是一种具有特殊格调的印刷工艺，它既有与一般印刷方法相同的技术工艺，又有与一般印刷方法不同的特殊工艺。装潢印刷常用技术工艺为当前主要的四大印刷方式，即平版印刷、凸版印刷、凹版印刷和丝网印刷。随着印刷技术的发展，数码印刷、喷墨印刷等新型印刷方式也逐渐被广泛应用。

8.1　平版印刷

8.1.1　平版印刷的特点与作用

　　平版印刷是传统印刷方式之一，是采用印刷上的图文利用橡皮布滚筒转印到承印物上的印刷过程。其特点在于利用油水不相混溶的原理，在印迹转移中的应用、印版对水墨选择性吸附过程中的应用、间接印刷过程中的应用以及网点呈色原理在图案复制中的应用。其中应用范围最广的是胶印，胶印版材质轻、制版简单、印刷速度较快，尤其适合彩色图文并茂的彩色连续调原稿印刷。平版印刷套印精度高、阶调再现性好、价格适中。胶印具有如下特点：间接印刷，转移印迹效果好，还原性好；印刷压力小，利用橡皮布作为中间体，减轻了印刷压力；适应性好，印刷时依靠橡皮布转印，不仅能在比较光滑的纸上印刷，也能在比较粗糙的纸上印刷；由于纸张与印版不直接接触，降低了纸张的吸水性，保证了套印的准确性。

　　随着新技术、新光源、新材料、新设备的应用，制版质量和印刷质量有了显著提高。胶印印刷的代表性新技术包括数字印刷与CTP技术、FM加网技术、印刷色彩管理技术、无水胶印技术的发展以及新设备的优化设计，胶印机的速度不断提高。现代胶印机的发展方向是采用模块式的机组设计方案，根据用户的需求任意安排机组的个数和上光、模切、干燥、冷却等装置，可以按具有个性化选择的数据库信息进行印刷，不仅在书刊装潢方面，也在包装装潢方面发挥着重要作用。它为书刊封面、插页商品包装（纸袋、纸盒和瓦楞纸箱）提供了个性化包装印刷的选择，能够根据地区或产品要求提供适合市场需求的装潢印刷服务。

8.1.2 平版印刷工艺

平版印刷的特点是基于油墨和水不相溶的原理进行印刷，在印版的同一平面上先水后墨，以达到水墨平衡，然后利用图文墨迹转移的方式印制出图文清晰完整的印刷品。其工艺包括：印刷前的准备、安装印版、试印刷、正式印刷、印后处理。

（1）印刷前的准备

1）纸张准备

纸张是印刷生产中的主要材料之一，有效管理好纸张是至关重要的。纸张从造纸厂出厂，经过运输、仓库堆放，由于周围环境气候的频繁变化、地区之间温度的差异，刚拆包的纸张其含水量可能与印刷车间的温湿度不相平衡，且纸张本身的含水量可能不均匀。如果直接使用这样的纸张来进行印刷生产，可能导致套印不准确、纸张产生皱褶以及双张输纸等印刷故障。因此，在进行印刷前，必须对纸张进行调湿处理。调湿处理的目的是降低纸张对水分的敏感程度，提高纸张尺寸的稳定性。此外，调湿处理还可以解决纸张在印刷过程中的静电现象，以避免双张输纸等问题的发生。

2）油墨准备

在印刷前，需要根据印刷样张调配油墨。油墨的三原色是黄、品红和青，理论上通过不同比例和方式混合三原色，可以得到各种不同的颜色。然而，在实际应用中，即使按照理论方式混合，也无法获得纯黑色。因此，在彩色印刷中，通常采用黄、品红、青、黑四色版油墨印刷，对于一些具有特殊色相商标及彩色包装纸盒的印刷，则需要使用专色油墨来解决。专色油墨按照颜色分为浅色墨和深色墨两类。浅色墨一般以冲淡剂为主，其他颜色为辅，先在墨盘中放入冲淡剂，然后逐渐加入辅助色油墨调配均匀而成；深色墨是用原色油墨或间色油墨调配而成的，先将主色油墨放入墨盘，然后逐渐加入辅助色油墨进行调配。

平版胶印作为一种间接印刷方式，虽然不同类型的胶印机可能在输纸形式或所用纸张类型上存在差异，但通常都需要经过供墨、匀墨、着墨等过程，将油墨最终固化结膜于纸张表面，形成图文。因此，油墨调配过程必须满足三方面的要求：①色相符合，油墨的调配色相必须与原稿的色样标准相符，同时根据纸张质量、机器速度、图文类别等因素调整油墨的黏度和流动性；②质量稳定，无论使用何种类型的纸张和机型，所用的油墨都不应有凝聚、胶化、分层、表面结膜等现象，也不能混入杂质等；③用量准确，油墨的调配量需要准确，根据产品数量、图文面积、墨层厚度和纸张性质来确定。小批量产品必须一次将用量调准，而大批量的产品可分期分批调配，但每批油墨调配的用料要有记录，并要保持统一的色相。

3）润版液的准备

在平版胶印中，印版图文部分和空白部分几乎处于同一平面上，因此在印刷过程中必须使用润版液。决定润版液用量时，需要考虑以下因素：版面图文面积的大小及分布情况、印迹墨层厚度、承印物的性质、油墨的性质、印版的类别、印刷速度、车间温度和湿度等。一般而言，当纸张平滑度较高、机器转印快、生产环境温度低时，可以稍微控制印刷润版液的用量；当承印材料粗糙、机器运转速度低、环境温度高时，则应增加印刷润版液的用量。除了控制水量平衡外，还需注意控制润版液中的 pH 值和墨量中的催干剂等用量，以避免印刷过程中出现水墨不平衡的现象。

4）印版准备

在进行上版前，首要任务是对印版的色别进行复核，以确保印版色与印刷单元的油墨色相符合，避免发生差错。同时，需要仔细检查印版上的网点质量，对于晒版梯尺、布鲁纳尔信号条在印版上晒版和显影的变化情况，以及网点扩大或缩小的差异，一般控制在3～4格范围内。此外，还需要检查印版上的规线、切口线、咬口尺寸等细节。

5）包衬准备

滚筒包衬是指将各种包覆物外层包裹在滚筒壳体表面。除了印版和橡皮布以外，常用的包衬材料还有绝缘纸、牛皮纸、橡皮垫、毡呢以及其他纸张等。印刷机使用包衬作为衬垫的目的有三个方面：第一，利用衬垫材料的弹性变形来产生印刷压力；第二，弥补机器制造的精度误差和各印刷面之间存在的缺陷；第三，减少冲击和负载，避免滚筒体的直接接触，从而保护机械设备。在印刷机设计和印刷工艺中，包衬通常根据硬度不同可分为硬性、中性、软性三种。在选择包衬时，必须考虑印刷机的型号、承印材料以及印刷产品的要求。硬性包衬通常用于多色高速胶印机，软性包衬则适用于精度低的胶印机，而中性包衬的性能介于硬性和软性之间，性能平衡。

6）印刷色序

印刷品的色彩是由不同色相的油墨叠印而成的，叠印中的印色次序称为色序。在印刷过程中，存在干印和湿印、油墨性质、产品不同要求等多种考量。因此，用不同的色序会产生各种不同的印刷效果，所以在印刷之前，安排适当的印刷色序是一个重要的工艺任务。

对于单色机，印刷过程是先完成一个颜色的印刷，等待油墨基本干燥后再印第二个颜色，因此，常用的色序是黄—品红—青—黑。先印黄色的主要原因是黄墨的透明度差，见光后容易褪色。因此先印黄色可以作为底色，起到保护作用。此外，长期的工艺习惯也使得先印黄色成为普遍选择。

双色机的色序则更为复杂，通常在湿印的情况下进行印刷。至于四色机，通常采用的色序有两种：黑青—品红—黄或黑—品红—青—黄。在四色机印刷中，黑色通常作为底色使用，占用画面较少。将黑色放在第一色印刷的原因是其由于其用墨量少，对后续颜色印刷网点影响较小。

（2）试印刷

印刷前材料准备工作完成，并安装印版后，即可进行试印刷。试印刷的主要工艺是检查印刷机输纸、传纸、放纸的运转情况，并进行适当的调整以保证纸张传输顺畅、定位准确；以印版的规矩线为标准，校正印版位置，达到套印精度的要求；校正压力，调节油墨、润版液的供应量，使墨色符合样张。通常在印刷约1000张，墨色达到样张要求后，进行样张评定确认，确认后即可正式进行印刷。

1）润湿装置操作工艺

平版胶印工艺流程：首先给印版上水，使空白部分着水；然后再给印版上墨，使图文部分着墨。因此，胶印机上除了设置输墨装置外，还必须有润湿装置。胶印用水要求含杂质少，水质不能太硬，润版液的pH值以5～6为宜。平版胶印润湿装置分为接触式和非接触式两大类。接触式润湿装置是水斗中的润版液经过各种水辊接触传递给印版进行润湿，它又分为间歇式、连续式和酒精式三种类型。非接触式润湿装置是水斗中的水不经过各种水辊直接传递给印版进行润湿，包括刷辊式和喷水式润湿装置。

2）输墨装置操作工艺

将墨斗中的油墨供给版面的装置称为输墨装置。印刷过程是油墨的传递转移过程，在这个过程中，需使油墨按胶印印刷工艺的需要进行传递和转移，以达到印迹的准确复制。为了确保墨辊在印刷过程中将油墨均匀、适量地传到印版表面，必须设置输墨装置将墨斗辊输出的油墨从包括圆周和轴的两个方向迅速打匀、适量地上墨。供墨部分的供墨量和着墨部分的着墨压力等需要根据操作工艺进行调节。

传统的手工调整输墨方式劳动强度大、预调时间长以及造成油墨和纸张的大量浪费，且印品的质量也不稳定。近年来，一些先进的印刷机采用了各种型号的自动调整输墨装置，尽管各厂家设计和生产的形式不一样，但其原理和主要控制手段基本上相似。油墨控制装置可在收纸部位遥控墨斗和墨刀的开合，功能多的装置既可以测定胶片底版、晒版或打样的图案面积及印刷密度，还可在印刷前对墨斗部位进行预调节。

3）印刷装置操作工艺

胶印机的印刷装置主要由三个不同特性的滚筒组成：印版滚筒上安装印版；橡皮滚筒表面包裹一层橡皮布及衬垫；压印滚筒上装有叼纸牙。各滚筒的滚筒体均包括轴颈、轴头、筒体、肩铁四个部分。

4）校版

校版即印版位置的调整，即印版校正，一般指通过改变印版图文与纸张的相对位置来达到准确套印所采用的方法。为了使滚筒上所装印版的图文能正确地转印到纸张的预定位置上，校版时不仅要对版位进行校正，还需要校正纸张位置。校正版面的依据可以是规线或参照图文的套准程度，校正量应先大后小，直到达到基本准确时，最后进行微量调节以确保规矩重合。在校版过程中，需要根据版次先后分别对待，尤其对于双面印刷的产品，必须同时对照背面的图文位置和规矩，以确保正反两面准确协调。

（3）正式印刷

完成试印刷操作后，即可进行正式印刷操作工艺阶段。在正式印刷用纸的上面，摆放20～30张校版纸，收纸时将其与正式印刷用纸交接之处夹上间隔纸条，并打开计数器，从零开始计数。

① 定时抽样检查。进入正式印刷后，在开印时确定的供墨量和上水量多少会有些变化，因此需要经常抽样检查并进行调整。在印刷速度保持不变，供墨量和上水量在稳定状态时，按客户提供的样张正式签订印刷品的样张，并定时按样张要求严格进行抽样检查，建立自检、互检和专检的检查制度，以确保印刷产品质量。

② 观察上水情况。密切观察正式印刷初期的上水变化情况。试印刷时和进入正式印刷后的上水量会有所不同，需要同时观察样张是否出现重影或水杠，并及时调节印版的给水量。同时要注意正式印刷过程中上水的变化，特别要留意机器主体发热和车间的通风状况给上水带来的影响。对于使用酒精润版的情况，要注意润湿系统冷却装置，控制润版液的温度。

③ 观察油墨情况。墨斗中的油墨从墨斗辊和墨斗刮刀之间的缝隙流出来，是由油墨的自重而自然被挤压出来的，因此，墨斗中油墨量的多少直接影响油墨的输出量。需要保持墨斗中有适量的油墨，并经常使用墨刀在墨斗中搅拌或安装油墨搅拌器，防止油墨在印刷机器上干燥。长时间待机后，墨辊上的油墨和墨斗中的油墨表面可能会干燥，可使用干燥抑制剂喷在墨辊上。同时要注意墨色的均匀性，印刷品的密度会因上水量、室温和印刷速度等因素而变化，应经常与标准样张进行对比检查，防止出现墨色不匀现象。另外，保持润版液的 pH 值

稳定也很重要，添加辅助剂后可能会影响润版液的 pH 值，因此要注意控制。清洗橡皮布也很关键，当橡皮布上堆积油墨、纸粉或喷粉粉末时，会影响油墨的运转，必须及时清洗橡皮布，以确保印刷产品质量。

④ 注意印刷机的运转状况。在印刷机运行过程中，要定期检查运转的声音、热度、振动、气味等情况，如果发现异常情况，必须仔细检查原因。如确实认为没有影响正常生产的问题，才可继续运转。

⑤ 确认印刷数量。在印刷即将结束时，需要确认总印数是否与生产施工单相符。如有缺数需补印的应立即补办手续，需要立即进行补印。

（4）印后处理

印后处理的主要内容有印刷机的清洗、印版处理、印张整理、印刷机保养以及作业环境的清理工作。

① 机器的清洗。清洗工作包括墨辊、水辊、橡皮布以及印刷滚筒的清洗。

② 印版处理。印版的处理有保存版和不保存版处置。频繁使用过的预涂感光版（PS 版）有保存的必要，就必须对版面小心拆版，然后对版面进行清洗、涂胶、干燥处理，最后放置在版库。若使用过的 PS 版不需要保存，清洗后可以先不折版，直接进行墨组清洗，印版可保护印版滚筒筒体，待装新印版时再拆除旧印版。

③ 印张整理。印张取出后填写相关报表，标明产品名称、印刷机编号、印刷日期等，并在半成品区静置 24h，待油墨干燥后才能进行处理。为防止印张在室内温湿度变化下变形，可用乙烯薄膜覆盖整个印张。

④ 机器设备保养和环境清理。定期检查机器设备是否有异物、油孔是否堵塞、主要转动零件是否损坏、螺钉是否松动，并严格执行三级保养的条例。同时，进行作业环境的清理工作。

8.2　柔性版印刷

8.2.1　柔性版印刷的特点与作用

柔性版印刷的历史可追溯至一百年前，其命名源自使用苯胺染料制成的挥发性液体油墨进行印刷。首台苯胺印刷机是 1890 年在英国制成的，经过大约 30 年时间试用，到 20 世纪 30 年代由于包装印刷需要量逐渐增加，特别是卷筒纸、玻璃纸包装印刷品用于生产，苯胺印刷技术有了很大的发展。由于苯胺印刷的材料采用橡皮胶版，故也称橡皮版印刷。当时橡皮版的制版技术较差，不能承印质量要求较高的产品。在 20 世纪 30～50 年代期间，随着苯胺印刷技术设备和工艺有了改进，油墨结构发生了变化，实际上已经不再使用苯胺染料作为油墨的主要组成成分。因此，1952 年 10 月的第十届世界包装会议专题讨论通过，将苯胺印刷改名为柔性版印刷。

我国的柔性版印刷发展相对较晚，主要始于 20 世纪 80 年代。之后柔性版印刷逐渐应用于包装装潢产品，并适用于各种卷筒纸、金属箔纸、塑料薄膜等包装材料。随着科技水平的不断提高，柔性版印刷将迎来更加广阔的发展前景。柔性版印刷工艺具有较强的生命力，这是由于：

① 柔性版印刷工艺具有凸版印刷、平版印刷和凹版印刷的共性，适用范围较广。从印刷结构上看，它具有凸版印刷特性；从印刷适性来说，它是柔性橡胶版与印刷纸张接触，具有

胶版印刷特性；从印刷对象来看，它是圆压圆轮转卷筒印刷，凡是凹印能承印的产品，基本上都能替代。柔性版印刷是介于一般凸印、平印、凹印之间的一种特殊印刷方法。柔性版印刷每平方厘米的印刷压力约 1kg，是一种轻压力印刷。由于压力摩擦系数较低，运转的损耗和阻力达到较小程度，因此它的运转速度较高，可达到 250m/min。印刷可以承印范围较广的包装装潢印件，由于其运转稳定、性能较好，材料损耗率较一般凸印、平印和凹印低。

② 柔性版印刷工艺相对简便，生产周期短。它采用感光合成橡胶柔性凸版，主要材料为高分子聚酯，由保护膜、感光层、黏合层、底基四层组成。制版工艺程序包括照相、拷贝、背面预曝光、正面曝光、冲洗腐蚀、烘版干燥、后处理和后曝光等。通常情况下，制版可在1 小时内完成，是高速轮转机中选版制版时间较短的一种。同时，柔性版印刷的装版定位可以预装，上机调节压力和套印位置都较一般印刷工艺简便。当取得合理的印刷压力后，调整油墨与纸张的印刷适性，可以取得较好的印刷质量。轮转卷筒包装材料可在印前或印后按照成品规格要求进行分切，这些生产任务相当部分是在自动化操作下完成的，效率较高。

考虑到上述因素，柔性版印刷在包装装潢产品的应用上具有广阔的应用前景。

① 大量包装装潢印件采用纸张作为材料，尤其是自动化程度较高的商品包装，采用卷筒纸印刷为包装成品后，以配合商品连续流水线生产，从而对提高生产效率具有重大意义。除了纸张，卷筒纸包装印刷还常用铝箔材料，其表面色彩闪光夺目，具有良好商品保护性能，铝箔的金属硬质表面使其与柔性版印刷质量效果相得益彰。

② 塑料薄膜包装装潢材料应用也广泛，而采用柔性版印刷在这方面具有明显的优势。由于塑料薄膜印件的品种多、印数少，通常采用凹版印刷成本高、交货期长。相反，柔性版印刷的成本低、交货期短。而且，塑料薄膜印刷要求印迹墨层厚实、干燥性能良好，采用醇溶型油墨，选择的是无毒性的低分子量聚酰胺树脂，非常适合食品包装应用。

③ 压敏胶纸包装装潢标贴的印刷工序繁多，采用卷筒压敏胶纸进行表面印刷可一次完成模切、去废、成型等工序，提高生产效率。柔性版印刷能够承印较小的七号文字，柔性版版材具有较好的转移性能，可以适应不同材料取得较好的印刷质量。为了满足连续生产的要求，承印压敏胶纸的柔性版印刷机必须配备模切、去废和成型的后续工序设备。

④ 多色网纹印刷是一种质量要求较高的精细网纹印件，通过图像天然片分色直接挂网和拼晒制成柔性版。网纹柔性版具有层次丰富和色彩鲜艳的良好效果，印刷质量可与平版印刷媲美，特别适合高级塑料薄膜或纸张印刷。

8.2.2 柔性版印刷工艺

柔性版印刷工艺为：先经过装料、装版及印版内容的检查，确定印版位置，并调整印刷压力；再经过调节图文套印准确度和油墨的色相及适性配比等工序后，进入试印阶段；试印的样张经过印版图文内容的校对、承印材料和图文规格的检查、套色色相的核对、质量的分析，确认各个数据或实样符合施工要求，方可签字付印。柔性版印刷机的印刷速度较高，但可变因素较多。因此，需密切关注印刷机的运转状态、油墨黏度、色相准确性、墨层黏着情况、图文墨层干燥效果、版面墨污情况以及收卷平稳性等方面，在生产过程中保持警惕。柔性版印版和印版上液体墨层的变形阻力所引起的各种压力之和称为印刷压力。柔性印版变形后产生的压力=柔性印版的变形×柔性参数。柔性版印刷的印刷压力取决于下列条件：

① 印刷压力大小与柔性印版的柔性参数大小有关，柔性参数愈大，印刷压力也愈大；印

刷压力与印版的松弹和吸附能力以及印版变形程度、印刷机械运转速度有关，运转速度愈快，印刷压力愈小。

② 柔性版印刷的合理印刷压力与取得较好的印刷质量有极大关系。容许印刷压力是指在最大合理压力下，油墨挤出印迹边缘不会超出图文失真的压力容许值。如果印刷压力过大，而油墨的黏度与压力不匹配，或油墨印墨量过多，会导致印刷接触面图文的油墨被挤压扩散，边缘扩大，从而造成图文失真。

③ 在相同条件下，合理降低柔性参数，印刷压力由 70 肖氏硬度降为 40 肖氏硬度，印迹失真可减少 50%~75%。降低印刷压力，可以使印版的柔性和变形程度与印版的墨层厚度协调一致，符合原稿的要求。柔性参数小、变形小的印版和高黏度油墨，能使墨层减薄，提高印刷质量。

8.3 凹版印刷

8.3.1 凹版印刷的特点和作用

凹版印刷是一种直接印刷方式，其特点在于文字和图案被凹入一个圆形版面上。印刷时，图文部分以不同的深度凹入版面，以展现原稿图文的深浅层次。因此，这种印版被称为凹版，相应的印刷技术被称为凹版印刷术。凹版印刷产品墨层厚实、线条明朗、层次表现力极强、清晰度高、色泽经久不变、不易伪造，可以实现大批量、高速度的多色与专色精细美观的印刷效果。尤其是凹版印刷四色与专色叠印的多色印刷品色彩饱满绚丽，弥补了胶印的不足。凹版印刷技术在全球范围内主要应用于画册，并在包装装潢产品领域得到广泛应用。凹版印刷主要特点如下：

① 优越的色彩复制。凹版印刷可复制色调的范围宽，整批产品的色彩一致性好。凹版印刷的印版滚筒与承印材料直接接触，使油墨更切实地附着，从而更好地完成色彩再现。

② 灵活性大、适用性强。凹版印刷灵活性大，适用于纸张、纸板、塑料薄膜等不同承印材料。凹版印刷机可分为单张凹印机、卷筒凹印机，也可分为单色凹印机、多色凹印机，可广泛使用溶剂型油墨、水溶型油墨。

③ 生产效率高。凹版印刷机以高速生产著称，速度可达到 300m/min 以上。

④ 印刷耐印率高。凹版滚筒使用寿命长、耐印力高，适用于长版活印刷，平均耐印力可达到 100 万~300 万次。对于许多大批量印刷产品，凹印的相对成本较低。

8.3.2 凹版印刷工艺

凹版印刷采用网穴结构，即依靠着墨量体积不同来实现原稿图文层次的表达。凹版印刷工艺包括：印刷前准备、安装印版、印刷调试、正式印刷。

（1）印刷前准备

1） 承印材料

凹版印刷承印材料的种类很多，主要包括纸张和塑料薄膜。操作人员需要选择确定承印的纸张厚度、规格以及对纸张的含水量、平滑度、均匀度、白度等技术指标进行检测。塑料薄膜用得最多的是聚乙烯、聚丙烯，另外还有聚氯乙烯、聚酯、聚酰胺、聚偏二氯乙烯等。在复合材料中，有时会使用多种薄膜进行复合，或者将塑料薄膜、玻璃纸、铝箔等材料进行多层复合。

2）油墨和溶剂

根据生产工艺选用相应的油墨和自行配制油墨，但是有些印件往往是需要用专色油墨进行印刷，因此它的配色尤为主要。通常专色油墨配色的原则如下：油墨的调色时尽可能采用专业油墨厂生产的色相相同的定型油墨，定型油墨的色彩饱和度比用两个颜色的油墨调配出新的油墨饱和度好；若要用几种颜色油墨配制，应尽量选用颜色接近定型油墨为主色；尽量减少油墨的品种，因为油墨品种越多，消色比例越高且透明度和饱和度则越低；配制浅色油墨时，应以白墨为主，加入少量原色油墨；用铜金粉、银粉和珠光粉配制时，其含量比不超过总量的30%。

3）刮墨刀

刮墨刀是印刷机上用以刮去滚筒表面多余油墨的薄片，主要有金属与非金属两种材质。刮墨刀的工作原理主要是使印版辊上的油墨能够被刮干净，不产生拉丝或拉墨等缺陷。刮墨刀需要匀速来回摆动，以适应印版网点分布。其运行的组成装置包括刮墨刀左右摆动的驱动装置、刮墨刀气压装置、升降装置、径深调整机构和刮墨刀架等。

在凹版印刷中，它是一个相对简单的机械操作。刮墨刀的种类多样，根据其形状主要有尖角刮刀、圆弧刮刀和梯形刮刀等。其中，梯形刮刀由于与印版辊的接触面积恒定如一，印刷品质前后一致，因此在市场上被广泛采用。根据材质，刮墨刀可分为碳钢刮刀、不锈钢刮刀、塑料刮刀和涂层刮刀等，这些刮刀都需要具备高品质、洁净、无杂质、耐磨的特性。在实际使用中，刮墨刀的硬度应低于印版表面铬层的硬度，以确保不会对印版造成磨损。当刮墨刀受损出现缺口时，印刷品上可能会出现有规律的刀线。此时，如果缺口较细微，可以用油石或细砂纸打磨至光洁平整；如果缺口较大，则需要更换新的刮墨刀。安装刮墨刀时，需要确保平整度好，使刮墨刀受力均匀，并根据版面刮墨程度和印刷品的着墨情况，适当调整刮墨刀的角度和压力，以达到最佳的刮墨效果。

（2）正式印刷

凹印中常见的印刷工艺是印版直接与墨槽接触，在压印滚筒的作用下实现油墨向承印物上的转移。印刷过程中需要注意如下问题。

1）六个方面的问题

调整各色组的扫描头；速度加至40m/min，调节自动套准装置；校对两边"+"字线，调节各色组平衡辊；待套色稳定后，与标准样校正，检查是否存在套色误差，如果存在需在自动套准装置上进行调节套准；以标准样为准调整颜色，测定各色油墨黏度，在油墨黏度自动控制系统上设定；检查机器运转状况，排除异常情况的发生。

2）掌握三个方面的变化

① 油墨变化。油墨的干燥快慢与车速成正比，如果油墨的干燥度与车速相适应时，印刷质量表示正常；掌握油墨厚、薄和干燥度及印刷规律；选用与印刷产品及油墨相适应的溶剂；控制油墨挥发的快慢程度，保持产品达到质量标准。

② 冷热风变化。根据天气及车间温湿度，掌握冷热风的间隔和热量，这是印好产品的关键。车间里安装恒温设备，冬天气温较低时开大热风，夏天气温较高时开大冷风，控制环境的温度和湿度。

③ 承印物的张力变化。根据承印物的种类及其收缩率来调整张力。

8.4 丝网印刷

8.4.1 丝网印刷的特点与作用

丝网印刷是指印版呈网状，印刷时印版上的油墨在挤压下从版面网孔部分漏印至承印物上的印刷方式，它是一种古老的印刷方式。由于丝网印刷的制版和印刷工艺简单、设备投资费用少、成本低，至今未被淘汰，反而得到蓬勃的发展，说明这种印刷工艺具有较强的生命力。其特点如下：

① 版面柔软。丝网印刷的版面柔软，而且富有弹性，所以丝网印刷不仅能够在各种纸张、纺织品等软性材料上进行印刷，而且还能在各种金属板等硬质材料上进行印刷。

② 墨层厚实。丝网印刷产品墨层厚度可达 30～100μm，甚至有的墨层可达 1mm 以上，为各种印刷方法中表面最厚的一种。

③ 耐光性好。由于丝网印刷产品的墨色特别厚实，具有鲜艳的色彩效果、优质的耐光性能，其中耐日光曝晒性能也特别强，是其他印刷方法无法比拟的。

④ 适用于多种油墨。丝网印刷不用墨器，不需要油墨的传递装置，而由刮板直接将油墨刮动漏到印刷物表面，因此，可以使用各种水溶型、油溶型、合成树脂型、乳剂型、粉状型不同性质的油墨。在不同的条件下，适用于各种印刷印料。

⑤ 适用性强。丝网印刷不仅可在平面上印刷，而且可在曲面或球面上印刷，它不仅适合在面积较小的物体上印刷，也适合在面积较大的物体上印刷，不受承印物表面形状及面积大小的限制，这种印刷方式有着很大的灵活性和适用性。

⑥ 遮盖性强。丝网印刷呈色性能好，墨层对承印物的遮盖性能强，可在各种有色或无色物体表面进行任何颜色的印刷，而颜色不受物体原有色相的影响，也可以在粗糙的物体表面印刷，印刷效果同样优良。

⑦ 印刷压力小。丝网印刷是依靠软性刮墨板刮动油墨，使油墨通过网孔漏到印刷物表面形成图文的，印刷压力非常小，因此，能在很容易损坏的材料表面进行印刷。

综上所述，丝网印刷的应用范围非常广泛，可印在各种承印物上，因此在装潢方面作用也十分显著。

8.4.2 丝网印刷工艺

（1）印刷前的准备

1）刮板

丝网印刷的刮板是指刮墨板和回墨板。刮墨板由橡胶条和夹具两部分组成，有手用刮墨板和机用刮墨板之分，是将丝网印版上的油墨刮挤到承印物上的工具；回墨板多为铝制品或其他金属制品，是将刮墨板刮挤到丝网印版一端的油墨送回到刮墨起始位置的工具。

2）油墨

选用丝网油墨应具备良好的印刷适性：油墨在印版上不应干燥结膜，而当印刷到承印物表面时，无论属于哪一种干燥类型，都要求能迅速固着干燥；油墨在承印物表面形成图文，干燥后的印迹要有较好的附着牢度；油墨在印版上容易涂布均匀，在受力小的条件下易于过网，要求印刷品图文清晰，没有粘脏现象；油墨在印版上进行涂布时，要保持一定的稳定性；油墨根据印刷品的要求，要达到一定的色调浓度；印刷结束后，印刷上的油墨应便于清洗干净，以保证印版的有效使用。

3）承印物

为了使承印物具备一定的印刷适性，在印刷前必须对承印物进行印前处理。

① 纸张。纸张是亲水性很强的材料，纸张含水量的变化会造成纸张变形、变脆，引起套印不准。由于周围环境的变化存在温、湿度的差异，纸张投产前必须进行调湿处理，让纸张含水量均匀并与车间温、湿度一致。

② 塑料。聚乙烯薄膜要先进行火焰处理和等离子放电处理，然后再进行印刷；氯乙烯的耐水性、耐化学药品性强，但由于耐溶剂性能较弱，因此，若使印刷品再生时要使用属于脂肪系的乙烯、庚烯类溶剂；聚缩醛印刷时，需要进行前处理并使用特殊油墨；其他塑料类印刷前要用甲醇或脂肪系溶剂擦洗，进行脱脂、除尘，然后选择适当的油墨进行印刷。

③ 金属。作为承印物的金属如铁、不锈钢、铬、镍及铝等材料，很少直接进行印刷，而是在印前先对其进行涂布、电镀、阳极氧化加工等处理。其他一些金属可使用机械研磨或采用氟系溶剂处理，除去金属表面上的大部分有机物的污染，然后用钴酸等进行化学处理，改善金属表面的性能，以使油墨的附着达到最佳效果。

④ 其他包装承印物。陶器、硬质瓷器、骨灰瓷器、玻璃制品等前处理时，可采用超声波洗净、稀酸洗净及酒精擦洗等，去除油、水分、灰尘等。

（2）正式印刷

① 校版样。正式开印后，再抽出最符合标准的样张作为"校版样"，并在校版样上精确标出挡规的标线，作为挡规万一移动时的参考。校版样在每换一次色版、装版和校版时都要使用，故应当妥善保存。第一色印完后，应立即洗印版，不得有残墨，以免残墨干固堵死网孔，或再印时损失细部，甚至使丝网不能回收。用挥发性干燥型油墨印刷时，若出现油墨干结而引起局部堵网，应用洁净棉纱蘸溶剂从网版的刮墨面擦洗，直至通透。

② 套印。套印下一色版时，可按单色印刷时的调整方法进行。但是第一色印刷时，承印物在印刷台上的位置就要固定下来，第二色及其他色印刷时，承印物所在印刷台上的位置一直保持不变，都与第一色相同，观察丝网版的图文与校版样的图文套合情况，慢慢移动网框使二者套准。这时初步拧紧夹具、确定刮印角，印压保持与上一色版相同，然后抽样检查套印情况，最终确定调整方法。

③ 手工丝网印刷。手工丝网印刷的最大优点是无论材料种类、形状、重量有什么变化，只要有合适的印版、大小不同的印刷台、熟练的技术和大小合适的场地，就能够适应各种印刷的需要。手工丝网印刷首先要掌握油墨的调配、压力的加减、印刷刮板的材料硬度、角度的选择、版面与承印物的间隙调整、多色印刷套印规矩等。手工丝网印刷中的给纸、收纸、刮板的抬起及落下、印版的使用、印刷物的干燥由手工进行。

④ 平面丝网印刷。平面丝网印刷在一般情况下是将承印物吸附在平台上进行印刷，承印物的输入输出随着丝网印版的开闭或印刷台的移动进行。印刷时网框、印刷台固定，通过刮板的移动进行印刷，用这种印刷方式进行丝网印刷的机器叫作平面丝网印刷机。丝网印版为圆筒状的称为圆网平面印刷，是通过转移的圆网进行印刷的，也可以进行平面承印物的印刷，

这种印刷机与平面印刷机的功能不同，属于特殊型。平面丝网印刷机按承印物材料分为单张型、卷筒型。平面丝网印刷操作工艺中承印物预处理、油墨的调配、间隙的调节、设备的调试等一切工作准备完毕后，即可以投入生产。

⑤ 曲面丝网印刷。曲面丝网印刷一般是指在曲面承印物上进行印刷。常见的承印物形状主要有圆柱形、圆锥形、椭圆形以及表面不规则形状等。承印物材料主要有塑料、陶瓷、玻璃和金属等成型品。

8.5　喷墨印刷

8.5.1　喷墨印刷的特点与作用

喷墨印刷采用无压力印刷，它不同于一般常规印刷，是通过计算机控制从喷嘴射在承印物上的细墨流获得需要的图像文字的。喷墨印刷主要特点是：

① 不使用印版。将原稿的图像文字变成信号，通过彩色扫描器和电子摄像机输入印刷主存储器存储，替代一般常规印版，使印刷工艺简化。

② 不直接接触承印物。喷头喷出墨水保持一定距离，射在承印物上，这种印刷方法的环境清洁，没有污染和噪声干扰，印刷承印物不承受任何压印力。

③ 用电子计算机直接控制墨滴，全部操作过程实现自动化，可以承印单色或多色的产品，同时减轻劳动强度，提高效率。

④ 对承印物材料选择的适用范围较大，可以适用承印纸张，也可以适用承印塑料、金属、玻璃等无渗透性能的材料。

⑤ 对承印物不同造型选择有独特的作用，可以适用于平面承印物，也可以适用于各种曲面异形的承印物。

⑥ 可以采用无毒、无菌或可以食用的油墨或染色剂，有利于在制药、食品等净化要求较高的工业中进行推广。

⑦ 印刷工艺简便，生产周转环节减少，有利降低成本、提高企业利润、开拓新的市场竞争。

⑧ 机械结构简单、体积小、重量轻、占用生产场地少、安装方便。

综上所述，喷墨印刷采用现代电子技术控制，具有无压力、无接触、工艺简化以及适用范围较广的优越性，将逐步在包装装潢印刷应用中得到广泛推广。

8.5.2　喷墨印刷设备材料

喷墨印刷的基本装置由喷头、喷墨控制器、印刷进纸装置以及系统控制器等部件构成。喷墨印刷结构装置主要有两种：

① 单色喷墨印刷结构装置。这是一种单色结构装置，喷头只能进行一种单色墨水的喷射，机械结构和墨水系统装置较为简单。

② 多色喷墨印刷。这是一种多色结构装置，具有四个以上喷头，可以同步或异步进行多种彩色墨水的喷射。这种多色喷墨印刷机能从多种不同信息中接收彩色信息，信息源把三种

辅助基色（红、绿、蓝）信息送至接口，将复制的信息存入主存储器，红、绿、蓝三色信息通过色彩转换器转换为青、品红、黄三种墨水及黑色信号，再由灰度控制器控制中性灰，经过灰度控制器的四种颜色信号分别送至相同色别喷头的电极上，以控制喷头喷射墨水。微墨滴控制系统起着控制墨滴的产生与稳定作用，墨水系统起着供应和回收墨水的作用，自动进纸装置把印刷用纸自动输送到纸架上接受喷墨印刷。

8.5.3 喷墨印刷工艺

喷墨印刷工艺在完成印件印刷过程中，主要采用的方法有三种：

① 连续喷墨。从喷头上喷射墨水，在一定距离内出现断成不规则的墨滴，振动频率正好形成自然的连续墨滴，喷射到纸面上；操纵感应控制装置，能对每一墨滴产生静电荷，通过一个固定的静电场，墨滴在偏转范围内形成印刷图像。

② 间断喷墨。对喷头施加轻微压力，形成凹凸体状，加上静电压作用，带等量电荷的间断短小墨滴流即会从喷头中喷射出来，不经过偏转而被吸引到承印物表面，通过控制静电场的变化形成印刷图像。

③ 脉冲喷墨。墨源处在压电晶体下面凹陷部位，在脉冲作用下墨滴从喷头中喷射出来，可将 7～12 个喷头排成系列，同时喷射墨滴形成印刷图像。

8.6 上光

8.6.1 上光工艺特点与作用

上光是指在印刷品表面均匀地涂布一层无色透明涂料（也称上光油），经热风干燥、冷风冷却或压光后，在印刷品表面形成薄而均匀的透明光亮层的工艺。上光加工是改善印刷品表面性能的一种有效方法，不仅可以增强表面光亮度，而且能够起到防潮和防霉的作用，并具有抗机械摩擦和防化学腐蚀保护印刷图文的作用，因此被广泛地应用于包装纸盒、画册、大幅装饰、招贴画等印刷品的表面加工中。

胶印印刷品墨层比较薄，易造成墨色饱和度不足，印刷品整体光泽效果往往不佳。如果采用上光工艺不仅可改善印刷品的表面光滑度，提高印刷品墨层的亮度，同时还提供了一层有效的防护膜。

印刷品上光的目的可归纳为以下几方面：

① 增强印刷品的外观效果。印刷品的上光包括整体上光、局部上光、高光泽型和亚光型（无反射光泽）上光。无论哪一种上光形式，均可提高印刷品外观效果，使印刷品质感更加厚实丰满，色彩更加鲜艳明亮，提高了印刷品的光泽和艺术效果，起到美化的作用和功能。

② 改善印刷品的使用性能。根据不同印刷品的特点，选用适宜的上光工艺和材料，可以明显改善印刷品的使用性能。例如，书籍是长效的信息载体，需要长期保存，上光处理后可以达到延长其使用寿命的目的；扑克牌经上光后，可以提高它的滑爽性和耐折性；电池经过上光后，可以提高它的防潮性能。

③ 增进印刷品的保护性能。各种上光方法都可以不同程度地起到保护印刷品及保护商品

的作用。经过上光处理后，一般均可提高印刷品的耐水性、耐化学溶剂性、耐摩擦性、耐热和耐寒性等，使印刷产品得到进一步保护，进而减少产品在运输、储存和使用过程中的损失。因而，在纸盒和纸袋类包装印刷品上大量地采用了上光加工工艺方法。

④ 增加印刷品的附着性能。有些印刷品上需要压贴铜箔、银箔，使产品显得美观，很像金色、银色的效果。铜箔、银箔的金属表面层与基料结合得不牢，经过上光后可以增加印刷品的附着性能。

⑤ 提升印刷品身价和商品的档次。包装印刷品经过局部上光或特效的上光工艺处理，并与烫电化铝、压凹凸等表面整饰工艺技术相结合，有利于提升印刷品身价和商品的档次。

8.6.2 上光油

（1）上光油的组成与要求

与油墨相似，上光所用的上光油有油性上光油、醇溶性上光油、水性上光油和 UV 上光油等类型，应根据实际用途来合理加以选择。比如药品、食品、化妆品等商品，应该选用醇溶性或水性上光油。

1）上光油的组成

上光油的类型很多，但组成基本相似，主要由主剂、助剂和溶剂等组成。

① 主剂。主剂是上光油的成膜物质，通常为各类天然树脂或合成树脂。印刷品上光后膜层的品质及理化性能，如光泽度、耐折度、耐酸碱性、耐摩擦性以及后加工适性等均与主剂的选择有关。一般地，采用天然树脂作为成膜物质的上光油，干燥后透明性差，易泛黄，还易产生反黏现象；而采用合成树脂作为主剂的上光油，具有成膜性好、光泽度和透明度高、耐摩擦性强等特点，且耐水、耐气候，适印性广泛。

② 助剂。助剂是为了改善上光油的理化性能及加工特性而添加的物质。各类助剂的用量一般不超过上光油总量的 3%，但它对上光油的各项性能指标却有很大影响。常见的助剂有固化剂、表面活性剂、消泡剂、增塑剂和稳定剂等。

③ 溶剂。溶剂的主要作用是分散、溶解主剂和助剂。上光油对溶剂的溶解性、挥发性等指标要求较高。上光油的毒性、气味、干燥速度、流平性等理化指标同溶剂的选用有直接的关系。目前上光油中常用的溶剂有芳香类（如甲苯）、醇类（如乙醇、异丙醇）、酯类（如醋酸乙酯、醋酸丁酯）等。

2）对上光油的技术要求

理想的上光油除具有无色、无味、光泽感强、干燥迅速、耐化学品性优良等特性外，还必须具备以下性能：

① 膜层透明度高、不变色。装潢印刷品要获得优良的上光效果，取决于印张表面能形成一层无色透明的膜，并且经干燥后图文不变色，还不能因日晒或使用时间长而变色泛黄。

② 膜层具有一定的耐磨性。有些上光的印刷品要求上光后具有一定的耐磨性及耐刮性。因为在高速制盒机、纸盒包装机、书籍上护封等流水线生产工艺过程，印刷品表面易受到摩擦，故应有耐磨性。

③ 具有一定的柔弹性。任何一种上光油在印刷品表面形成的亮膜都必须保持较好的弹性，才能与纸张或纸板的柔韧性相适应，不致发生破损、干裂和脱落。

④ 膜层耐环境性能要好。上光后的印刷品有些用于制作各类包装纸盒，为了能够对被包

装产品起到较好的保护作用，要求上光膜层耐环境性一定要好。例如，食品、药品、卷烟、化妆品、服装等商品的包装必须具备防潮、防霉的性能。另外，干燥后的膜层化学性能要稳定，能抗拒环境中弱酸、弱碱的侵蚀作用。

⑤ 对印刷品表面具有一定黏合力。印刷品由于受表面图文墨层积分密度值的影响，表面黏合适性大大降低，为防止干燥后膜层在使用中干裂、脱膜，要求上光膜层黏附力要强，并且对油墨及各类助剂均有一定的黏合力。

⑥ 流平性好、膜面平滑。印刷品承印材料种类繁多，加之受印刷图文的影响，印刷品表面吸收性、平滑度、润湿性等差别很大。为使上光油在不同的产品表面都能形成平滑的膜层，要求上光油流平性好，成膜后膜面光滑。

⑦ 印后加工适性广泛。印刷品上光后，一般还须经过后工序加工处理，例如模压加工、烫印电化铝等，所以要求上光膜层印后加工适性要宽；耐热性要好，烫印电化铝后，不能产生粘搭现象；耐溶剂性高，干燥后的膜层不能因受后加工中黏结剂的影响而出现起泡、起皱和发黏现象。

（2）上光油的种类

1）UV上光油

UV上光油是指在一定波长的紫外光照射下，能够从液态瞬间转变为固态的物质。UV上光油由预聚物（低聚物）、活性稀释剂、光引发剂和其他助剂组成。其干燥机理：在一定波长的紫外光照射下，体系内光引发剂被激发出游离基，该活性基团能与预聚物中的不饱和双键快速发生链式聚合反应，使上光油瞬间交联结膜而固化。UV上光油种类较多，根据底色墨类型分为：UV油墨用UV上光油、油性油墨用UV上光油、两者兼用型UV上光油。还可根据涂布加工方式分为脱机型UV上光油、联机型UV上光油或两者兼用型UV上光油。

在UV油墨上涂布UV上光油时，因UV油墨和UV上光油的组成结构是基本相同的，因此在套印、干燥性、光泽、附着性、气味、后加工适性、耐摩擦性、变黄性等各方面都能得到较好的效果。在油性油墨上涂布UV上光油，可减少喷粉工序、提高耐摩擦性等，但必须选择适合底色油性油墨的UV上光油类型，否则会影响套印、光泽、干燥性、附着性等。以下介绍UV上光油的组成、特点及应用。

UV上光油由预聚物、活性稀释剂、光引发剂、助剂等组成。

① 预聚物。是UV上光油中最基本的成分和成膜物质，其性能对固化过程和固化膜的性质起着重要作用。预聚物中含有C═C不饱和双键的低分子量树脂，如环氧丙烯酸树脂、聚酯丙烯酸树脂。

② 活性稀释剂。也叫交联单体，是一种功能性单体，其作用主要是调节上光油的黏度、固化速度和固化膜性能。活性稀释剂大多是含有C═C不饱和双键的丙烯酸酯类单体。根据含有的丙烯酰基的数量，活性稀释剂有单官能团、双官能团和多官能团之分。一般来说，官能团越多，固化速度越快，但稀释效果越差。

③ 光引发剂。是能吸收辐射能并经过化学变化产生具有引发聚合能力的活性中间体的物质，它是任何UV固化体系都需要的主要成分。光引发剂分为夺氢型和裂解型。夺氢型是含活泼氢的化合物（一般称为助引发剂），通常与胺类化合物相配合，通过夺氢反应形成自由基，是双分子光引发剂，如二苯甲酮（BP）等；裂解型是光引发剂受光激发后，分子内分解为自由基，是单分子光引发剂，如 α-羟基异丙基苯甲酮等。

④ 助剂。主要用来改善上光油的性能，如稳定剂、流平剂、消泡剂等。稳定剂用来减少

存放时发生热聚合，提高 UV 上光油的储存稳定性。流平剂用来改善上光膜面的流平性，防止缩孔的产生，同时也增加了光泽度。消泡剂用来防止和消除上光油在制造和使用过程中产生的气泡。

UV 上光油在国外书刊、杂志、封面和磁带封套等印刷品的光泽加工领域中得到了广泛的应用，在许多产品上大有取代塑料覆膜和溶剂型上光油之势。这主要取决于其本身具有的下列特点：①UV 上光油几乎不含溶剂，有机挥发物排放量极少，因此减少了空气污染，改善了工作环境，也减少了发生火灾的危险；②UV 上光油不含溶剂，固化时不需要热能，其固化所需的能耗只有红外固化型油墨和红外固化型上光油的 20% 左右，另外，这种上光油对油墨亲和力强，附着牢固，在 80~120W/cm 紫外灯照射下固化速度可达 100~300m/min；③经 UV 上光工艺处理后的印刷品，色彩明显较其他加工方法处理的鲜艳亮丽，而且固化后的涂层耐磨，更具有耐药品性和耐化学性，稳定性好，能够用水和乙醇擦洗；④UV 上光油有效成分含量高，挥发少，所以用量省，一般铜版纸的上光油涂布量仅为 $4g/m^2$ 左右，成本约为覆膜成本的 60%；⑤可以避免塑料覆膜工艺经常出现的缺陷，如翘边、起泡、起皱、脱层等现象，且 UV 上光油产品不粘连，固化后即可叠起放，有利于装订等后工序加工作业；⑥可以回收利用，解决了塑料复合的纸基不能回收而形成的环境污染问题。

UV 上光油的缺点有：UV 上光油自身聚合度高，形成表面分子极性差，且无毛细孔，所以 UV 膜层的亲和能力不够，与某些油墨、塑料或金属表面难以亲和，必须在上光前于被涂布物表面打一层黏性底层或用电晕处理；另外，UV 上光油在瞬间干燥过程中会释放出大量臭氧，对空气会有一定污染；上光处理在封闭环境下进行（防止灼伤皮肤），对安全操作提出了更高要求。

UV 上光油可广泛用于辊式涂布机、叼纸牙式涂布机、凹印涂布机及柔性版涂布机等脱机上光。厚纸专用的高效率辊式涂布机由同方向旋转的辊组成，根据滚筒的不同组合及滚筒间中心线角度的不同可分为很多型号。利用上述任何一种涂布机涂布后，一般还要采用热风烘箱或红外光烘箱使溶剂挥发，然后再通过紫外光固化。纸张涂布 UV 上光油时，可采用先印刷，然后在后加工时涂布上光油的脱机方式，速度一般为 30~60m/min。UV 上光（紫外光固化上光）依靠 UV 光的照射使 UV 上光油内部发生光化学反应完成固化过程，固化时不存在溶剂的挥发，不会对环境造成污染。使用 UV 上光油的印刷品表面光泽度高，耐热、耐磨、耐水、耐光，但由于 UV 上光油价格高，目前只用于高档纸制品的上光。

2）水性上光油

水性上光的包装产品防水性、防潮性、耐折性都较好，但是耐磨性较差。水性上光油具有无色、无味、透明感强且无毒、无有机挥发物、成本低、来源广等特点，是其他溶剂型上光油所无法相比的。如果加入其他主剂和助剂，还可具有良好的光泽性、耐磨性和耐化学药品性，经济卫生，对包装印刷尤为适合。水性上光油以功能性高光合成树脂和高分子乳液为主剂，水为溶剂，无毒无味，消除了对人体的危害和对环境的污染。水性上光油的环保特性越来越受到食品、医药、烟草纸盒包装印刷企业的重视。

水性上光油主要由主剂、溶剂、助剂三大类组成。

① 主剂。水性上光油的主剂是成膜树脂，是上光油的成膜物质，通常是合成树脂，它影响和支持着涂层的各种物理性能和膜层的上光品质，如光泽性、附着性和干燥性等。

② 助剂。助剂是用来改善水性上光油的理化性能及加工特性的物质。助剂中的固化剂能改善水性主剂的成膜性，增加膜层内聚强度；表面活性剂能降低水性溶剂的表面张力，提高流

平性；消泡剂能长效控制上光油的起泡，消除鱼眼、针孔等质量缺陷；干燥剂能增加水性上光油的干燥速度，改善纸张印刷品适性；助黏剂能提高成膜物质与承印物的黏附能力；润湿分散剂能改善主剂的分散性，防止粘脏和提高耐磨性；其他助剂如能改良耐折性能的增塑剂等。

③ 溶剂。溶剂的主要作用是分散或溶解合成树脂、各种助剂。水性上光油的溶剂主要是水，水的挥发性几乎为零，其流平性能非常好。但是，水作为水性上光油的溶剂也有不足之处，如干燥速度较慢、容易造成产品尺寸不稳定等工艺故障。因此，在使用中适当添加乙醇，以提高水性溶剂的干燥性能，改善水性上光油的加工适性。

水性上光油的主要特点有：膜层透明度好、性能稳定，不易变黄、变色；上光表面耐磨性好、不掉色、斥水、斥油，能满足用纸盒高速包装香烟生产线的要求；无毒、无味，特别适合食品、烟草包装纸盒的上光；成品平整度好、膜面光滑；印后加工适性宽，模切、烫印均可加工；耐高温，热封性能好；使用安全可靠，储运方便。

3）溶剂型上光油

溶剂型上光油为醇溶合成树脂，通过醇、酯、醚类溶剂分散成黏稠透明液体。溶剂型上光油在耐水性、耐磨性、反黏性、干燥性等方面的功效略差，而且醇类溶剂易于挥发，会影响环境和人身健康。上光设备有连线上光机组和独立上光机，上光油的选择要与上光设备相匹配。例如，溶剂型上光油只适用于普通上光机，醇溶型或水溶型上光油一般要求上光机有较长干燥通道。上光可分为满版上光和局部上光。而上光涂布可采用胶印、凹印、柔印和丝印等方式。上光的优点集中体现在产品的美观性、防水性、防潮性、耐折性及耐磨性等方面。普通上光油一般整体效果不太好，在包装印刷领域，一般只用在功能性要求很普通的包装上，或只是为了防止印刷墨层被划伤。

4）珠光颜料上光

珠光颜料上光是将一种具有色泽和半透明性、有部分遮盖力的片晶状结构的颜料均匀涂布到印刷品表面。云母钛型珠光颜料是不同于目前常见的吸收型色料和反射型金属颜料的另一类光学干涉型颜料，珠光效果来自其云母内核与金属氧化物构成的层状结构，二氧化钛、氧化铁以及氧化铬等与云母之间的光学折射率差异是形成光干涉效应的主要原因。层状的珠光颜料如能平行地沿承印物表面分布的话，入射光线就能在这些不同光学折射率的物质组成层面上发生多重折射，从而产生珠光效果；珠光涂层越厚，颜料越多，珠光效果也就越强。在印刷材料上形成涂层以后，珠光颜料呈现出一种柔和而富有层次感的视觉效果。珠光颜料既可单独与无色透明连结料调和后印刷，又可与其他油墨混合以后使用，还能与其他墨层叠合使用。在现代印刷业中，珠光效果是一种不可取代的专色光泽效果，在高档包装如香烟、药品、食品、化妆品的包装折叠纸盒和标签印刷领域有良好的应用前景。

8.6.3 上光工艺

印刷品的上光工艺包括上光油的涂布和压光两大操作工艺流程。

（1）上光油涂布操作工艺

上光油涂布操作工艺主要分为专用上光机上光、印刷机上光、联机上光。

1）专用上光机上光

专用上光涂布机操作系统包括传输系统、涂布系统和干燥系统。上光涂布机结构如图 8-1 所示。

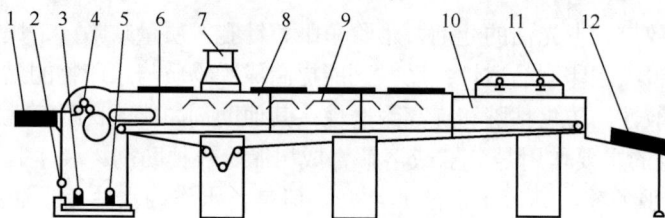

图 8-1　上光涂布机结构

1—印刷品输入台；2—上光油输送系统；3—涂布动力机构；4—涂布机构；5—输送带传动机构；6—排气管道；
7—烘干室；8—加热装置；9—印刷品输送带；10—冷却室；11—冷却送风系统；12—印刷品收集

　　专用上光涂布机的传输系统按其印刷品输入方式分为半自动机即人工续纸和全自动机即机械输纸两种形式。半自动机的结构简单、投资少、使用方便灵活，全自动机的结构复杂、自动化程度强、工作效率高、劳动强度低。专用上光涂布机的涂布系统由涂布装置和上光油输送装置组成，常见的涂布方式分为三辊直接涂布式和浸式逆转涂布式等。

　　① 三辊直接涂布式。三辊直接涂布式的涂布装置一般由计量辊、涂布辊、衬辊等组成，其结构如图 8-2 所示。上光油由出料孔或喷嘴（一般为可移动）均匀地喷在计量辊和施涂辊之间，由于计量辊的定向、定速转动，且同施涂辊转动方向相反，施涂辊表面上的上光油层均匀一致，施涂辊表面涂层的厚度取决于两辊之间的间隙。

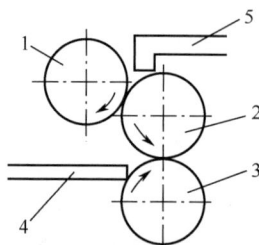

图 8-2　三辊直接涂布装置结构

1—计量辊；2—涂布辊；3—衬辊；4—印刷品输送台；5—出料孔

　　涂层厚度除受施涂辊与计量辊间的间隙控制之外，还受施涂辊与衬辊两者间的速比控制，这个速比称为"楷抹比"，其值通常在 0.8～4 之间。该比值越大，施涂辊相对于印刷品速度而言的转速就越快，涂布的上光油量也越大。为了在全运行过程中保持相同的涂布量，就必须使"楷抹比"保持不变，即使印刷品的速度有变化。另外，涂层的厚度还同上光油层的流变性质有关，当计量辊同施涂辊间隙及"楷抹比"不变时，上光油黏度值大，涂层厚；黏度值小，涂层薄，即两者之间呈正比例关系。

　　② 浸式逆转涂布式。这是应用最多的上光机涂布方式，其涂布装置由储料槽、上料辊、匀料辊、施涂辊和衬辊等组成，结构如图 8-3 所示。

　　涂布过程中，上光油由自动输液泵输送至储料槽，上料辊浸入储料槽一定深度，随着上料辊的定速转动，在黏度的作用下上光油不断黏附于辊表面，并经匀料辊传递至施涂辊。由于各辊的转速一定，工作间隙一定，所以保证了涂布中的涂布量基本不变。若要改变涂层厚度，可以通过调整各辊之间的间隙或改变涂布机速度以及上光油的流平特性实现。

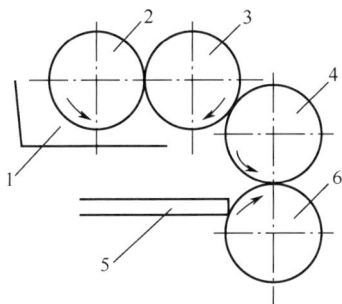

图 8-3 浸式逆转涂布装置结构

1—储料槽；2—上料辊；3—匀料辊；4—施涂辊；5—输纸台；6—衬辊

在干燥系统中，上光干燥的基本要求是要确保印刷品的油墨和上光涂层快速结膜干固，不发生粘脏、粘连现象；上光干燥后，不会造成印刷油墨、上光涂层变色以及纸张变形的现象；上光干燥系统要符合上光工艺和印刷适性的条件。

2）印刷机上光

① 润湿系统上光和输墨系统上光

a. 润湿系统上光。利用印刷机的润湿系统上光，高宝利必达单张纸平版多色印刷机配置能互相转换的润湿与上光装置，其结构如图 8-4 所示，可根据印刷作业的实际需要变换润湿与上光的功能。若转换到上光作业状态后，润版液变换为上光液。上光装置结构一般有两种形式：第一种是顺向运转上光（润湿）形式，着液（水）辊与传液（水）辊呈顺向运转状态，水槽中的水斗辊转速慢，为传水辊转速的 1/3～2/3，上光油的涂布量多少是通过调整水斗辊的转速来控制的；第二种是逆向运转上光（润湿）形式，着液（水）辊与传液（水）辊呈逆向运动状态，这种形式能获得更为均匀的上光涂层，并能消除鬼影现象，特别是在局部上光时，更显示出优越性。

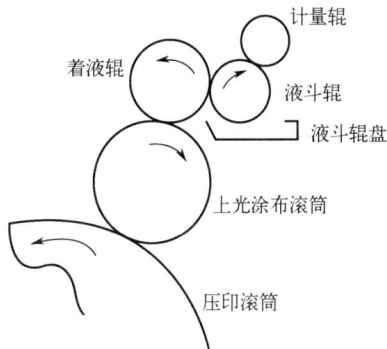

图 8-4 上光装置结构

b. 输墨系统上光。利用印刷机的输墨系统进行上光就如同油墨印刷一样，把上光油先放在墨斗槽中，经过输墨系统、印版、橡皮布，将上光油转移到印刷品上。采用输墨系统涂布上光，可涂布油性、水性上光油和 UV 上光油，涂布 UV 上光油时必须在印刷机后安装 UV 干燥装置。

② 凹印机上光。单张纸凹印机是一种性能优良、操作简便、工作稳定可靠的自动化印刷机，可用于胶版纸、铜版纸、白卡纸、金卡纸、银卡纸等单色或多色套印，也能用上光油完成上光功能。在选配 UV 固化系统后，可进行 UV 仿金属蚀刻印刷和 UV 上光。单张纸凹印机上光灵活性大，可以整幅画上光，也可以局部上光，上光质量高，适用于多品种、小批量印刷品，可以由多种印刷工艺相结合进行生产，如胶印与凹印结合、凹印与丝印结合的印刷品宜采用单张纸凹印机印刷及上光。

③ 柔印机上光。柔性版印刷上光的优势来自版材，柔印机印版是凸版，上光油从印版到印刷品表面只经过一次分离，所以柔性版印刷上光的涂层比胶印的涂层厚。另外，柔性版印刷与胶印相似，印刷是在一软一硬的状态下进行涂层转移，柔性版是高分子橡胶型凸版，传

墨性能好，以较小的压力就能获得良好的上光油传递，上光涂层饱满、均匀、细腻，所以柔性版印刷上光是以最简单的工艺获取较厚的涂层。

④ 丝网印刷机上光。丝网印刷上光同丝网印刷工艺一样，不同的是，丝网印刷使用印刷油墨，丝网印刷上光使用上光油。丝网印刷机上光的涂层厚，能产生浮凸效果，立体感强。丝网印刷机上光一般分为平压平式和圆压圆式两种类型。

a. 平台丝网印刷机（平压平式）上光。平台丝网印刷机（平压平式）上光即采用平面网版对平台面上的印刷品进行上光。如图 8-5 所示，固定丝网紧绷在网框上，镂空的印版紧贴在丝网上，印版、丝网、承印物处在平行状态，通过刮墨板的往返移动将光油漏印到印刷品表面。

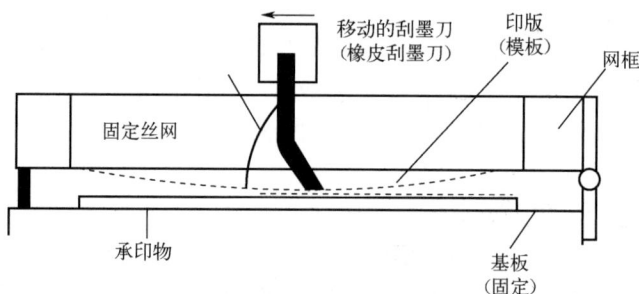

图 8-5　平压平式丝网印刷机

b. 轮转丝网印刷机（圆压圆式）上光。轮转丝网印刷机的丝网印版是圆网滚筒，压印滚筒也是圆的，印刷纸张通过两滚筒时接受圆网印版滚筒漏下的上光油；轮转丝网印版的末端是开口的，刮墨板从开口处插入，上光油通过输油管抽入丝网内。在组合式印刷系统中，轮转丝网印刷机组既可以用于丝网印刷，也可以用于丝网印刷上光。

3）联机上光

① 胶印机联机上光。胶印机联机上光是指上光机组与印刷机组联合成一条完整的生产线，在完成印刷工序后，可立即进入上光加工。

联机上光的特点是速度快、效率高、加工成本低，减少了印刷品的搬运，克服了由喷粉所引起的各类质量故障。但是，联机上光对涂料种类、干燥装置和上光方式有相当高的要求。胶印机联机上光可以达到薄涂层、高光泽的目的。若是采用 UV 固化或红外线干燥方式，印刷品可以快速干燥，并具有较强的耐摩擦性，可直接进行后续的整饰加工。胶印机联机上光装置包括辊式（润湿辊）上光装置、机组式（塔式）上光装置和橡皮滚筒或压印滚筒上光装置。

② 凹印机联机上光。卷筒纸轮转凹版印刷机适合印刷批量大的产品，特别是烟包包装印刷满版产品，多数采用卷筒纸轮转多色凹印生产线，配备上光、模切后加工装置（见图8-6）。凹版印刷上光多数是联机上光，速度快，生产效率高。凹版印刷上光采用雕刻凹版进行上光，涂层均匀、光亮度高、一致性好。凹版印刷上光的光油黏度低、涂布量小且上光成本低。

③ 柔印机联机上光。窄幅机组式柔版印刷生产线集多色印刷、上光、覆膜、烫电化铝、凹凸压痕和模切等工序为一体，纸张一次通过完成印刷及印后加工各道工序。其中，上光机组是该生产线中的一个重要组成部分。

④ 丝网印刷机联机上光。丝网印刷机联机上光一般应用于联机网印上光和组合印刷中的网印特效上光，有折光、磨砂效果等。如卷筒纸轮转式网印上光机使用圆形网版，借下方圆辊的承托对卷筒印刷制品进行高速、连续上光。

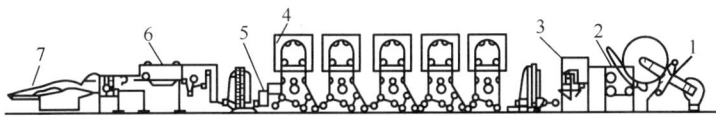

图 8-6　凹印轮转机上光、模切联机

1—放卷台；2—自动给纸装置；3—张力调整装置；4—UV 涂布装置；5—UV 干燥装置；6—模切；7—收纸

（2）压光操作工艺

压光工艺也称磨光工艺，是采用涂覆热塑性压光油与压光机相结合的上光方法，即用普通上光机先在印刷品上涂布压光油，待干燥后再经压光机压光。该技术可以大幅度地提高上光涂层的平滑度和光泽度，使印刷品表面的膜层形成镜面的高光泽效果。压光工艺是采用特殊的设备和特殊的压光油形成的特殊操作工艺。压光机由印刷品输送机构、机械传动系统、不锈钢压光带、加热和冷却系统以及电器控制系统等部分组成，如图 8-7 所示。

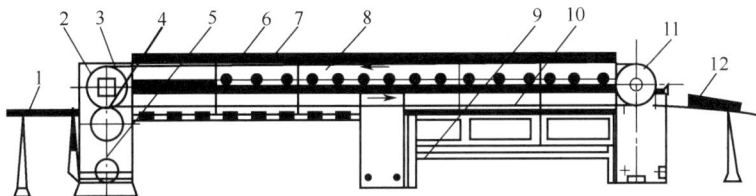

图 8-7　压光机

1—印刷品输送台；2—手动高压油泵；3—热压液筒；4—加压滚筒；5—调速驱动电机；6—压光钢带；7—冷却箱；
8—观察门；9—冷却水槽；10—通风循环系统；11—传输滚筒；12—印刷品收集台

压光机一般为连续滚压式，压光加工过程中印刷品由输送台输入加热辊和加压辊之间的压光带上，在温度和压力的作用下，涂层贴附于压光带表面进行压光，压光后的涂层逐渐冷却后形成一层光亮的表面膜层。压光带是由经特殊抛光处理后的不锈钢带焊接成的环状带，在机械传动机构驱动下做定速传动。环形带的松紧度由张紧机构调整，为了延长使用寿命，需要安装安全保护装置。

（3）影响上光质量的因素

上光涂布过程的实质是上光油在印刷品表面流平并干燥的过程。影响上光质量的因素有印刷品的上光适性、上光油的种类和性能以及涂布加工工艺条件等。

① 印刷品的上光适性。上光适性指的是印刷品在涂布上光油时，纸张和印刷图文性能对涂布效果的影响。在上光涂布过程中，上光油容易在高平滑度的纸张表面流平。在干燥过程中，随着上光油的固化，能够形成平滑度较高的膜面，故纸张表面平滑度越高，上光涂布的效果越好，反之亦然。如果纸张表面的吸收性过强，纸纤维对上光油的吸收率高，溶剂渗透快，导致上光油的黏度值变大，涂层在印刷品表面流动的剪切应力增加，影响了上光油的流平而难以形成较平滑的膜层；相反，吸收性过弱，使上光油在流平中的渗透、凝固和结膜作用明显降低，同样不能在印刷品表面形成高质量的膜层。此外，印刷品油墨的质量也直接影

响上光油的涂布质量和流平性。如果油墨的颗粒细，其分散度高，图文墨层就容易被上光油所润湿，在涂布压力作用下，流平性好，形成的膜层平滑度高，反之则膜层质量较差。

②　上光油的种类和性能。上光油的种类和性能不同，即使工艺条件相同，涂布、压光后得到的膜层状况也不一样。如上光油的黏度对上光油的流平性、润湿性有很大影响。同一吸收强度的纸张对上光油的吸收率与上光油黏度值成反比，即上光油黏度值越小，吸收率越大，会使流平过早结束，导致印刷品表面某些局部因欠缺上光油而影响到膜层干燥和压光后的平滑度与光亮度。

③　涂布加工工艺条件。涂布工艺条件对膜层质量也有较大的影响。涂布量太少，上光油不能均匀铺展于整个待涂表面，干燥、压光后的平滑度较差；涂布量太厚会延缓干燥，从而增加成本。涂布机速、干燥时间、干燥温度等工艺条件也互相影响，机速快时，涂层流平时间短，涂层就厚，为获得同样的干燥效果，干燥时间要长、温度要高。

这些工艺因素对上光涂布的质量有时具有交联性质的影响。实际生产中，为获得良好的上光膜层，需对这些因素进行综合考虑，以求得各因素之间的适当匹配。

（4）影响压光质量的因素

①　压光温度。适当的压光温度可以使上光油膜层分子热运动能力增加，扩散速度加快，有利于上光油中主剂分子对印刷品表面二次润湿、附着和渗透。适当的温度也会使上光油膜层塑性提高，在压力的作用下，膜层表面平滑度大大改善。另外，适当的温度还有利于提高压光膜层质量。上光油压光的热辊温度通常为 $100\sim200℃$。温度过高，上光油层黏附强度下降，且纸张含水量降低，不利于上光和剥离；温度太低，上光油层不能完全塑化，故其不能很好地黏附于压光板和印刷品表面，导致压光效果不理想，压光膜层平滑度不够。

②　压力。压力的作用是将上光油层压紧变薄，使其形成光滑的表面层。但若压力过大，会使印刷品的延伸性、可塑性和韧性变差；压力过小，又难以使印刷品表面形成高光泽表面。

③　压光速度。压光速度是指上光油在压光中的固化时间。如果固化时间短（速度快），上光油分子同印刷品表面墨层不能充分作用，导致干燥后膜层表面平滑度不够，上光油层与油墨层的结合强度不够，易使上光油层脱落。若固化时间太长（速度慢），上光油层的可塑性会变差，脆性增强，还可能导致墨层干裂，严重影响上光效果。

在进行压光操作时，需要综合考虑上光油的种类、印刷品的上光适性等，合理调整压光温度、压力和压光速度。

8.6.4　上光常见故障及排除

①　上光油发黄。此故障主要是由上光油的原料即树脂胶和溶剂中的杂质所致，在购买原料时需注意其纯度和质量。

②　脏版。上光后的印刷品表面有小颗粒状的杂物出现，可能是上光油中混入了杂质。排除方法是把上光油过滤后再使用，上光前应把上光机的墨斗和着墨辊清洗干净，避免脏物混入墨斗。

③　条痕。是指上光后的印刷品表面出现条状或其他印痕的现象，主要原因是上光机的着墨辊和压印滚筒间的压力不均匀，应适当调整压力，排除条痕。

④　膜层光泽差。上光油的质量、涂层厚度、涂布干燥和压光时的温度偏低、压光压力小使成膜膜层光泽度不够，必须做出相应的调整。

⑤ 印刷品与上光带黏附不良。涂层太薄、上光油黏度太低、压光温度不足、压力过小是造成这种故障的主要原因。应增大涂布量、提高涂料的黏度值、提高压光时的温度、增加压光压力，才能使印刷品较好地附着在上光带上。

⑥ 脱色。上光油溶剂对油墨有侵蚀作用是造成脱色的主要原因，使油墨未干、耐溶剂性差，通过增加印刷品的干燥时间、调换上光油可以排除。

⑦ 上光后印刷品相粘连。引起该故障的原因可能是上光油干性慢，造成干燥不良，以及涂布层太厚或烘道温度不够。更换上光油或加快上光油的干燥速度、调薄涂布量、提高烘道温度等可以解决印刷品相粘连的问题。

⑧ 上光涂层发花。上光油对油墨的黏着力较差、上光油黏度太低、印刷墨层表面已晶化是造成涂层不均、发花的主要原因。需要调换上光油、增加上光油的黏度、在上光油中加入5%的乳酸。

上光工艺是表面处理技术中最常用的技术，但仍然存在着很多技术问题有待解决：

① 环境保护。尽管上光能产生高附加价值，但同时也会对环境及作业人员有所损害。上光油的化学组成具有挥发性，如甲苯、乙醇等物质挥发时产生的气体，对周边环境及操作人员都具有危害性。另外 UV 上光油对人的皮肤具有一定的刺激作用，应尽量避免皮肤与上光油的直接接触。除此之外，光固时强烈的紫外线除大部分被上光油吸收外，一部分会被反射出来，久而久之也会对人体产生危害。

② 作业自动化。随着印刷技术的不断提高，上光工艺也将向着节约能源、提高自动化的方向发展。例如现在很多品牌的印刷机都加装了随机上光设备，使印刷上光一体化，大大提高了工作效率，节约了人力资源。

8.7 覆膜

8.7.1 覆膜的特点与作用

印刷品覆膜是印刷品表面装饰加工技术，印刷品覆腹工艺简称覆膜或贴塑。覆膜就是将涂有黏结剂的塑料薄膜和纸张印刷品两种不同类型的印刷材料，经过加温、加压处理，使材料与印刷品黏结在一起，形成纸塑合一成品的加工技术。覆膜在不改变包装纸盒或包装品原有印刷色彩和图文信息的前提下，有效提高了产品表面光泽度，使之美观且大气，同时还为其增加了耐水、耐湿、耐光、耐摩擦、耐折叠、耐穿透和耐气候等特点。

8.7.2 覆膜材料

覆膜印刷品的一般材料为塑料薄膜和黏结剂等，覆膜印刷产品的材料结构如图 8-8 所示。

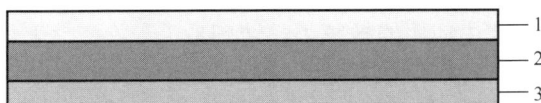

图 8-8 覆膜印刷产品的材料结构

1—塑料薄膜；2—黏结剂胶层；3—印刷品

（1）塑料薄膜

塑料薄膜一般指以高分子树脂为原料制成的膜片状物。用于覆膜的塑料薄膜有聚丙烯薄膜、聚氯乙烯薄膜、聚酯薄膜、聚碳酸酯薄膜、聚乙烯薄膜、双向拉伸聚丙烯薄膜等。

聚丙烯（PP）薄膜具有高透明度、良好的光泽、机械强度好、不易断裂、耐热和耐摩擦及化学稳定性好；聚氯乙烯（PVC）薄膜是一种无色、透明、有光泽的薄膜，耐光、耐老化，其缺点是抗冲击性差、抗寒性差、易在低温下产生脆化现象；聚酯（PET）薄膜是用于覆膜的双向拉伸薄膜，它的特点是无色、透明度高、高光泽、柔软、收缩率很小、耐酸、耐湿、强度高；聚碳酸酯（PC）薄膜具有良好的透明度、高强度的机械性能、良好的尺寸稳定性和光稳定性、耐水性好；聚乙烯（PE）薄膜具备低吸水性和优异的化学稳定性，但黏合性较差；双向拉伸聚丙烯（BOPP）薄膜具有高透明度、光亮度好、无毒无味、柔软、耐磨、耐水、耐热、耐腐蚀等特点，是目前应用最广的新型覆膜材料之一。常用的覆膜塑料薄膜幅宽有450mm、700mm、1000mm 等规格，厚度在 $15 \sim 20 \mu m$，进口薄膜厚度约 $10 \mu m$。

（2）黏结剂

黏结剂又称胶黏剂，覆膜用黏结剂是覆膜加工的重要材料，一般由主体材料和辅助材料组成。主体材料是黏结剂的主要成分，能起到黏合作用，作为主体材料的物质有合成树脂、合成橡胶、天然高分子物质以及无机化合物；辅助材料是黏结剂中用以改善主体材料性能或为便于施工而加入的物质，主要有固化剂、增塑剂、填料、溶剂等。覆膜常用的黏结剂有溶剂型、醇溶型、水溶型和无溶剂型等。溶剂型黏结剂具有很好的稳定性，但是，仍然大量地使用芳香烃类、有机酯类溶剂，有碍操作者健康。醇溶型和水溶型黏结剂低毒甚至无毒且成本低，但黏合牢度不够理想，性能稳定性差。目前国内使用的黏结剂大致有以下几种：

① 乙烯-醋酸乙烯共聚（EVA）树脂黏结剂。它的用量较大，应用最广，特点是对各种材料有良好的黏结性、柔软性和低温性。而且 EVA 与各种配合组分的混溶性良好，通过各组分不同比例的配合技术，可以制成各种性能的黏结剂。

② 聚酯类黏结剂。覆膜生产中常用的聚酯黏结剂具有较高的黏结强度、耐热性、耐光性和耐油性，尤其适合对聚酯薄膜和大面积印金、银墨的印刷品黏合，也适合与铝箔的黏合，这种黏结剂是覆膜生产中应用较多的黏结剂之一。

③ 丙烯酸酯类黏结剂。包括溶剂型、醇溶型、乳液型。覆膜生产中用的丙烯酸酯类黏结剂主要是溶剂型，分为热塑型和热固型两类。丙烯酸酯类黏结剂黏结强度高，黏结范围大，对被黏合物表面性能要求低。这类黏结剂透明度好、光亮度高、耐光、耐水、耐矿物油，对各种纸张印刷品的适性范围宽。

④ 聚氨酯树脂类黏结剂。覆膜生产中所用聚氨酯树脂类黏结剂多为预聚体类，又可分为单组分和双组分。聚氨酯树脂类黏结剂由于结构中含有极性基—NCO，提高了对各种塑料薄膜及印刷品的黏合力，同时对被黏物表面具有很高的反应性，能在常温或较低的温度下固化，黏合层剥离强度高。

⑤ 橡胶类黏结剂。覆膜中应用的橡胶类黏结剂是丁苯橡胶、丁基橡胶等。丁苯橡胶类黏结剂由于分子结构的特点对非极性材料如聚乙烯、聚丙烯薄膜有极好的黏合力。这种黏结剂流动性好、化学稳定性好、耐老化性优良、成本低、制作简便，但是其溶剂采用甲苯、环己烷，其中有些溶剂毒性较大，对操作者不利。

⑥ 水基型黏结剂。这类黏结剂有聚醋酸乙烯类树脂、聚丙烯酸类树脂、聚氨酯类树脂等

多种。水基型黏结剂无毒、无公害、不易燃、成本低，但是在使用上还存在一定的质量差距，尚需要进一步改进。

8.7.3　覆膜工艺

覆膜工艺按采用原材料及设备不同，可分为即涂覆膜工艺和预涂膜覆膜工艺两种。

（1）即涂覆膜工艺

即涂覆膜工艺指现涂布黏结剂，经烘干后再热压完成覆膜，也称湿式覆膜。其工艺流程是使用辊涂装置将黏结剂均匀地涂布在塑料薄膜上，经过烘道与印刷品热压复合，成为纸塑合一的覆膜产品。其流程如图 8-9 所示。

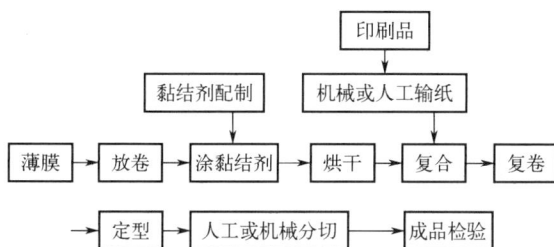

图 8-9　即涂覆膜工艺流程

① 工艺准备阶段。覆膜准备工作是为保证生产顺利进行，在正式生产之前必须事先做好的与生产直接相关的一些工作，主要有待覆膜印刷品的检查、塑料薄膜的选用、黏结剂的配制等。

② 涂胶阶段。涂胶是覆膜工艺中的重要步骤，涂胶的质量与黏结剂的黏稠度、不同纸张不同印色数的印刷品、墨层厚薄、烘道温度及烘道长短、机器运行速度等因素有直接的关系。一般表面平滑的铜版纸，如墨层厚度适中，黏结剂的黏度应为 25～27s（4 号杯）；表面粗糙的胶版纸、白版细纸黏度为 27～35s（4 号杯）。当墨层厚、烘道温度低、烘道短、运行速度快时，黏结剂的黏度应适当增大，反之则减小。

③ 试生产阶段。正式投入生产之前，必须进行试生产，将需要加工的印刷品进行小批量的试验复合，将试验复合的样品进行测试后，才能决定是否进入大批量覆膜生产。具体测试方法如下：

a. 撕揭检验法。抽出覆膜已冷却的样张，从薄膜的一角向横宽方向撕揭，并让助手用力按紧纸张，逐步在全部宽度撕揭开的基础上，向后全面缓慢撕揭，塑料薄膜与印刷品纸张的黏合随之破坏。若印刷品表面印刷的墨色图文印迹随胶层和纸张的纤维转移到薄膜上，则说明印刷品与薄膜黏合良好，符合质量要求。

b. 烘烤试验。将产品试样放入恒温箱或烘道内，以 60～65℃温度烘烤约 30min，检验其黏结效果，没有起泡现象、不产生脱层、不起皱褶为合格产品。如撕揭薄膜不能完好地与纸张分离，或薄膜如同纸张般随意撕坏，则表示黏结力较强或很强，可以按此工艺生产。

c. 油墨与稀释剂试验。向两个杯子分别倒入稀释剂和调好的印刷油墨，把覆膜后的印刷品样张放在杯子里面盖紧并用橡皮筋捆扎严密，如 15min 内不起泡、不脱层则符合质量标准。

d. 水浸法。把试样放在压痕机上试轧，如轧出的凹凸部分不脱层则为合格。或将覆膜产品沿膜面卷起放 3h 左右，不起泡、起皱和脱层的为合格。达到以上要求才可以投入大批量生产，否则，应调整施工工艺，再进行试验。

④ 正式生产阶段。试生产阶段后，就可以投入大批量覆膜正式生产阶段。单张纸印刷品、复合时使用的薄膜都是卷材，一般每卷的长度为4000m。纸塑复合就是涂布过黏结剂的卷筒薄膜对单张纸的黏合，卷筒薄膜由放卷机构经各道展平辊子作用后，表面的平整度一致，黏结剂涂布均匀，干燥程度适宜，经热压后完成复合。换膜和停机时要擦拭机器，以保持工作面的整洁光滑，主要是所有的光辊，以避免出现膜皱，影响膜的平整。车间必须保持环境整洁。

（2）预涂膜覆膜工艺

预涂膜覆膜工艺是采用已经预先涂布好黏结剂的塑料薄膜，只要进行热压便可完成覆膜，故也称干式覆膜。预涂膜覆膜最大的优点是没有上胶涂布、干燥部分，因此该覆膜机结构紧凑、体积小、造价低、操作方便、产品质量稳定。预涂膜覆膜工艺流程是备料→薄膜放料→印刷品输送→热压合→手卷→存放→分切→成品。

① 薄膜放料。根据工艺单的要求，把预先涂布好黏结剂的BOPP薄膜放在送料轴上，穿过直形展平辊、弓形展平辊并调平。

② 覆膜温度。复合一般纸张印刷品时，预涂膜对温度要求以85～95℃为适宜。复合的纸张定量高、含水量大、印刷墨层厚、色泽深的印刷品，或者由于环境的变化温度低、湿度大时，覆膜温度适当提高5～10℃。但是温度不能太高，否则会使薄膜产生收缩，产品表面发亮起泡，导致产品发生皱褶故障。

③ 覆膜压力。预涂膜与纸张印刷品复合时，一般覆膜压力为8～15MPa。若是质地疏松的纸张，覆膜压力增加一些，反之则小一些。压力过小，黏结不牢；压力过大，易使产品造成皱褶故障。

④ 覆膜速度。覆膜的速度与覆膜的质量有着直接的关系。只有按规范调节特定的温度和适合压力，并控制覆膜的速度，才能保证复合的效果。一般覆膜机速度为6～12m/min。

⑤ 收卷。复合产品是卷筒状，有较高的余温，分切前留一定时间存放，以使纸塑复合体应力适应和热熔胶热塑性固化形成，应存放在干燥、通风的地方。

（3）开窗覆膜工艺

开窗覆膜是指模切开窗后的印刷品沿走纸路线经涂布胶辊涂胶后，过上下施压辊与塑料薄膜压合，完成开窗覆膜工艺。开窗覆膜提高了包装商品的可视性。开窗覆膜与一般覆膜工艺的区别包括：开窗覆膜工艺是在带有模切开窗后印刷品上进行覆膜；开窗覆膜是先将黏结剂涂布在已经印刷好的印刷品表面，再将塑料薄膜覆盖在印刷品表面，最后压合成成品。开窗覆膜工艺流程：进纸→输纸→上胶→贴膜（覆膜）加工→收集。

① 进纸。把经过模切压痕开窗后需要贴膜（覆膜）的印刷卡纸堆放在进纸的地方，由进纸轮的分纸台把卡纸分离，在进纸轮和托纸轮之间经过，进入输纸部分，如图8-10所示。

② 输纸。在进入定位部分时，卡纸由链条上的推纸挡规推着其后端继续向前推送，在由调节好的上、下、左、右导轨的导向下，以正确的位置把卡纸送入上胶部分。

③ 上胶。上胶部分的送料由10根带孔的皮带和吸风泵完成。吸风泵产生的吸力透过平皮带上的小孔将卡纸吸附在传动的平皮带上，使卡纸保持正确的位置进入上胶部分。胶水辊的胶传给传胶辊，传胶辊再把胶涂到版子的橡皮条上，橡皮条上的胶水通过过版滚筒转移到平皮带上的卡纸上。当有卡纸通过上胶时，在电器的控制下，使橡皮条上的胶涂到卡纸上。

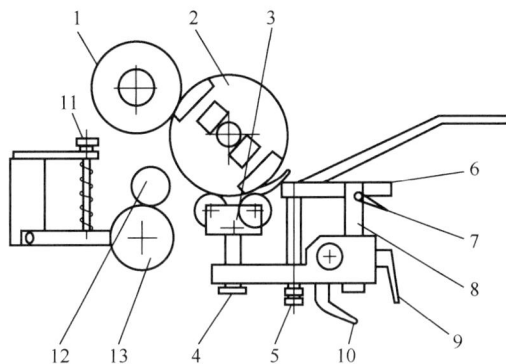

图 8-10 输纸机构

1—毛刷轮；2—进纸轮；3—托纸轮；4—螺母；5—螺杆；6—进纸板；7，9，10—手柄；8—控制块；

11—调节螺杆；12，13—卡纸厚度调节轮

④ 贴膜（覆膜）加工。印刷卡纸经过上胶在平皮带和吸风泵作用下继续保持正确的位置向前至切膜压平部分，由切刀辊裁切下来的胶片粘贴在卡纸的预定的位置上，贴平后送至收集部分。

⑤ 收集。切膜压平后的卡纸由平皮带继续向前输送，随后下落到收集皮带上，由切刀辊作为曲柄的连杆机构带动收集皮带缓慢向前，完成贴膜过程。

（4）覆膜质量及控制

覆膜效果不仅与覆膜原材料、覆膜操作工艺方法有关，还与被黏印刷品的墨层状况有关。印刷品的墨层状况主要由纸张的性质、油墨性能、墨层厚度、图文面积以及印刷图文积分密度等决定，这些因素影响黏合机械合力、物理化学结合力等形成条件，从而导致印刷品表面黏合性能的改变。

① 印刷品墨层厚度。墨层厚实的实地印刷品，往往很难与塑料薄膜黏合，不久便会脱层、起泡。这是因为，厚实的墨层改变了纸张多孔隙的表面特性，使纸张纤维毛细孔闭合，严重阻碍了黏结剂的渗透和扩散。黏结剂在一定程度内的渗透，对覆膜黏合是有利的；另外，印刷品表面墨层及墨层面积不同，则黏合润湿性能也不同。试验证明，随着墨层厚度的增加或图文面积的增大，表面张力值明显降低。故不论是单色印刷还是叠色印刷，都应控制墨层在较薄的程度上；印刷墨层的厚度还与印刷方式有直接关系，印刷方式不同，其墨层厚度也不同。如平印的印刷品墨层厚度为 $1\sim2\mu m$，而凸印时为 $2\sim5\mu m$，凹印时甚至可达 $10\mu m$。从覆膜的角度看，平印的印刷品是理想的，因为其墨层相对较薄。

② 印刷油墨的种类。覆膜的印刷品应采用快固着亮光胶印油墨，该油墨的连结料是由合成树脂、干性植物油、高沸点煤油及少量胶质构成的。合成树脂分子中含有极性基团，极性基团易同黏结剂分子中的极性基团相互扩散和渗透，产生交联反应，形成物理化学结合力，从而有利于覆膜；快固着亮光胶印油墨还具有印刷后墨层快速干燥结膜的优势，对覆膜也十分有利。但使用时不宜过多加放催干剂，否则墨层表面会产生晶化，反而影响覆膜效果。

③ 油墨冲淡剂的使用。油墨冲淡剂是能使油墨颜色变淡的一类物质。常用的油墨冲淡剂有白墨、维利油和亮光油等。

a. 白墨。属油墨类，由白墨颜料、连结料及辅料构成，常用于浅色实地印刷、专色印刷及商标图案印刷。劣质白墨有明显的粉质颗粒，与连结料结合不紧密，印刷后连结料会很快

渗入纸张，而颜料则浮于纸面对黏合形成阻碍，这就是某些淡色实地印刷品常常不易覆膜的原因。印刷前应慎重选择白墨，尽量选用均匀细腻、无明显颗粒的白墨作为冲淡剂。

b. 维利油。是氢氧化铝和干性植物油连结料分散轧制而成的浆状透明体，可用以增加印刷品表面的光泽，印刷性能优良。但氢氧化铝质轻，印刷后会浮在墨层表面，覆膜时在黏结剂与墨层之间形成不易察觉的隔离层，导致黏合不上或起泡；其本身干燥慢，还具有抑制油墨干燥的特性，这一点也难以适应覆膜。

c. 亮光油。是一种从内到外快速干燥型冲淡剂，是由树脂、干性植物油、催干剂等混合炼制而成的胶状透明物质，质地细腻、结膜光亮，具有良好的亲和作用，能将聚丙烯薄膜牢固地吸附于油墨层表面。同时亮光油还可以使印迹富有光泽和干燥速度加快，印刷性能良好，因此它是理想的油墨冲淡剂。

④ 喷粉的加放。为适应多色高速印刷，胶印中常采用喷粉工艺来解决背面蹭脏之弊。喷粉大都是由谷类淀粉及天然的悬浮性物质组成的，喷粉的防粘作用主要是在油墨层表面形成一层不可逆的垫子，从而减少粘连。因喷粉颗粒较粗，若印刷过程中喷粉过多，这些颗粒会浮在印刷品表面，覆膜时黏结剂不能每处都与墨层黏合，而是与这层喷粉黏合，从而造成假黏现象，严重影响了覆膜质量。因此若印后产品需进行覆膜加工，则印刷时应尽量控制喷粉用量。

⑤ 印刷品表面里层干燥状况。印刷品墨层干燥不良对覆膜质量有极大影响。影响墨层干燥的因素，除了有油墨的种类、印刷过程中催干剂的用量与类型及印刷、存放空间的环境温湿度外，纸张本身的结构也相当重要。如铜版纸与胶版纸结构不同，则墨层的干燥状况亦有区别。无论是铜版纸还是胶版纸，在墨迹未完全干燥时覆膜，对覆膜质量的影响都是不利的。油墨中所含的高沸点溶剂极易使塑料薄膜膨胀和伸长，而塑料薄膜膨胀和伸长是覆膜后产品起泡、脱层的最主要原因。

⑥ 燥油的加放量。油墨中加入燥油可以加速印迹的干燥，但燥油加放量过大，易使墨层表面结成光滑油亮的低界面层，黏结剂难以润湿和渗透，影响覆膜的牢度，因此要控制燥油的加放量，一般保持在2%左右。

⑦ 金、银墨印刷品。金、银墨是用金属粉末与连结料调配而成的，这些金属粉末在连结料中分布的均匀性和固着力极差，墨层干燥过程中很容易分离出来，从而使墨层和黏结剂层之间形成了一道屏障，影响了两个界面的有效结合，易引起起皱或起泡等现象。因此应避免在金、银墨印刷品表面进行覆膜。

8.7.4 覆膜常见故障及排除

（1）黏合不牢

刚覆膜完毕，纸和塑料薄膜极易分开；复合48h后分切时，轻轻一撕，膜就与胶层脱离。这种情况与油墨和操作工艺、印刷品表面残留喷粉等因素有关。

① 油墨的墨层太厚、图文面积太大，油墨的墨层封闭了纸张的纤维毛细孔，阻碍了黏结剂的渗透和扩散，使得纸和塑料薄膜难以黏合，造成黏合不牢，可以增加黏结剂的涂布量以及增加压力。燥油太多，油墨中加放燥油太多，容易使墨层表面结成油亮光滑的界面层，黏结剂难以渗透，导致黏合不牢，可以适当控制燥油的加放量。若已经印刷完毕，针对少量产品，可用软布蘸碳酸镁粉在印张表面轻擦。如果数量大，可套印一次烧碱水，也可以用原版

套印维利油混合物并加入磷苯二丁酯等辅料。由于墨层未干，在墨层中的残留溶剂与黏结剂混合，这样使黏结剂的黏度减弱，而且使黏结剂的涂覆量被油墨和纸张吸收了很多，导致涂覆墨不足，造成了纸塑黏合不牢，可以先加热一次再上胶并增加涂布量。

② 操作工艺不规范、压力偏小、车速较快、温度偏低，导致覆膜不牢故障，严格按照工艺规范操作，应提高覆膜温度和压力，适当降低车速。

③ 印刷品表面残留喷粉，导致印刷墨层表面形成一层细小的粉状颗粒，阻碍了纸与塑料薄膜的黏合牢度。对于已经喷粉的印刷品，应该用干布逐张擦去喷粉后再覆膜。

④ 塑料薄膜表面处理不够或使用超过使用期的塑料薄膜，造成覆膜不牢故障，及时对塑料薄膜表面进行重新处理或更换塑料薄膜。

（2）起泡

覆膜产品出现沙粒状、条纹状、蠕虫状、龟纹状的膜凸起空虚现象，俗称起泡故障。

① 黏结剂的胶层、胶液含量会造成覆膜起泡。当涂胶不匀时，涂厚的地方黏结好，涂薄的地方黏结差。厚处溶剂挥发慢，残留在胶层中使复合品起泡，可以调整压力、调整间隙、调整刮刀等使涂胶均匀。胶层涂太厚，溶剂挥发慢，残存在胶层中，造成起泡。胶层涂太厚，胶层固含量少，黏合牢度不够，造成起泡，可以适当控制涂胶层的厚度。胶液太浓黏合中的固含量较大，胶液太稀固含量较少，都会造成覆膜起泡，可以适当控制胶液浓度。

② 环境温湿度变化，温度太高或湿度太大都会引起覆膜起泡，可以通过控制环境温湿度变化，采取恒温恒湿措施。

③ 操作工艺过程中，温度、压力、车速等造成起泡故障。加热辊筒温度太高或太低都会造成起泡故障，需要控制加热辊筒温度，一般为 60～80℃；烘道温度过高或过低都会造成起泡故障，应严格控制烘道温度，一般为 50～60℃；橡胶辊压力过小，不能使黏结剂分子对塑料薄膜和印刷品的双向运动渗透，造成起泡故障，应适当加大压力，一般为 10～15MPa。

（3）皱褶

皱褶故障分为膜皱、纸皱、膜与纸一起皱。

① 影响膜皱的因素有膜的拉力。薄膜在输送过程中，因膜的拉力不当薄膜的张力或大或小，造成薄膜出现斜向、纵向或横向的皱褶，可以通过放松膜拉力，调整舒展辊，使膜层平后再压合；烘道温度太高，使薄膜变形，造成膜皱，可以降低烘道温度；辊筒温度过高，薄膜受到热量太高，引起膨胀，导致膜皱；胶层太厚，溶剂挥发不彻底，黏度过大，经压力挤压纸张与塑料薄膜产生滑动，导致膜皱，可以调整涂胶量、增加烘道温度；传导辊运转不良或传导辊表面有杂物，造成薄膜不能正常输送，导致膜皱，可以调整传导辊正常运行并清除传导辊表面杂质；塑料薄膜两边松紧不一致或波浪形，造成膜皱，及时更换塑料薄膜避免膜皱。

② 影响纸皱的因素有纸张丝流。纸张的纵丝流与辊筒轴间垂直方向复合，纸张拖梢尾部易打皱，纸张应按横丝流方向摆放输送复合；导向辊间隙不均匀、纸张向前输送方向与导向辊不垂直造成纸皱，可以调整导向辊使纸张受力均匀，调整纸张输送规矩；输送带走偏，导致纸张歪斜，造成纸皱，可以调整输送带使送纸张方向不偏差；车间的温湿度控制不当，相对湿度偏高，纸张吸潮起"荷叶边"，造成纸张起皱，车间温度偏高或覆膜温度偏高，纸张就会"紧边"，造成纸张起皱，务必严格控制车间温湿度，防止纸张变形；压力胶辊变形，压力不匀，造成纸皱，及时更换压力辊。

③ 膜与纸一起皱。当胶辊与加热辊之间的压力不一致时，压力重的一边易打皱，需要及时调整双辊之间的压力；当橡胶辊两端压力不一致时会造成打皱，调整压力使两端压力一致；

橡胶辊表面有黏结剂，产生局部压力不一致，需要用布蘸溶剂擦洗干净，使橡胶辊表面保持干净；纸张上有异物导致打皱，车间环境必须保持整洁，纸张上不能有异物存在；橡胶辊老化或橡胶辊轴承损坏也会造成打皱，及时更换橡胶辊或更换轴承。

8.8 烫印

8.8.1 烫印的特点与作用

借助一定压力将金属箔或颜料箔烫印到纸类、塑料印刷品、其他承印物表面的工艺，称为烫印工艺，俗称烫箔或烫印。它是一种表面整饰加工工艺，可以提高产品包装的装饰效果以及产品的附加值，并更有效地进行防伪。其使用范围广、形式多样化。我国包装产品主要采用烫印工艺，是印后加工的关键环节。

商品包装装潢的图文以往常用金墨、银墨印刷。在实际使用中发现金墨与银墨长期与空气接触会发生氧化反应，金色、银色逐渐变暗发黑，影响使用效果。后来采用金箔（用纯金合成压制成极薄的箔片）在印刷品表面烫印图文，效果良好。金是贵重金属，成本太高，不可能广泛使用。20世纪60年代我国试制电化铝箔成功，此后以电化铝箔代替金箔，广泛用于印刷领域中的各类包装装潢、商标图案、书刊封面、产品说明书、宣传广告，甚至书写工具、塑料制品和日用百货等印刷品，为衣食住行的各种不同商品增添了色泽鲜艳、晶莹夺目的装饰图文。

在印刷品表面烫印电化铝箔，有利于增强印刷品的艺术效果，起到突出宣传主题的效应。图文烫印电化铝箔后表面光亮、鲜艳。电化铝箔的化学性能比较稳定，可以经受较长时间的日晒、雨淋而不褪色。此外，电化铝箔的色彩丰富，适合印刷各类印刷品主色的需要。

8.8.2 烫印材料

（1）电化铝箔的结构

① 基膜层。也称片基，由双向拉伸的涤纶薄膜组成，主要起支撑电化铝箔的作用。基膜的厚度一般为16μm，电化铝箔的各层组成物质均依次依附在基膜上。

② 隔离层。隔离层的作用是使电化铝箔与基膜层相互隔离，烫印时便于脱箔，所以又被称为脱离层。隔离层一般采用有机硅树脂的溶液，或黏附力较小的连结料，均匀地涂布在基膜层表面，极易与基膜层分离。

③ 染色层。染色层主要是显示电化铝箔的色彩，又称作颜色层。电化铝箔烫印后，罩在图案的表面。染色层是由具有成膜性、耐热性、透明性等特性相适宜的合成树脂和染色料组成涂布液，经涂布在隔离层表面，再烘干而形成一层有色薄膜。常用的树脂有聚氨基甲酸酯、硝化纤维素、三聚氰胺甲醛树脂、改性松香脂等。将树脂和染料溶于有机溶剂中配成色液，从而形成涂布液的保护层。

④ 真空喷铝层。真空喷铝层的作用是利用金属能较好地反射光线的特点，呈现出金属的光泽。把涂布染色层薄膜的基膜置于真空涂膜机的真空室内，通过电阻加热将铝丝熔化，并连续蒸发到薄膜的染色层表面，即形成均匀的真空喷铝层，从而称作"电化铝"。

⑤ 胶黏层。胶黏层的作用是烫印时使电化铝箔与烫印材料接触，遇热后起良好的黏着作用。胶黏层主要是易熔的热塑性树脂（如甲基丙酸甲酯与丙烯酸的共聚物）与古巴胶或虫胶或松香等其他不同的树脂溶于有机溶剂，或配成水乳液组成的涂布胶液，通过涂布机均匀地涂布在真空喷铝层的表面，经烘干制成一种胶层。组成胶黏层的胶黏材料性能不同，电化铝箔胶黏的性能也就不一样；烫印加工的材料性能不同，应选用不同性能的电化铝箔。

（2）常用电化铝箔的种类

① 电化铝箔的色相。常用电化铝箔以黄铜色最普遍，黄铜色又称金色。随着科学技术的不断发展，电化铝箔的颜色由黄铜色向色彩系列化发展，而且色彩越来越丰富、鲜艳。我国生产的电化铝箔除金色以外，还有银色、大红色、橘红色、棕红色、蓝色、宝蓝色、绿色、草绿色、翠绿色、淡绿色等。

② 电化铝箔的型号。常用的电化铝箔有#1、#8、#12 等不同型号，对于不同型号的电化铝箔，烫印的性能也不同。

③ 常用电化铝箔的规格。电化铝箔的基膜厚度有 $12\mu m$、$16\mu m$、$18\mu m$、$20\mu m$ 和 $25\mu m$ 等不同种类。商品电化铝箔的标准规格为宽 465cm，长 60m，使用时可根据产品规格的实际需要分切需要的宽度。

（3）电化铝箔的质量

衡量电化铝箔的质量主要是以能否适应各种不同材料的特性，烫印出光亮牢固持久不变色的电化铝图文为标准。根据电化铝箔烫印的操作特点，电化铝箔的质量标准应符合下列技术要求。

① 光亮度。电化铝箔的光亮度要好，色泽符合标准色相，涂色均匀，不可有纹路、色斑、明显的色差存在，烫印后色泽鲜艳闪光。

② 黏着牢固。电化铝箔表面的胶黏层能与多种不同特性的烫印材料牢固地黏着，并且应在一定的温度条件下牢固地黏着，不发生脱落连片等现象。

③ 箔膜性能稳定。电化铝色层的化学性能要稳定，烫印、贴塑、上光时遇热不变色。烫印成电化铝图文之后，应具有较长期的耐热、耐光、耐湿以及耐化学性等特点。

④ 隔离层易分离。隔离层应与基膜层稍有黏着而又极易脱离，当遇到一定温度和压力时即与基膜分离，使真空喷铝层顺利地转移到烫印材料表面，形成清晰的图文，没有受压受热部分仍与基膜黏着不能转移。

⑤ 图文清晰光洁。在允许的烫印温度范围内，电化铝箔不变色，烫印"四字号"大小的图文清晰光洁，线条笔画之间不连片或少连片。电化铝箔的包层涂布要均匀，镀铝层无砂眼、无折痕、无明显条纹。

（4）电化铝箔的烫印范围

电化铝箔的型号和性能不同，适烫的材料和范围也就不一样。烫印图文的结构有文字（大、小号字）、线条（粗、细线条）和实地三类。在一般情况下，结构松软的电化铝箔，染色层容易与基膜脱离，适宜烫印粗线条图文、大号文字或适用于夏天烫印；结构紧硬的电化铝箔，染色层与基膜结合得较牢，则适宜细线条、小号字的烫印，或在气温较低的情况下烫印。不同型号的电化铝箔，其性能与适烫范围不同。常见的电化铝箔型号与烫印材料的选用可参见表 8-1。

表 8-1　电化铝箔型号与烫印材料

型号	适应烫印材料
#1	纸张、纸制品以及印刷成品的油墨层膜面、皮革、丝绸等，黏性一般
#8	纸张、纸制品、皮革、丝绸、漆布、木材、印刷成品油墨层等，黏性一般
#12	聚苯乙烯和聚氯乙烯硬塑料制品、有机玻璃、铅笔杆
#12-1	各种硬塑料、铅笔杆
#15	聚氯乙烯塑料薄膜及其制品
#18	纸张印刷成品、皮革、丝绸等，黏性特强

8.8.3　烫印工艺

烫印工艺有多种分类方法，常见的分类方法主要有以下几种。根据烫印版是否加热，可分为热烫印（普通烫印）和冷烫印两种；根据烫印材料的类型，可分为全息烫印和非全息烫印；根据烫印后的图文形状，可分为凹凸烫印和平面烫印；根据烫印材料在印刷面上是否需要套准，分为定位烫印和非定位烫印；根据烫印工位与印刷机是否连线，分为连线烫印和不连线烫印。

普通烫印是指借助压力，利用温度对烫印版加热实现非全息类箔材平面烫印的工艺，也被称为热烫印，是最常见的烫印方式。普通烫印工艺有平压平烫印和圆压平烫印，由于圆压平烫印为线接触，具有烫印基材广泛、适于大面积烫印、烫印精度高等特点，应用比较广泛。而冷烫印是不使用加热金属印版，利用涂布黏结剂来实现金属箔转移的工艺。冷烫印工艺成本低，节省能源，生产效率高，是一种很有前途的新工艺。常用的烫印工艺主要有普通烫印、冷烫印、凹凸烫印和全息烫印等。

（1）普通烫印

电化铝烫印是利用热压转移的原理，将铝层转印到承印物表面。即在一定温度和压力作用下，热熔性的有机硅树脂脱落层和黏结剂受热熔化，有机硅树脂熔化后其黏结力变小，铝层便与基膜剥离，热敏黏结剂将铝层黏结在烫印材料上，带有色料的铝层就呈现在烫印材料的表面。电化铝烫印的要素主要为被烫物的烫印适性、电化铝材料性能以及烫印温度、烫印压力、烫印速度，操作过程中要重点对上述要素进行控制。

电化铝烫印的方法有压烫法和滚烫法两种。无论采用哪种方法，其操作工艺流程一般都包括：烫印前的准备工作→装版→垫版→烫印工艺参数的确定→试烫→签样→正式烫印。

① 烫印前的准备工作。有准备烫料及烫印版两项任务。烫料的准备包括电化铝型号的选择和按规格下料，电化铝型号不同其性能和适烫的材料及范围也有所区别，如白纸与有墨层的印刷品、实地印刷品与网点印刷品、大字号与小字号等，对电化铝型号的选择就要有所区别。烫印版的准备，烫印所用版材为铜版，其特点是传热性能好、耐压、耐磨和不易变形。

② 装版。将制好的铜版或锌版固粘在机器上，并将规矩、压力调整到合适的位置。印版应粘贴、固定在机器底版上，底版通过电热板受热，并将热量传给印版进行烫印。

③ 垫版。印版固定后即可对局部不平处进行垫版调整，使各处压力均匀。平压平烫印刷机应先将压印平板校平，再在平板背面粘贴一张铜版纸，并用复写纸碰压得出印样，根据印样轻重调整平板压力，直至印样清晰且压力均匀。

④ 烫印工艺参数的确定。正确地确定工艺参数是获得理想烫印效果的关键，烫印的工艺

参数主要包括烫印温度、烫印压力及烫印速度，理想的烫印效果是上述三者的叠加。

a. 烫印温度的确定。烫印温度对烫印质量的影响十分明显，温度过低，电化铝的隔离层和胶黏层熔化不充分，会造成烫印不上或烫印不牢，使印迹不完整、发花。烫印温度一定不能低于电化铝的耐温范围，这个范围的下限是保证电化铝胶黏层熔化的温度；温度过高则会使热熔性膜层超范围熔化，致使印迹周围也附着电化铝面产生糊版，还会使电化铝染色层中的合成树脂和染料氧化聚合，致使电化铝印迹起泡或出现云雾状。此外，高温会导致电化铝镀铝层和染色层表面氧化，使烫印产品失去金属光泽，降低亮度。确定最佳烫印温度所应考虑的因素包括电化铝的型号及性能、烫印压力、烫印速度、烫印面积、烫印图文的结构、烫印车间的室温以及印刷品底色墨层的颜色、厚度、面积。烫印压力较小、机速快、印刷品底色墨层厚、车间室温低时，烫印温度要适当提高。烫印温度一般为 $70\sim180$℃，最佳温度确定之后，应尽可能自始至终保持恒定，以保证同批产品的质量稳定。

b. 烫印压力的确定。施加压力的作用是保证电化铝能够黏附在承印物上，并且对电化铝烫印部位进行剪切。烫印工艺的本质就是利用温度和压力，将电化铝从基膜上迅速剥离下来再转黏到承印物上的过程。在整个烫印过程中存在着三个方面的力：一是电化铝从基膜层剥离时产生的剥离力；二是电化铝与承印物之间的黏结力；三是承印物（如印刷墨层、白纸）表面的固着力。故烫印压力要比一般印刷的压力大。烫印压力过小将无使电化铝与承印物黏附，同时对烫印的边缘部位无法充分剪切，导致烫印不上或烫印部位印迹发花；若压力过大，衬垫和承印物的压缩变形增大，会产生糊版或印迹变粗。设定烫印压力时应综合考虑烫印温度、机速、电化铝本身的性质、被烫印物的表面状况（如印刷品墨层厚薄、印刷时白墨的加放量、纸张的平滑度等）等影响因素。一般在印刷温度低、烫印速度快、被烫印物的印刷品表面墨层厚以及纸张平滑度低的情况下，应增加烫印压力，反之则相反。

c. 烫印速度的确定。烫印速度决定了电化铝与承印物的接触时间，接触时间与烫印牢度在一定条件下成正比。烫印速度稍慢可使电化铝与承印物黏结牢固，有利于烫印。当机速增大，烫印速度太快，电化铝的热熔性膜和脱落层在瞬间尚未熔化或熔化充分，就会导致烫印不上或印迹发花。

⑤ 试烫、签样、正式烫印。烫印工艺参数确定之后，可进行印刷规矩的定位，烫印规矩也是依据印样来确定的。平压平烫印刷机是在压印平板上粘贴定位块，定位块必须采用软耐磨的金属材料，如铜块、铁块等；然后试烫数张，烫印质量达到规定要求并经签样后，即可进行正式烫印。影响烫印质量的关键要素有烫印温度、烫印压力和烫印时间，这三个因素不是相互独立的，要综合判断和确定。

（2）冷烫印

冷烫印技术摒弃了传统烫印所依赖的热压转移电化铝箔的工艺，转而采用一种冷压技术来转移电化铝箔。这种技术能够解决许多传统工艺中存在的问题，同时也能够节省能源，并避免了金属印版制作过程中对环境造成的污染。传统烫印工艺使用的电化铝背面预涂有热熔胶，烫印时依靠热滚筒的压力使黏结剂熔化而实现铝箔转移。而冷烫印所使用的电化铝是一种特种电化铝，其背面不涂胶，印刷时黏结剂直接涂在需要整饰的位置上，电化铝在黏结剂作用下转移到印刷品表面上。

冷烫印工艺过程是在印刷品需要烫印的位置先印上 UV 压敏型黏结剂，经 UV 干燥装置使黏结剂干燥，而后使用特种金属铝箔与压敏胶复合，于是金属铝箔上需要转印的部分就转印到了印刷品表面，实现了冷烫印。与传统烫印工艺相比，冷烫印工艺具有烫印速度快、材料适用面广、成本低、生产周期短、消除了金属版制版过程的腐蚀污染等特点。但它也存在一些缺点如明亮度较差、冷烫印后需要上光或涂蜡，以保护烫印图文。

① 冷烫印工艺分类。冷烫印工艺可分为干覆膜式冷烫印和湿法冷烫印两种。

a. 干覆膜式冷烫印。干覆膜式冷烫印工艺是对涂布的 UV 黏结剂先固化再进行烫印。其主要工艺步骤是：在卷筒承印材料上印刷阳离子型 UV 黏结剂；对 UV 黏结剂进行固化；借助压力辊使冷烫印箔与承印材料复合在一起；将多余的烫印箔从承印材料上剥离下来，只在涂有黏结剂的部位留下所需的烫印图文。

b. 湿法冷烫印。湿法冷烫印工艺是在涂布了 UV 黏结剂之后，先烫印然后再对 UV 黏结剂进行固化。主要工艺步骤如下：在卷筒承印材料上印刷自由基型 UV 黏结剂；在承印材料上复合冷烫印箔；对自由基型 UV 黏结剂进行固化，由于黏结剂此时夹在冷烫印箔和承印材料之间，UV 光线必须透过烫印箔才能到达黏结剂层，将烫印箔从承印材料上剥离，并在承印材料上形成烫印图文。湿法冷烫印工艺能够在印刷机上连线烫印金属箔或全息箔，其应用范围也越来越广。目前许多窄幅纸盒和标签柔性版印刷机都已具备这种连线冷烫印能力。

② 冷烫印优缺点。冷烫印技术的优点主要包括以下几方面：无须专门的烫印设备，而且这些设备通常都比较昂贵；无须制作金属烫印版，可以使用普通的柔性版，不但制版速度快、周期短，还可降低烫印版的制作成本；烫印速度快，最高可达 10000 张/小时；无须加热装置，并能节省能源；烫印基材的适用范围广，在热敏材料、塑料薄膜、模内标签上也能进行烫印。但是冷烫印技术也存在一定的不足之处，主要包括以下两点：冷烫印的图文通常需要覆膜或上光进行二次加工保护，这就增加了烫印成本和工艺复杂性；涂布的高黏度黏结剂流平性差、不平滑，使冷烫印箔表面产生漫反射，从而降低产品的美观度。

目前，冷烫印技术已成为热烫印技术的强大竞争对手，而且冷烫印技术正从窄幅柔性版印刷领域向其他印刷工艺范围扩展，如宽幅柔性版印刷、凸版印刷、卷筒纸胶印及单张纸胶印等。

（3）凹凸烫印

凹凸烫印目前有两种方法：一种是先进行烫印，然后再进行凹凸压印；另一种是采用凹凸烫印一次成型的工艺，这种方法利用现代雕刻技术制作的一对上下配合的阴模和阳模，通过烫印和凹凸压印工艺一次性完成的工艺方法，提高了生产效率。其中，凹凸烫印又称立体烫印，是烫印与凹凸压印技术的结合，形成的产品效果是呈浮雕状的立体图案，不能在其上再进行印刷，因此必须采用先印后烫的工艺过程，同时由于它的高精度和高质量要求，较适合用热烫印技术。立体烫印技术及特点立体烫印技术较普通烫印有很大区别，除了能形成浮雕状的立体图案外，在制版、温度控制和压力控制上都有所不同。立体烫印的工艺要求如下。

① 电化铝箔一般由 4～5 层不同材料组成，如基膜层（涤纶薄膜）、剥离层、着色层（银色电化铝没有着色层）、镀铝层、胶黏层。各层的主要作用是：基膜层主要起支撑其他各层的作用；剥离层的作用是使电化铝层与基层分离，其决定了电化铝层的转移性；着色层的主要作用是显示电化铝的色彩和保护底层，常见的色彩有金、银、棕红、蓝、黑、大红和绿等，其中金色和银色是最常用的两种；镀铝层的作用是呈现金属光泽；胶黏层的作用是黏结烫印材料。

② 由于立体烫印形成的是浮雕图案，温度、速度和压力的控制与普通烫印都有差别，因此对烫印箔的要求与普通烫印也有所差异，在选用烫印箔时应选用立体烫印专用的烫印箔，而不能将普通烫印箔用作立体烫印箔，否则会产生烫印质量不好现象。

（4）全息烫印

随着高新技术和防伪技术的发展，主要用于有价证券和商品包装印刷的全息定位烫印技术越来越引起人们的重视，它不但提供了商品包装装饰，而且有很好的防伪效果。由于全息定位烫印是一项高新技术，它涉及全息烫印箔材料、烫印械及定位装置等方面。

全息烫印是一种将烫印工艺与全息膜的防伪功能相结合的技术。激光全息图是基于激光干涉原理利用空间频率编码的方法制作而成的，具有色彩夺目、层次分明、图像生动逼真、光学变换效果多变、信息及技术含量高等点，因此在20世纪80年代就开始用于防伪领域。全息烫印的原理是在烫印设备上，通过加热的烫印模头将全息烫印材料上的热熔胶层和分离层加热熔化，然后在一定的压力作用下，将烫印材料的信息层全息光栅条纹与PET基材分离，使铝箔信息层与承烫面黏合融为一体，实现全息图案与印刷品的完美结合。

常用的全息烫印主要有：连续全息标识烫印、独立全息标识烫印和全息定位烫印三种形式。

① 连续全息标识烫印。由于全息标识在电化铝上呈有规律的连续排列，每次烫印时都是几个文字或图案作为一个整体烫印到最终产品上，因此对烫印精度无太高要求。连续全息标识烫印是普通激光全息烫印的换代产品。

② 独立全息标识烫印。将电化铝上的全息标识制成一个个独立的商标图案，且在每个图案旁均有对位标记，这就对烫印设备的功能与精度提出了较高的要求，既要求设备带定位识别系统，又要求定位烫印精度能达到±0.5mm以内。

③ 全息定位烫印。在烫印设备上通过光电识别，将全息防伪烫印电化铝上特定部分的全息图准确烫印到待烫印材料的特定位置上。全息定位烫印技术难度很高，要求印刷厂配备高性能、高精度的专门定位烫印设备。由于定位烫印标识具有很高的防伪性能，所以在钞票、烟包和重要证件等场合都有采用。

全息定位烫印的主要材料之一是全息烫印箔。全息烫印箔是对具有烫印功能的薄膜箔进行全息激光处理，可呈现出一维、三维、二维/三维、点阵、旋转、合成全息等，具有高光泽、五彩缤纷并可变幻万千的色彩二维和三维全息图、线性几何全息图、分色阴影效果全息图、线状勾勒全息图、通道效果全息图、旋转全息图等图像，对印刷品或纸张进行表面整饰。与普通电化铝烫箔相比，全息烫印箔的厚度刚好满足烫压的基本要求，且结构与普通电化铝烫印箔有差异。电化铝烫印箔主要由两个薄层即聚酯薄膜基片和转印层构成，其基本结构为基层、醇溶性染色树脂层、镀铝层、胶黏层，染色层为颜料。印刷时依靠高温和压力将金色电化铝箔烫印在承印物上，故也称烫印。而全息烫印箔染色层是光栅，显示色彩或图像的不是颜料，而是激光束作用后在转印层表面微小坑纹（光栅）形成的全息图案，其生成相当复杂。烫印时，在烫印印版与全息烫印箔相接触的几毫秒时间内剥离层氧化、胶黏层熔化，通过施加压力，转印层与基材黏合，在箔片基膜与转印层分离的同时，全息烫印箔上的全息图文以烫印印版的形状转移烫印在基材上。

8.8.4 烫印常见故障及排除

在电化铝烫印操作中，经常会遇到一些烫印故障，如烫印不上、烫印不牢、反拉、烫印字迹发毛、缺笔断画等。下面分析这些故障产生的原因并提出相应的解决办法。

（1）烫印不上（或不牢）

烫印不上是电化铝烫印中最常见的故障之一。被烫物的印刷品油墨中不允许加入含有石蜡的撤黏剂、亮光浆之类的添加剂，因为电化铝的热熔性黏结剂即便是在高温下施加较大的压力，也很难与这类添加剂中的石蜡黏合。厚实而光滑的底色墨层可能会封闭纸张纤维的毛细孔，阻碍电化铝与纸张的吸附，从而导致电化铝附着力下降，甚至出现烫印不上或烫印不牢的情况。因此，在工艺设计时要为烫印电化铝创造条件，尽量减少烫印电化铝的叠墨量。对于深色大面积实地印刷品，印刷时可采取深墨薄印的办法，即配色时墨色略深于样张，印刷时墨层薄而均匀，也可以采取薄墨印两次的办法，这样既可以达到所要求的色相，同时又满足了电化铝烫印的需要。

在印刷过程中，若油墨干燥速度过快，可能导致在纸张表面形成坚硬的膜，这种现象被称为"晶化"。墨层表面晶化是由印刷时燥油加放过量所致，尤其是红燥油会在墨层表面形成一个光滑如镜面的墨层，无法使电化铝在其上黏附，从而造成烫印效果不佳或不牢。因此，为了避免这种情况发生，应该尽量避免使用红色燥油，或者严格控制其添加量。

如前所述，只有当烫印温度、压力合适时，才能使电化铝热熔性膜层胶料起作用，从而很好地附着于印刷品等承印物表面。反之，压力低、温度不够必然会导致烫印不上或烫印不牢。

（2）反拉

反拉是较常见的烫印故障之一，是指在烫印后不是电化铝箔牢固地附着在印刷品底色墨层或白纸表面，而是部分或全部底色墨层被电化铝拉走。反拉与烫印不上从表面上看不易区分，反拉往往被误认为烫印不上，但两者却是截然不同的故障。若将反拉判断为烫印不上或烫印不牢，盲目地提高烫印温度和压力，甚至更换黏附性更强的电化铝，则会适得其反，使反拉故障愈发严重。因此首先必须把反拉与烫印不上严格区分开来，区分的简单方法是观察烫印后的电化铝基膜层，若其上留有底色墨层的痕迹，则可断定为反拉。产生反拉故障的原因：一是印刷品底色墨层没有干透，二是在浅色墨层上过多地使用了白墨作冲淡剂。

预防反拉故障的根本措施是把握印刷品印刷后到烫印电化铝的时间间隔，这就要求印刷时要控制好燥油的加放量，一般在0.5%左右。同时避免印刷时单独用白墨作冲淡剂，由于白墨的冲淡效果不错，完全不使用是不可能的，折中的办法是将冲淡剂与白墨混合使用，但白墨的比例应控制在60%以下。

（3）烫印图文失真

烫印图文失真常表现为烫印字迹发毛、缺笔断画、光泽度差等。烫印字迹发毛是由温度过低所致，应将电热板温度升高后再进行烫印。若调整后仍发毛则多因压力不够，可再调整压印版压力或加厚衬垫。字迹缺笔断画是由电化铝过于张紧所致。电化铝的安装不可过松、过紧，应适当调整开卷滚筒压力和收卷滚筒的拉力。烫印字迹、图案失去原有金属光泽或光泽度差多为烫印温度太高所致，应将电热板温度适当降低。

8.9 其他加工工艺

8.9.1 扫金工艺

扫金工艺是将扫金图案制成扫金预涂感光版（PS版）安装在胶印机上，在印刷品需要上金粉的部位印上一层薄而均匀的黏性油墨（俗称"扫金涂底"），再通过单张纸传送装置或扫金机的传纸器，将其送到扫金部分的吸气式橡皮传送带上进行扫金。

扫金机的涂布装置由金粉填充器、涂布器、匀粉辊和涂布辊组成。涂布辊转动较慢，辊内配置了新型自动换气装置，当涂布辊吸附金粉的一面转到纸张上方时，该装置由吸气转为吹气，将金粉均匀地喷撒在整个纸张表面上。扫金机上的抛光器与纸张上的金粉相擦，抛光使金粉牢牢地黏在纸张上印有黏性油墨的地方，而多余的金粉则由四根揩金带清除。这四根揩金带的运转方向相反，与纸张接触后可将多余的金粉清除，后两根揩金带还带有强力吸气管道可迅速吸走金粉，从而干净快速地清除纸张上多余的金粉。

扫金产品独特的防伪效果和广告效应，使应用此技术的印刷厂家可以获得较高的利润。德国 Dreissig 公司开发的 2500 型扫金机拥有多项专利技术，广泛应用于香烟、化妆品、巧克力和酒类的纸盒包装以及请柬贺卡类产品，具有光彩夺目的广告效果。

8.9.2 凹凸压印

凹凸压印又称压凸纹印刷，是印刷品表面装饰加工中的特殊技术。该技术使用凹凸模具，在一定的压力作用下，使印刷品基材发生塑性变形，从而对印刷品表面进行艺术加工。通过压印，可以在印刷品上形成各种凸起的图文和花纹，呈现出深浅不同的纹样。这些凸起的图文和花纹赋予了印刷品明显的浮雕感，从而增强了其立体感和艺术感染力。

凹凸压印是浮雕艺术在印刷上的移植和运用，其印版类似于我国木版水印使用的拱花方法。印刷时不使用油墨而是直接利用印刷机的压力进行压印，操作方法与一般凸版印刷相同，但压力要大一些。如果质量要求高，或纸张比较厚、硬度比较大也可以采用热压，即在印刷机的金属底板上接通电流。近年来，印刷品尤其是包装装潢产品高档次、多品种的发展趋势促使凹凸压印工艺更加普及和完善，印版的制作以及凹凸压印设备正逐步实现半自动化、全自动化。国外已实现了包括多色印刷机组在内的全自动印刷、凹凸压印生产线。

8.9.3 滴塑

滴塑技术是利用热塑性高分子材料具有状态可变的特性，即在特定条件下呈现出黏流性，而常温下又可恢复固态的特性，并使用适当的方法和专门的工具喷墨，使其在黏流状态下按要求塑造成设计的形态，然后在常温下固化成型。滴塑工艺已广泛应用于各种商标铭牌、卡片、日用五金产品、旅游纪念证章、精美工艺品及高级本册封面等的装饰上。滴塑又称为微量射出，可以在针织棉布和各种化纤织物、纺织物的表面滴有白色或彩色的滴胶饰品，也有一种类似于 PVC 硅胶的产品，箱包、背包、服饰上使用的商标大多采用这种类型的加工，其中包括常见的矽利康商标、矽利康滴塑标、滴塑无纺布、滴塑 TC 布等。PVC 滴塑还可以制成滴塑鞋、鞋垫、拖鞋底、沙发靠背、桌布、汽车内装饰等系列产品。

8.9.4 压花

压花是将植物材料包括根、茎、叶、花、果、树皮等经脱水、保色、压制和干燥处理而制成平面花材，经过巧妙构思，制作成一幅幅精美的装饰画、卡片和生活日用品等植物制品，是融植物学与环保学于一体的艺术。

8.9.5　烧结

玻璃丝网印刷就是利用丝网印版，使用玻璃釉料在玻璃制品上进行装饰性印刷。印刷后的玻璃制品要放入火炉中，以 520～600℃的温度进行烧制，这样印刷到玻璃表面上的釉料才能固结在玻璃上，形成绚丽多彩的装饰图案。玻璃制品在印后一般要经过烤花处理，烤花后油墨便可以牢固地熔融在玻璃制品的表面，使玻璃表面的印花变得平滑、色彩鲜艳色并富有光泽。对于自动曲面丝网印刷机，印刷后应设自动输出装置，将印刷制品转入烧结炉中进行烧结，以形成印刷-烧结自动生产线。

影响烧结的主要因素是烧结温度。烧结炉内的温度-时间变化曲线反映的是烧结炉内的加热和冷却过程，如果烧结温度达到了玻璃颗粒的软化温度 500℃左右时，烧结炉内的温度-时间关系曲线如图 8-11 所示。

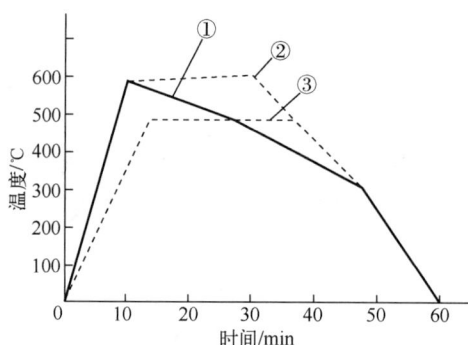

图 8-11　温度-时间关系曲线

曲线①是最理想的情况，从图 8-11 中可以看出烧结炉内的温度可以在 10min 左右达到玻璃的软化温度 550℃以上，然后迅速进行冷却，这样便可以得到理想的效果。其工艺过程是在刚开始烧结后，玻璃的表面层很快便会软化，这样在玻璃与油墨的接触面附近会形成一层由玻璃粉构成的中间玻璃层，使油墨能牢固地附着在玻璃表面上。

曲线②是在 10min 内达到烧结温度 550℃左右，然后在常温下进行冷却。由于温度较高，所以要冷却到常温需要较长的时间，这样无形中就增加了玻璃的高温烧结时间，使得玻璃表面的软化层变厚，会引起玻璃制品的变形，并且会使中间玻璃层产生应力集中的现象，导致玻璃表面的油墨层产生脱落。

曲线③所示的烧结温度未达到玻璃的软化温度，这样在玻璃与油墨层接触面之间不能形成中间玻璃层，油墨便不能很好地附着在玻璃上，墨层表面的光泽度也会下降。如果玻璃表面的墨层与其他物体发生摩擦，则油墨层便会很容易从玻璃表面脱落下来。

在实际烧结过程中，不同的烧结炉要根据实际情况制定自己的温度标准，只有这样才能烧出高质量的玻璃制品。玻璃制品表面印花烧结过程中的温度变化见表 8-2。

表 8-2　玻璃制品表面印花烧结过程中的温度变化

温度/℃	烧结环节
20～100	玻璃制品送入烤花窑，印花色釉基本无变化
100～200	油墨溶剂中的挥发成分开始挥发

续表

温度/℃	烧结环节
200～500	油墨溶剂中的重质成分开始挥发和燃烧炭化、气化
500～580	色釉中的易燃玻璃料开始熔化，同时玻璃器皿表面也开始软化
580～620	易燃玻璃料完全熔化，着色颜料发出颜色，玻璃器皿表面软化并与着色玻璃料（釉）结合在一起，色调变得非常鲜艳
620～520	玻璃器皿内的应力开始消除
520～20	玻璃器皿逐渐冷却，烤花过程结束

思考题

1. 何谓上光？上光的目的是什么？

2. 油墨对上光涂布和压光的影响有哪些？

3. 覆膜工艺常见的故障及排除方法是什么？

4. 复合温度和压力对覆膜质量有什么影响？

5. 烫印常见的故障及排除方法是什么？

6. 传统烫印和冷烫印的区别是什么？

7. 喷墨印刷的特点有哪些？

8. 分别概述平版印刷、柔性版印刷、凹版印刷和特种印刷的技术工艺。

参考文献

[1] 张改梅. 印后新工艺、新技术、新发展——印后加工新技术及其发展趋势 [J]. 今日印刷, 2015（3）: 15-18.

[2] 荣华阳. 印后加工技术的发展趋势 [J]. 印刷技术, 2013（9）: 75-77.

[3] 魏瑞玲. 印后原理与工艺 [M]. 北京: 印刷工业出版社, 2002.

[4] 刘舜雄. 印后加工 [M]. 北京: 中国轻工业出版社, 2010.

[5] 张改梅, 宋晓利. 包装印后加工 [M]. 北京: 文化发展出版社, 2016.

[6] 杜维兴, 张步堂. 实用装潢印刷工艺 [M]. 北京: 印刷工业出版社, 2007.

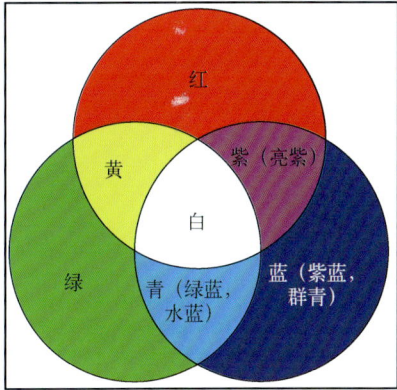

图 7-3　光的三原色

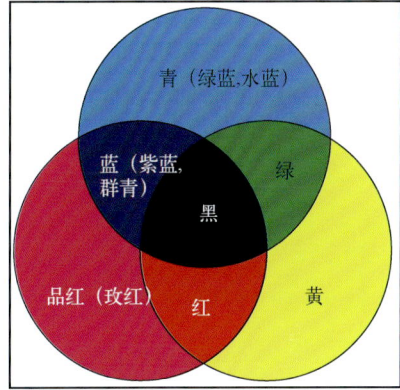

图 7-4　色彩的三原色

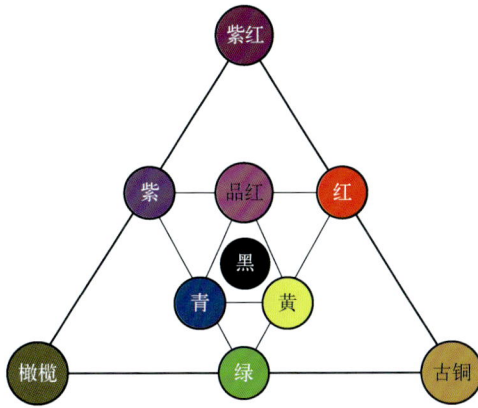

图 7-5　十种基本浓色

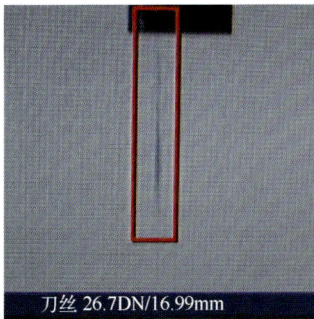

刀丝 26.7DN/16.99mm

图 7-7　异常刀线

图 7-8 塞版

(a)水纹

(b)色差

图 7-9 水纹与色差

图 7-10 印版油污

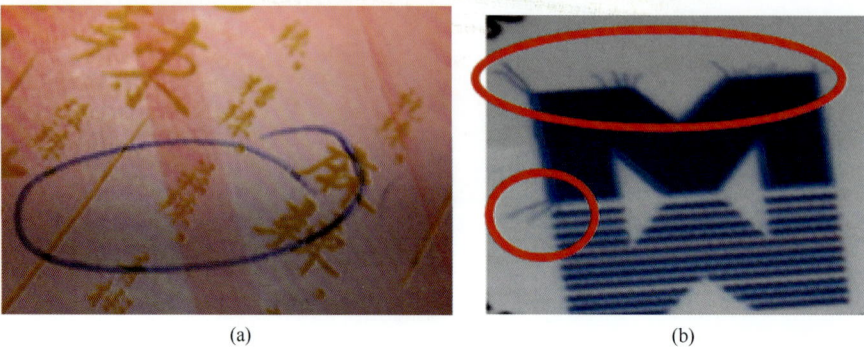

(a)

(b)

图 7-11 底色不均（a）与静电毛刺（b）